高等职业教育"新资源、新智造"系列精品教材

传感器技术基础与应用实训

(第3版)

徐　军　冯　辉　主编
陈宁宁　孙振伟　丁　琳　郑东旭　副主编
田　敏　主审

電子工業出版社
Publishing House of Electronics Industry
北京·BEIJING

内 容 简 介

本书以工程项目为教学主线，将知识点和技能训练融于各个项目之中，各个项目按照知识点与技能要求循序渐进编排，对知识点进行较为紧密的整合，内容深入浅出，通俗易懂，既有利于教，又有利于学。本书在结构的组织方面大胆打破常规，以项目任务为教学主线，适应职业教育的工学结合要求。全书共 11 个项目单元，项目单元 1 为绪论，介绍了传感器的作用、定义、组成、分类、应用和发展，以及传感器与检测技术基础、测量的基本概念、传感器的基本知识、传感器的信号处理电路、测量误差及分类等；项目单元 2 ～项目单元 10 从传感器的工作原理出发，分别介绍了电阻式、电感式、电容式、霍尔式、压电式、超声波、热电式、光电式、数字式传感器的工作原理、性能、测量电路及应用，以及各类典型传感器应用项目；项目单元 11 为几种新型传感器及现代检测系统的组成与发展简介。

本书可作为高职院校电类、自动化类、仪器仪表类、机电类等专业的教材，也可供计算机、数控、机械、汽车、楼宇等相关专业的师生和工程技术人员参考。

图书在版编目（CIP）数据

传感器技术基础与应用实训/徐军，冯辉主编 .—3 版 .—北京：电子工业出版社，2021. 8

ISBN 978-7-121-37928-4

Ⅰ. ①传… Ⅱ. ①徐… ②冯… Ⅲ. ①传感器-高等学校-教材 Ⅳ. ①TP212

中国版本图书馆 CIP 数据核字（2019）第 259260 号

责任编辑：王昭松　　　　特约编辑：田学清
印　　刷：三河市龙林印务有限公司
装　　订：三河市龙林印务有限公司
出版发行：电子工业出版社
　　　　　北京市海淀区万寿路 173 信箱　　　邮编：100036
开　　本：787×1 092　1/16　　印张：17. 25　　字数：419. 5 千字
版　　次：2010 年 12 月第 1 版
　　　　　2021 年 8 月第 3 版
印　　次：2024 年 12 月第 11 次印刷
定　　价：56. 00 元

凡所购买电子工业出版社图书有缺损问题，请向购买书店调换。若书店售缺，请与本社发行部联系，联系及邮购电话：（010）88254888，88258888。

质量投诉请发邮件至 zlts@ phei.com.cn，盗版侵权举报请发邮件至 dbqq@ phei.com.cn。

本书咨询联系方式：wangzs@ phei. com. cn，QQ83169290，（010）88254015。

前 言

本书根据高等职业教育的培养目标，结合多年的教学改革和课程改革成果，秉持“尊重劳动、尊重知识、尊重人才、尊重创造”的思想，面向中国智能制造，基于智能制造多样性的特点，以典型工作任务为依托构建教学体系，突出知识与技能的有机融合，以适应高等职业教育人才建设的需求。

职业教育担负着培养“卓越工程师、大国工匠、高技能人才”的重任，而教材是人才培养的重要支撑。尺寸课本、国之大者。本书参照职业岗位知识和技能特点，从职业能力需求分析入手，充分考虑学生职业生涯的需要，确定课程结构，构建理论与实践相互融合、以项目开发流程为导向的课程体系。产教融合是职业教育很重要的一个基本制度。职业学校要为技能型社会提供人才支撑，离不开与企业的合作。本书在校内构建实验室，用于模拟实际的工作环境。以完成某个具体的工作任务为目标，将项目化、模块化训练与综合训练相结合，将教师的科研项目与教学实训相结合，将教学实训和考工考证相结合。项目单元以典型项目设计案例开篇，每个项目的选取都坚持产教融合，校企合作，有工厂实际产品的应用训练实例（电容传感器）、有编者的市厅级科研项目的具体应用实例（超声波传感器），由企业工程技术人员参与教材编写，体现了产教融合、科教融汇的职业教育定位。

本书主要介绍工业、科研等领域的常用传感器的工作原理、特性参数、应用等知识，并对测量技术的基本概念、测量数据处理、现代检测技术及计算机接口技术等进行介绍。

本书围绕“基于工作过程”的项目开发流程展开，按项目引导、模块化教学的思路编写，自 2010 年出版以来，由于教学理念新颖、寓教于乐、内容可操作性强、项目使用的硬件成本低等特点，被众多高等院校和职业技术学院选为教材，在使用过程中，读者提出了很多宝贵的意见和建议，在此表示深深的感谢。经过进一步的修订和完善，本书先后入选“十二五”“十三五”“十四五”职业教育国家规划教材。这是对编者的肯定，也是一种鞭策，我们需要更加努力地做好这本书，来答谢每位读者。

在修订过程中，我们遵循职业教育校企合作、产学研结合的理念，选取生产实践中适合教学的应用项目，以“必需”“够用”为度，对知识点进行了较为紧密的整合，内容深入浅出，通俗易懂，既有利于教，又有利于学。本书在结构组织方面大胆打破常规，通过设计不同的工程项目将知识点和技能训练融于各个项目之中，各个项目按照知识点与技能要求循序渐进编排，突出技能的培养。本书还尝试改变单一的考核模式，根据项目完成情况建立多样化的评价体系，包括参加学习、小组成员评价、教师评价、课后作业和集中测试等，努力适应职业教育工学结合的要求，培养学生的动手能力。

本书共11个项目单元，每个项目单元均以一个典型项目案例作为开篇，首先突出项目设计要求，然后根据项目要求介绍相关知识点，并在讲解相关知识的基础上启发学生进行项目设计制作，最后给出项目的参考设计，各项目具有一定的实用性，便于制作，书中给出了项目的制作和调试步骤，同时插入了大量的传感器实物图片，可以增强学生对传感器的认知，这样既可以有目的地讲解各类传感器的理论知识，又便于学生对传感器应用项目进行实践操作，同时方便教师按照传感器在实际应用项目中的工作过程进行教学。

本书的项目单元1为绪论，介绍了传感器的作用、定义、组成、分类、应用和发展，以及传感器与检测技术基础、测量的基本概念、传感器的基本知识、传感器的信号处理电路、测量误差及分类等；项目单元2～项目单元10从传感器的工作原理出发，分别介绍了电阻式、电感式、电容式、霍尔式、压电式、超声波、热电式、光电式、数字式传感器的工作原理、性能、测量电路及应用，以及各类典型传感器应用项目；项目单元11为几种新型传感器及现代检测系统的组成与发展简介。

本书由江苏财经职业技术学院的徐军、冯辉担任主编并负责统稿，江苏淮安信息职业技术学院田敏教授对全书进行了审阅，提出了许多宝贵的修订意见，参加本书编写的还有江苏财经职业技术学院的陈宁宁、孙振伟、丁琳及湖南有色金属职业技术学院的郑东旭。在本书的编写过程中，还得到了学院领导及系部老师的关心与帮助；电子工业出版社的编辑同志工作认真负责，对本书的出版提供了大力支持，在此一并表示衷心的感谢。同时，编者对学习、写作过程中参考过的文献资料的作者也深表感谢。

由于编者水平有限，加上时间仓促，书中难免有疏漏之处，敬请读者批评指正。

编　　者

目　录

项目单元1　绪　　论
——传感器与检测技术基础

1.1　项目描述

检测是指在生产、科研、实验及服务等领域，为及时获得被测、被控对象的有关信息而实时或非实时地对一些参量进行定性检查和定量测量。

PPT：项目单元1

对工业生产而言，采用各种先进的检测技术对生产全过程进行检查、监测，对确保安全生产、保证产品质量、提高产品合格率、降低能源和原材料消耗、提高企业的劳动生产率和经济效益是必不可少的。在工程实践中经常碰到这样的情况：某个新研制的检测（仪器）系统在实验室调试时测得的精度已达到甚至超过设计指标，一旦将其安装到环境比较恶劣、受严重干扰的工作现场中，其测量精度往往远远低于在实验室能达到的水平，甚至出现严重误差或无法正常运行。设计人员需要根据现场测量获得的数据，结合该检测系统本身的静态特性和动态特性，检测系统与被测对象的现场安装、连接情况及现场存在的各种噪声情况等，进行综合分析，找出影响和造成检测系统实际精度下降的原因，然后对症下药，采取相应改进措施，直至该检测系统的实际测量精度和其他性能指标全部达到设计指标，这就是通常所说的现场调试过程。只有现场调试过程完成后，该检测系统才能投入正常运行。可见，“检测”通常是指在生产、实验等现场，利用某种合适的检测仪器或综合测试系统对被测对象的某些重要工艺参数（如温度、压力、流量、物位等）在线进行连续测量。

传感器用于非电量的检测，其检测目的不只是获得信息或数据，还有满足生产和研究的需要。因此检测系统的终端设备应该包括各种指示、显示和记录仪表，以及各种用于控制的伺服机构或元件。

测量精度（高、低）从概念上与测量误差（小、大）相对应，目前误差理论已发展成一门专门的学科，涉及的内容有很多。为适应读者的不同需要和便于后面各单元的介绍，本单元对测量的定义、测量单位、测量方法的分类、测量误差产生的原因、表示方法、性质及处理方法，测量数据的处理方法及测量结果的评价方法等进行简单介绍，并引入自动检测系统的概念、传感器定义及其相关参数。

1.2 相关知识

1.2.1 测量的基本概念

1. 测量的定义

测量就是借助专门的技术工具或手段，通过实验的方法，把被测量与具有计量单位的标准量在数值上进行比较，求取二者的比值，从而得到被测量数值大小的过程。其数学表达式为

$$x = A_x A_\theta \tag{1-1}$$

式中，x 为被测量；A_θ 为测量单位；A_x 为被测量的数值。

式（1-1）为测量的基本方程式。它说明被测量的数值大小与测量单位有关，测量单位越小，其数值越大。因此，一个完整的测量结果应包含被测量的数值 A_x 和所选测量单位 A_θ 两部分内容。

测量的目的是准确地获取表征被测对象特征的某些参数的定量信息，然而在测量过程中难免存在各种误差，因此测量结果不仅要能确定被测量的大小或与另一变量之间的相互关系，而且要说明其误差大小，给出可信程度。这就需要对实验结果进行数据处理与误差分析。只有这样，才能掌握被测对象的特性和规律，以控制某一过程，或对某事物做出决策。

综上所述，测量技术的含义包括下述过程：按照被测对象的特性选用合适的测量仪器与实验方法；通过对测量数据进行数据处理和误差分析准确得到被测量的数值，为提高测量精度而改进实验方法及测量仪器，从而为生产过程的自动化等提供可靠的依据。

2. 测量单位

通常将数值为 1 的某量称为该量的测量单位或计量单位。由于测量单位是人为定义的，它带有任意性、地区性和习惯性，所以单位的统一既是必要的又是艰难的，它将给人们的生活、生产和科学技术的发展带来极大的便利。早在秦朝，就有“统一度量衡”的创举。1984 年，国务院发布了《关于在我国统一实行法定计量单位的命令》，同时颁布了《中华人民共和国法定计量单位》，它以国际单位为基础并保留了一些暂时并用单位。

国际单位制（SI）是 1960 年的第十一届国际计量大会通过的，它包括 SI 单位、SI 词头和 SI 单位的十进制倍数单位。其中，SI 单位包括基本单位、辅助单位和导出单位。

基本单位有 7 个：长度、质量、时间、电流、热力学温度、物质的量和发光强度，它们都经过严格的定义，是国际单位制的基础。辅助单位有 2 个：平面角和立体角，辅助单位尚未规定属于基本单位还是导出单位，但是可以用来构成导出单位。导出单位是由基本单位根据选定的联系相应量的代数式组合起来的单位。此外，还有具有专门名称的单位（如牛顿）和用专门名称导出的单位。常见物理量的 SI 单位可查阅相关手册获得。单位的符号用拉丁字母表示，一般用小写体，但具有专门名称的单位符号一般用大

写体，符号后面都不加标点。

国际单位制规定了 SI 单位的十进制倍数单位和分数单位的词冠和符号，详情可查阅相关手册。

3. 测量方法的分类

测量方法是指将被测量与其单位进行比较的实验方法，按不同的分类方法进行分类可以得到不同的分类结果。

1）按测量过程的特点分类

（1）直接测量法。直接测量是针对被测量选用专用仪表进行测量，直接获取被测量数值的过程。如用温度计测量温度、用电位差计测量电势等。按照所用仪表和比较过程的特点可将直接测量法分为偏差法、零位法和微差法。

① 偏差法。用事先分度（标定）好的测量仪表进行测量，根据被测量引起显示器的偏移值直接读取被测量的数值。它是工程上应用最广泛的测量方法。

② 零位法。将被测量 x 与某一已知标准量 s 完全抵消，使作用到测量仪表上的效应等于零，如天平、电位差计等。由此可知，$x=s$，测量精度主要取决于标准量的精度，与测量仪表的精度无关。

③ 微差法。将零位法和偏差法结合起来，把被测量的大部分抵消，选用灵敏度较高的测量仪表测量剩余部分的数值，被测量便等于标准量和测量仪表的偏差值之和。如天平上的游标、电位差计上的毫伏表等。与偏差法相比，微差法可以得到较高的精度；与零位法相比，微差法可以省去微进程的标准量。

（2）间接测量法。用直接测量法测得与被测量有确切函数关系的一些物理量，然后通过计算求得被测量的数值的过程称为间接测量。例如，测量电压 U 和电流 I，从而求功率 $P=UI$ 的过程。

2）按测量仪表的特点分类

按测量仪表的特点进行分类，可将测量方法分为接触测量法和非接触测量法。

（1）接触测量法。传感器直接与被测对象接触，承受被测参数的作用，感受其变化，从而获得信号，并测量其信号大小的方法，称为接触测量法。例如，用体温计测量体温等。

（2）非接触测量法。传感器不与被测对象直接接触，而是间接承受被测参数的作用，感受其变化，从而获得信号，并测量其信号大小的方法，称为非接触测量法。例如，用辐射式温度计测量温度，用光电转速表测量转速等。非接触测量法不干扰被测对象，既可对局部点进行检测，又可对整体进行扫描。特别是对于运动对象、腐蚀性介质及危险场合的参数检测，非接触测量法更方便、更安全、更准确。

3）按测量对象的特点分类

按测量对象的特点进行分类，可将测量方法分为静态测量法和动态测量法。

（1）静态测量法。静态测量是指被测对象处于稳定情况下进行的测量。此时被测参数不随时间变化，故又称稳态测量。

(2) 动态测量法。动态测量是在被测对象处于不稳定情况下进行的测量。此时被测参数随时间变化。因此，动态测量必须在瞬时完成，才能得到动态参数的测量结果。

运动是绝对的。被测参数大多是随时间变化的，因此过程检测实际上是动态测量。但如果被测参数随时间变化得很缓慢，而测量所需的时间相对很短，那么可将其近似为静态测量。这种近似是产生测量误差的原因之一。

此外，从被测参数的分布来看，还有点参数测量法和场参数测量法。前者是指对被测对象某个局部点的参数进行测量，后者是指测量被测对象的某个参数的平面分布或空间分布。

动态测量和场参数测量属于专门的研究课题，本书仅考虑点参数测量。

4. 自动检测系统

现代社会中使用的测量方法大部分是由自动检测系统实现的。检测和测量是两个不同的概念。检测（Detection）是利用各种物理、化学反应，选择合适的方法与装置，将生产、科研、生活等各方面的有关信息通过检查与测量的方法赋予定性或定量结果的过程。能够自动地完成整个检测处理过程的系统就是自动检测系统。

自动检测系统目前多针对非电量使用电测量的方法进行检测，即首先将各种非电量转换为电量，然后经过一系列的处理将非电量显示出来或按照要求输出执行。自动检测系统的框图如图 1.1 所示。

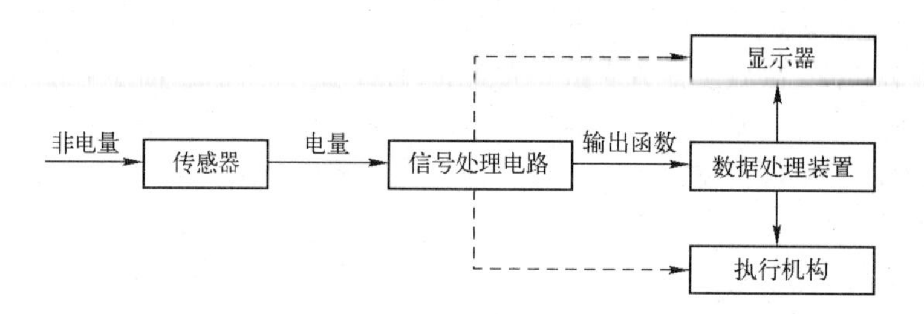

图 1.1　自动检测系统的框图

(1) 传感器。传感器在自动检测系统中就是把被测的非电量转换成电量的元器件。

(2) 信号处理电路。它把传感器输出的电量变成具有一定要求的电压或电流信号，再驱动执行机构、显示器等。

(3) 显示器。显示器有很多种，也是自动检测系统常见的输出方式，主要有模拟显示器、数字显示器、图像显示器及记录仪。模拟显示是指针对标尺的相对位置的读数；数字显示是指用 LED 发光数码管或 LCD 液晶屏显示；而图像显示主要是指用 CRT 或 LCD 屏幕显示被测量参数的曲线图表；记录仪用来记录被测量的动态变化过程，如笔式记录仪、光线示波器、磁带记录仪、快速打字机等。

(4) 数据处理装置。数据处理装置用来对测试所得的实验数据进行处理、运算、逻辑判断、线性变换，对动态测试结果进行频谱分析、相关分析等，完成这些工作必须采用计算机技术，现在，很多嵌入式设备内部多使用专用的 DSP 芯片。

数据处理结果通常被送到显示器和执行机构中去，以显示运算处理的各种数据或控制各种被控对象。在不带数据处理装置的自动检测系统中，显示器和执行机构也可以由信号处理电路直接驱动，如图 1.1 中的虚线所示。

(5) 执行机构。所谓执行机构，通常指各种继电器、电磁铁、电磁阀门、电磁调节阀、伺服电动机等，它们是电路中起通断、控制、调节、保护等作用的电气设备。许多检测系统能输出与被测量有关的电流或电压信号，作为自动检测系统的控制信号去驱动这些执行机构。

1.2.2 传感器的基本知识

1. 传感器的定义及组成

传感器是一种以测量为目的，以一定的精确度把被测量转换为与之有确定对应关系、便于处理和应用的某种物理量的测量装置。传感器的输出信号多为易于处理的电量，如电压、电流、频率等。

依照我国国家标准的规定，传感器的定义是：能感受被测量并按照一定的规律将其转换成可用输出信号的器件或装置，通常由敏感元件和转换元件组成。其中，敏感元件是指传感器中能直接感受或响应被测量的部分；转换元件是指传感器中能将敏感元件感受或响应的被测量转换成便于传输或测量的电信号部分。

传感器的定义包含以下几方面。

① 传感器是一种测量装置，能完成检测任务。

② 它的输入量是某一被测量，可能是物理量，也可能是化学量或生物量等。

③ 它的输出量是某种物理量，可以是气、光、电量，但主要是电量。

④ 输出和输入有对应关系，且应有一定的精确程度。

从广义角度出发，传感器指在电子检测控制设备输入部分中起检测信号作用的组件。

使用传感器实现非电量的检测具有以下优点。

① 可进行微量检测，精度高，反应速度快。

② 可实现远距离遥测及遥控。

③ 可实现无损检测，安全、可靠。

④ 能连续进行测量、记录及显示。

⑤ 能采用计算机技术对测量数据进行运算、存储及处理。

传感器一般由敏感元件、转换元件、转换电路 3 部分组成，传感器组成框图如图 1.2 所示。

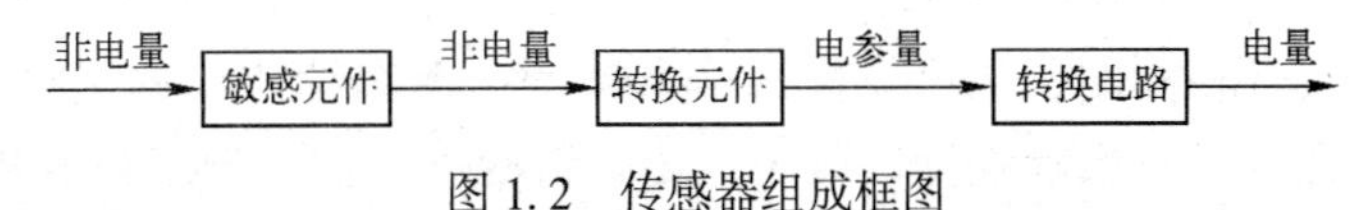

图 1.2 传感器组成框图

(1) 敏感元件。敏感元件是直接感受被测量，并输出与被测量构成确定关系、更易于转换为某一物理量的元器件。图 1.3 所示为压力传感器示意图。膜盒的下半部分与壳体固定连接，上半部分通过连杆与磁芯相连，磁芯被置于两个电感线圈中，电感线圈被接入转换电路。这里的膜盒就是敏感元件，其外部与大气压力 P_a 相通，其内部感受被测压力 P。当 P 变化时，会引起膜盒上半部分移动，输出相应的位移量。

（2）转换元件。敏感元件的输出就是转换元件的输入，它把输入转换成电路参数量。在图 1.3 中，转换元件是电感线圈，它把输入的位移量转换成电感的变化。

（3）转换电路。将上述电参量接入转换电路，便可将其转换成电量输出。

应该指出，不是所有的传感器都是由以上 3 部分组成的。最简单的传感器是由一个敏感元件（兼转换元件）组成的，它感受被测量时直接输出电量，如热电偶传感器。有些传感器由敏感元件和转换元件组成，而不包含转换电路，如压电式加速度传感器，其中，质量块是敏感元件，压电片（块）是转换元件。有些传感器的转换元件多于一个，要经过若干次转换。另外，一般情况下，转换电路的后续电路，如信号放大、处理、显示等电路不应该包括在传感器的组成范围之内。

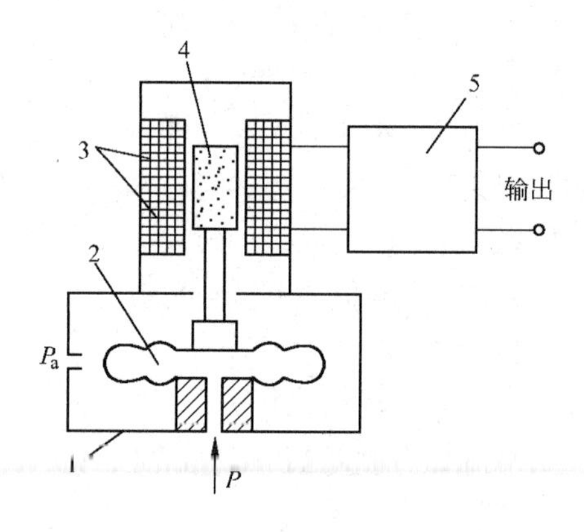

1—壳体；2—膜盒；3—电感线圈；4—磁芯；5—转换电路

图 1.3　压力传感器示意图

2. 传感器的分类

目前传感器主要有以下几种分类方法。

（1）按被测量分类。可将传感器分为位移、力、力矩、转速、振动、加速度、温度、压力、流量、流速等类别。

（2）按测量原理分类。可将传感器分为电阻、电容、电感、光栅、热电偶、超声波、激光、红外、光导纤维等类别。

按传感器转换原理分类给出各类传感器的名称及典型应用，如表 1.1 所示。各种传感器由于原理、结构不同，使用环境、条件、目的不同，其技术指标可能也不相同，但是有些要求基本上是相同的，如可靠性、静态精度、动态性能、抗干扰能力、通用性、小的轮廓尺寸、低成本、低能耗等，其中，传感器的可靠性、静态精度和动态性能是基本要求。

表 1.1　传感器分类表

<table>
<tr><th colspan="2">传感器分类</th><th rowspan="2">转换原理</th><th rowspan="2">传感器名称</th><th rowspan="2">典型应用</th></tr>
<tr><th>转换形式</th><th>中间参量</th></tr>
<tr><td rowspan="12">电参数</td><td rowspan="2">电阻</td><td>移动电位器触点改变电阻</td><td>电位器传感器</td><td>位移</td></tr>
<tr><td>改变电阻丝或片的尺寸</td><td>电阻丝应变传感器、半导体应变传感器</td><td>微应变、力、负荷</td></tr>
<tr><td rowspan="5">电阻</td><td rowspan="3">利用电阻的温度效应（电阻温度系数）</td><td>热丝传感器</td><td>气流速度、液体流量</td></tr>
<tr><td>电阻温度传感器</td><td>温度、辐射热</td></tr>
<tr><td>热敏电阻式传感器</td><td>温度</td></tr>
<tr><td>利用电阻的光敏效应</td><td>光敏电阻式传感器</td><td>光强</td></tr>
<tr><td>利用电阻的湿敏效应</td><td>湿敏电阻式传感器</td><td>湿度</td></tr>
<tr><td rowspan="2">电容</td><td>改变电路的几何尺寸</td><td rowspan="2">电容式传感器</td><td>力、压力、负荷、位移</td></tr>
<tr><td>改变电容的介电常数</td><td>液位、厚度、含水量</td></tr>
<tr><td rowspan="3">电感</td><td>改变磁路的几何尺寸、导磁体位置</td><td>电感式传感器</td><td>位移</td></tr>
<tr><td>涡流去磁效应</td><td>涡流传感器</td><td>位移、厚度、硬度</td></tr>
<tr><td>压磁效应</td><td>压磁传感器</td><td>力、压力</td></tr>
<tr><td rowspan="9">电参量</td><td rowspan="3">电感</td><td rowspan="3">改变互感</td><td>差动变压器</td><td>位移</td></tr>
<tr><td>自整角机</td><td>位移</td></tr>
<tr><td>旋转变压器</td><td>位移</td></tr>
<tr><td rowspan="3">频率</td><td rowspan="3">改变谐振回路中的固有参数</td><td>振弦式传感器</td><td>压力、力</td></tr>
<tr><td>振筒式传感器</td><td>气压</td></tr>
<tr><td>石英谐振传感器</td><td>力、温度等</td></tr>
<tr><td rowspan="3">计数</td><td>利用莫尔条纹</td><td>光栅</td><td rowspan="3">大角位移、大直线位移</td></tr>
<tr><td>改变互感</td><td>感应同步器</td></tr>
<tr><td>利用数字编码</td><td>角度编码器</td></tr>
<tr><td rowspan="6">电量</td><td rowspan="4">电势</td><td>温差电势</td><td>热电偶</td><td>温度、热流</td></tr>
<tr><td>霍尔效应</td><td>霍尔式传感器</td><td>磁通、电流</td></tr>
<tr><td>电磁感应</td><td>磁电传感器</td><td>速度、加速度</td></tr>
<tr><td>光电效应</td><td>光电池</td><td>光强</td></tr>
<tr><td rowspan="2">电荷</td><td>辐射电离</td><td>电离室</td><td>离子计数、放射性强度</td></tr>
<tr><td>压电效应</td><td>压电式传感器</td><td>动态力、加速度</td></tr>
</table>

3. 传感器的基本特性

传感器的特性主要是指输出与输入之间的关系，有静态和动态之分。静态特性是指当输入量为常量或变化极慢时，即被测量各个值处于稳定状态时的输入与输出之间的关系。动态特性是指输入量随时间变化的响应特性。由于动态特性的研究方法与控制理论中介绍的研究方法相似，因此不再重复，这里仅介绍传感器静态特性的一些指标。

研究传感器时通常希望输出与输入成线性关系，但由于存在误差因素和外界影响等，输入与输出不会完全符合线性关系的要求。传感器输入/输出作用图如图 1.4 所示。图 1.4 中的误差因素就是衡量传感器静态特性的主要技术指标。

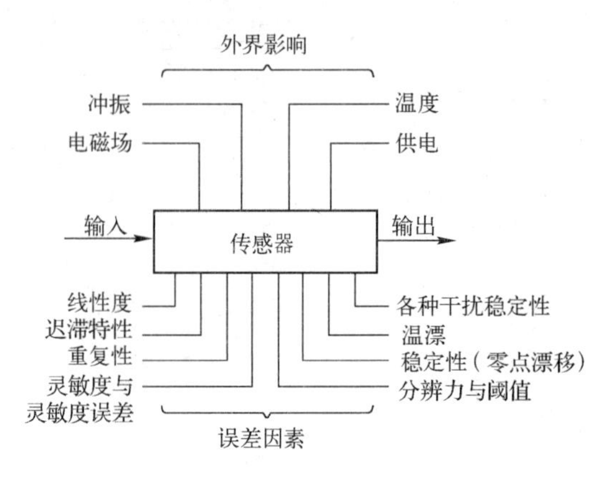

图 1.4　传感器输入/输出作用图

1）*灵敏度与灵敏度误差*

传感器在稳态标准条件下输出的变化量 Δy 与引起该变化量的输入的变化量 Δx 的比值称为灵敏度，用 K 表示，其表达式为

$$K=\frac{\text{输出的变化量}}{\text{输入的变化量}}=\frac{\Delta y}{\Delta x} \tag{1-2}$$

由此可见，线性传感器的特性斜率处处相同，灵敏度 K 为常数。以拟合直线作为其特性的传感器的灵敏度也为常数，与输入量的大小无关。

某些原因会引起灵敏度发生变化，产生灵敏度误差。灵敏度误差用相对误差表示，即

$$\gamma_s=\frac{\Delta K}{K}\times 100\% \tag{1-3}$$

2）*线性度*

静态特性曲线可通过实际测量获得，在得到静态特性曲线后，为了标定和处理数据时方便，希望得到线性关系。这时可采用各种方法进行线性化处理，一般在非线性误差不太大的情况下，总是采用直线拟合的办法来进行线性化处理。

线性度也称非线性误差，是指传感器的实际输出的特性曲线与拟合直线（也称理论直线）之间的最大偏差与传感器满量程输出的百分比，如图 1.5 所示。它常用相对误差 γ_L 来表示，即

$$\gamma_L=\frac{\Delta L_{max}}{y_{max}-y_{min}}\times 100\% \tag{1-4}$$

式中，ΔL_{max}——非线性最大偏差；

$y_{max}-y_{min}$——输出范围。

拟合直线的选取有多种方法，常用的拟合方法有理论拟合、过零旋转拟合、端点拟合、端点平移拟合、最小二乘拟合等。选择拟合直线的主要出发点是获得最小的非线性

误差，此外，还要考虑使用起来是否方便，计算是否简便。图 1.5 选取的是端点拟合方法，即将传感器的输出起始点与满量程点连接起来的直线作为拟合直线，因此得出的线性度称为端点线性度。

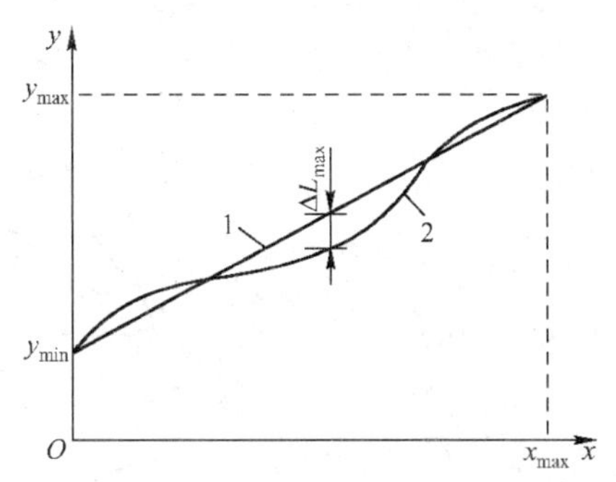

1—拟合直线；2—实际输出的特性曲线

图 1.5　传感器线性度示意图

设计者和使用者都认为非线性误差越小越好，即希望仪表的静态特性曲线近似于直线，这是因为线性仪表的分布是均匀的，容易标定，也不容易引起读数误差。自动检测系统的线性误差多采用计算机来修正。

3）迟滞特性

传感器在正（输入量增大）、反（输入量减小）行程中输入特性曲线与输出特性曲线不重合的现象称为迟滞特性，如图 1.6 所示，它一般由实验方法获得，其表达式为

$$\gamma_{\mathrm{H}}=\pm\frac{1}{2}\frac{\Delta H_{\max}}{y_{\max}}\times100\% \tag{1-5}$$

式中，$\Delta H_{\max}$——正、反行程中输出的最大差值；

$y_{\max}$——满量程输出。

必须指出，正、反行程中的输入特性曲线与输出特性曲线是不重合的，反行程特性曲线的终点与正行程特性曲线的起点也不重合。迟滞会导致分辨力变差，或造成测量盲区，因此在一般情况下，迟滞越小越好。

4）重复性

重复性是指传感器在输入按同一方向进行全量程连续多次变动时所得的特性曲线不一致的程度。图 1.7 所示为重复特性示意图，正行程的最大重复性偏差为 $\Delta R_{\max1}$，反行程的最大重复性偏差为 $\Delta R_{\max2}$。重复性误差取这两个最大偏差中较大的一个，即 $\Delta R_{\max}$，再以其与满量程输出 $y_{\max}$ 的百分比表示，即

$$\gamma_{R}=\frac{\Delta R_{\max}}{y_{\max}}\times100\% \tag{1-6}$$

5）分辨力与阈值

分辨力是指传感器能检测到的被测量的最小增量。分辨力可用绝对值表示，也可用传感器能检测到的被测量的最小增量与满量程的百分比表示。当被测量的变化小于分辨力时，传感器对输入量的变化无任何反应。

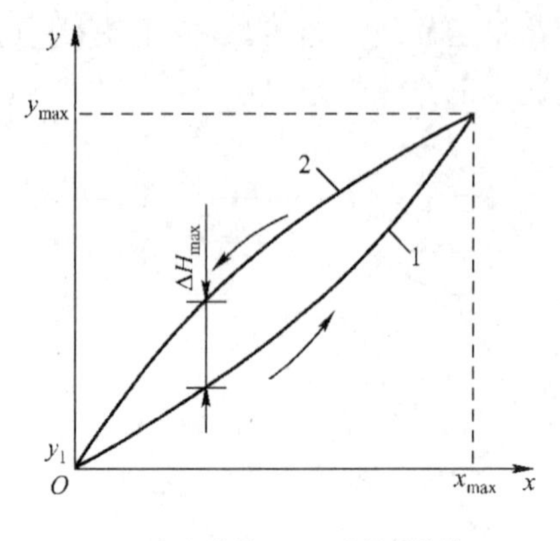

1—正行程特性；2—反行程特性

图 1.6　迟滞特性示意图

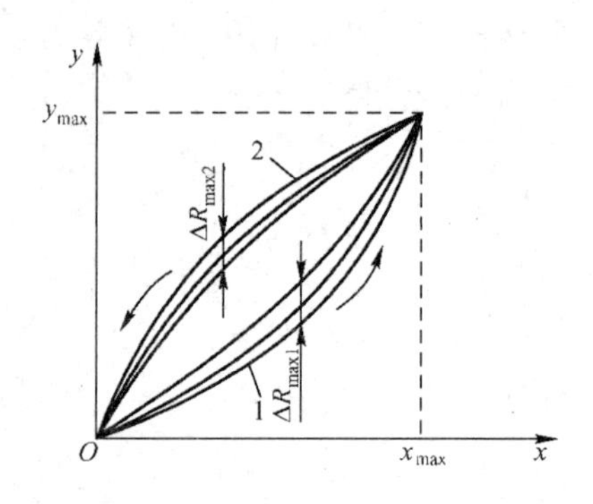

图 1.7　重复特性示意图

在传感器输入零点附近的分辨力称为阈值。

对数字仪表而言，如果没有其他附加说明，一般认为该仪表的末位数值就是该仪表的分辨力。

6）稳定性

稳定性包括稳定度和环境影响量两方面。稳定度是指传感器在所有条件均不变的情况下，能在规定的时间内维持其示值不变的能力。稳定度以示值的变化量与时间的比值来表示。例如，某传感器中仪表输出电压在 4h 内的最大值为 1.2mV，则用 1.2mV/4h 表示其稳定度。

环境影响量是指由外界环境变化而引起的示值的变化量。示值变化量受两个因素影响：零点漂移和灵敏度漂移。零点漂移是指在受外界环境影响后，已调零的仪表的输出不再为零。一般漂移的现象在测量前是可以发现的，应重新调零，但在不间断测量的过程中，零点漂移是附加在读数上的，因此很难发现。带微机的智能化仪表可以定时自动暂时切断输入信号，测出此时的零点漂移值，恢复测量后，从测量值中减去零点漂移值，相当于重新调零。灵敏度漂移会使仪表的输入与输出的特性曲线的斜率发生变化。

造成环境影响量的因素有很多，我们应予以重视，使传感器对外界的各种干扰有较强的抵抗能力。

1.2.3　传感器的信号处理电路

传感器的信号处理与传感器接口电路是相互关联、不可分割的两部分，传感器接口电路通常具有一定的信号处理功能，以实现信号处理。

1. 数据采集系统的组成

传感器输出信号经预处理变为模拟电压信号后，需转换成数字量方能进行数字显示或被传送给计算机。这种模拟信号数字化的过程称为数据采集。

典型的数据采集系统由传感器、放大器、模拟多路开关（MUX）、采样保持器、A/D 转换器、计算机和数字逻辑电路组成。根据它们在电路中的位置可分为同时采集、高速采集、分时采集和差动结构 4 种配置，如图 1.8 所示。图 1.8（a）为同时采集的系统配置方案，可对各通道传感器输出量进行同时采样保持、分时转换和存储，可保证获得各采样点同一时刻的模拟量。图 1.8（b）为分时采集的系统配置方案，这种系统的价格便宜，具有通用性，传感器与仪表放大器匹配灵活，有的已实现集成化，在高精度、高分辨率的系统中，可降低放大器和 A/D 转换器的成本，但对 MUX 的精度的要求很高，因为输入的模拟量往往是微伏级的。这种系统每采样一次便进行一次 A/D 转换，送入内存后才能进行下一次采样。这样，每个采样点的两次采样值间存在一段时差（几十微秒到几百微秒），从而使各通道采样值在时间轴上产生扭斜现象。输入通道数越多，扭斜现象越严重，因此分时采集不适用于采集高速变化的模拟量。图 1.8（c）为高速采集的系统配置方案，对多个模拟信号的同时测量和实时测量很有必要。显然，图 1.8（a）和图 1.8（b）中的两种方案的成本较高，但是在 8 ～ 10 位以下的较低精度的系统中，在经济上较为划算。当各输入信号以一个公共点为参考点时，公共点可能与放大器和 A/D 转换器的参考点处于不同电位，从而引入干扰电压 U_N，造成测量误差。采用如图 1.8（d）所示的差动结构可抑制共模干扰，其中，MUX 可采用双输出器件，也可用两个 MUX 并联。

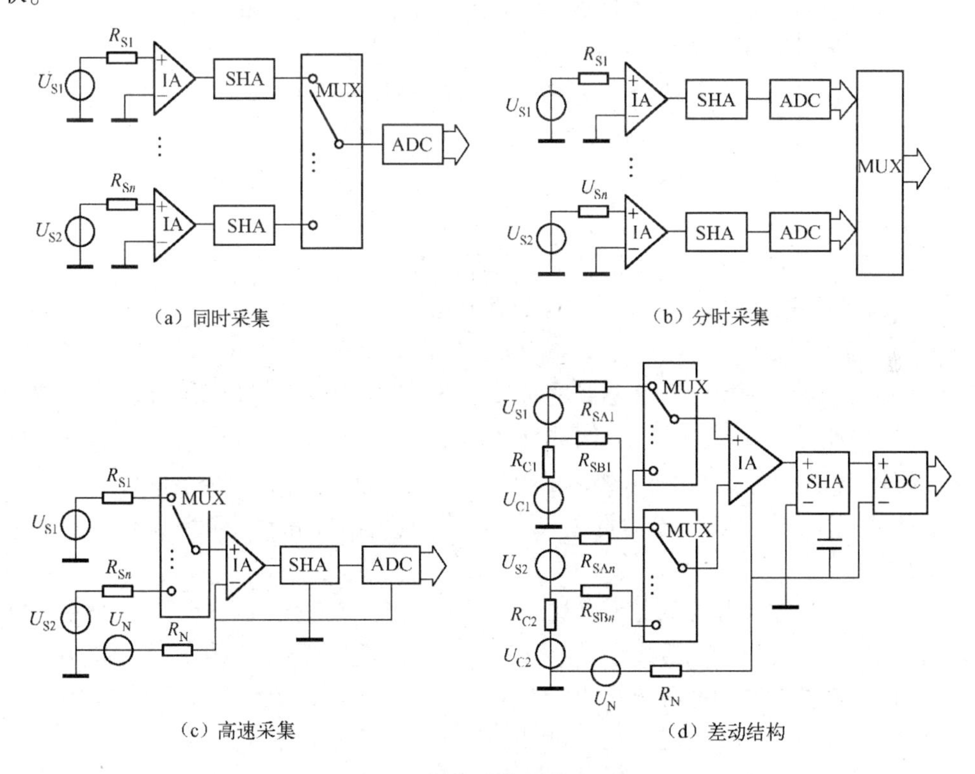

图 1.8　数据采集系统的配置

2. 传感器输出信号的特点和预处理方法

1）传感器输出信号的特点

传感器输出信号一般比较微弱，所以信号检测通常要经过放大器，以增大信号幅值，从而适应进一步处理的要求。在各种仪器仪表和控制系统中，与被测量或被控量有关的参量往往是一些与时间成连续函数关系的模拟量，如温度、压力、流量、速度、位移等。在数字化测量及数字处理系统中，尤其是在采用微机进行实时数据处理和实时控制时，加工的信息总是数字量，所以需要将输入的模拟量转换成数字量。另外，在实际应用中，有些因素会影响测量系统或测量装置的精度和线性度，使传感器输出信号产生误差，因此需要采取相应的措施加以补偿。

2）传感器输出信号的预处理方法

由于待检测的非电量种类繁多，传感器的工作原理也各不相同，因此当待检测物理量作用于传感器后，传感器输出的信号种类是各式各样的。例如，按输出能量形式可分为有源型和无源型；按输出的变化形式可分为模拟式、数字式、开关式等。在诸多种类的传感器输出信号中，绝大多数传感器输出信号不能直接作为进行 A/D 转换的输入量，必须通过各种预处理电路将传感器输出信号转换成统一的电压信号。我们将这种信号转换称为预处理。传感器输出信号的形式不同，其预处理的方法也各不相同。

（1）开关量信号预处理的方法。

当输入传感器的物理量小于某阈值时，传感器处于“关”的状态，而当输入量大于该阈值时，传感器处于“开”的状态，这类传感器称为开关式传感器。实际上，由于输入信号总存在噪声叠加成分，使传感器不能在阈值点准确地发生跃变。另外，无触点式传感器的输出也不是理想的开关特性，而具有一定的线性过渡。因此，为了消除噪声并改善特性，常接入具有迟滞特性的电路，称其为鉴别器，或称为脉冲整形电路，多使用施密特触发器。

（2）模拟脉冲式传感器输出信号的预处理方法。

① 峰值脉冲式传感器输出信号的预处理方法。

不少传感器在受输入冲击时，其输出信号呈指数级衰减，若直接进行 A/D 转换，必将导致错误结果。因此，在传感器后面接脉冲限幅电路，使输出变成窄脉冲，方可采用峰值保持电路进行脉冲扩展，以便进行 A/D 转换。如图 1.9 所示，U_S 表示峰值脉冲式传感器输出信号波形，U_C 为限幅后的波形，U_H 为经峰值保持电路后的波形。

② 脉冲宽度式传感器（简称脉宽式传感器）输出信号和脉冲间隔式传感器输出信号的预处理方法。

脉宽式传感器输出脉冲的宽度受被测量调制，与被测量的大小成正比，如采用脉冲调宽电路的电容式传感器的输出信号。脉冲间隔式传感器受到一次输入作用便会产生两个脉冲，两个脉冲的时间间隔与被测量成正比，如应变式扭矩传感器、超声波测距等，这两类信号都是时间间隔信号，在时间间隔大于微秒级时，可将其作为门控信号，用数字计数器计数。另一种方法是利用时间/峰值转换电路（TAC）将时间间隔转换成电压峰值，再进行 A/D 转换，时间间隔预处理原理如图 1.10 所示。

TAC 的工作过程是：输入第一个脉冲 P_1 后，产生一个自零点起以一定斜率直线增大（积分）的电压信号；第二个脉冲 P_2 到来后，电压值停止增大，并保持 T_H 时的大小，此时完成 A/D 转换。显然，电压峰值正比于时间间隔。

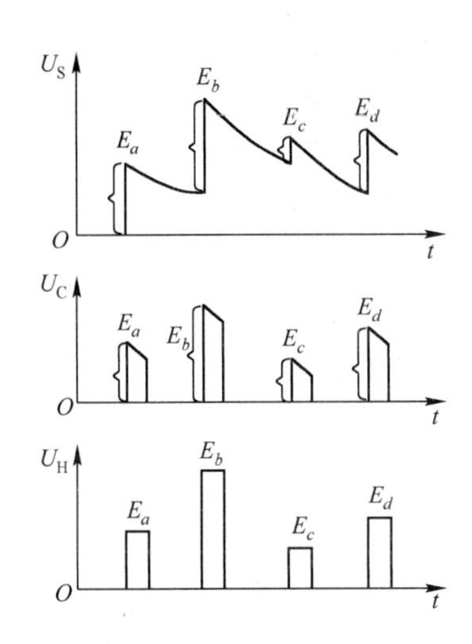

图 1.9　峰值脉冲式传感器输出信号的预处理

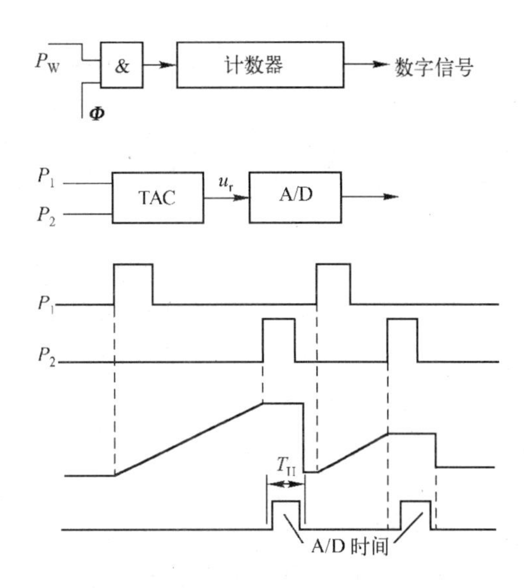

图 1.10　时间间隔预处理原理

(3) 模拟连续式传感器输出信号的预处理方法。

模拟连续式传感器的输出参量可以归纳为 5 种形式：电压、电流、电阻、电容和电感。这些输出参量必须先转换成电压信号，再进行放大处理及带宽处理，才能进行 A/D 转换。模拟连续式传感器输出信号的预处理体系如图 1.11 所示。可见，数字式万用表已包括预处理、数据采样与 A/D 转换等功能电路。

模拟连续式传感器分为有源型（能量转换型）和无源型（能量控制型）两大类。有源型传感器将被测量转换成电能，以电压或电流的形式输出，如热电偶、光电池等。电压量可直接放大，电流量则需经电流/电压转换电路之后才能放大。无源型传感器则由外电源驱动，在输入量控制下输出电能，如电阻式（应变片、光敏电阻、热电阻、热敏电阻）传感器、电容式传感器、电感式传感器、霍尔元件等。

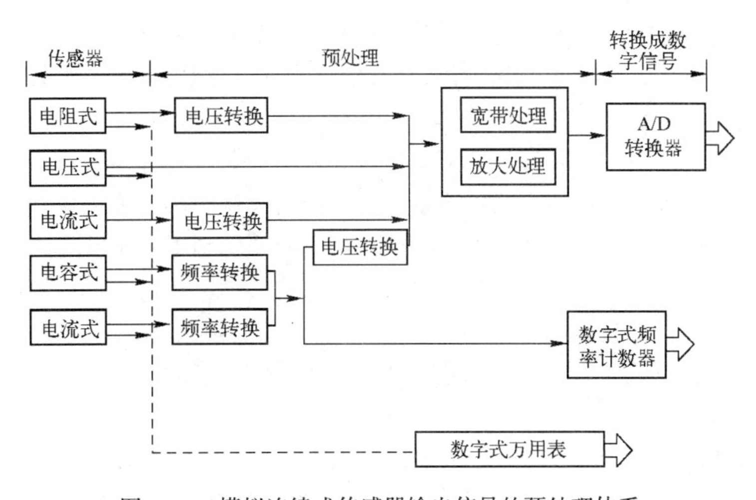

图 1.11　模拟连续式传感器输出信号的预处理体系

电阻式传感器常用交流电桥、直流电桥将电阻变化转换为电压变化。

电感式和电容式传感器信号常用交流电桥或谐振电路进行预处理。交流电桥的输出为调幅信号，谐振电路的输出有调幅信号和调频信号两种，差动变压器的输出也是调幅信号，它们要经检波或鉴频后才能变成直流电压信号，然后进行 A/D 转换。调频信号还可以直接用数字式频率计数器计数。

（4）频率变化式传感器输出信号的预处理方法。

频率变化式传感器包括模拟式传感器（如石英晶体频率式温度传感器）和脉冲重复频率式传感器（如光敏或磁敏非接触式转速计等），可用鉴频器或数字式频率计数器进行预处理。

（5）数字电量式传感器输出信号的预处理方法。

① 数字脉冲式传感器输出信号的预处理方法。这类传感器可直接将输出脉冲经整形电路后接至数字式频率计数器上，便可得到数字信号。

② 数字编码式传感器输出信号的预处理方法。数字编码式传感器又称作代码式传感器。通常采用格雷码而不用二进制码（8421），以避免在两种码数的交界处产生计数错误。因此，需要将格雷码转换成二进制码或二—十进制码。

1.2.4 测量误差及分类

1. 测量误差的分析

1）测量误差的定义

测量的目的是得到被测量的真值（实际值）。但由于检测系统（仪表）无法达到绝对精确、测量原理有局限性、测量方法不尽完善、环境因素和外界干扰，以及测量过程可能会影响被测对象的原有状态等因素的存在，所以测量结果不能准确地反映被测量的真值，可能存在一定的偏差，此偏差就是测量误差。

2）真值

一个严格定义的量的理论值通常称为理论真值，如三角形的三个内角和为 180°等。由于许多被测量的理论真值在实际工作中难以获得，所以通常用约定真值或相对真值来代替理论真值。

（1）约定真值。根据国际计量委员会通过并发布的各种物理参量单位的定义，利用当今的先进科学技术复现这些实物单位基准，其值被公认为国际或国家基准，称为约定真值。例如，保存在国际计量局的 1kg 的铂铱合金原器就是 1kg 质量的约定真值。在各地的实践中，通常用这些约定真值代替真值进行量值传递，也可对低一等级的标准量值（标准器）或标准仪器进行比对、计量和校准。各地可将经过上级法定计量部门按规定定期送检、校验过的标准器或标准仪器及其修正值作为当地相应物理参量单位的约定真值。

（2）相对真值。如果高一级检测仪器（计量器具）的误差仅为低一级检测仪器误差的 1/3 ～ 1/10，则可认为前者是后者的相对真值。例如，高精度石英钟的计时误差通常比普通机械闹钟的计时误差小 1 个数量级以上，因此可视高精度石英钟为普通机械闹钟的相对真值。

（3）标称值。计量或测量器具上标注的量值称为标称值。如天平的砝码上标注的 1g，精密电阻器上标注的 100Ω 等。由于制造工艺的不完备或环境条件发生变化，所以这些计量或测量器具的实际值与其标称值之间存在一定的误差，具有不确定性，通常需要根据精度等级或误差范围进行估计。

（4）示值。检测仪器（或系统）指示或显示的被测参量的数值称为示值，也叫测量值或读数。由于传感器无法达到绝对精确，信号处理、A/D 转换不可避免地存在误差，加上测量时环境因素、外界干扰的存在，以及测量过程可能会影响被测对象的原有状态等，所以示值与实际值之间存在偏差。

3）测量误差的分类

从不同的角度，测量误差有不同分类方法。

如按误差的表示方法来分，可将测量误差分为以下几类。

① 绝对误差。测量值 A_x 与被测量真值 A_0 之间的差值称为绝对误差，用 Δx 表示，即

$$\Delta x = A_x - A_0 \tag{1-7}$$

由式（1-7）可知，绝对误差的单位与被测量的单位相同，且有正、负之分。用绝对误差表示仪表的误差大小也比较直观，它被用来说明测量结果接近被测真值的程度。在实际使用中无法得到被测真值 A_0，只能用利用更精确的测量方法测得的值 X_0 来代替 A_0，则式（1-7）可写成

$$\Delta x = A_x - X_0 \tag{1-8}$$

绝对误差不能作为衡量测量精确度的标准，如用一个电流表测量 200A 的电流，绝对误差为+1A，而用另一个电流表测量 10A 的电流，绝对误差为+0.5A，前者的绝对误差大于后者，但绝对误差对测量结果的影响却是后者大于前者，即两者的测量精确度相差很大，由此引出了相对误差的概念。

② 相对误差。所谓相对误差，是指绝对误差 Δx 与被测量的约定真值的百分比。用相对误差比用绝对误差能更确切地说明测量结果的准确程度。在实际测量中，相对误差有 3 种表示方法。

- 实际相对误差：实际相对误差是指绝对误差 Δx 与被测真值 A_0 的百分比，用 γ_A 表示，即

$$\gamma_A = \frac{\Delta x}{A_0} \times 100\% \tag{1-9}$$

- 示值（标称）相对误差：示值相对误差是指绝对误差 Δx 与被测量的值 A_x 的百分比，用 γ_x 表示，即

$$\gamma_x = \frac{\Delta x}{A_x} \times 100\% \tag{1-10}$$

- 引用（满度）相对误差：引用相对误差是指绝对误差 Δx 与仪表满度值 A_m 的百分比，用 γ_m 表示，即

$$\gamma_m = \left|\frac{\Delta x}{A_m}\right| \times 100\% \tag{1-11}$$

由于γ_m是用绝对误差Δx与一个常量A_m（量程上限）的百分比表示的，所以γ_m实际上给出的是绝对误差，这也是应用最多的表示方法。当Δx取最大值（Δm）时，其满度相对误差常用来确定仪表的精度等级S。目前，我国的电工仪表精度分为七级：0.1、0.2、0.5、1.0、1.5、2.5、5.0。例如，5.0级仪表的满度相对误差的最大值不超过仪表量程上限的5%。由于式（1-11）中的分子、分母均由仪表本身的性能决定，所以满度相对误差是衡量仪表性能优劣的一种简便实用的方法。

如按误差的性质来分，则可将测量误差分为以下几类。

① 系统误差。在相同条件下，多次重复测量同一被测参量时，其测量误差的大小和符号保持不变，或在条件改变时，误差按某一确定的规律变化，这种测量误差称为系统误差。误差值恒定不变的系统误差又称为定值系统误差，误差值变化的系统误差则称为变值系统误差。变值系统误差又可分为累进性、周期性及按复杂规律变化3种类型。

测量结果的准确度由系统误差表征，系统误差越小，则测量结果的准确度越高。

② 随机误差。在相同条件下重复测量同一被测参量时，测量误差的大小与符号的变化无关，这类误差称为随机误差。随机误差主要是由检测仪器或测量过程中某些未知或无法控制的随机因素（如仪器的某些元器件的性能不稳定、外界温度和湿度的变化、电磁波扰动、电网的畸变与波动等）综合作用导致的。随机误差的变化通常难以预测，因此也无法通过实验方法确定、修正和消除。但是通过足够多的测量比较可以发现随机误差服从哪种统计规律（如正态分布、均匀分布、泊松分布等）。

通常用精密度表征随机误差的大小。精密度越低，随机误差越大；反之，随机误差越小。

③ 粗大误差。粗大误差是指明显超出规定条件下预期的误差。其特点是误差数值大，明显歪曲了测量结果。粗大误差一般由外界重大干扰、仪器故障、不正确的操作等引起。存在粗大误差的测量值称为异常值或坏值，一般很容易被发现，发现后应立即将其剔除。也就是说，正常的测量数据应是剔除了粗大误差的数据。我们通常研究的测量结果误差中仅包含系统误差和随机误差。

按被测参量与时间的关系，测量误差可分为静态误差和动态误差两大类。通常情况下，将被测参量不随时间变化时所测得的误差称为静态误差；将被测参量随时间变化时所测得的附加误差称为动态误差。动态误差是由检测系统对输入信号变化响应的滞后或输入信号中不同频率的成分通过检测系统时受到不同的衰减和延迟而造成的误差。动态误差的大小为动态测量和静态测量所测得的误差值的差值。

2. 系统误差的处理

1）系统误差的分类及产生原因

产生系统误差的原因主要有：检测时所用的传感器、仪表本身的性能有限；检测系统的安装、布置、调整不当；测量者的视觉差异；测量环境条件（如温度、压力等）变化；测量方法不完善；测量依据的理论不完善等。按照系统误差（简称系差）的性质可将其分为已定系差和未定系差两大类。

(1) 已定系差，是指在测量过程中误差大小和符号都不变的系差。

(2) 未定系差，是指在测量过程中误差大小和符号变化不定，或按一定规律变化的系差。按其变化规律又可将其分为如下几类。

① 线性变化（或累进变化）系差。它是在测量过程中随着时间或测量次数的增加，按一定比例不断增大或不断减小的误差。

② 周期性变化的系差。它是指数值和符号按周期性规律变化的误差。

③ 按复杂规律变化的系差。它不是简单地按线性或周期性规律变化，而是按较复杂的规律变化。

2) 系统误差的发现

(1) 已定系差的检验。已定系差不影响剩余误差的计算，即不影响测量结果的精密度，因此在处理随机误差时很难发现。一般采用改变测量条件得到的多次测量结果进行比较，以确定其存在与否。

(2) 未定系差的发现。可以使用剩余误差观察法观察一系列等精度测量的剩余误差的数值符号，若数值有规律地递增或递减，且开始和末尾的数值的符号相反，则判定有线性系差；若其符合正负交替、变化多次的规律，则判定有周期性系差。

3) 消除或减弱系统误差的测量方法

(1) 已定系差的消除方法。

① 替代法。在测量未知量后，记下读数，再测可调的已知量，使仪表的读数与上次相同，此时未知量等于已知量。

② 相消法及交校法。适当安排测量方法，对同一量进行两次测量，使已定系差在两次测量中的方向相反，取两次读数的算术平均值。

(2) 未定系差的消除方法。

① 用对称观测法（又称等距观测法）消除线性系差。

② 采用补偿法消除因某个条件变化或仪器的某个环节的非线性引起的变化系差。

③ 对周期性变化的系差，只要对读数相隔半周期的两次测量值取算术平均值，便可消除周期性变化的系差。

4) 随机误差的处理

(1) 随机误差的特性。

实践中常见的随机误差分布是正态分布。如图 1.12 所示，正态分布曲线有以下几个特性。

① 对称性，即绝对值相等的正误差和负误差出现的概率相等。

② 单峰性，即只有一个峰值。峰值就是概率密度的极大值。峰值在随机误差的纵轴上。该特性说明绝对值小的误差出现的概率大，而绝对值大的误差出现的概率小。

③ 互抵性，对一系列等精度的 n 次测量，当 $n\to\infty$ 时，各次测量的随机误差 δ_i 的代数和等于零。这是曲线对称、正负误差可以抵消的必然结果。

④ 有界性，绝对值很大的误差出现的概率趋近于零，即误差的绝对值实际上不会超过某个限值。

根据正态分布的概率积分可得，当一组测量值的标准误差取 σ 的 C 倍时，置信系数与置信度的关系如表 1.2 所示。C 为置信系数；C_σ 为置信限；$\pm C_\sigma$ 为置信区间；P 为置信概率或置信度。

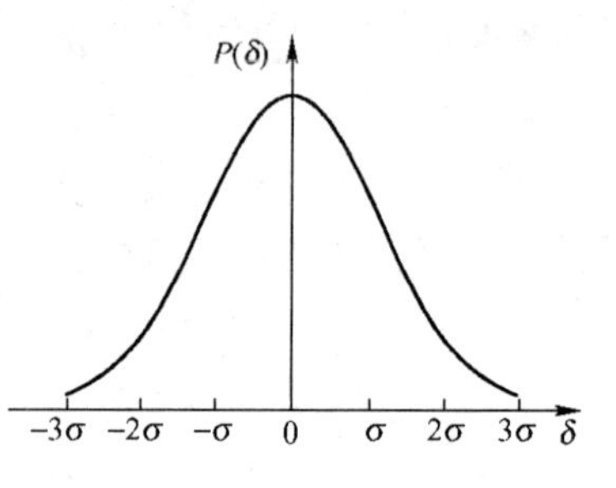

图 1.12　正态分布曲线

由表 1.2 可以看出，对一组既无系统误差也无粗大误差的等精度测量，当置信区间取$\pm 2\sigma$ 或$\pm 3\sigma$ 时，误差值落在该区间外的可能仅有 5%或 0.3%。因此，人们常把$\pm 2\sigma$ 或$\pm 3\sigma$ 称为极限误差，又称为值随机不确定度，记为 $\Delta = 2\sigma$ 或 3σ，它随置信概率取值的不同而不同。

表 1.2　置信系数与置信度的关系

C	1	1.96	2	2.58	3
P	0.6827（68%）	0.95（95%）	0.9545（95%）	0.99（99%）	0.9973（99.7%）

（2）标准误差的计算方法。

国内外广泛采用标准误差（均方根误差）σ 来评定测量列随机误差的大小，其计算方法有以下几种。

① 标准法——贝塞尔公式。设 n 次等精度测量的测得值为 $x_1, x_2, \cdots, x_n$。

a. 计算测得的算术平均值 $\bar{x}$ 为

$$\bar{x} = \frac{1}{n}\sum_{i=1}^{n} x_i \tag{1-12}$$

b. 计算各测量值 x_i 的剩余误差（残差）v_i 为

$$v_i = x_i - \bar{x} \tag{1-13}$$

c. 计算标准误差 σ 为

$$\sigma = \sqrt{\frac{\sum v_i^2}{n-1}} \tag{1-14}$$

② 绝对误差法——佩特斯公式，其公式如下：

$$\sigma = 1.2533 \frac{\sum |v_i|}{\sqrt{n(n-1)}} \approx \frac{5}{4} \frac{\sum |v_i|}{n(n-1)} \tag{1-15}$$

③ 极差法。极差就是 $x_1, x_2, \cdots, x_n$ 中的最大值与最小值的差，用 R_n 表示为

$$R_n = x_{\max} - x_{\min} \tag{1-16}$$

根据测量次数 n 查阅极差系数表，如表 1.3 所示，得到极差系数 d_n，标准误差为

$$\sigma = \frac{R_n}{d_n} \tag{1-17}$$

贝塞尔公式精度高，但计算麻烦；佩特斯公式计算速度快，但精度低；极差法计算方便、迅速，当测量次数不太多时（$n \leqslant 10$），其计算精度与贝塞尔公式相当。

表 1.3　n 在 10 以内时的极差系数表

n	1	2	3	4	5	6	7	8	9	10
d_n	—	1.13	1.69	2.06	2.33	2.53	2.70	2.85	2.97	3.08

④ 算术平均值的标准误差。设有 m 组测量数据，每组进行 n 次等精度测量，m 组测量数据的算术平均值分别为 $x_1, x_2, \cdots, x_m$，其标准误差分别为 $\sigma_1, \sigma_2, \cdots, \sigma_m$，且有 $\sigma_1 = \sigma_2 = \cdots = \sigma_m = \sigma$，经证明可得算术平均值的标准误差 $\sigma_{\bar{x}}$ 为

$$\sigma_{\bar{x}} = \frac{\sigma}{\sqrt{n}} = \sqrt{\frac{\sum v_i^2}{n(n-1)}} \tag{1-18}$$

5）测量结果的评价

通常用精确度来衡量测量结果的好坏，衡量精确度的主要指标是精密度和准确度。精确度高意味着系统误差和随机误差都很小。

（1）精密度。精密度是指在同一条件下进行重复测量时，所测数据重复一致的程度。例如，某温度计的精密度是 0.5℃，表明用该温度计测量温度时，不一致程度不会超过 0.5℃。不一致程度越小，说明测量结果越精密。随机误差的大小是衡量精密度的重要指标，随机误差越小，则精密度越高，但精密不代表准确。

（2）准确度。准确度是指测量结果与被测真值的偏离程度。例如，某电压的真值为 10.00mV，经某电压表多次测量，测量结果是 10.03mV、10.04mV、10.06mV、10.04mV，则该电压表的指示值偏离真值的数值为 0.06mV，所以该电压表的准确度为 0.06mV。系统误差的大小是衡量准确度的重要指标，系统误差越小，则准确度越高，但准确不代表精密。

（3）精确度。精确度是衡量测量结果的最佳指标，精确度高表示系统误差和随机误差都小，测量时应力求既精密又准确。

小　　结

本单元主要从传感器与检测技术在日常生活、实际生产和科学研究中的应用方面阐述了传感器技术在生产和生活中应用的广泛性。

（1）详细地讲解了测量的基本概念，测量就是借助专门的技术工具或手段，通过实验的方法，把被测量与具有计量单位的标准量在数值上进行比较，求取二者的比值，从而得到被测量数值大小的过程。自动检测系统目前大多是指针对非电量使用电测量的方法进行检测，即首先将各种非电量转换为电量，然后经过一系列的处理将非电量显示或按照要求输出执行。

（2）传感器是一种以测量为目的，以一定的精确度把被测量转换为与之有确定对应关系、便于处理和应用的某种物理量的测量装置。传感器的主要技术参数有灵敏度与灵敏度误差、线性度、迟滞特性、重复性、分辨力与阈值等。

（3）传感器输出信号经预处理变为模拟电压信号后，需转换成数字量方能进行数字显示或被传送给计算机。传感器输出信号一般比较微弱，所以信号检测通常要经过放大

器，以增大信号幅值，从而适应进一步处理的要求。在数字化测量及数字处理系统中，尤其是在采用微机进行实时数据处理和实时控制时，加工的信息通常是数字量，所以需要将输入的模拟量转换成数字量。

（4）测量结果不能准确地反映被测量的真值，可能存在一定的偏差，此偏差就是测量误差。测量总是带来误差，按误差的表示方法来分，可分为绝对误差和相对误差。按误差的性质来分，可分为系统误差、随机误差和粗大误差。对不同的误差可用不同的方法处理，从而减小测量误差。

本单元是全书的绪论，请读者详细阅读，并积极联想生活中常见的测量、传感器和自动检测系统的实例，联系本书的知识，主动分析其结构、功能和应用，做到理论联系实际，为后续单元的学习打下基础。

1.3 习题

1. 从功能上讲，传感器由哪些部分组成？

2. 传感器是如何分类的？

3. 传感器中的弹性敏感元件的作用是什么？

4. 测量误差有哪几种表示方法？分别写出其表达式。

5. 测量方法是如何分类的？它们各有什么特点？

6. 现有精度为 0.5 级的电压表，有 150V 和 300V 两个量程，欲测量 110V 的电压，采用哪个量程为宜？为什么？

7. 产生测量误差的原因有哪些？测量误差是如何分类的？

8. 测量单位的符号表示是如何规定的？

9. 某对象的电压值为 18.00V，用高一级的电压表测量，其值为 17.95V，量程为 40V，求电压值的绝对误差、相对误差和引用误差。

10. 选择题。

1）某压力仪表厂生产的压力表的满度相对误差均控制在 0.4%～0.6%，该压力表的精度等级应定为________级，另一家仪表厂需要购买压力表，希望压力表的满度相对误差小于 0.9%，则应购买________级的压力表。

A. 0.2　　B. 0.5　　C. 1.0　　D. 1.5

2）在选购线性仪表时，必须在同一系列的仪表中选择适当的量程。这时，尽量使选购的仪表量程为欲测量的________左右为宜。

A. 3 倍　　B. 10 倍　　C. 1.5 倍　　D. 0.75 倍

3）某采购员分别在三家商店购买了 100kg 大米、10kg 苹果、1kg 巧克力，经测量发现，它们均缺少 0.5kg 左右，但该采购员对卖巧克力的商店的意见最大，在这个例子中，产生此心理作用的主要因素是________。

A. 绝对误差　　B. 示值相对误差

C. 满度相对误差　　D. 精度等级

4）在重要场合使用的元器件或仪表，购入后需进行高、低温循环老化试验，其目的是________。

A. 提高精度　　B. 加速其衰老

C. 测试其各项性能指标　　D. 提高可靠性

5）有一温度计，它的测量范围为0～200℃，精度为0.5级，该表可能出现的最大绝对误差为________。

A. 1℃　　B. 0.5℃　　C. 10℃　　D. 200℃

6）欲测240V左右的电压，要求测量示值的相对误差的绝对值不大于0.6%，若选用量程为250V的电压表，其精度应选________级。

A. 0.25　　B. 0.5　　C. 0.2　　D. 1.0

项目单元2　电阻式传感器
——酒精浓度检测仪的设计

2.1　项目描述

PPT：项目单元2

近年来，随着我国经济的高速发展，人民的生活水平迅速提高，越来越多的人有了自己的私家车，而酒后驾车造成的交通事故也频频发生。酒后驾车引起的交通事故是由司机过量饮酒导致的人体内酒精浓度过高、神经麻痹、大脑反应迟缓、肢体不受控制等症状引起的。少量饮酒并不会有上述症状，因为此时人体内的酒精浓度比较低，而当人体内的酒精浓度超过某个值时就会引起危险。为此，需要设计一种仪器监测驾驶员体内的酒精浓度。目前全世界的绝大多数国家都采用呼气酒精浓度检测仪（见图2.1）对驾驶人员进行现场检测，以确定被测量者体内的酒精浓度，确保驾驶员的生命财产安全。此外，空气酒精浓度监测仪还能监测某一特定环境的酒精浓度，如酒精生产车间可利用其避免起火、爆炸及工业场地的酒精中毒等恶性事故发生，确保环境安全。

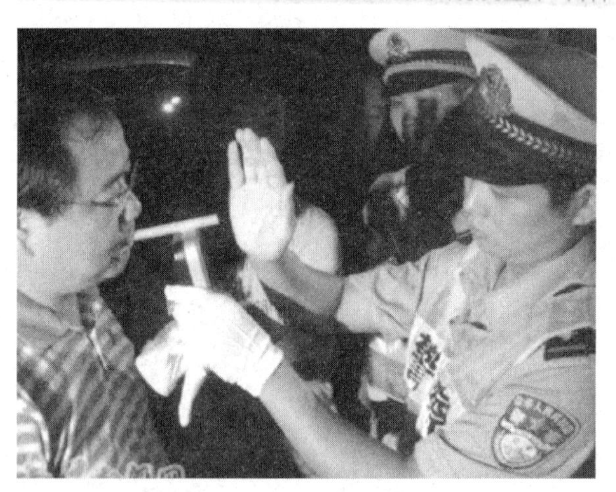

图2.1　呼气酒精浓度检测仪

2.1.1　任务要求

（1）以气敏电阻式传感器为传感器单元，将气体中的酒精浓度转换为电阻。

（2）对不同的酒精浓度能够有区别明显的提示。

（3）当酒精浓度到达一定阈值时能够发出声光报警。

(4) 鼓励采用单片机作为控制单元，并酌情加分。

(5) 最终上交调试成功的实验系统——酒精浓度检测仪。

(6) 要求有各个步骤的文字材料，包括原理图、使用说明、元件清单、进程表、调试过程描述等。

2.1.2 任务分析

交通巡警使用的酒精浓度检测仪实质上是一种检测从被测者口腔呼出的气体中的酒精浓度的仪器，它将酒精浓度转换为电信号并显示出来。这就需要还原性气体传感器来检测，通常都是将气体浓度转换为电阻这一参量，因此本项目单元主要讲述电阻式传感器的各项知识。

本单元的具体知识点如下。

(1) 了解气敏电阻式传感器的转换原理。

(2) 掌握酒精浓度传感器 MQN 的应用。

(3) 掌握电阻式传感器的基本原理。

(4) 理解电阻应变式传感器的工作原理，了解应变效应的原理，掌握应变效应的应用。

(5) 了解应变片的类型、结构及其测量转换电路。

(6) 了解应变片的各种应用。

(7) 理解湿度、相对湿度等概念，了解大气温度与露点等概念。

(8) 了解湿敏电阻式传感器的类型、构成和应用。

2.2 相关知识

电阻式传感器的基本原理是将被测的非电量转换成电阻值的变化量，再经过转换电路转换成电量输出。电阻式传感器的种类繁多，应用领域也十分广泛。根据传感器的组成材料或传感器原理的不同，产生了各种各样的电阻式传感器，主要包括电阻应变片、电位器、测温热电阻、热敏电阻、湿敏电阻等传感器。利用电阻式传感器可以测量力、压力、位移、应变、荷重、转矩、加速度、温度、湿度、气体成分及浓度等非电量参数。电阻式传感器结构简单、性能稳定、灵敏度较高，有的电阻式传感器还可用于动态测量。

2.2.1 气敏电阻式传感器

工业、科研、生活、医疗、农业等许多领域都需要测量环境中某些气体的成分和浓度。例如，当煤矿中瓦斯气体的浓度超过极限值时，有可能发生爆炸；当家中有煤气泄漏时，可能会发生事故；当农业塑料大棚中的 CO_2 浓度不足时，农作物将减产；当锅炉和汽车发动机汽缸燃烧过程中的氧含量不足时，效率将下降，并造成环境污染。

使用气敏电阻式传感器（以下简称气敏电阻），可以把某种气体的成分、浓度等参数转换成电阻变化量，再转换成电流信号或电压信号。

气敏电阻的品种繁多，常用的气敏电阻有接触燃烧式气敏传感器、电化学气敏电阻式传感器和半导体气敏电阻式传感器等。接触燃烧式气敏传感器的检测元件一般为铂金属丝（也可在表面涂铂、钯等稀有金属催化层），使用时对铂丝通电流，保持 300 ～ 400℃的高温，此时若与可燃性气体接触，可燃性气体就会在稀有金属催化层上燃烧，因此，铂丝的温度会上升，铂丝的电阻值也会上升；通过测量铂丝的电阻值的变化量，就可以知道可燃性气体的浓度。电化学气敏电阻式传感器一般利用液体（或固体、有机凝胶等）电解质，其输出形式可以是气体直接氧化或还原产生的电流，也可以是离子作用于离子电极产生的电势。半导体气敏电阻式传感器具有灵敏度高、响应快、稳定性好、使用简单等特点，其应用极其广泛；半导体气敏元件有 N 型和 P 型。

本书主要介绍还原性气体传感器的 MQN 型气敏电阻及 TiO_2 氧浓度传感器。

1. 还原性气体传感器

还原性气体就是化学反应中能给出电子、化学价升高的气体。还原性气体多属于可燃性气体，如石油蒸气、酒精蒸气、甲烷、乙烷、煤气、天然气、氢气等。

测量还原性气体的气敏电阻一般是用氧化砷、氧化锌和氧化铁等金属氧化物粉料添加少量铂催化剂、激活剂及其他添加剂，按一定比例烧结而成的半导体器件。图 2.2 所示为 MQN 型气敏电阻的结构及测量转换电路的简图。

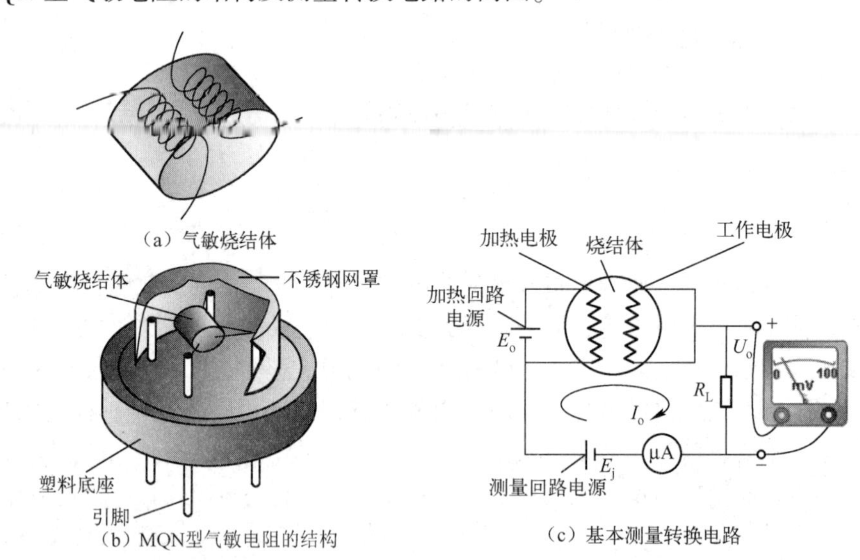

图 2.2　MQN 型气敏电阻的结构及测量转换电路简图

MQN 型气敏电阻是由塑料底座、不锈钢网罩、气敏烧结体及包裹在烧结体中的两组铂丝组成的。一组铂丝为工作电极，另一组铂丝为加热电极兼工作电极。

气敏电阻工作时必须加热到 200 ～ 300℃，其目的是加速被测气体的化学吸附和电离过程，并烧去气敏电阻表面的污物，从而起到清洁作用。

气敏电阻的工作原理十分复杂，涉及材料的微晶结构、化学吸附及化学反应，有不同的解释模式。简单地说，当 N 型半导体的表面在高温下遇到离解能力较小（易失去电子）的还原性气体时，气体分子中的电子将向气敏电阻表面转移，使气敏电阻中的自由电子浓度增加，电阻率降低，电阻减小，这样，就可以把气体浓度信号转换成电信号了。使用时应尽量避免将气敏电阻置于有油污和灰尘的环境中，以免其发生老化。

气敏电阻的灵敏度较高，在被测气体浓度较低时有较大的电阻变化，而当被测气体浓度较高时，其电阻率的变化逐渐趋缓，有较强的非线性，这种特性较适用于气体的微量检测、浓度检测或超限报警等。控制气敏烧结体的化学成分及加热温度，可以改变它对不同气体的选择性。例如，可以将其制成煤气报警器，对居室或地下数米深处的管道漏点进行检测。

2. TiO_2 氧浓度传感器

半导体材料 TiO_2 属于 N 型半导体，对氧气十分敏感。其电阻值的大小取决于周围环境的氧气浓度。当周围环境的氧气浓度较大时，氧原子进入二氧化钛晶格，改变了半导体的电阻率，使其电阻值增大。上述过程是可逆的，当氧气浓度下降时，氧原子析出，半导体的电阻值减小。

图 2.3 所示为 TiO_2 氧浓度传感器的结构图及测量转换电路。氧敏电阻与补偿热敏电阻同处于陶瓷绝缘体的末端。当氧气含量减小时，R_{TiO_2} 减小，U_o 增大。

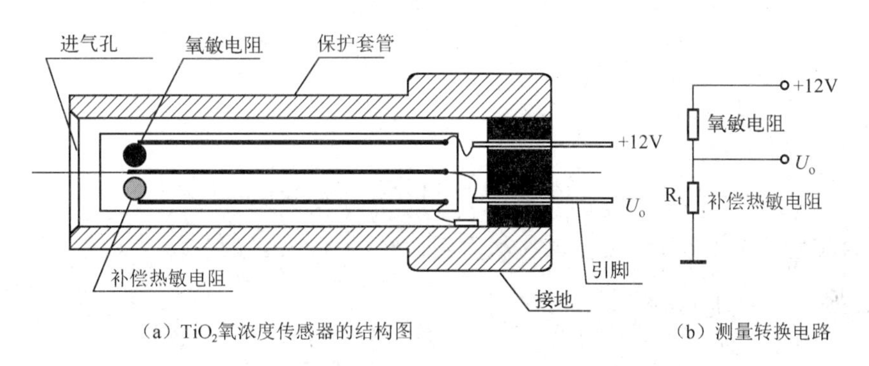

（a）TiO_2氧浓度传感器的结构图　（b）测量转换电路

图 2.3　TiO_2 氧浓度传感器的结构图及测量转换电路

在图 2.3 中，与氧敏电阻串联的补偿热敏电阻 R_t 起温度补偿的作用。当环境温度升高时，氧敏电阻的阻值会逐渐减小，只要 R_t 的阻值以同样的比例减小，根据分压比定律，U_o 不受温度影响，就能减小测量误差。事实上，R_t 与氧敏电阻是用相同的材料制作的，只不过 R_t 被陶瓷密封起来，以免其与氧化性气体直接接触。

氧敏电阻必须在上百度的高温下工作。当汽车之类的燃烧器刚启动时，排气管的温度较低，氧敏电阻无法正常工作，所以必须在氧敏电阻外面套一个加热电阻丝，进行预热以激活氧敏电阻。

还有一些气敏电阻（如二氧化锆氧浓度传感器）可以用于测量氧浓度，读者可以自行查阅有关资料学习。

2.2.2 电阻应变式传感器

电阻应变效应

1. 电阻应变效应

导体、半导体材料在外力作用下发生机械形变，导致其电阻值发生变化的物理现象称为电阻应变效应。

设有一根长度为 l、截面积为 A、电阻率为 ρ 的金属丝，则其电阻 R 为

$$R=\rho\frac{l}{A} \tag{2-1}$$

当有轴向应力作用于金属丝时，其长度变化为 Δl，面积变化为 ΔA，电阻率变化为 $\Delta\rho$，则其电阻值为

$$R+\Delta R=(\rho+\Delta\rho)\frac{l+\Delta l}{A+\Delta A} \tag{2-2}$$

根据数学知识，可得 $\Delta R=\frac{\partial R}{\partial\rho}\Delta\rho+\frac{\partial R}{\partial l}\Delta l+\frac{\partial R}{\partial A}\Delta A\left(\frac{\partial R}{\partial\rho}=\frac{l}{A}、\frac{\partial R}{\partial l}=\frac{\rho}{A}、\frac{\partial R}{\partial A}=-\frac{\rho l}{A^2}\right)$，经整理变形后可得

$$\frac{\Delta R}{R}=\frac{\Delta\rho}{\rho}+\frac{\Delta l}{l}-\frac{\Delta A}{A} \tag{2-3}$$

由力学知识可得$\frac{\Delta A}{A}=-2\mu\frac{\Delta l}{l}=-2\varepsilon$（$\varepsilon$ 为应变），因此

$$\frac{\Delta R}{R}=\frac{\Delta l}{l}(1+2\mu)+\frac{\Delta\rho}{\rho}=\left(1+2\mu+\frac{\Delta\rho/\rho}{\Delta l/l}\right)\frac{\Delta l}{l}=k_0\varepsilon \tag{2-4}$$

k_0 为应变灵敏度系数。对金属材料而言，k_0 的大小由（$1+2\mu$）决定；而对于半导体材料而言，k_0 的大小由$\frac{\Delta\rho/\rho}{\Delta l/l}$决定。

2. 电阻应变片的种类、结构与粘贴技术

1）电阻应变片的种类和结构

电阻应变片（简称应变片）的基本结构如图 2.4 所示。在图 2.4 中，L 为敏感栅沿轴向测量形变的有效长度（应变片的标距），b 为敏感栅的宽度（应变片的基宽）。

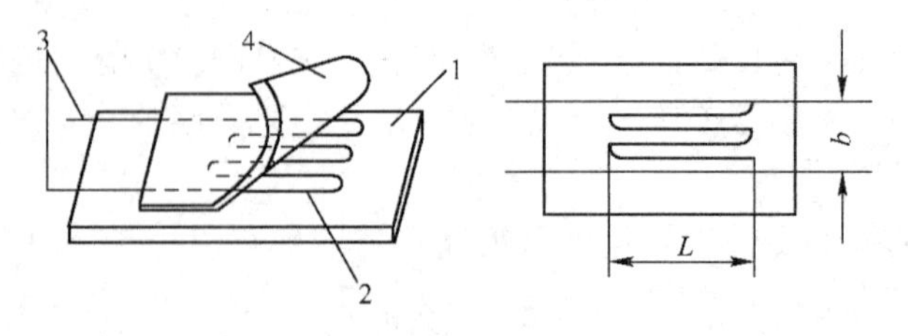

1—基底；2—敏感栅；3—引线；4—覆盖层

图 2.4 电阻应变片的基本结构

应变片主要有金属应变片和半导体应变片两类。金属应变片有金属丝式、金属箔式、金属薄膜式3种，如图2.5所示。其中，金属丝式应变片使用得最早，有纸基型和胶基型两种。金属丝式应变片的蠕变较大，金属丝易脱落，但其价格便宜，故广泛用于应变、应力的大批量、一次性、低精度的实验中。

金属箔式应变片是通过光刻、腐蚀等工艺，将电阻箔片在绝缘基片上制成各种图案而形成的应变片，其厚度通常为0.001～0.01mm。因其面积比金属丝式应变片大得多，所以其散热效果好、通过的电流大、横向效应小、柔性好、寿命长、工艺成熟且适于大批量生产，从而得到了广泛使用。

金属薄膜式应变片是薄膜技术发展的产物，它是采用真空蒸镀的方法成形的，因灵敏度高且易于批量生产而备受重视。

半导体应变片是用半导体材料作为敏感栅而制成的，其灵敏度高（一般比金属丝式应变片、金属箔式应变片高数十倍）、横向效应小，故其应用日益广泛。

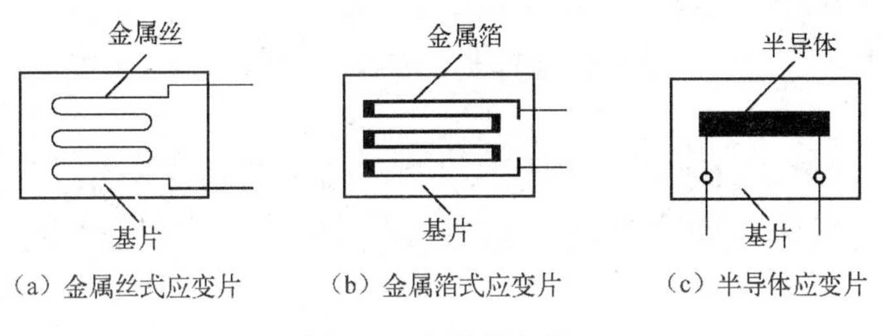

图2.5 电阻应变片

2）应变片的粘贴技术

在使用时应变片通常用黏合剂粘贴在弹性元件或试件上，正确的粘贴技术对保证粘贴质量、提高测试精度有重要作用。因此在粘贴应变片时，应严格按粘贴技术的要求进行，其基本步骤如下。

（1）应变片的检查。检查所选用的应变片的外观和电阻。观察线栅或箔栅的排列是否整齐、均匀，是否有锈蚀、短路、断路和折弯现象。测量应变片的电阻值，检查其阻值、精度是否符合要求，用于桥臂配对的应变片的电阻值要尽量一致。

（2）试件的表面处理。为了保证一定的黏合强度，必须将试件表面处理干净，清除杂质、油污及表面氧化层等。要粘贴应变片的表面应保持平整、光滑。最好在表面打光后采用喷砂处理，喷砂面积约为应变片的3～5倍。

（3）确定粘贴位置。在应变片上标出敏感栅的纵向中心线和横向中心线，粘贴时应使应变片的中心线与试件的定位线对准。

（4）粘贴应变片。用甲苯、四氯化碳等溶剂清洗试件表面和应变片表面，然后在试件表面和应变片表面上各涂一层薄而均匀的树脂，将应变片粘贴到试件的表面。同时，在应变片上加一层玻璃纸或透明的塑料薄膜，并用手轻轻滚动压挤，将多余的胶水和气泡排出。

（5）固化处理。根据所使用的黏合剂的固化工艺要求进行固化处理和时效处理。

（6）粘贴质量检查。检查粘贴位置是否正确，黏合层是否有气泡、是否漏贴、有无短路和断路现象、应变片的电阻值有无较大的变化。对应变片与被测物体之间的绝缘电阻进行检查，一般应大于200MΩ。

(7) 引出线的固定与保护。将粘贴好的应变片引线用导线焊接好，为防止应变片的电阻丝和引线被拉断，需用胶布将导线固定在被测物表面，且要处理好导线与被测物体之间的绝缘问题。

(8) 防潮防蚀处理。为防止因潮湿而引起绝缘电阻的黏合强度下降，或因腐蚀而损坏应变片，应在应变片上涂一层凡士林、石蜡、蜂蜡、环氧树脂、清漆等，厚度一般为1～2mm。

3. 应变片参数

应变片的参数主要有以下几项。

(1) 标准电阻（R_0）。标准电阻指的是在无应变（无应力）的情况下的电阻值，单位为Ω，主要规格有60、90、120、150、350、600、1000等。

(2) 绝缘电阻（R_G）。绝缘电阻是指敏感栅与基片之间的电阻值，一般应大于10MΩ。

(3) 灵敏度（K）。灵敏度是指应变片被安装到被测物体表面后，在其轴线方向的单向应力作用下，应变片阻值的相对变化与被测物表面上安装应变片区域的轴向应变之比。

(4) 应变极限（ξ_{max}）。应变极限是指恒温时的指示应变值与真实应变值的相对差值不超过一定数值的最大真实应变值。这种差值一般规定在10%以内，当示值大于真实应变值的10%时，就称真实应变值为应变片的应变极限。

(5) 允许电流（I_e）。允许电流是指应变片允许通过的最大电流。

(6) 机械滞后、蠕变及零漂。机械滞后是指当所粘贴的应变片的温度不变时，在增加或减少机械应变过程中真实应变与约定应变（同一机械应变量下所指示的应变）之间的最大差值。蠕变是指已粘贴好的应变片，在温度不变并承受一定机械应变时，指示应变值随时间的变化而变化。零漂是指已粘贴好的应变片，在温度不变且无机械应变时，指示应变值发生变化。

4. 测量转换电路

应变片将应变转换为电阻的变化后，为了显示或记录应变的大小，必须将电阻的变化转换为电压或电流的变化，这一任务是由测量转换电路完成的，常用的测量转换电路是桥式电路。

由于机械应变一般为10～3000$\mu\varepsilon$，而应变灵敏度K值较小，因此电阻的相对变化是很小的，用一般的测量电阻的仪表很难直接测量出来，必须用专门的电路来测量这种微弱的变化，最常用的电路为电桥电路。下面以直流电桥电路为例，简要介绍其工作原理及有关特性。

1) 直流电桥电路

如图2.6所示，直流电桥电路的4个桥臂由R_1、R_2、R_3、R_4组成，其中，a、c两

端接直流电压 U_i，而 b、d 两端为输出端，其输出电压为 U_o。在测量前，取 $R_1R_3=R_2R_4$，输出电压为 $U_o=0$。当桥臂电阻发生变化，$\Delta R_i \ll R_i$，电桥输出端的负载电阻为无限大时，电桥输出电压可近似表示为

$$U_o=\frac{R_1R_2}{(R_1+R_2)^2}\left(\frac{\Delta R_1}{R_1}-\frac{\Delta R_2}{R_2}+\frac{\Delta R_3}{R_3}-\frac{\Delta R_4}{R_4}\right)U_o \tag{2-5}$$

一般采用全等臂形式，即 $R_1=R_2=R_3=R_4=R$，上式可变为

$$U_o=\frac{U_i}{4}\left(\frac{\Delta R_1}{R_1}-\frac{\Delta R_2}{R_2}+\frac{\Delta R_3}{R_3}-\frac{\Delta R_4}{R_4}\right) \tag{2-6}$$

2）电桥灵敏度

根据可变电阻在电桥电路中的分布方式，电桥的工作方式可分为以下 3 种类型。

（1）单臂半桥。如图 2.7（a）所示，若传感器输出的电阻变化量 ΔR 只接入电桥的一个桥臂中，在工作时，其余 3 个电阻的阻值没有变化（$\Delta R_2=\Delta R_3=\Delta R_4=0$），则电桥的输出电压为

$$U_o=\frac{U_i}{4}\frac{\Delta R}{R} \tag{2-7}$$

电桥灵敏度为 $K=\Delta R/4R$。

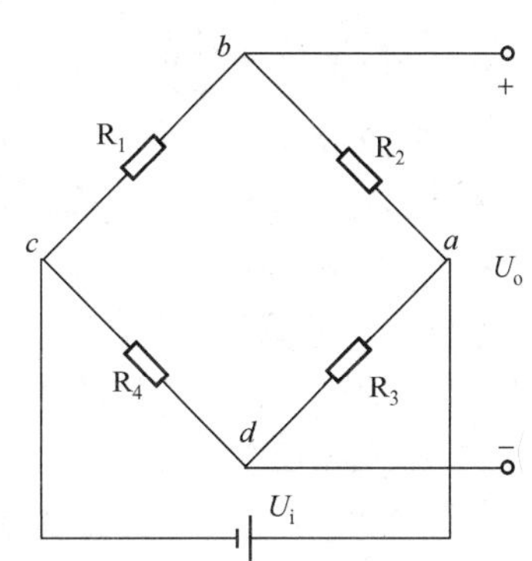

图 2.6　直流电桥电路原理图

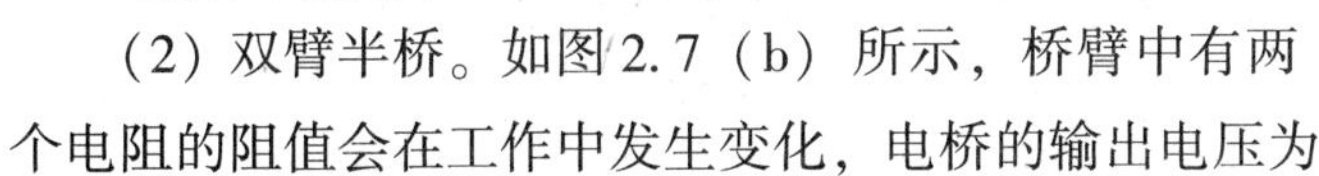

（2）双臂半桥。如图 2.7（b）所示，桥臂中有两个电阻的阻值会在工作中发生变化，电桥的输出电压为

$$U_o=\frac{U_i}{2}\frac{\Delta R}{R} \tag{2-8}$$

电桥灵敏度为 $K=\Delta R/2R$。

（3）四臂全桥。如图 2.7（c）所示，电桥的 4 个桥臂的电阻的阻值都会发生变化，电桥的输出电压为

$$U_o=\frac{\Delta RU_i}{R} \tag{2-9}$$

电桥灵敏度为 $K=\Delta R/R$。

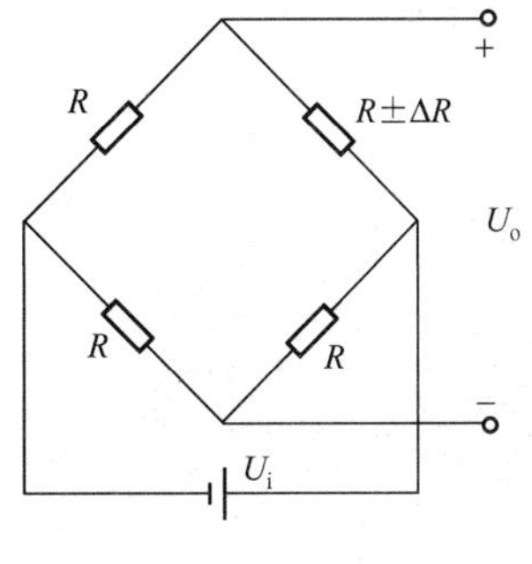

（a）单臂半桥

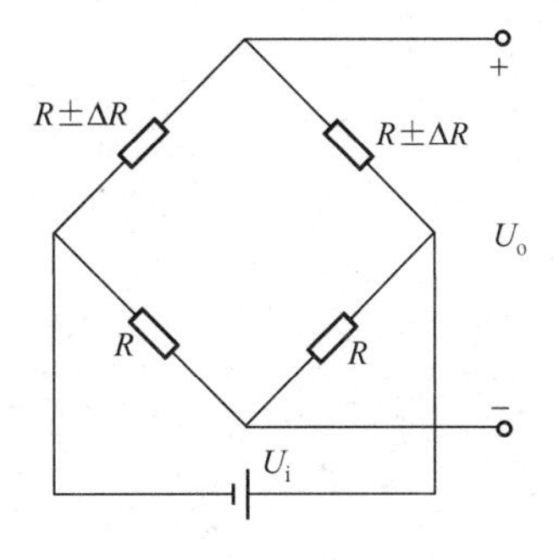

（b）双臂半桥

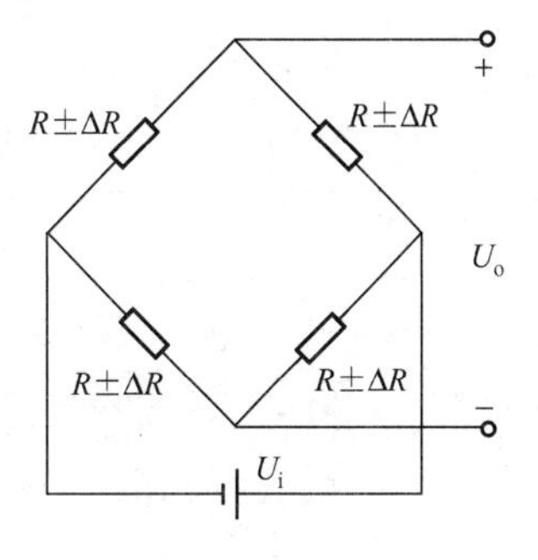

（c）四臂全桥

图 2.7　三种桥式工作电路

综合上述 3 种情况可以得出，桥式电路的输出电压与灵敏度的通用公式为

$$U_o=\frac{\Delta R U_i}{4R}\alpha \tag{2-10}$$

$$K=\frac{\Delta R}{4R}\alpha \tag{2-11}$$

在上面两个公式中，α 为桥臂系数，单臂的系数为 1，双臂的系数为 2，全臂的系数为 4。桥臂系数 α 越大，电桥电路的灵敏度越高；供桥电压越大，电桥电路的灵敏度也越高。

5. 电桥的线路补偿

1）零点补偿

在无应变的状态下，要求电桥的四个桥臂电阻值相同是不可能的，这样电桥就不能满足初始平衡条件（$U_o\neq0$）了。为了解决这一问题，可以在一对桥臂电阻值乘积较小的任意桥臂中串联一个可调电阻进行调节补偿。如图 2.8 所示，当 $R_1R_3<R_2R_4$ 时，可在 R_1 或 R_3 桥臂上接入 R_P，使电桥输出达到平衡。

2）温度补偿

环境温度的变化也会引起电桥电阻的变化，导致电桥发生零漂，这种因温度变化而产生的误差称为温度误差。产生温度误差的原因有电阻应变片的电阻温度系数不一致；应变片材料与被测试件材料的线膨胀系数不同，使应变片产生附加应变。因此有必要进行温度补偿，以减少或消除由此而产生的测量误差。常用的温度补偿方法有补偿片法和应变片自补偿法等。

在只有一个应变片工作的电桥电路中，可用补偿片法。在另一块和被测试件结构材料相同而不受应力的补偿块上贴上和工作片规格完全相同的补偿片，使补偿块和被测试件处于相同的温度环境中，工作片和补偿片分别接入电桥相邻的两臂上，如图 2.9 所示。由于工作片和补偿片所处的温度环境相同，所以两者产生的热应变相等。因为处于电桥的两臂上，所以不影响电桥的输出。补偿片法的优点是简单、方便，在常温下的补偿效果比较好；缺点是当温度变化梯度较大时难以掌控。

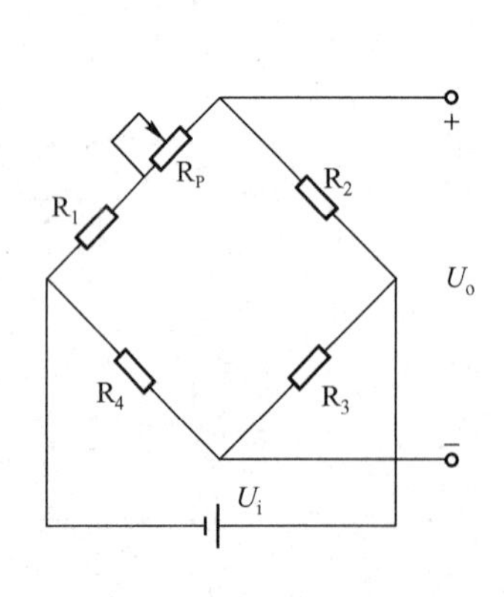

图 2.8　串联可调电阻补偿

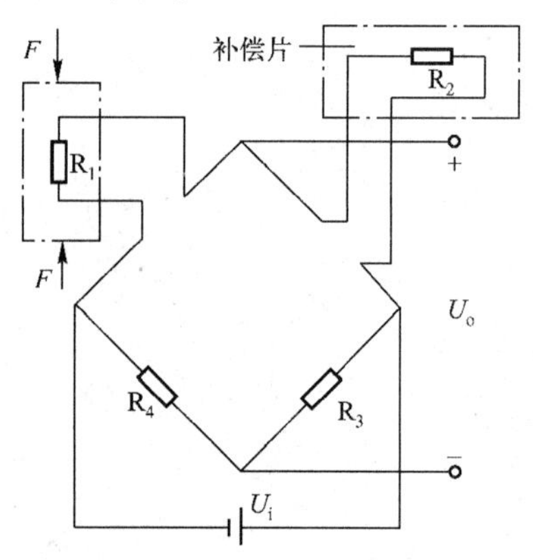

图 2.9　采用补偿片的温度补偿

当测量桥路处于双臂半桥和四臂全桥工作方式时，电桥相邻两臂受温度影响会同时产生大小相等、符号相同的电阻增量，且互相抵消，从而达到桥路温度自补偿的目的。

电子称原理

电子吊车秤原理

荷重传感器应用

6. 电阻应变式传感器的应用

1）应变式测力与荷重传感器

传感器的采样部分由弹性元件、应变片和外壳组成。弹性元件把被测量转换成应变量的变化；弹性元件上的应变片把应变量变换成电阻量的变化。常见的应变式测力与荷重传感器有柱式、环式、悬臂梁式等形式，如图 2.10 所示。

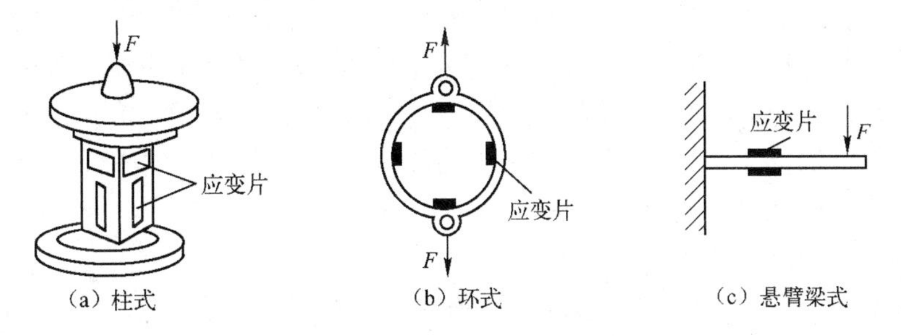

图 2.10　应变式测力及荷重传感器

电位器
传感器应用

2）位移传感器

位移传感器把被测位移量转换成弹性元件的形变和应变，然后通过应变计和应变电桥输出一个正比于被测位移量的电量。它可以进行静态与动态的位移量检测。使用位移传感器时要求用于测量的弹性元件的刚度要小，对被测对象的影响反力要小，系统的固有频率要高，动态频率的响应特性要好。

图 2.11（a）所示为国产 YW 型位移传感器的结构示意图，它采用了悬臂梁与螺旋弹簧串联的组合结构，因此测量的位移较大（通常的测量范围为 10 ～ 100mm）。国产 YW 型位移传感器的工作原理图如图 2.11（b）所示。

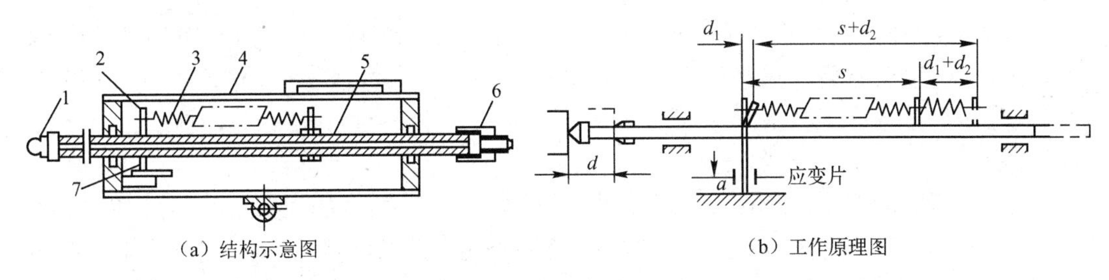

1—测量头；2—弹性元件；3—弹簧；4—外壳；5—测量杆；6—调整螺母；7—应变计

图 2.11　国产 YW 型位移传感器

从图 2.11 中可以看出，4 片应变片分别粘贴在距悬臂梁根部的距离为 a 处的正、反两面；拉伸弹簧的一端与测量杆相连，另一端与悬臂梁上端相连。测量时，当测量杆随被测试件产生位移 d 时，就会带动弹簧，使悬臂梁弯曲变形，产生应变；其弯曲应变量与位移量成线性关系。由于测量杆的位移 d 为悬臂梁的位移量 d_1 和弹簧伸长量 d_2 之和，因此，由材料力学可知，位移量 d 与贴片处的应变 ε 之间的关系为 $d=d_1+d_2=K$（K 为比例系数，它与弹性元件的尺寸和材料特性参数有关）。

2.2.3 湿敏电阻式传感器

1. 大气的温度与露点

在我国江南地区的梅雨季节，人们经常会感到闷热不适，地面返潮，这种现象的本质是空气中的相对湿度太大。

湿度的检测与控制在现代科研、生产、生活中的地位越来越重要。例如，许多储存物品的仓库在湿度超过某一程度时，物品易变质或霉变；居室的湿度应适中；而纺织厂要求车间的湿度保持在（60 ～ 70)%RH；农业生产中的温室育苗、食用菌培养、水果保鲜等都需要对湿度进行检测与控制。

1）绝对湿度与相对湿度

地球表面的大气层是由 78%的氮气、21%的氧气，一小部分二氧化碳、水汽及其他惰性气体混合而成的。由于地面上的水和植物会发生蒸发现象，所以大气中水汽的含量会大幅波动，出现潮湿或干燥的现象。大气中的水汽含量通常用水汽的密度来表示，即以 $1m^3$ 大气中所含的水汽的克数来表示，它称为大气的绝对湿度。要想直接测量大气中的水汽含量是十分困难的，由于水汽密度与大气中的水汽分压强成正比，所以大气的绝对湿度又可以用大气中所含水汽的分压强来表示，常用的单位是 mmHg 或 Pa。

在许多与大气湿度有关的现象中，如农作物的生长、有机物的发霉、人的干湿感觉等与大气的绝对湿度并没有很大的关系，而主要与大气中的水汽离饱和状态的远近程度（相对湿度）有关。所谓饱和状态，是指在某一压力、温度下，大气中水汽含量的最大值。相对湿度是空气的绝对湿度与同温度下饱和状态的空气的绝对湿度的比值，它能准确地说明空气的干湿程度，与人体感觉的干湿程度一致。在一定的大气压力下，两者之间的数量关系是确定的，可以查表得到有关数据。

例如，同样是 $17g/m^3$ 的绝对湿度，如果是在炎热的夏季中午，由于离当时的饱和状态尚远，人就会感到干燥；如果是在初夏的傍晚，虽然水汽密度仍为 $17g/m^3$，但是气温比中午下降了许多，水汽密度接近饱和状态，人们就会感到汗水不易挥发，因此会觉得闷热。

在前面所举的例子中，在 20℃、一个标准大气压下，$1m^3$ 的大气中只存在 17g 的水汽，则此时的相对湿度为 100%RH。若同样条件下的绝对湿度只有 $8.5g/m^3$，则相对湿度只有 50%RH。在上述绝对湿度下，当气温降至 10℃以下时，相对湿度又可能达到接近于 100%RH 的水平。这就是在阴冷的地下室中，人们会感到十分潮湿的原因。

2）露点

降低温度可以使原先未饱和的水汽变成饱和水汽，从而产生结露现象。露点是指在气压不变的条件下使大气中的水汽达到饱和状态的温度值。因此，只要测出露点就可以通过查表得到当时大气的绝对湿度。这种方法可以用来标定本节介绍的湿敏电阻式传感器。同时，露点与农作物的生长有很大的关系，结露还会严重影响电子仪器的正常工作，必须予以重视。

2. 测量湿度的传感器

水是一种强极性的电解质。水分子极易吸附于固体表面并渗透到固体内部，从而使固体发生各种物理变化。将湿度变成电信号的传感器有红外线湿度计、微波湿度计、超声波湿度计、石英振动式湿度计、湿敏电容湿度计、湿敏电阻湿度计等。湿敏电阻有多种不同的结构形式，常用的有金属氧化物陶瓷湿敏电阻式传感器、金属氧化物膜型湿敏电阻式传感器、高分子材料湿敏电阻式传感器等，下面分别予以介绍。

1）金属氧化物陶瓷湿敏电阻式传感器

金属氧化物陶瓷湿敏电阻式传感器是当今湿度传感器的发展方向。近几年研究出了许多电阻型湿敏多孔陶瓷材料，如 LaO_3-TiO_2、$SnO_2-Al_2O_3-TiO_2$、$La_2O_3-TiO_2-V_2O_5$、$TiO_2-Nb_2O_5$、MnO_2-MnO_3、NiO 等。下面重点介绍 $MgCr_2O_4-TiO_2$ 金属氧化物陶瓷湿敏电阻式传感器。

可以将 $MgCr_2O_4-TiO_2$（铬酸镁-氧化钛）等金属氧化物以高温烧结的工艺制成多孔性陶瓷半导体薄片。它的气孔率可达 25%以上，具有 1μm 以下的细孔分布。与日常生活中常用的结构致密的陶瓷相比，其接触空气的表面积显著增大，所以水汽极易吸附于其表面及孔隙中，使其电阻率下降。当相对湿度从 1%RH 变为 95%RH 时，其电阻率变化高达 4 个数量级左右，因此在测量电路时必须考虑采用对数压缩技术。湿敏电阻式传感器测量转换电路框图如图 2. 12 所示。

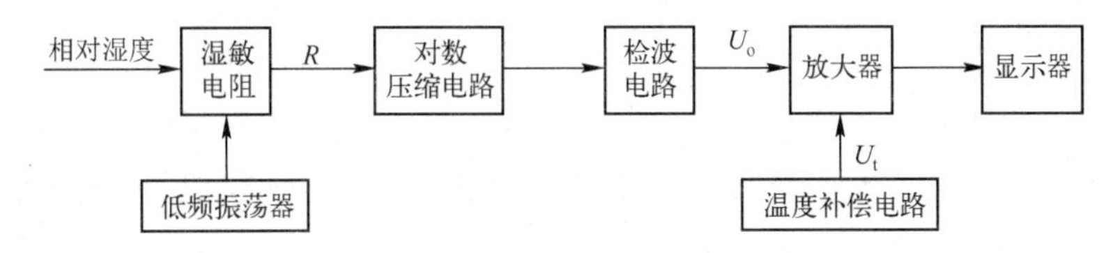

图 2. 12　湿敏电阻式传感器测量转换电路框图

由于多孔陶瓷在空气中易被灰尘、油烟污染，从而堵塞气孔，使感湿面积下降。如果将湿敏陶瓷加热到 400℃以上，就能使污物挥发或烧掉，使陶瓷恢复到初始状态。所以必须定期给加热丝通电。金属氧化物陶瓷湿敏电阻式传感器吸湿快（3min 左右），但其脱湿较慢，从而会产生滞后现象，称为湿滞。当吸附的水分子不能全部脱出时，会造成重现性误差及测量误差，有时可用重新加热脱湿的办法来解决上述问题，即每次使用前应先加热 1min 左右，待其冷却至室温后，方可进行测量。金属氧化物陶瓷湿敏电阻式传感器的湿度-电阻的标定比温度传感器的标定困难得多，它的误差较大，稳定性也较差，使用时还应考虑温度补偿（温度每升高 1 摄氏度，电阻下降引起的误差约为 1%RH）。金属氧化物陶瓷湿敏电阻式传感器应采用交流供电（如 50Hz）。若长期采用直流供电，会使湿敏材料极化，吸附的水分子电离，从而导致灵敏度降低，性能变差。

2）金属氧化物膜型湿敏电阻式传感器

Cr_2O_3、Fe_2O_3、Fe_3O_4、Al_2O_3、Mg_2O_3、ZnO 及 TiO 等金属氧化物的细粉吸湿后导电性会增加，电阻值会下降，它们吸附或释放水分子的速度比前面讲述的多孔陶瓷快许多倍。

在陶瓷基片上先制作钯金梳状电极，然后采用丝网印刷等工艺将调制好的金属氧化物糊状物印刷在陶瓷基片上。采用烧结或烘干的方法使之固化成膜。这种膜在空气中能吸附或释放水分子，从而改变其自身的电阻值。通过测量两电极间的电阻值即可检测相对湿度，相应时间小于 1min。

3. 高分子材料湿敏电阻式传感器

高分子材料湿敏电阻式传感器是目前发展迅速、应用较广的一类新型湿敏电阻式传感器，吸湿材料采用可吸湿电离的高分子材料，如高氯酸锂-聚氯乙烯、有亲水性基团的有机硅氧烷、四乙基硅烷的共聚膜等。

高分子材料湿敏电阻式传感器具有响应时间快、线性好、成本低等优点。

2.3 电阻式传感器的认识

本节主要介绍一些在产品设计中常用的电阻式传感器，介绍其型号、示例、主要使用场合，以及一些基于这些电阻式传感器而制成的检测产品。

2.3.1 气敏传感器的认识

1. 常见的气敏传感器产品

1）MQ 系列

MQ 系列气敏电阻式传感器如图 2.13 所示，酒精浓度检测仪如图 2.14 所示。

图 2.13 MQ 系列气敏电阻式传感器

图 2.14 酒精浓度检测仪

2）CO 气敏传感器

CO 气敏传感器及基于 CO 气敏传感器的产品如图 2.15 所示。

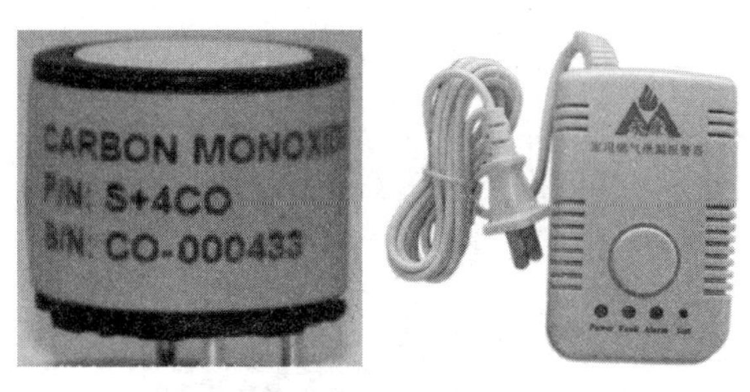

图 2.15　CO 气敏传感器及基于 CO 气敏传感器的产品

3）其他常用的气敏电阻式传感器

几款常用的气敏电阻式传感器如图 2.16 所示。

图 2.16　几款常用的气敏电阻式传感器

2. FIGARO（费加罗）气敏传感器

FIGARO 气敏传感器如图 2.17 所示，FIGARO 是一家专业生产半导体气敏传感器的公司，1962 年，该公司发明了全球第一款半导体产品。半导体气敏传感器采用金属氧化物半导体烧结工艺，具有灵敏度高、响应时间短、成本低、长期稳定性好等优点，其产品包括可燃气体、有毒气体、空气质量、一氧化碳、二氧化碳、氨气、汽车尾气、酒精等传感器元件、传感模块等，以及各种气敏传感器的配套产品，目前已经被广泛应用于家用燃气报警器、工业有毒气体报警器、空气清新机、换气空调、空气质量控制、汽车尾气检测、蔬菜大棚、酒精检测、孵化机械中。FIGARO 气敏传感器主要的产品型号如表 2.1 所示。

图 2.17　FIGARO TGS813 气敏传感器

表 2.1　FIGARO 气敏传感器主要的产品型号

序号	类型					
	可燃性气体传感器		有毒气体传感器		空气质量与尾气传感器	
	型号	测量气体	型号	测量气体	型号	测量气体
1	TGS813	甲烷	TGS203	一氧化碳	TGS800	空气和氢气（气态空气污染物）
2	TGS816	甲烷	TGS825	硫化氢	TGS2100	空气和氢气（气态空气污染物）
3	TGS842	甲烷	TGS826	氨和胺化合物	TGS2600	空气和氢气（气态空气污染物）
4	TGS2620	异丁烷 （灯烷 LP 气体）	TGS2442	一氧化碳	TGS2104	空气和一氧化碳（汽油机尾气）
5	TGS2611	甲烷、天然气			TGS2201	空气和二氧化碳（汽油机尾气）
6	TGS821	氢气				
7	TGS822/3	乙醇（溶剂蒸气）				

2.3.2　电阻应变式传感器的认识

各种应变片如图 2.18 所示。

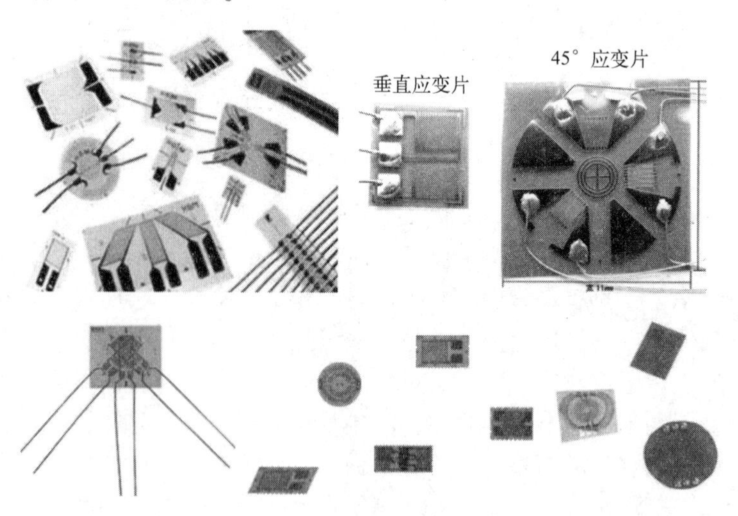

图 2.18　各种应变片

应变片的使用示意图如图 2. 19 所示。

应变片的户外使用示意图如图 2. 20 所示。

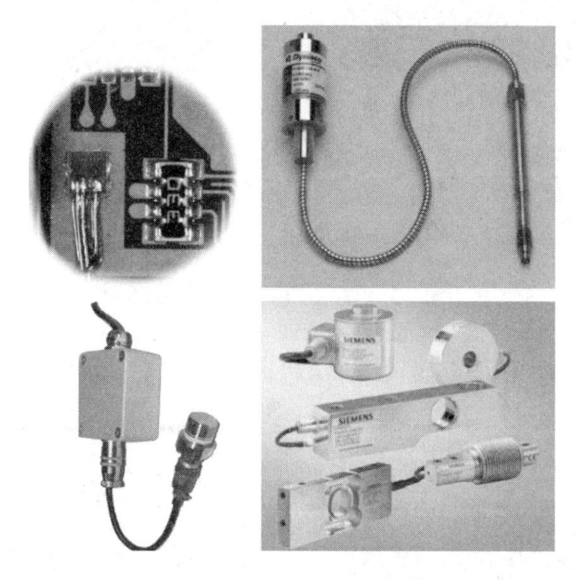

图 2. 19　应变片的使用示意图

图 2. 20　应变片的户外使用示意图

2. 3. 3　湿敏电阻式传感器的认识

常见的湿敏电阻如图 2. 21 所示。

图 2. 21　常见的湿敏电阻

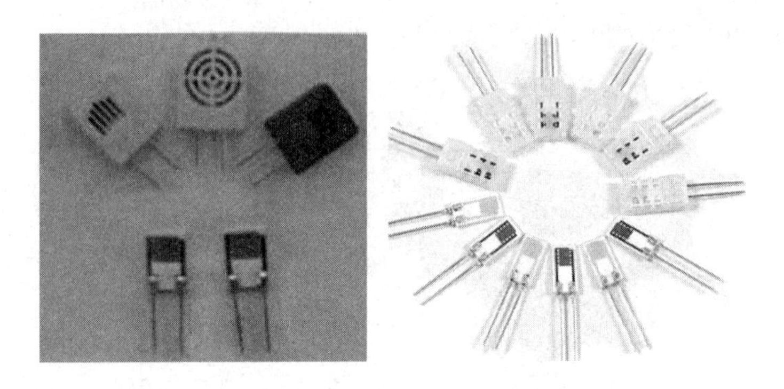

图 2. 21　常见的湿敏电阻（续）

常见湿敏电阻的结构与尺寸如图 2. 22 所示。

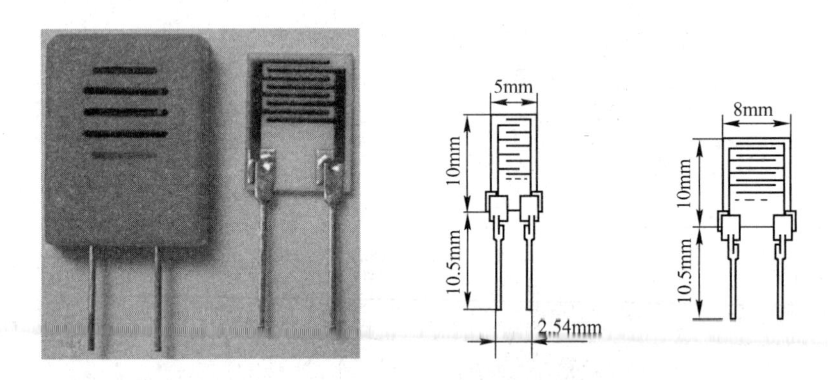

图 2. 22　常见湿敏电阻的结构与尺寸

湿敏电阻在 PCB 上的使用如图 2. 23 所示。

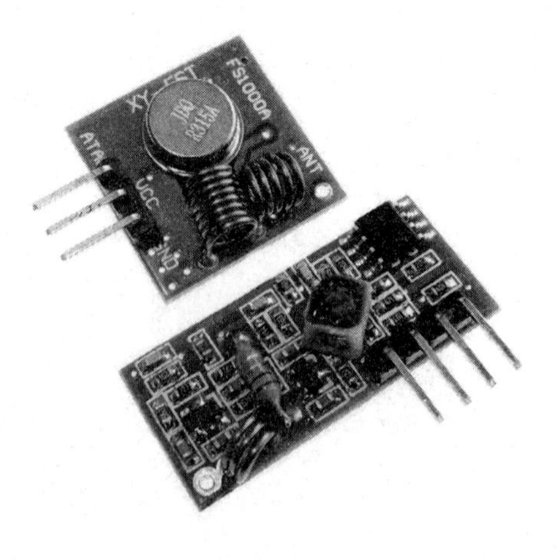

图 2. 23　湿敏电阻在 PCB 上的使用

2.4 项目参考设计方案

2.4.1 整体方案设计

根据自动检测系统的组成结构，酒精浓度检测仪应该包含酒精气体传感器、分压式电路和执行指示机构等部分。对于酒精气体传感器，只要是一般的还原性气体传感器即可，本设计拟采用市面上常用的 MQ3 型还原性气体传感器作为酒精气体传感器，再通过分压式电路将电阻的变化量转换成电压的变换量，然后通过发光二极管的颜色与数量的不同来指示被测对象的酒精气体浓度的不同，当超出设定的阈值后，用蜂鸣器发出声响提示。酒精浓度检测仪的结构如图 2.24 所示。

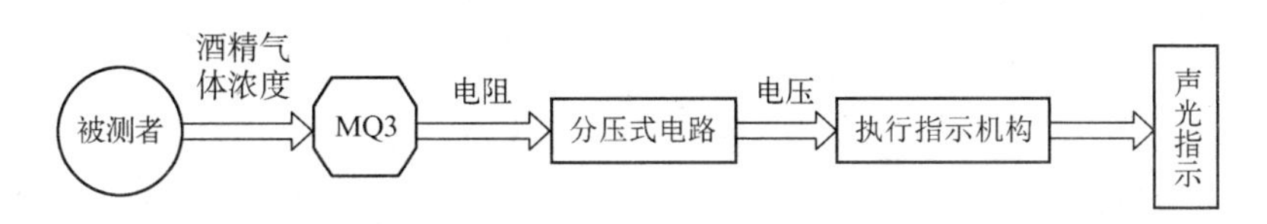

图 2.24 酒精浓度检测仪的结构

2.4.2 电路设计

电路的前端部分 MQ3 和分压式电路按照常规设计即可，执行驱动声光指示的电路需要驱动多个发光二极管及一个蜂鸣器，即需要将分压式电路得出的电压转换成 LED 线段进行显示，同时在某点驱动蜂鸣器发声。因此本设计拟采用 LED 通用电平显示驱动芯片 LM3914 作为执行指示机构。

1. MQ3 气敏电阻式传感器

本设计采用的是表面电阻控制型气敏电阻式传感器 MQ3，该气敏电阻式传感器的敏感材料是活性很高的金属氧化物半导体，最常用的有 SnO_2。当金属氧化物半导体在空气中被加热到一定温度时，氧原子被吸附在带负电荷的半导体表面，半导体表面的电子会被转移到吸附氧上，氧原子就变成了氧负离子，同时在半导体表面形成一个正的空间电荷层，导致表面势垒升高，从而阻碍电子流动。当 N 型半导体的表面在高温下遇到离解能力较小（易失去电子）的还原性气体时，气体分子中的电子将向气敏电阻表面转移，使气敏电阻中的自由电子浓度增加、电阻率降低、电阻减小。MQ3 气敏电阻式传感器常应用于家庭、工厂、商业场所的气体泄漏监测装置、防火/安全探测系统、气体泄漏报警器等，其特点是灵敏度高、响应恢复快速、稳定性高、寿命长、驱动电路简单、电信号强。

MQ3 气敏电阻式传感器的性能指标如下。

- 气体　　酒精（乙醇）
- 探测范围　　10 ～ 1000ppm 酒精

- 特征气体　125ppm 酒精
- 敏感体电阻　1 ～ 20kΩ（空气中）
- 响应时间　≤10s
- 恢复时间　≤30s
- 加热电阻　31Ω±3Ω
- 加热电流　≤180mA
- 加热电压　5. 0V±0. 2V
- 加热功率　≤900mW
- 测量电压　≤24V
- 工作条件　环境温度：-20 ～+55℃

  湿度：≤95%RH

  环境含氧量：21%

2. LED 通用电平显示驱动芯片 LM3914

LM3914 片内有 10 个电压比较器，其特点如下：由 10 个 1kΩ 精密电阻串联组成的分压器分别为各电压比较器提供比较基准；直接驱动 10 个发光二极管组成 10 段“线”或“点”式条图显示器；对被测量的变化反应迅速且真实；无阻尼现象；抗干扰能力强。

利用 10 个发光二极管显示输入端电平的变化，输入端电平信号可以是通过各类传感器和变换电路探测的各种物理量，如电压、电流、温度、湿度、亮度、响度、音频、距离、磁场强度、重量等。用这 10 个发光二极管做成的电平显示器，既醒目、直观，又方便、实用，并且能反映瞬间变化的信号，用途十分广泛。例如，在电路设计制作中，它既可以通过探头和处理电路实现温度控制和显示，用于烘箱、冰箱、空调、热塑封机等设备上，也可以通过分压变换电路实现电压的直观显示，用于仪器、仪表、音响及办公设备上。

LM3914 电路采用了塑封双列直插的 18 引脚 LED 点条显示驱动集成电路，LM3914 电路构成及引脚功能图如图 2. 25 所示。LM3914 内部含有 10 个相同的电压比较器，它们的输出端可以分别直接驱动外接的 10 只发光二极管（VD_1 ～ VD_{10}）进行条状显示，也可以实现点状显示。它们的反相输入端并联在一起，并通过一个缓冲器接到信号输入端 5 引脚。而 10 个同相输入端分别接到由 10 个精密电阻串联而成的多级分压器上。这个分压器的两端在内部没有与其他电路或公共端相连，而是直接由 6 引脚、4 引脚引出，通常将此方式称为悬浮式，这样可以使电路的设计更加灵活和方便。

下面以一个分辨率为 0. 125V 的 10 级线性电压表为例说明其工作原理。这个电压表的最大量程为 1. 25V，将 9 引脚、11 引脚相连，设定为点状显示，这样比较省电。分压器就用内部基准电压源，将 6 引脚、7 引脚相连，将 4 引脚、8 引脚相连并接地，则分压器每 1kΩ 电阻的压降为 0. 125V，因此最下面的比较器 1 同相输入端的电位为 0. 125V，比较器 2 同相输入端的电位为 0. 25V，依次类推，最上面的比较器 10 同相输入端的电位为 1. 25V。当 5 引脚的输入电压小于 0. 125V 时，10 个发光二极管都不发光，当其输入电压大于 0. 125V 但小于 0. 25V 时，比较器 1 反相输入端的电位高于同相输入端的电位，则比较器 1 输出低电位，使 VD_1 发光；当输入电压大于 0. 25V 但小于 0. 375V 时，VD_2 发光；依次类推，当输入 1. 25V 的电压时，VD_{10} 发光。以上是用 10 个发光二极管进行 0 ～ 1. 25V 十级显示的示例，每级 0. 125V；若将 6 引脚外接 10V 的标准电压源，将 4 引脚接地，可以制作 0 ～ 10V 十级显示的电压表；若将 6 引脚接 10V 的标准电压源，将 4 引脚接 5V 的标准电压源，则可以制作一个 5 ～ 10V 十级显示的电压表，每级 0. 5V 。但使用时应注意 6 引脚的电压至少要比 3 引脚的电源电压 V_{CC} 低 2V。

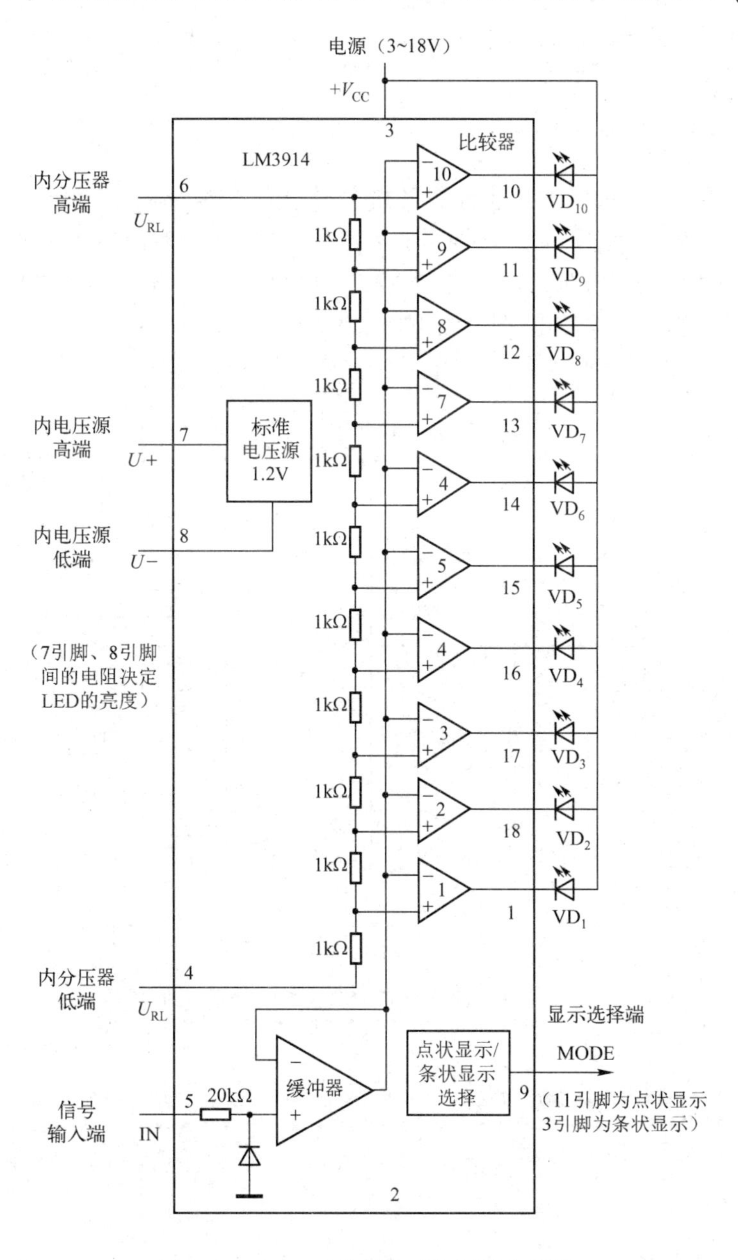

图 2. 25　LM3914 电路构成及引脚功能图

利用 LM3914 及少量元件即可制成一个通用电平显示电路，将其外接有关传感器或电压变换电路即可应用于许多场合。将 8 引脚接地，在 7 引脚与 8 引脚间外接 R_1（1.25kΩ），设定 LED 的发光电流为 10mA，内分压器的设定引脚未接内部标准电压源，而是连接由 LED_0、W_1、W_2 组成的外接串联分压电路的电位器滑动触头，这样设定显示范围更灵活、方便，LED_0 既可以当作电源指示，又可使 6 引脚的设定电压至少比电源电压低约 2 V。这种连接方式可使 6 引脚的参考电压 V_6 的选择范围为（$V_{CC}-2$）$>V_6>V_4$，4 引脚的参考电压 V_4 的选择范围为 $V_6>V_4$，通过调节可做成 0 ～（$V_{CC}-2$）范围内任意电压段的电压表或电平动态显示器。IC_1 为三端固定稳压器，可根据电路对电源电压的要求选择 7806 ～ 7815 的一种，C_1、C_2 为滤波电容。

3. 电路及工作原理分析

本设计采用 5V 电源供电，前端是 MQ3 气敏电阻式传感器，利用电阻分压电路将酒精浓度由电阻量转化为电压量，再通过驱动芯片 LM3914 按照电压大小驱动相应的发光二极管，当到达一定阈值时，蜂鸣器被触发，发出报警声。调试时通过电位器 R_P 调节灵敏度。酒精浓度检测仪的电路原理图如图 2.26 所示。

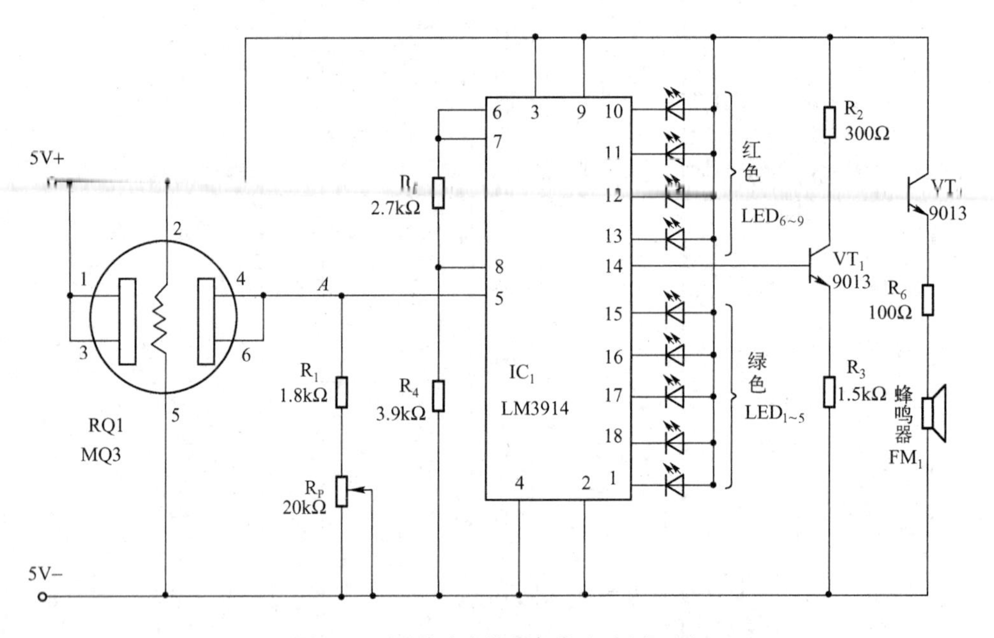

图 2.26　酒精浓度检测仪的电路原理图

2.5　项目实施与考核

2.5.1　制作

按照项目实施要求，准备好操作所需的工具、耗材与元件等，主要涉及电烙铁、焊锡丝、传感器等。根据六步教学法的流程和制作要求，酒精浓度检测仪的制作工具如表 2. 2 所示；按照设计原理图，酒精浓度检测仪的参考设计元件清单如表 2. 3 所示。

表 2. 2　酒精浓度检测仪的制作工具

项目名称		酒精浓度检测仪		
步骤	工作流程	工具	数量	备注
1	咨询	技术资料	1 份	
2	计划	工艺文件	1 份	
		仿真平台	1 套	
3	决策	酒精气体传感器实验平台	1 套	
		Protel 99se	1 套	
4/5	实施/检查	电烙铁	2 台	
		焊锡丝	1 卷	
		稳压电源	1 台	
		数字万用表	1 只	
		示波器	1 台	
		酒精液体	500ml	
		刻度玻璃杯	2 只	
		常用螺装工具	1 套	
		导线	若干	
6	评估	多媒体设备	1 套	汇报用

表 2. 3　酒精浓度检测仪的参考设计元件清单

项目名称			酒精浓度检测仪		
序号	元件名称	代号	规格	数量	备注
1	传感器	RQ1	MQ3 气敏电阻式传感器	1	
2	发光二极管	$LED_{1\sim5}$	绿色	5	
		$LED_{6\sim9}$	红色	4	
3	三极管	VT_1、VT_2	9013	2	
4	电阻	R_1	1. 8kΩ	1	
		R_2	300Ω	1	
		R_3	1. 5kΩ	1	
		R_4	3. 9kΩ	1	
		R_5	2. 7kΩ	1	
		R_6	100Ω	1	
5	电位器	R_P	20kΩ	1	
6	芯片	IC_1	LM3914	1	
7	蜂鸣器	FM_1		1	
8	基板		万能焊接板	1	

2.5.2 调试

1. 检查电源回路

在通电之前，用数字万用表的二极管通断挡测量电源正负接入点之间的电阻，应该为高阻态。如果出现短路现象，应立即排查原因，防止通电烧坏元件的事故发生。同时，目测 IC 的正负电源是否接反，一切正常后方可通电调试。

2. 电压直接调节

本设计主要通过电阻分压电路测量酒精气体浓度的变化，而 LM3914 也是根据输入电压的大小决定点亮 LED 的数量的，因此可先调试传感器。使用一组 5V 稳压电源使系统通电，将另一组可调稳压电源的输出调至 0.2V 左右，其电源正极通过一个 1kΩ 的电阻接入图 2.26 中的 A 点，其电源负极与系统电源负极短接。再在 0.2 ～ 5V 调节电源，观察 LED 和蜂鸣器的变化。正确的变化应该是 LED_1 ～ LED_9 依次被点亮，在 LED_5 和 LED_6 被点亮的过程中，蜂鸣器将发出声音，并一直持续。

如果没有一个 LED 被点亮，可能是因为 LM3914 的周边电路没有配合好，或者是因为电路某点有开路；如果最终有几个 LED 未被点亮，可能是因为电位器 R_P 的阻值偏小，将其调大一些再试即可；如果蜂鸣器未发出声响，可能是因为后面的发生电路开路，或者是因为三极管被烧坏。

3. 酒精液体校准

按照传感器的使用要求，先通电将传感器预热，然后使用乙醇液体作为酒精气体的散发源，先使用 50% 的乙醇水溶液，再根据具体情况调节乙醇的含量，最终得到 200ppm 的酒精调试系统。

4. 用电位器调节灵敏度

调试完成后，根据具体的要求调节电位器 R_P，控制系统测试的灵敏度，要注意传感器的电阻参数。

2.5.3 评价

调试完成后，老师根据各同学或小组制作的系统进行标准测试，按照表 2.4 为各同学或小组打分。

表 2.4 评价表

考核项目	考核内容	配分	考核要求及评分标准	得分
工艺	板面元件的布置 布线 焊点质量	20 分	板面元件布置合理，输出 LED 有说明； 布线工艺良好，横平竖直； 焊点圆、滑、亮	

续表

考核项目	考核内容	配　分	考核要求及评分标准	得　分
功能	电源电路 电压直接接入调节 蜂鸣器报警 灵敏度调节 酒精气体测量	50分	电源正常，未烧毁元件； 电压直接接入调节能使LED依次被点亮； 蜂鸣器的发声位置正常； 灵敏度可以通过 R_P 调节； 能够测出酒精气体的浓度	
资料	Protel 电路图 汇报 PPT（上交） 调试记录（上交） 训练报告（上交） 产品说明书（上交）	30分	电路图绘制正确； PPT能够说明过程，汇报语言清晰明了； 记录能反映调试过程，故障处理明确； 包含所有环节，说明清楚； 能够有效指导用户使用	
教师签字			合计得分	

小　　结

本单元从一个具体的任务实例——酒精浓度检测仪的制作开始，根据任务要求，并带着相关问题进入单元学习，从而完成项目设计。

（1）电阻式传感器的基本原理是将被测的非电量转换成电阻值的变化量，再经过转换电路转换成电量输出。电阻式传感器的种类繁多，应用领域也十分广泛。利用电阻式传感器可以测量力、压力、位移、应变、荷重、转矩、加速度、温度、湿度、气体成分及浓度等非电量参数。电阻式传感器结构简单、性能稳定、灵敏度较高，有的电阻式传感器还可用于动态测量。

（2）气敏电阻式传感器（简称气敏电阻），可以把某种气体的成分、浓度等参数转换成电阻变化量，再转换成电流信号或电压信号。气敏电阻的品种繁多，常用的气敏电阻主要有接触燃烧式气敏传感器、电化学气敏电阻式传感器和半导体气敏电阻式传感器等。气敏电阻的灵敏度较高，在被测气体浓度较低时有较大的电阻变化，而当被测气体浓度较高时，其电阻率的变化逐渐趋缓，有较强的非线性，这种特性适用于气体的微量检测、浓度检测或超限报警等。

（3）导体、半导体材料在外力作用下发生机械形变，导致其电阻值发生变化的物理现象称为电阻应变效应。应变片主要有金属应变片和半导体应变片两类。应变片将应变转换为电阻的变化后，为了显示或记录应变的大小，必须将电阻的变化转换为电压或电流的变化，这一任务是由测量转换电路完成的，常用的测量转换电路是桥式电路。

本单元应重点学习电阻式传感器的原理及其测量电路，尤其是桥式电路，应结合单元任务弄清电阻式传感器的应用，包括其在自动检测系统中的位置等。

2.6 习题

1. 选择题。

1）在应变测量中，希望灵敏度高、线性好、有温度补偿功能，应选择（ ）测量转换电路。

A. 单臂半桥 B. 双臂半桥 C. 四臂全桥

2）（ ）测量电路没有温度补偿功能。

A. 单臂电桥 B. 双臂全桥 C. 四臂全桥 D. 都没有

3）全桥差动电路的电压灵敏度是单臂工作时的（ ）。

A. 不变 B. 2 倍 C. 4 倍 D. 6 倍

4）在电阻应变片配用的测量电路中，为了克服分布电容的影响，多采用（ ）。

A. 直流平衡电桥 B. 直流不平衡电桥

C. 交流平衡电桥 D. 交流不平衡电桥

5）通常用电阻应变式传感器测量（ ）。

A. 温度 B. 密度 C. 加速度 D. 电阻

6）影响金属导电材料应变灵敏度 K 的主要因素是（ ）。

A. 导电材料电阻率的变化 B. 导电材料几何尺寸的变化

C. 导电材料物理性质的变化 D. 导电材料化学性质的变化

7）为使利用相邻双臂桥检测的电阻应变式传感器灵敏度高、非线性误差小，（ ）。

A. 两个桥臂都应当用大电阻值的工作应变片

B. 两个桥臂都应当用两个工作应变片串联而得

C. 两个桥臂应当分别用应变量变化相反的工作应变片

D. 两个桥臂应当分别用应变量变化相同的工作应变片

8）金属丝的电阻随其机械形变（拉伸或压缩）的大小而发生相应的变化的现象称为金属的（ ）。

A. 电阻形变效应 B. 电阻应变效应

C. 压电效应 D. 压阻效应

9）（ ）是采用真空蒸发或真空沉积等方法，将电阻材料在基底上制成一层各种形式的敏感栅而形成的应变片。这种应变片灵敏度高，易实现工业化生产，是一种很有前途的新型应变片。

A. 箔式应变片 B. 半导体应变片

C. 沉积膜应变片 D. 薄膜式应变片

10）直流电桥的平衡条件为（ ）。

A. 相邻桥臂阻值乘积相等 B. 相对桥臂阻值乘积相等

C. 相对桥臂阻值比值相等 D. 相邻桥臂阻值之和相等

2. 环境温度的变化会引起电桥电阻发生变化，导致电桥发生零点漂移，这种因温度变化而产生的误差称为温度误差。产生温度误码差的原因有：电阻应变片的________

不一致；应变片材料与被测试件材料的________ 不同，从而使应变片产生附加应变。

3. 单位应变引起的________称为电阻丝的灵敏度。

4. 直流电桥的平衡条件是________。

5. 直流电桥的电压灵敏度与电桥的供电电压的关系是________关系。

6. 当电阻应变片的配用测量电路采用差动电桥时，不仅可以消除________，还能起到 ________的作用。

7. 电阻应变式传感器的核心元件是 ________，其工作原理是基于________。

8. 电阻应变式传感器中的测量电路是将应变片的 ________转换成________的变化，以便方便地显示被测的非电量的大小。

9. 阐述电阻式应变片的电阻与应变的关系，并分析电阻式应变片与半导体材料应变片的异同。

10. 为什么电阻式应变片的电阻不能用普通的测量电阻的仪表测量呢？

11. 在测量电阻式应变片的电阻时，平衡电桥和不平衡电桥是如何进行测量的？

12. 通过温度补偿电路说明不平衡电桥的几种桥接方式的异同。

13. 简述在动态测量过程中广泛应用的电阻应变仪的组成框图和工作原理。

14. 电阻式传感器有哪几种？试简述其特点及用途。

15. 试简述热敏电阻的 3 种类型、各自的特点及应用范围。

16. 选择金属热敏电阻测温时，应从哪几方面考虑？

17. 如图 2.27 所示为直流应变电桥。图 2.27 中的 $E=4\text{V}$，$R_1=R_2=R_3=R_4=120\Omega$。

(1) R_1 为金属应变片，其余为外接电阻。当 $\Delta R_1=1.2\Omega$ 时，试求电桥的输出电压 U_0。

(2) R_1 和 R_3 都是应变片，且批号相同，它们感受应变的极性和大小都相同，其余为外接电阻，试求电桥的输出电压 U_0。

(3) 在 (2) 中，当 R_2 与 R_1 感受应变的极性相反，且 $|\Delta R_1|=|\Delta R_2|=1.2\Omega$ 时，试求电桥的输出电压 U_0。

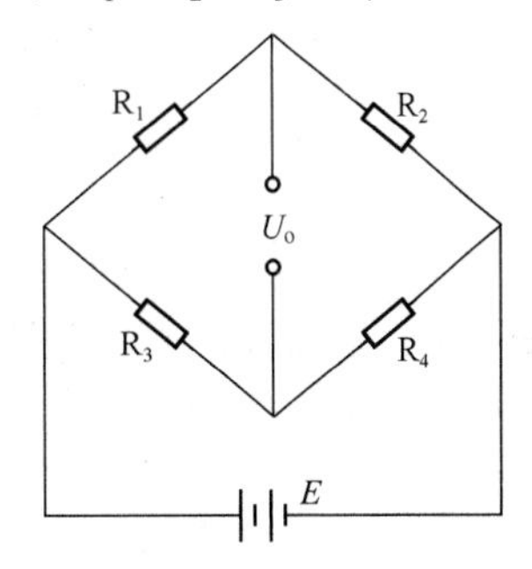

图 2.27　直流应变电桥

项目单元3　电感式传感器——金属探测器的设计

3.1　项目描述

谈起金属探测器，人们就会联想到探雷器，工兵用它来探测掩埋的地雷。金属探测器是一种专门用来探测金属的仪器，除了用于探测有金属外壳或金属部件的地雷，还可以用来探测隐蔽在墙壁内的电线、埋在地下的水管和电缆，甚至能够进行地下探宝，发现埋藏在地下的金属物体。金属探测器还可以作为开展青少年国防教育和科普活动的工具，也可以作为一种有趣的娱乐玩具。

PPT：项目单元3

3.1.1　任务要求

（1）以电涡流传感器为传感元件，将金属与传感器的距离转化为电感。

（2）当金属与传感器的距离不同时，能够有区别明显的提示。

（3）当金属与传感器的距离达到一定阈值时能够发出声光报警。

（4）鼓励采用单片机作为控制单元，并酌情加分。

（5）最终上交调试成功的实验系统——金属探测器。

（6）要求有每个步骤的文字材料，包括原理图、使用说明、元件清单、进程表、调试过程描述等。

3.1.2　任务分析

当金属探测器靠近金属物体时，由于存在电磁感应现象，会在金属导体中产生电涡流，使金属探测器振荡回路中的能量损耗增大，使原来处于临界状态的振荡器的振荡减弱，甚至因无法维持振荡所需的最低能量而停振。通过测量电路检测出这种变化，并将其转换成声音信号，根据有无声音就可以判定振荡器是否停振，从而判定探测线圈下面是否有金属，因此本项目单元主要讲述电感式传感器的各项知识，具体知识点如下。

（1）了解电感式传感器的转换原理。

（2）掌握金属探测器的应用。

（3）理解变磁阻式传感器的工作原理。

（4）理解差动变压器式传感器的工作原理。

（5）理解电涡流式传感器的工作原理。

（6）了解电感式传感器的类型、结构及其测量转换电路。

（7）了解电感式传感器的各种应用。

（8）了解位移测量电感式传感器的测量原理、使用方法及应用。

3.2 相关知识

电感式传感器的工作基础是电磁感应，即利用线圈电感或互感的改变来实现非电量的测量。被测物理量（位移、振动、压力、流量、比重）经过电磁感应后会影响线圈的自感系数 L 或互感系数 M，即对电感/互感产生影响，最终产生输出电压或电流（电信号）的变化。电感式传感器可以分为变磁阻式传感器、差动变压器式传感器、电涡流式传感器。

3.2.1 变磁阻式传感器

电感式传感器原理

1. 工作原理

变磁阻式传感器由线圈、铁芯和衔铁 3 部分组成。铁芯和衔铁由导磁材料制成。铁芯和衔铁之间有气隙，传感器的运动部分与衔铁相连。当衔铁移动时，气隙厚度 δ 会发生改变，并引起磁路中的磁阻变化，从而导致电感线圈的电感量发生变化，因此只要能测出这种电感量的变化，就能确定衔铁位移量的大小和方向。变磁阻式传感器的工作原理如图 3.1 所示。

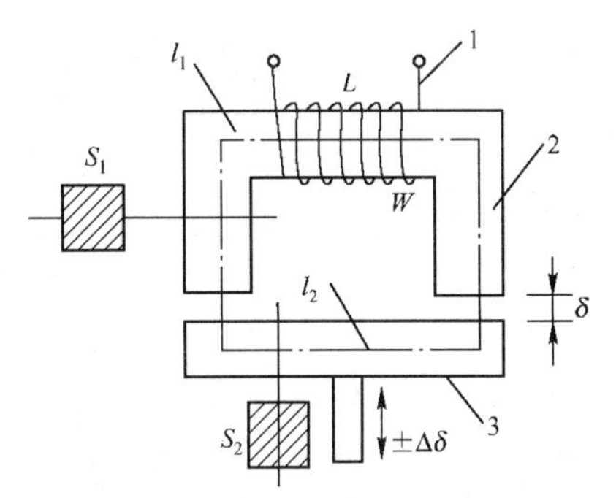

1—线圈；2—铁芯（定铁芯）；3—衔铁（动铁芯）

图 3.1 变磁阻式传感器的工作原理

线圈中的电感量可由下式确定：

$$L=\frac{\psi}{I}=\frac{W\Phi}{I} \tag{3-1}$$

根据磁路欧姆定律可得

$$\Phi=\frac{IW}{R_m} \tag{3-2}$$

式中，R_m——磁路总磁阻。

因为气隙很小，所以可以认为气隙中的磁场是均匀的。若忽略磁路磁损，则磁路总磁阻为

$$R_m = \frac{2\delta}{\mu_0 S_0} \tag{3-3}$$

联立式（3-1）、式（3-2）及式（3-3），可得

$$L = \frac{W^2}{R_m} = \frac{W^2 \mu_0 S_0}{2\delta} \tag{3-4}$$

式（3-4）表明：当线圈匝数 W 为常数时，电感 L 仅是磁路总磁阻 R_m 的相关函数，改变 δ 或 S_0 均可导致电感发生变化，因此变磁阻式传感器又可分为变气隙厚度 δ 的传感器和变气隙面积 S_0 的传感器。

2. 输出特性

L 与 δ 之间为非线性关系，变隙式电感传感器的 L-δ 特性曲线如图 3.2 所示。

对于变隙式电感传感器，电感 L 和气隙厚度 δ 成反比，如图 3.2 所示，输入/输出成非线性关系。灵敏度为

$$K_0 = \frac{\mathrm{d}L}{\mathrm{d}\delta} = -\frac{W^2 \mu_0 S_0}{2\delta^2} = -\frac{L_0}{\delta} \tag{3-5}$$

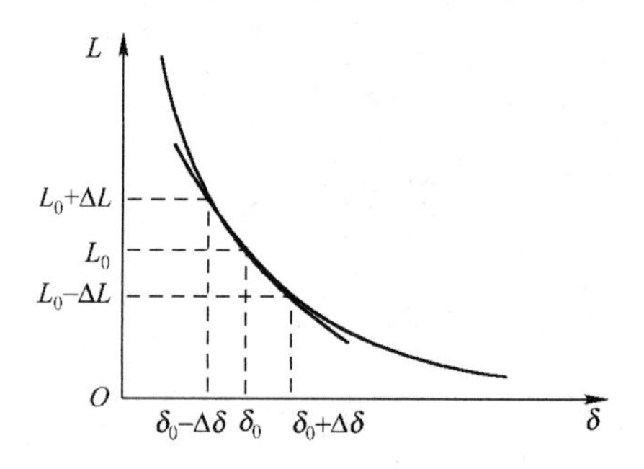

图 3.2 变隙式电感传感器的 L-δ 特性曲线

式中，$L_0 = \frac{W^2 \mu_0 S_0}{2\delta^2}$，$\delta$ 越小，灵敏度越高。变隙式电感传感器的测量范围与灵敏度及线性度有关，因此变隙式电感传感器适用于测量位移微小的场合。

3. 测量电路

电感式传感器的测量电路有交流电桥式测量电路、变压器式交流电桥测量电路及谐振式测量电路等。

1）交流电桥式测量电路（见图 3.3）

将传感器的两个线圈作为电桥的两个桥臂 Z_1 和 Z_2，另外两个相邻的桥臂用纯电阻 R 代替。设 $Z_1 = Z + \Delta Z_1$，$Z_2 = Z - \Delta Z_2$，Z 是衔铁在中间位置时单个线圈的复阻抗，ΔZ_1 和 ΔZ_2 分别是衔铁偏离中心位置时两个线圈阻抗的变化量。对于高 Q 值的差动式电感传感器，有 $\Delta Z_1 + \Delta Z_2 \approx \mathrm{j}\omega(\Delta L_1 + \Delta L_2)$，则电桥的输出电压为

$$\dot{U}_o = \frac{\Delta Z}{2(Z_1 + Z_2)}\dot{U} = \frac{\Delta Z}{2Z}\dot{U} \propto (\Delta L_1 + \Delta L_2) \tag{3-6}$$

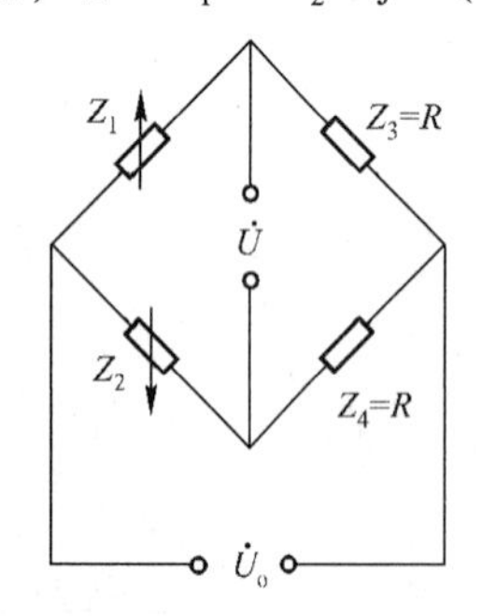

图 3.3 交流电桥式测量电路

衔铁上移 $\Delta\delta$：差动变压器式传感器电感的总变化量 $\Delta L = \Delta L_1 + \Delta L_2$，具体表达式为

$$\Delta L = \Delta L_1 + \Delta L_2 = 2L_0 \frac{\Delta\delta}{\delta_0} \tag{3-7}$$

灵敏度 K_0 为

$$K_0=\frac{\frac{\Delta L}{L_0}}{\Delta\delta}=\frac{2}{\delta_0} \tag{3-8}$$

比较单线圈变隙式电感传感器和差动变隙式电感传感器：

① 差动变隙式电感传感器的灵敏度是单线圈变隙式电感传感器的两倍。

② 差动变隙式电感传感器的非线性项（忽略高次项）：$\Delta L/L_0=2\left(\frac{\Delta\delta}{\delta_0}\right)^3$。

单线圈变隙式电感传感器的非线性项（忽略高次项）：$\Delta L/L_0=\left(\frac{\Delta\delta}{\delta_0}\right)^2$。

由于 $\Delta\delta/\delta_0\ll1$，因此，差动变隙式电感传感器的线性度得到了明显改善。

将 $\Delta L=2L_0\frac{\Delta\delta}{\delta_0}$代入式（3-6）可得

$$\dot{U}_o\propto 2L_0\frac{\Delta\delta}{\delta_0} \tag{3-9}$$

即电桥的输出电压与 $\Delta\delta$ 成正比。

2）变压器式交流电桥测量电路

变压器式交流电桥测量电路如图 3.4 所示，Z_1、Z_2 为传感器线圈的阻抗，另外两桥臂的阻抗为交流变压器次级线圈的 1/2。当负载阻抗为无穷大时，桥路的输出电压为

$$\dot{U}_o=\frac{Z_2}{Z_1+Z_2}\dot{U}-\frac{1}{2}\dot{U}=\frac{Z_2-Z_1}{Z_1+Z_2}\frac{\dot{U}}{2} \tag{3-10}$$

当传感器的衔铁处于中间位置，即 $Z_1=Z_2=Z$ 时，有 $\dot{U}_o=0$，电桥平衡。

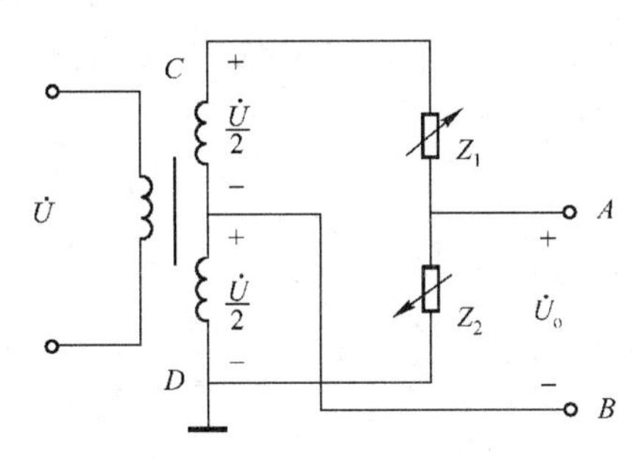

图 3.4　变压器式交流电桥测量电路

当传感器的衔铁上移，如 $Z_1=Z+\Delta Z$，$Z_2=Z-\Delta Z$ 时，有

$$\dot{U}_o=-\frac{\Delta Z}{Z}\frac{\dot{U}}{2}=-\frac{\Delta L}{L}\frac{\dot{U}}{2} \tag{3-11}$$

当传感器的衔铁下移，如 $Z_1=Z-\Delta Z$，$Z_2=Z+\Delta Z$ 时，有

$$\dot{U}_o=-\frac{\Delta Z}{Z}\frac{\dot{U}}{2}=\frac{\Delta L}{L}\frac{\dot{U}}{2} \tag{3-12}$$

可知：当衔铁上下移动时，输出电压的相位相反，其大小随衔铁的位移而变化。由

于 $\dot{U}$ 是交流电压，而输出指示无法判断位移方向，所以必须配合相敏检波电路来解决此问题。

3）谐振式测量电路

谐振式测量电路分为谐振式调幅电路和谐振式调频电路。

谐振式调幅电路（见图 3.5（a））：传感器电感 L 与电容 C 和变压器原边串联在一起，接入交流电源 $\dot{U}$，变压器副边将有电压 $\dot{U}_o$ 输出，输出电压的频率与电源的频率相同，而幅值随电感 L 变化，图 3.6（b）为输出电压 $\dot{U}_0$ 与电感 L 的关系曲线，其中，L_0 为谐振点的电感值。

谐振式调幅电路的特点：灵敏度很高，但线性差，适用于对线性度要求不高的场合。

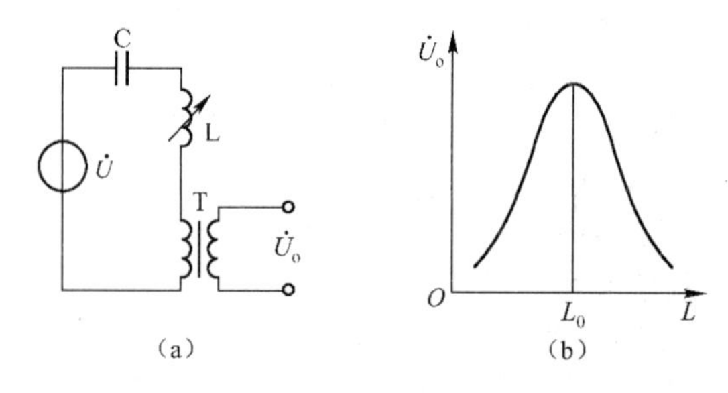

图 3.5　谐振式调幅电路

谐振式调频电路（见图 3.6（a））：传感器电感 L 的变化将引起输出电压的频率发生变化。通常把传感器电感 L 和电容 C 接入一个振荡回路中，其振荡频率 $f=1/(2\pi\sqrt{LC})$。当 L 变化时，振荡频率随之变化，根据 f 的大小即可测出被测量的值。图 3.6（b）表示 f 与 L 的关系曲线，可见，f 与 L 成非线性关系。

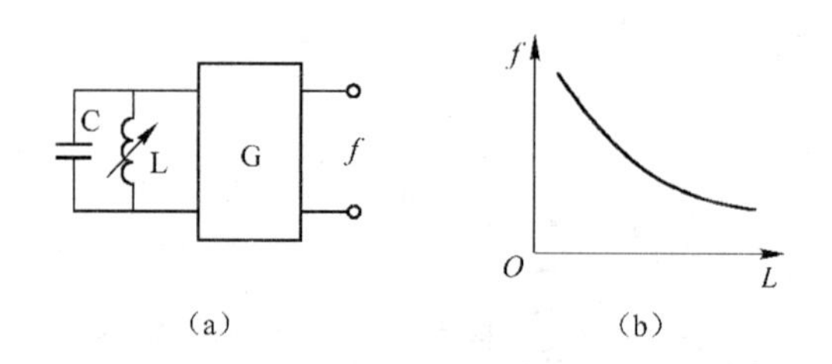

图 3.6　谐振式调频电路

4. 变磁阻式传感器的应用

变隙电感式压力传感器的结构图如图 3.7 所示。

当压力进入膜盒时，膜盒的顶端在压力 P 的作用下产生与压力 P 的大小成正比的位移，于是衔铁发生移动，从而使气隙发生变化，流过线圈的电流也会发生相应的变化，电流表 A 的指示值反映了被测压力的大小。

图 3.8 所示为变隙式差动电感压力传感器。它主要由 C 形弹簧管、衔铁和线圈组成。

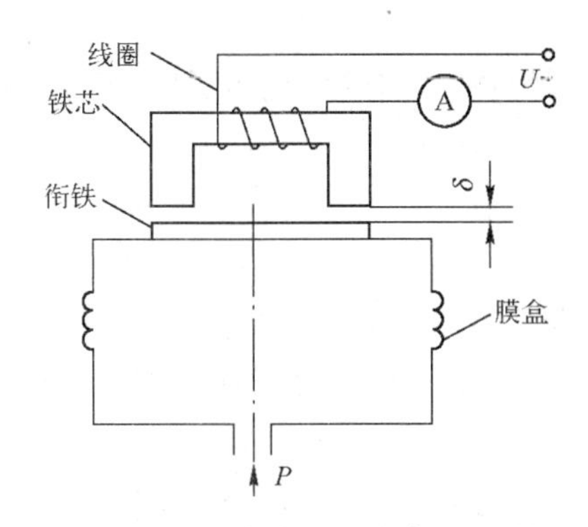

图 3.7 变隙电感式压力传感器的结构图

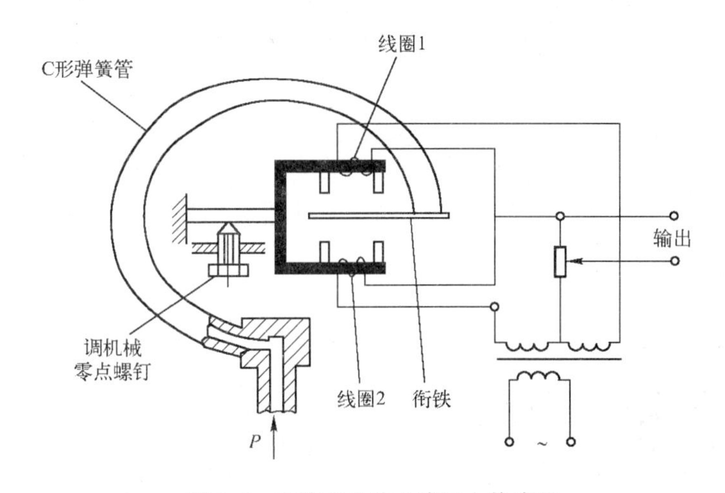

图 3.8 变隙式差动电感压力传感器

当被测压力进入 C 形弹簧管时，C 形弹簧管产生形变，其自由端发生位移，带动与自由端连接成一体的衔铁运动，使线圈 1 和线圈 2 中的电感发生大小相等、符号相反的变化，即一个线圈的电感量增大，另一个线圈的电感量减小。电感的这种变化通过电桥电路转换成电压输出。由于输出电压与被测压力之间成线性关系，所以只要用检测仪表测量出输出电压，就能测得被测压力的大小。

3.2.2 差动变压器式传感器

把被测的非电量变化转换为线圈互感变化的传感器称为互感式传感器。这种传感器是根据变压器的基本原理制成的，并且次级绕组用差动形式连接，故称差动变压器式传感器。差动变压器的结构形式有变隙式、变面积式和螺线管式等。

在非电量测量中，应用最多的是螺线管式差动变压器，它可以测量 1 ～ 100mm 的机械位移，并具有测量精度高、灵敏度高、结构简单、性能可靠等优点。

1. 变隙式差动变压器

1）工作原理

闭磁路变隙式差动变压器式传感器的结构示意图如图 3.9 所示，在 A、B 两个铁芯上绕有 $W_{1a}=W_{1b}=W_1$ 的两个初级绕组和 $W_{2a}=W_{2b}=W_2$ 的两个次级绕组。将两个初级绕组的同名端顺向串联，而将两个次级绕组的同名端反相串联。

当没有位移时，衔铁 C′处于初始平衡位置，它与两个铁芯的间隙的关系为 $\delta_{a0}=\delta_{b0}=\delta_0$，则绕组 W_{1a} 和 W_{2a} 间的互感 M_a 与绕组 W_{1b} 和 W_{2b} 间的互感 M_b 相等，致使两个次级绕组的互感电势相等，即 $e_{2a}=e_{2b}$。由于次级绕组反相串联，所以差动变压器的输出电压 $\dot{U}_o=e_{2a}-e_{2b}=0$。

当被测体有位移时，与被测体相连的衔铁的位置将发生相应的变化，使 $\delta_a\neq\delta_b$，互感 $M_a\neq M_b$，两个次级绕组的互感电势 $e_{2a}\neq e_{2b}$，输出电压 $\dot{U}_o=e_{2a}-e_{2b}\neq0$，即差动变压器有电压输出，此电压的大小与极性可以反映被测体位移的大小和方向。

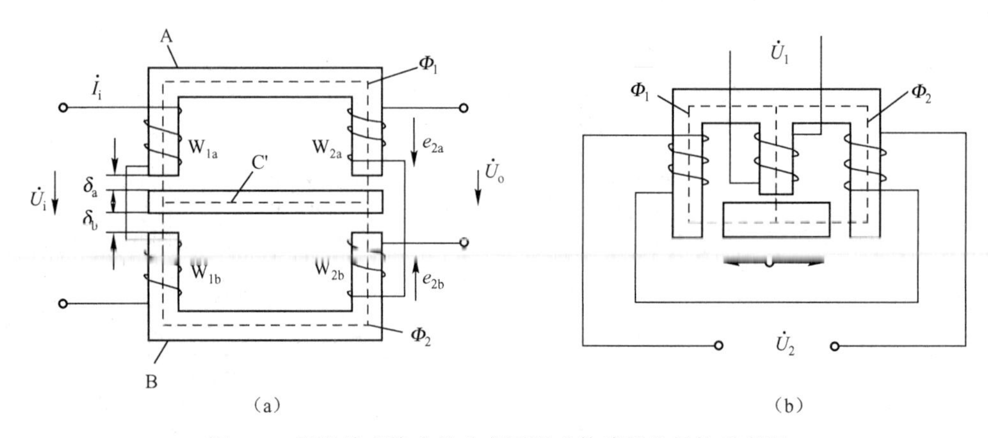

图 3.9　闭磁路变隙式差动变压器式传感器的结构示意图

2）输出特性

在忽略铁损（电涡流与磁滞损耗忽略不计）、漏感及变压器次级开路（或负载阻抗足够大）的条件下，图 3.9(a)的等效电路可用图 3.10 表示。在图 3.10 中，r_{1a} 与 L_{1a}、r_{1b} 与 L_{1b}、r_{2a} 与 L_{2a}、r_{2b} 与 L_{2b} 分别为 W_{1a}、W_{1b}、W_{2a}、W_{2b} 绕阻的直流电阻与电感。

当 $r_{1a}\ll\omega L_{1a}$ 且 $r_{1b}\ll\omega L_{1b}$ 时，如果不考虑铁芯与衔铁中的磁阻影响，对图 3.10 所示的等效电路进行分析，可得其输出电压 U_o 的表达式为

$$\dot{U}_o=-\frac{\delta_b-\delta_a}{\delta_b+\delta_a}\frac{W_2}{W_1}\dot{U}_i \tag{3-13}$$

分析：当衔铁处于初始平衡位置时，$\delta_a=\delta_b=\delta_0$，则 $U_o=0$。如果被测体带动衔铁移动，如向上移动 $\Delta\delta$（假设向上移动为正）时，则有 $\delta_a=\delta_0-\Delta\delta$，$\delta_b=\delta_0+\Delta\delta$，代入上式可得

$$\dot{U}_o=-\frac{W_2}{W_1}\frac{\dot{U}_i}{\delta_0}\Delta\delta \tag{3-14}$$

上式表明：输出电压 U_o 与衔铁位移量 $\Delta\delta/\delta_0$ 成正比。“-”的意义是：当衔铁向上移动时，$\Delta\delta/\delta_0$ 定义为正，输出电压 U_o 与输入电压 U_i 反相（相位差 180°）；而当衔铁向下移动时，$\Delta\delta/\delta_0$ 为 $-|\Delta\delta/\delta_0|$，表明 U_o 与 U_i 同相。

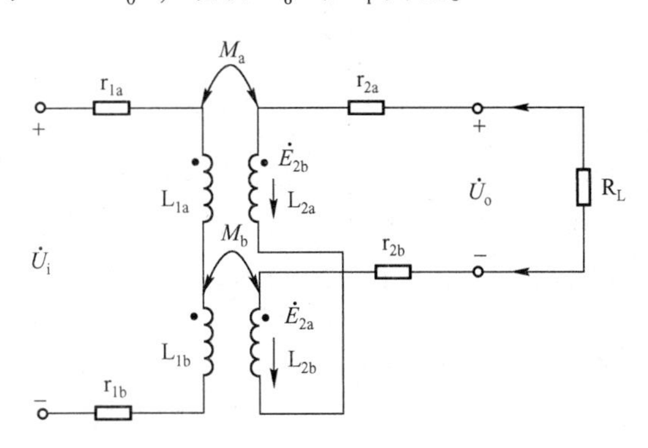

图 3.10　闭磁路变隙式差动变压器式传感器的等效电路

图 3.11 所示为变隙式差动变压器输出电压 U_o 与位移 $\Delta\delta$ 的关系曲线。

由式（3-14）可得，变隙式差动变压器的灵敏度 K 的表达式为

$$K=\frac{\dot{U}_o}{\Delta\delta}=\frac{W_2}{W_1}\frac{\dot{U}_i}{\delta_0} \tag{3-15}$$

分析结论如下。

① 首先，供电电源 U_i 要稳定（获取稳定的输出特性）；其次，适当提高电源幅值可以提高灵敏度 K，但要以变压器铁芯不饱和及允许升温为条件。

② 增大 W_2/W_1 的比值和减小 δ_0 都能使灵敏度 K 值提高（W_2/W_1 的比值会影响变压器的体积及零点残余电压。一般选择传感器的 δ_0 为 0.5 mm）。

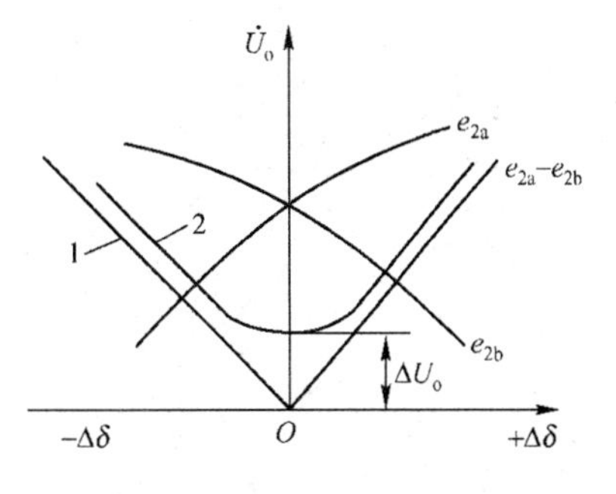

1—理想输出特性；2—实际输出特性

图 3.11　变隙式差动变压器的输出特性

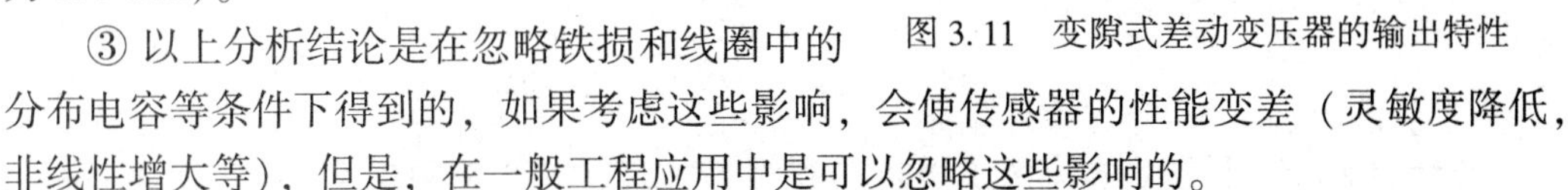

③ 以上分析结论是在忽略铁损和线圈中的分布电容等条件下得到的，如果考虑这些影响，会使传感器的性能变差（灵敏度降低，非线性增大等），但是，在一般工程应用中是可以忽略这些影响的。

④ 以上结论是在假定工艺严格对称的前提下得到的，而实际上很难做到这一点，因此传感器的实际输出特性存在零点残余电压 ΔU_o。

⑤ 变压器副边开路的条件对由电子线路构成的测量电路来讲容易满足，但若直接配接低输入阻抗电路，则须考虑变压器副边电流对输出特性的影响。

2. 螺线管式差动变压器

1）工作原理

螺线管式差动变压器的结构如图 3.12 所示。

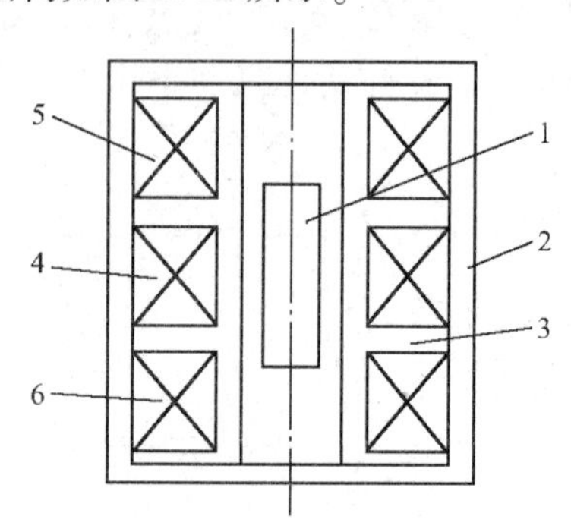

1—活动衔铁； 2—导磁外壳； 3—骨架； 4—匝数为V_1的初级绕组；
5—匝数为W_{2a}的次级绕组； 6—匝数为W_{2b}的次级绕组

图 3.12 螺线管式差动变压器的结构

将两个次级线圈反相串联，在忽略铁损、导磁体磁阻和线圈分布电容的理想条件下，螺线管式差动变压器的等效电路如图 3.13 所示。当对初级绕组加以激励电压 $\dot{U}$ 时，根据变压器的工作原理，在两个次级绕组 W_{2a} 和 W_{2b} 中便会产生感应电势 E_{2a} 和 E_{2b}。如果在工艺上保证变压器结构完全对称，则当活动衔铁处于初始平衡位置时，必然会使两互感系数 $M_1=M_2$。根据电磁感应原理，将有 $E_{2a}=E_{2b}$。由于变压器的两个次级绕组反相串联，所以 $U_o=E_{2a}-E_{2b}=0$，即螺线管式差动变压器的输出电压为 0。

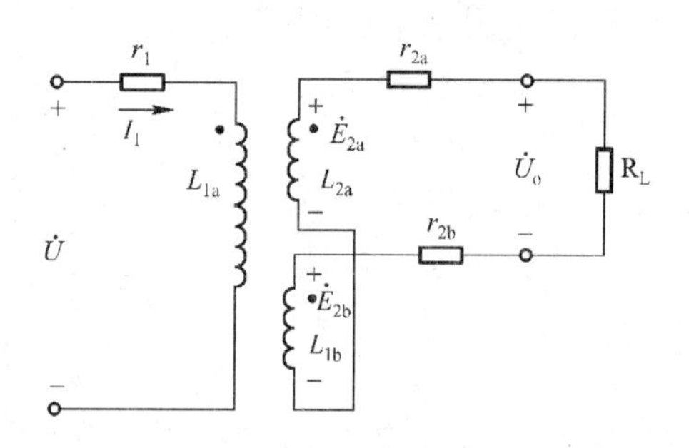

图 3.13 螺线管式差动变压器的等效电路

当活动衔铁向上移动时，由于磁阻的影响，W_{2a} 中的磁通量大于 W_{2b}，使 $M_1>M_2$，因而 E_{2a} 增加，E_{2b} 减小；反之，则 E_{2b} 增加，E_{2a} 减小。因为 $U_o=E_{2a}-E_{2b}$，所以当 E_{2a}、E_{2b} 随着衔铁位移 Δx 变化时，U_o 也将随 Δx 变化。

由图 3.14 可以看出，当衔铁位于中心位置时，螺线管式差动变压器的输出电压并不等于 0，我们把螺线管式差动变压器在零位移时的输出电压称为零点残余电压，记作 ΔU_o，它的存在使传感器的输出特性不经过零点，从而导致实际特性曲线与理论特性曲线不完全一致。

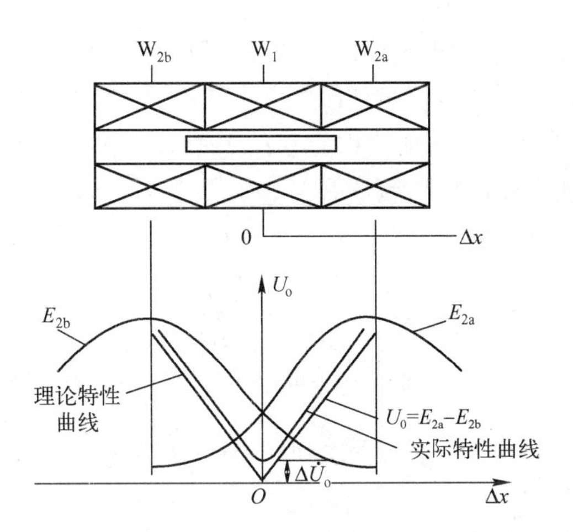

图 3. 14　螺线管式差动变压器输出电压的特性曲线

零点残余电压产生的原因主要是传感器的两个次级绕组的电气参数和几何尺寸不对称，以及磁性材料的非线性等。

零点残余电压的波形十分复杂，主要由基波和高次谐波组成。

基波产生的主要原因是：传感器的两个次级绕组的电气参数、几何尺寸不对称，导致它们产生的感应电势幅值不等、相位不同，因此无论怎样调整衔铁的位置，两线圈中的感应电势都不能完全抵销。

高次谐波（主要是三次谐波）产生的原因是磁性材料磁化曲线的非线性（磁饱和、磁滞）。

零点残余电压一般在几十毫伏以下，在实际使用时，应设法减小零点残余电压，否则会影响传感器的测量结果。

2）基本特性

螺线管式差动变压器的等效电路如图 3. 13 所示。当次级开路时，有

$$I_1=\frac{\dot{U}}{r_1+\mathrm{j}\omega L_1} \tag{3-16}$$

式中，$\dot{U}$——初级线圈的激励电压；

ω——激励电压 $\dot{U}$ 的角频率；

I_1——初级线圈的激励电流；

r_1、L_1——初级线圈的直流电阻和电感。

根据电磁感应定律，次级绕组中感应电势的表达式分别为

$$\dot{E}_{2a}=-\mathrm{j}\omega M_1 I_1 \tag{3-17}$$

$$\dot{E}_{2b}=-\mathrm{j}\omega M_2 I_1 \tag{3-18}$$

两个次级绕组反相串联，且考虑到次级开路，由以上关系可得

$$\dot{U}_o=\dot{E}_{2a}-\dot{E}_{2b}=-\frac{\mathrm{j}\omega(M_1-M_2)\dot{U}}{r_1+\mathrm{j}\omega L_1} \tag{3-19}$$

上式说明，当激励电压 U 和角频率 ω、初级线圈的直流电阻 r_1 和电感 L_1 为定值时，螺线管式差动变压器的输出电压仅是初级绕组与两个次级绕组之间的互感之差的函数。

只要求出互感 M_1 和 M_2 与活动衔铁位移的关系式，再将其代入式（3-19）即可得到螺线管式差动变压器的基本特性表达式。

输出电压的有效值为

$$U_o=\frac{\omega(M_1-M_2)U}{\sqrt{r_1^2+(\omega L_1)^2}} \tag{3-20}$$

① 当活动衔铁处于中间位置时：$M_1=M_2=M$，因此 $U_o=0$。

② 当活动衔铁向上移动时：$M_1=M+\Delta M$，$M_2=M-\Delta M$，所以 $U_o=\frac{2\omega\Delta MU}{\sqrt{r_1^2+(\omega L_1)^2}}$，与 E_{2a} 同极性。

③ 当活动衔铁向下移动时：$M_1=M-\Delta M$，$M_2=M+\Delta M$，所以 $U_o=-\frac{2\omega\Delta MU}{\sqrt{r_1^2+(\omega L_1)^2}}$，与 E_{2b} 同极性。

3）螺线管式差动变压器传感器的测量电路

问题：①差动变压器的输出电压是交流电压（用交流电压表测量，只能反映衔铁位移的大小，不能反映其移动方向）；②测量值中将包含零点残余电压。

为了达到辨别衔铁移动方向和消除零点残余电压的目的，在实际测量时，常常采用差动整流电路和相敏检波电路。

（1）差动整流电路 。这种电路是把螺线管式差动变压器的两个次级输出电压分别整流，然后将整流的电压或电流的差值作为输出。

通过图 3.15（c）可知，无论两个次级线圈的输出瞬时电压的极性如何，流经电容 C_1 的电流方向总是从 2 到 4，流经电容 C_2 的电流方向总是从 6 到 8，故整流电路的输出电压为

$$\dot{U}_2=\dot{U}_{24}-\dot{U}_{68} \tag{3-21}$$

当衔铁在零位时，因为 $U_{24}=U_{68}$，所以 $U_2=0$；当衔铁在零位以上时，因为 $U_{24}>U_{68}$，所以 $U_2>0$；当衔铁在零位以下时，因为 $U_{24}<U_{68}$，所以 $U_2<0$。U_2 的正负表示衔铁位移的方向。

（2）相敏检波电路如图 3.16 所示。输入信号 u_2（差动变压器式传感器输出的调幅电压）通过变压器 T_1 加到环形电桥的一条对角线上。参考信号 u_s 通过变压器 T_2 加到环形电桥的另一条对角线上。输出信号 u_o 从变压器 T_1 与 T_2 的中心抽头引出。

平衡电阻 R 起限流作用，以避免二极管导通时变压器 T_2 的次级电流过大。R_L 为负载电阻。u_s 的幅值要远远大于输入信号 u_2 的幅值，以便有效控制 4 个二极管的导通状态，且 u_s 和差动变压器式传感器激励电压 u_1 由同一振荡器供电，以保证二者同频同相（或反相）。

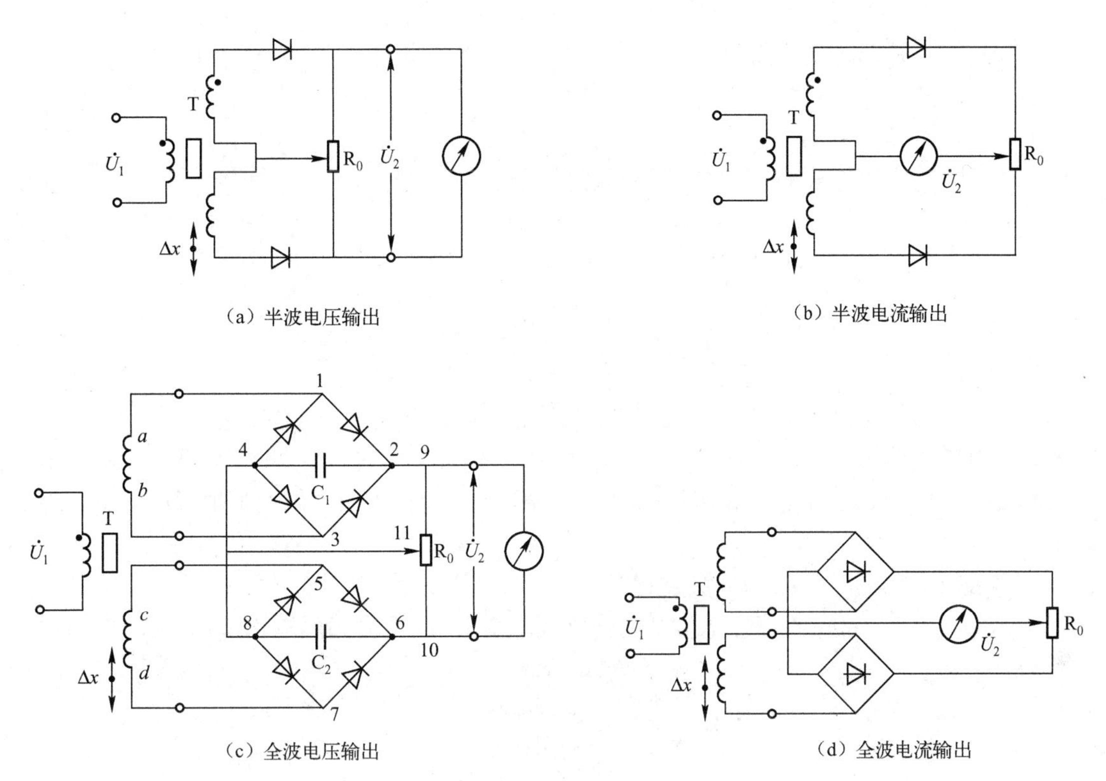

图 3.15　差动整流电路

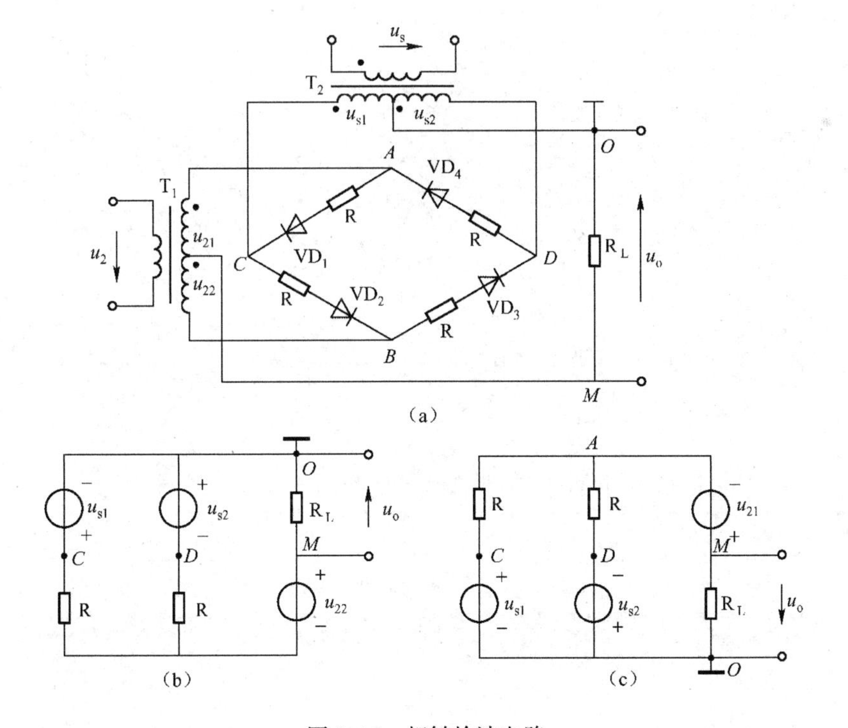

图 3.16　相敏检波电路

根据变压器的工作原理，考虑到 O、M 分别为变压器 T_1、T_2 的中心抽头，则

$$u_{s1}=u_{s2}=\frac{u_s}{2n_2} \tag{3-22}$$

$$u_{21}=u_{22}=\frac{u_1}{2n_1} \tag{3-23}$$

采用电路分析的基本方法可求得图 3.16（b）中输出电压 u_o 的表达式为

$$u_o=-\frac{R_L u_{22}}{\frac{R}{2}R_L}=\frac{R_L u_1}{n_1(R+2R_L)} \tag{3-24}$$

当 u_2 与 u_s 均为负半周时：二极管 VD_2、VD_3 截止，VD_1、VD_4 导通，图 3.16（b）的等效电路如图 3.16（c）所示，输出电压 u_o 的表达式与式（3-24）相同，说明只要位移 $\Delta x>0$，无论 u_2 与 u_s 是正半周还是负半周，负载电阻 R_L 两端得到的电压 u_o 始终为正。

当 $\Delta x<0$ 时：u_2 与 u_s 为同频反相。

无论 u_2 与 u_s 是正半周还是负半周，负载电阻 R_L 两端得到的输出电压 u_o 的表达式总为

$$u_o=-\frac{R_L u_2}{n_1(R+2R_L)} \tag{3-25}$$

$$M_1=M_2=M$$

波形图如图 3.17 所示。

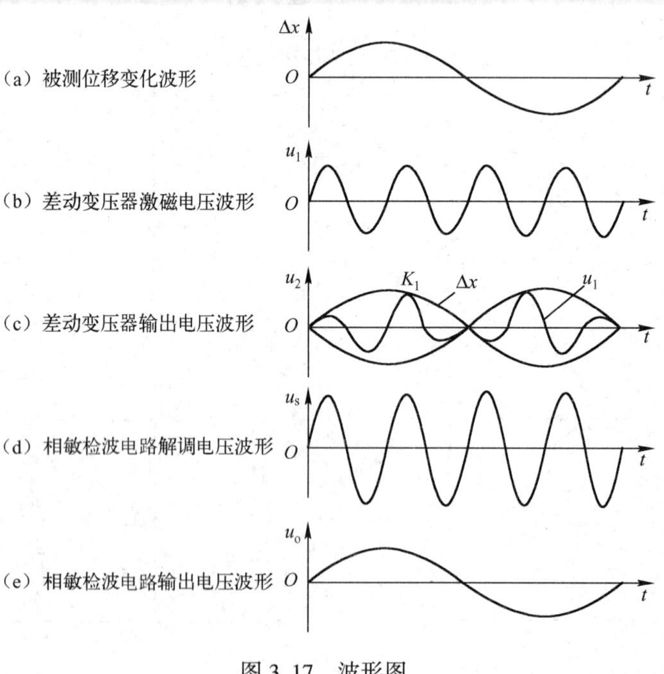

图 3.17　波形图

4）差动变压器式传感器的应用

差动变压器式传感器可直接用于位移测量，也可以测量与位移有关的任何机械量，如振幅、加速度、应变、比重、张力和厚度等。

图3.18所示为差动变压器式加速度传感器的原理图。它由悬臂梁和差动变压器构成。进行测量时，将悬臂梁底座及差动变压器的线圈骨架固定，而将衔铁的A端与被测振动体相连，此时传感器作为加速度测量中的惯性元件，它的位移与被测振动体的加速度成正比，将加速度的测量转变为位移的测量。当被测振动体带动衔铁以$\Delta x(t)$的频率振动时，差动变压器的输出电压也会按相同的规律变化。

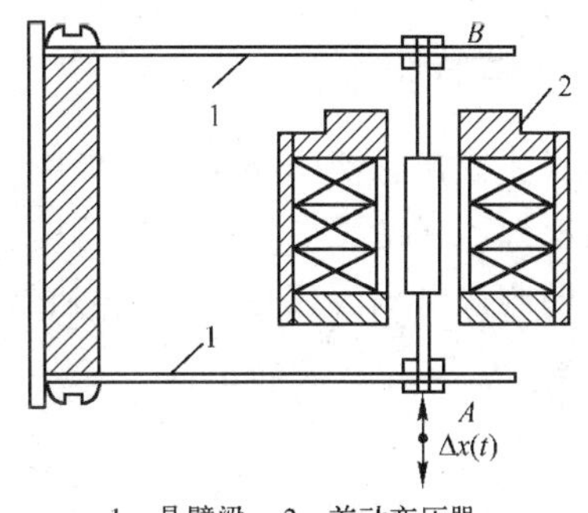

图3.18　差动变压器式加速度传感器的原理图

3.2.3　电涡流式传感器

电涡流效应

1. 工作原理

电涡流式传感器原理图如图3.19所示。

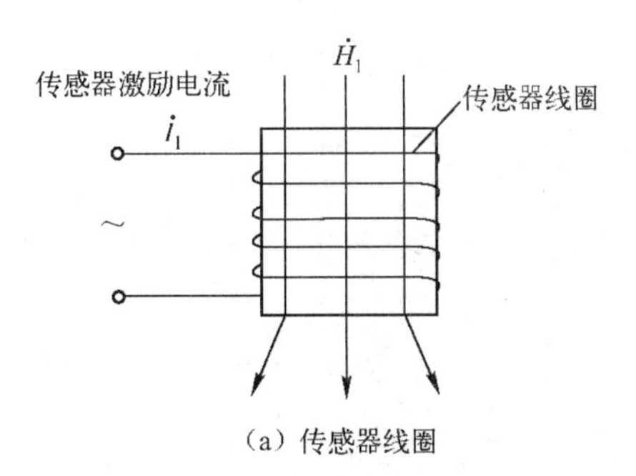

（a）传感器线圈

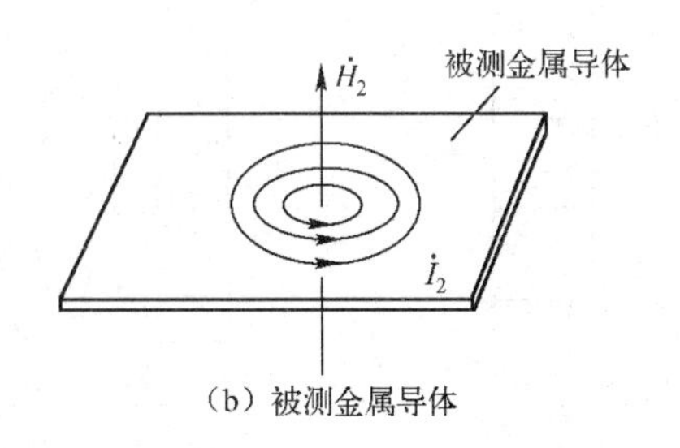

（b）被测金属导体

图3.19　电涡流式传感器原理图

根据法拉第定律，当传感器线圈通以正弦交变电流$\dot{I}_1$时，传感器线圈周围的空间必然产生正弦交变磁场$\dot{H}_1$，使置于此磁场中的金属导体产生感应电涡流$\dot{I}_2$，$\dot{I}_2$进而产生新的交变磁场$\dot{H}_2$。

根据楞次定律，$\dot{H}_2$的作用将反抗原磁场$\dot{H}_1$，由于磁场$\dot{H}_2$的作用，电涡流要消耗一部分能量，从而导致传感器线圈的等效阻抗发生变化。

线圈阻抗的变化完全取决于被测金属导体的电涡流效应。

传感器线圈受电涡流影响时的等效阻抗Z的函数关系式为

$$Z=F(\rho,\mu,r,f,x) \tag{3-26}$$

式中，r为线圈与被测金属导体的尺寸因子。

测量方法：如果保持上式中的其他参数不变，而只改变其中的一个参数，那么传感器线圈阻抗 Z 就仅仅是这个参数的单值函数。通过与传感器配用的测量电路测出阻抗 Z 的变化量，即可实现对该参数的测量。

2. 基本特性

电涡流式传感器的简化模型如图 3.20 所示。

在电涡流式传感器的简化模型中，把在被测金属导体上形成的电涡流等效成一个短路环，即假设电涡流仅分布在环体之内，模型中的 h（电涡流的贯穿深度）可由下式求得：

$$h=\sqrt{\frac{\rho}{\pi\mu_0\mu_r f}} \tag{3-27}$$

式中，f 为线圈激励电流的频率。

根据上述简化模型画出如图 3.21 所示的电涡流式传感器的等效电路图。在图 3.21 中，R_2 为电涡流短路环等效电阻，R_2 的表达式为

$$R_2=\frac{2\pi\rho}{h\cdot\ln\frac{r_a}{r_i}} \tag{3-28}$$

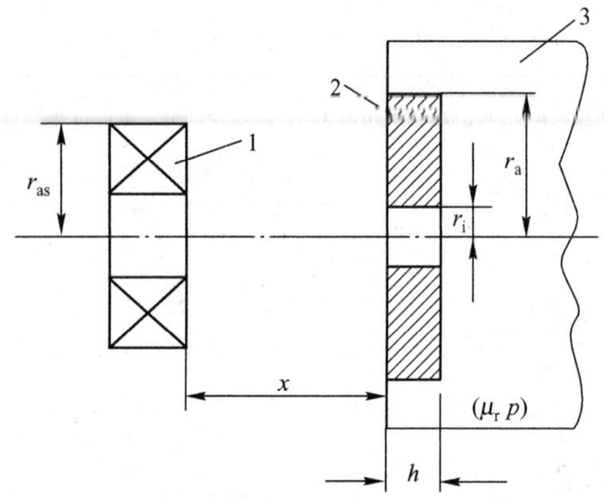

1—传感器线圈； 2—电涡流短路环； 3—被测金属导体

图 3.20 电涡流式传感器的简化模型

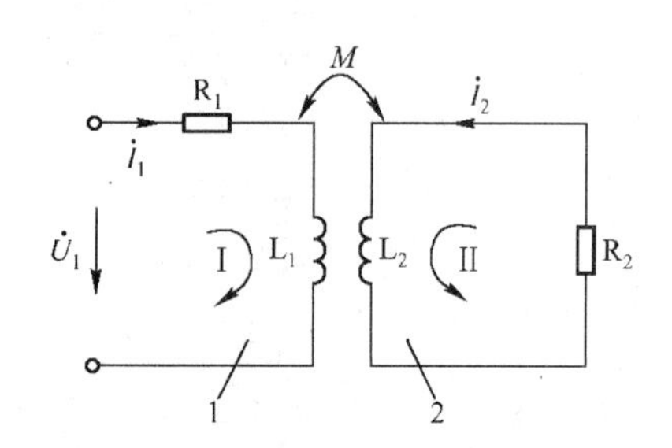

1—传感器线圈；2—电涡流短路环

图 3.21 电涡流式传感器的等效电路图

根据基尔霍夫第二定律，可列出如下方程：

$$\begin{cases} R_1\dot{I}_1+j\omega L_1\dot{I}_1-j\omega M\dot{I}_2=\dot{U}_1 \\ -j\omega M\dot{I}_1+R_2\dot{I}_2+j\omega L_2\dot{I}_2=0 \end{cases} \tag{3-29}$$

由式（3-29）可得等效阻抗 Z 的表达式为

$$\begin{aligned} Z&=\frac{\dot{U}_1}{\dot{I}_1}=R_1+\frac{\omega^2M^2}{R_2^2+\omega^2L_2^2}R_2+j\omega\left[L_1-\frac{\omega^2M^2}{R_2^2+\omega^2L_2^2}L_2\right] \\ &=R_{eq}+j\omega L_{eq} \end{aligned} \tag{3-30}$$

式中，R_{eq}——传感器线圈受电涡流影响后的等效电阻；

$$R_{eq}=R_1+\frac{\omega^2M^2}{R_2^2+\omega^2L_2^2}R_2$$

L_{eq}——传感器线圈受电涡流影响后的等效电感；

$$L_{eq}=L_1-\frac{\omega^2M^2}{R_2^2+\omega^2L_2^2}L_2$$

传感器线圈的品质因数 Q 为

$$Q=\frac{\omega L_{eq}}{R_{eq}} \tag{3-31}$$

式（3-30）和式（3-31）为电涡流式传感器的基本特性表达式。

可见：因电涡流效应，线圈的品质因数 Q 明显下降。

3. 电涡流式传感器的测量电路

电涡流式传感器的测量电路主要有调频式测量电路和调幅式测量电路两种。

1）调频式测量电路

调频式测量电路如图 3.22 所示。

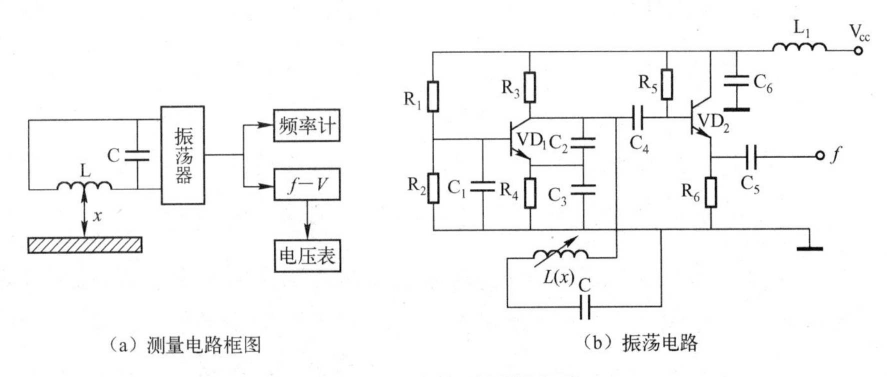

（a）测量电路框图　　（b）振荡电路

图 3.22　调频式测量电路

将传感器线圈接入 LC 振荡回路，当传感器与被测金属导体的距离 x 改变时，在电涡流的影响下，传感器的电感发生变化，将导致振荡频率发生变化，该变化的频率是有关距离 x 的函数，即 $f=L(x)$，该频率可由数字频率计直接测量，也可通过 f–V 变换用数字电压表测量对应的电压。

振荡器的频率为

$$f=\frac{1}{2\pi\sqrt{L(x)C}}$$

为了避免输出电缆的分布电容的影响，通常将 L、C 装在传感器内。此时电缆分布电容并联在大电容 C_2、C_3 上，因此对振荡频率 f 的影响将大大减小。

2）调幅式测量电路

调幅式测量电路如图 3.23 所示，它的石英晶体振荡电路由传感器线圈 L、电容器 C 和石英晶体组成。石英晶体振荡器起恒流源的作用，给谐振回路提供一个频率（f_0）稳

定的激励电流 i_o，LC 振荡回路的输出电压为

$$U_o = i_o f(Z) \tag{3-32}$$

式中，Z 为 LC 振荡回路的阻抗。

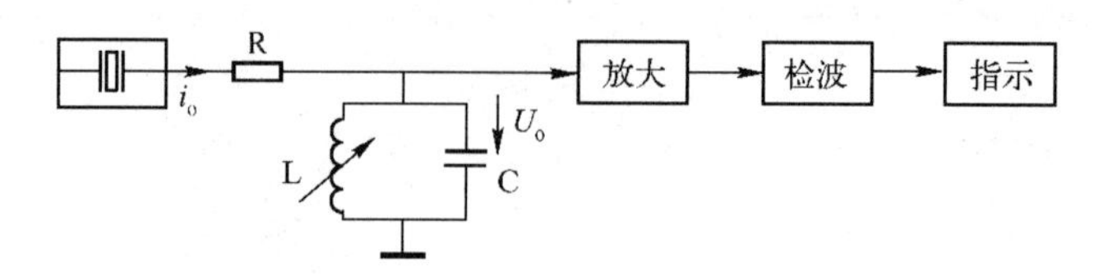

图 3.23　调幅式测量电路

当金属导体远离或被去掉时，LC 振荡回路的谐振频率即为石英振荡频率 f_0，LC 振荡回路呈现的阻抗最大，LC 振荡回路上的输出电压也最大；当金属导体靠近传感器线圈时，传感器线圈的等效电感 L 发生变化，导致 LC 振荡回路失谐，从而使输出电压降低，L 的数值随距离 x 的变化而变化。因此，输出电压也随 x 的变化而变化。输出电压经放大、检波后，由指示仪表直接显示出 x 的大小。

除此之外，交流电桥也是常用的测量电路。

4. 电涡流式传感器的应用

1）低频透射式涡流厚度传感器

图 3.24 所示为低频透射式涡流厚度传感器的结构原理图。在被测金属板的上方设有发射传感器线圈 L_1，在被测金属板下方设有接收传感器线圈 L_2。当在 L_1 上加低频电压 $\dot{U}_1$ 时，L_1 上产生交变磁通 Φ_1，若两线圈间无金属板，则交变磁通直接耦合至 L_2 中，L_2 产生感应电压 $\dot{U}_2$。如果将被测金属板放入两线圈之间，则 L_1 线圈产生的磁场将导致金属板中产生电涡流，并贯穿金属板，此时磁场能量受到损耗，使到达 L_2 的磁通减弱为 Φ_1'，从而使 L_2 产生的感应电压 $\dot{U}_2$ 下降。金属板越厚，电涡流的损耗越大，电压 $\dot{U}_2$ 越小。因此，可根据 $\dot{U}_2$ 的大小得知被测金属板的厚度。低频透射式涡流厚度传感器的检测范围可达 1 ～ 100 mm，分辨率为 0.1μm，线性度为 1%。

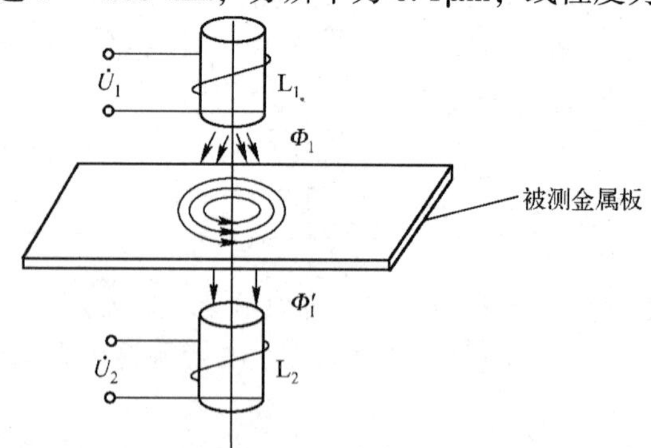

图 3.24　低频透射式涡流厚度传感器的结构原理图

2）高频反射式涡流厚度传感器

高频反射式涡流厚度传感器如图 3.25 所示。

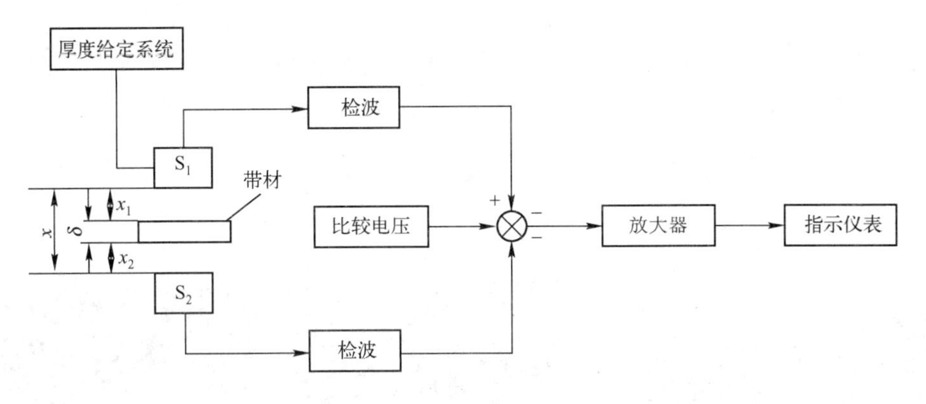

图 3.25　高频反射式涡流厚度传感器

为了克服带材不够平整或运行过程中上下波动的影响，在带材的上下两侧对称地设置了两个特性完全相同的涡流传感器 S_1 和 S_2。S_1 和 S_2 与被测带材表面之间的距离分别为 x_1 和 x_2。若带材厚度不变，则被测带材的上下表面之间的距离总有“$x_1+x_2=$常数”的关系存在。两个涡流传感器的输出电压之和为 $2U_o$，数值不变。如果被测带材的厚度改变量为 $\Delta\delta$，则两个涡流传感器与带材之间的距离也改变 $\Delta\delta$，两个涡流传感器的输出电压之和此时为 $2U_o\pm\Delta U$。ΔU 经放大器放大后，通过指示仪表即可指示出被测带材的厚度变化值。被测带材厚度的给定值与偏差指示值的代数和就是被测带材的厚度。

3）电涡流式转速传感器

图 3.26 所示为电涡流式转速传感器的工作原理图。在软磁材料制成的输入轴上加工一个键槽，在距输入表面 d_0 处设置电涡流传感器，输入轴与被测旋转轴相连。

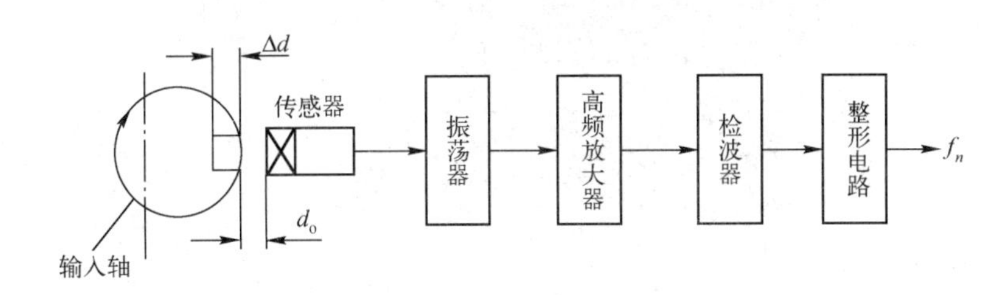

图 3.26　电涡流式转速传感器的工作原理图

当被测旋转轴转动时，电涡流传感器与输出轴的距离变为 $d_0+\Delta d$。由于电涡流效应，使传感器线圈的阻抗随 Δd 的变化而变化，这种变化将导致振荡谐振回路的品质因数发生变化，它们将直接影响振荡器的电压幅值和振荡频率。因此，随着输入轴的旋转，从振荡器输出的信号中包含与转速成正比的脉冲频率信号，该信号由检波器检测出电压幅值的变化量，然后经整形电路输出频率为 f_n 的脉冲信号，该信号经电路处理便可得到被测转速。电涡流式转速传感器的特点：可实现非接触式测量，抗污染能力很强，最高测量转速可达 60×10^4 r/min。

3.3　电感式传感器的认识

本节主要介绍一些当前在产品设计中常用的电感式传感器，介绍其型号、图片和主要使用场合，以及一些基于这些电感式传感器构成的检测产品。

3.3.1　变磁阻式传感器

变磁阻式传感器实物图如图 3.27 所示。

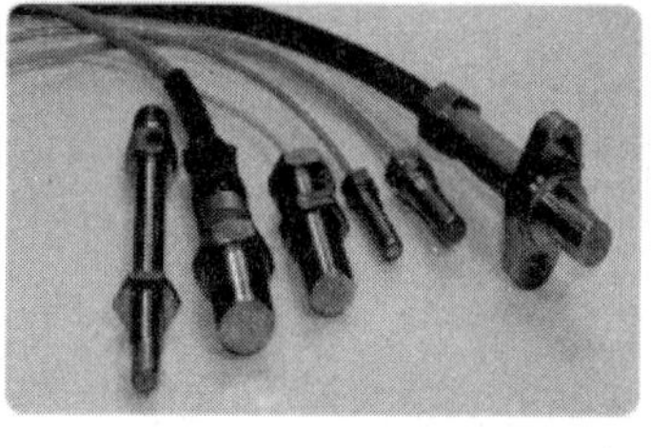
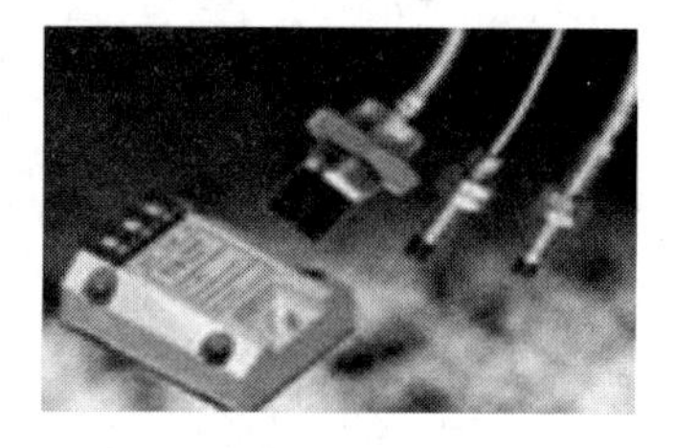

图 3.27　变磁阻式传感器实物图

3.3.2　差动变压器式传感器

差动变压器式传感器示意图如图 3.28 所示。

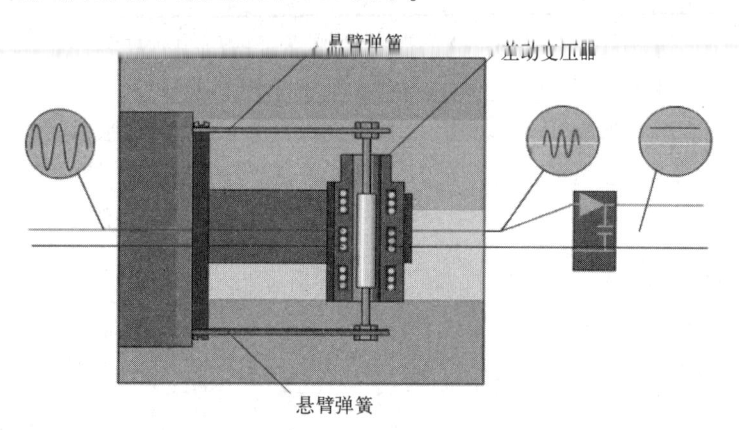

图 3.28　差动变压器式传感器示意图

差动变压器式传感器实物图如图 3.29 所示。

3.3.3　电涡流式传感器

电涡流式传感器实物图如图 3.30 所示。

图 3.29　差动变压器式传感器实物图

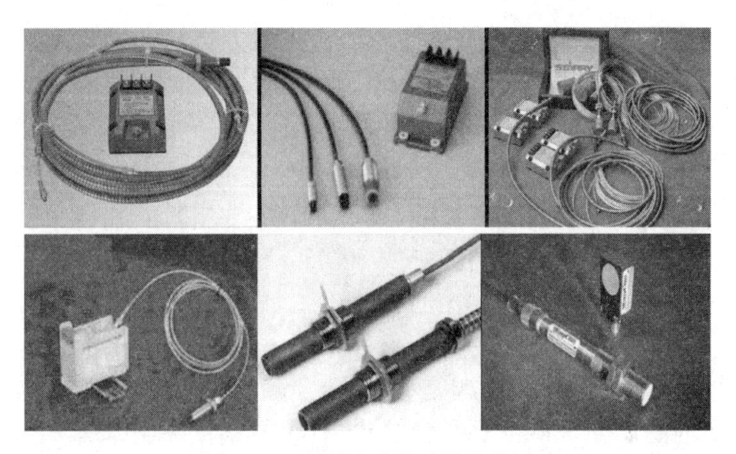

图 3.30　电涡流式传感器实物图

3.4　项目参考设计方案

金属探测器利用电磁感应原理，利用有交流电通过的线圈产生交变磁场，该磁场能在金属物体内部产生电涡流，电涡流又会产生磁场，反过来影响原来的磁场，使探测器发出鸣声。金属探测器的精确性和可靠性取决于电磁发射器频率的稳定性，一般使用 80 ～ 800 kHz 的工作频率。工作频率越低，对铁的检测性能越好；工作频率越高，对高碳钢的检测性能越好。检测器的灵敏度随检测范围的增大而降低，感应信号的大小取决于金属粒子的尺寸和导电性能。按照功能可把金属探测器划分为如下两类。

① 全金属探测器：可以检测到铁、不锈钢、铜、铝等各种金属。其检测精度和灵敏度都比较高。全金属探测器通常用于食品、日化等行业中探测金属异物，食品、日化等行业对金属异物的限制是很严格的，因此对这种金属探测器的灵敏度的要求极高。

② 铁金属探测器：一种磁感应式金属探测器，顾名思义，铁金属探测器只能检测到铁、钴、镍等金属，俗称检针机。铁金属探测器检测铁的精度和灵敏度较高，对纯度

高的铜、铝等非铁金属则无法检测，因此，铁金属探测器常用于安装了金属辅料（铜纽扣、铜拉链）的检测作业，通常称作检针机、验针机、过针机，铁金属探测器在国内已经有近20年的生产历程，大部分厂家都能做出稳定性能较高的产品。

3.4.1　整体方案设计

金属探测器的电路框图如图3.31所示，它由高频振荡器、振荡检测器、音频振荡器、功率放大器及声音指示组成。

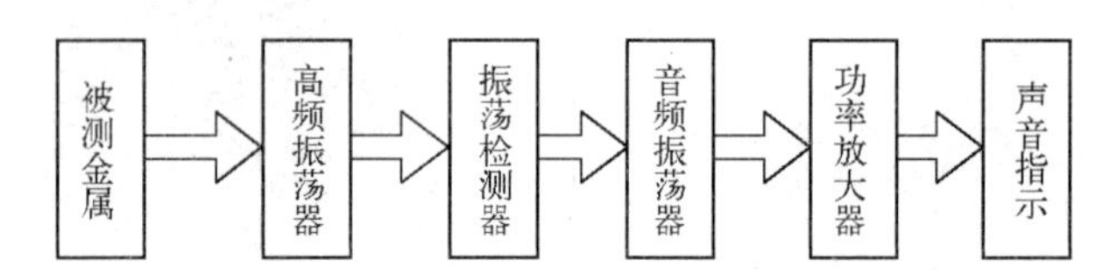

图3.31　金属探测器的电路框图

3.4.2　电路设计

1. 高频振荡器

如图3.32所示，高频振荡器由三极管VT_1和高频变压器T_1等组成，是一种变压器反馈型LC振荡器。T_1的初级线圈L_1和电容器C_1组成LC并联振荡回路，其振荡频率约为200kHz，由L_1的电感量和C_1的电容量决定。T_1的次级线圈L_2作为振荡器的反馈线圈，其C端接三极管VT_1的基极，D端接VD_2。由于VD_2处于正向导通状态，对高频信号来说，D端可视作接地。在高频变压器T_1中，如果A和D端分别为初级线圈、次级线圈绕线方向的首端，则从C端输入三极管VT_1基极的反馈信号，能够使电路形成正反馈，从而产生自激高频振荡。振荡器反馈电压的大小与线圈L_1、L_2的匝数比有关，匝数比过小，由于反馈太弱，不容易起振；匝数比过大，会引起振荡波形失真，还会使金属探测器的灵敏度大大降低。三极管VT_1的偏置电路由R_2和二极管VD_2组成，R_2为VD_2的限流电阻。由于二极管的正向阈值电压恒定（约为0.7V），通过次级线圈L_2加到VT_1的基极，以得到稳定的偏置电压。显然，这种稳压式的偏置电路能够大大增强VT_1高频振荡器的稳定性。为了进一步提高金属探测器的可靠性和灵敏度，高频振荡器通过稳压电路供电，其电路由稳压二极管VD_1、限流电阻器R_6和去耦电容器C_5组成。三极管VT_1的发射极与地之间接有两个串联的电位器，具有发射极电流负反馈作用，其电阻值越大，负反馈作用越强，VT_1的放大能力也就越低，甚至使电路停振。RP_1为振荡器增益的粗调电位器，RP_2为细调电位器。

调节高频振荡器的增益电位器，恰好使振荡器处于临界振荡状态，也就是说刚好使振荡器起振。当探测线圈L_1靠近金属物体时，由于电磁感应现象，会在金属导体中产生电涡流，使振荡回路中的能量损耗增大，使正反馈减弱，并使处于临界态的振荡器的振荡减弱，甚至因无法维持振荡所需的最低能量而停振。如果能检测出这种变化，并将其转换成声音信号，根据声音有无就可以判定探测线圈下面是否有金属。

2. 振荡检测器

如图 3. 32 所示，振荡检测器由三极管、开关电路和滤波电路组成。开关电路由三极管 VT_2、二极管 VD_2 等组成，滤波电路由滤波电阻器 R_3，滤波电容器 C_2、C_3 和 C_4 组成。在开关电路中，VT_2 的基极与次级线圈 L_2 的 C 端相连，当高频振荡器工作时，经高频变压器 T_1 耦合过来的振荡信号，正半周使 VT_2 导通，VT_2 集电极输出负脉冲信号，经过 π 型 RC 滤波器，在负载电阻器 R_4 上输出低电平信号。当高频振荡器停止振荡时，C 端无振荡信号，又由于二极管 VD_2 接在 VT_2 的发射极与地之间，VT_2 的基极被反向偏置，VT_2 处于可靠的截止状态，VT_2 集电极为高电平，经过 π 型 RC 滤波器，在 R_4 上得到高电平信号。由此可见，当高频振荡器正常工作时，在 R_4 上得到低电平信号；停振时，得到高电平信号，由此完成对振荡器工作状态的检测。

3. 音频振荡器

如图 3. 32 所示，音频振荡器采用互补型多谐振荡器，由三极管 VT_3、VT_4，电阻器 R_5、R_7、R_8 和电容器 C_6 组成。互补型多谐振荡器采用两种不同类型的三极管（其中，VT_3 为 NPN 型三极管，VT_4 为 PNP 型三极管）连接成互补的、能够强化正反馈的电路。电路工作时能够交替进入导通和截止状态，产生音频振荡。R_7 既是 VT_3 的负载电阻器，又是 VT_3 导通时 VT_4 的基极限流电阻器。R_8 是 VT_4 的集电极负载电阻器，振荡脉冲信号由 VT_4 集电极输出。R_5 和 C_6 等是反馈电阻器和电容器，其数值大小会影响振荡频率的高低。

4. 功率放大器

如图 3. 32 所示，功率放大器由三极管 VT_5、扬声器 BL 等组成。从多谐振荡器输出的正脉冲音频信号经限流电阻器 R_9 输入 VT_5 的基极，使其导通，在 BL 产生瞬时较强的电流，驱动扬声器发声。由于 VT_5 的导通时间非常短，所以功率放大器非常省电，可以利用 9V 积层电池供电。

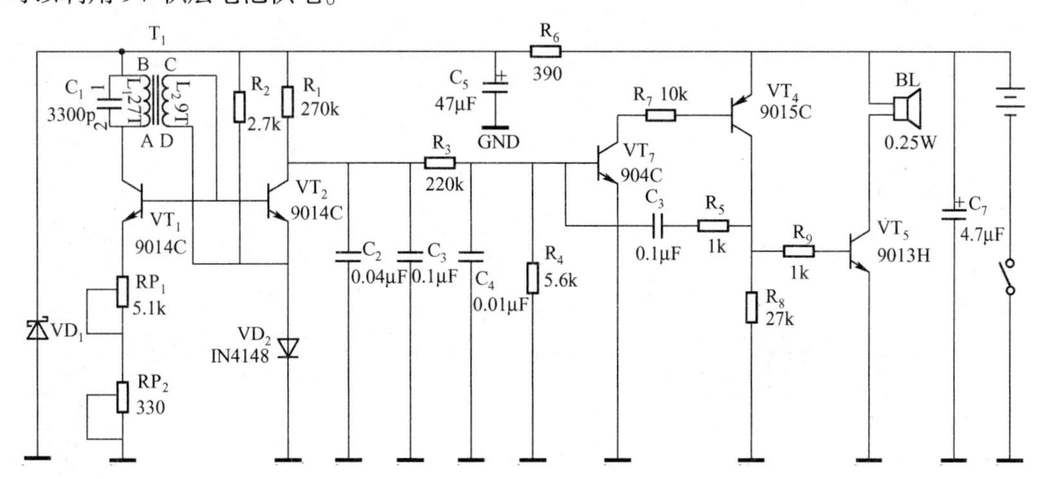

图 3. 32　金属探测器的电路原理图

3.5 项目实施与考核

本项目的金属探测器被设计用来探测人或物体携带的金属物，它可以探测出人所携带的包裹、行李、信件、针织物内的武器、炸药或小块金属物品，其敏感表面的特殊外观令操作简便易行，优于环形传感器的金属探测，灵敏度超高，并有特殊应用，如可以应用在监狱、芯片厂、考古研究、医院等场所。

金属探测器的技术特性如下。

- 内置蜂鸣器。
- 灵敏度可调节。
- 电源和报警指示灯。
- 电池可连续使用寿命：50 小时（镍氢电池）。
- 碱性电池：150 小时。
- 操作温度：-15 ～ 70℃。
- 相关湿度：0%～ 95%。

3.5.1 制作

按照项目实施要求准备好操作所需的工具、耗材与元件等，主要涉及电烙铁、焊锡丝、传感器等。根据六步教学法的流程和制作要求，金属探测器制作工具如表 3.1 所示；按照设计原理图，金属探测器参考设计元件清单如表 3.2 所示。

表 3.1　金属探测器制作工具

项目名称		金属探测器		
步骤	工作流程	工具	数量	备注
1	咨询	技术资料	1 份	
2	计划	工艺文件	1 份	
		仿真平台	1 套	
3	决策	金属探测器实验平台	1 套	
		Protel 99se	1 套	
4/5	实施/检查	电烙铁	2 台	
		焊锡丝	1 卷	
		稳压电源	1 台	
		数字万用表	1 只	
		示波器	1 台	
		常用螺装工具	1 套	
		导线	若干	
6	评估	多媒体设备	1 套	汇报用

表 3.2　金属探测器参考设计元件清单

项目名称			金属探测器		
序号	元件名称	代号	规格	数量	备注
1	高频变压器	T_1		1	
2	电容	C_1	3300pF	1	
		C_2	0.04μF	1	
		C_3	0.1μF	1	
		C_4	0.01μF	1	
		C_5	47μF	1	
		C_6	0.01μF	1	
		C_7	47μF	1	
3	三极管	VT_1	9014C（NPN）	1	
		VT_2	9014C	1	
		VT_3	9014C	1	
		VT_4	9015C（PNP）	1	
		VT_5	9013H（NPN）	1	
4	电阻	RP_1	5.1kΩ（可变）	1	
		RP_2	330Ω（可变）	1	
		R_1	270kΩ	1	
		R_2	2.7kΩ	1	
		R_3	220kΩ	1	
		R_4	56kΩ	1	
		R5	1kΩ	1	
		R_6	390Ω	1	
		R_7	10kΩ	1	
		R_8	27kΩ	1	
		R9	1kΩ	1	
5	二极管	VD_1	稳压二极管	1	
		VD_2	IN4148	I	
6	扬声器	BL		1	
7	开关	SA		1	
8	电源	GB	9V	1	

3.5.2　调试与使用方法

金属探测器电路除了灵敏度调节电位器，没有其他调整部分，只要焊接无误，电路就能正常工作。当整机在静态，也就是扬声器不发声时，总电流约为 10mA，当探测到金属，扬声器发出声音时，整机电流上升到 20mA。一个新的积层电池可以工作 20 ～ 30

小时。

如果新焊接的金属探测器不能正常工作，首先要检查电路板上各元器件是否完好，接线焊接是否有误，再测量电池电压及供电回路是否正常，稳压二极管 VD_1 的稳定电压在 5.5 ～ 6.5V 之间，不要将 VD_2 的极性焊反。

使用金属探测器前，需要调整探测杆的长度，调整标准是：当手握探测器手柄时，大拇指正好紧挨灵敏度调节电位器。

调整金属探测器的灵敏度时，探测碟（振荡线圈）要远离金属，包括带铝箔的纸张，然后旋转灵敏度细调电位器旋钮（FINE TUNING），打开电源开关，并旋转到一半的位置，再调节粗调电位器旋钮（TUNING），使扬声器音频的叫声停止，最后微调细调电位器，使扬声器的叫声刚好停止，这时的金属探测器的灵敏度最高。用金属探测器探测金属时，只要探测碟靠近金属，扬声器便会发出声音，当探测碟与金属保持一定的距离时，声音自动停止。

3.5.3 评价

完成调试后，老师根据各同学或小组制作的系统进行标准测试，按照表 3.3 所列的项目为各同学或小组打分。

表 3.3 评价表

考核项目	考核内容	配分	考核要求及评分标准	得分
工艺	板面元件的布置 布线 焊点质量	20 分	板面元件布置合理 布线工艺良好，横平竖直 焊点圆、滑、亮	
功能	电源电路 蜂鸣器报警 灵敏度调节 接近金属报警	50 分	电源正常，未烧坏元件 扬声器发声正常 灵敏度可以通过 RP 调节 在一定距离内接近金属报警	
资料	Protel 电路图 汇报 PPT（上交） 调试记录（上交） 训练报告（上交） 产品说明书（上交）	30 分	电路图绘制正确 PPT 能够说明过程，汇报语言清晰明了 记录能反映调试过程，故障处理明确 包含所有环节，说明清楚 能够有效指导用户使用	
教师签字			合计得分	

小　　结

本单元通过金属探测器的设计项目，主要讲述电感式传感器的各项知识。电感式传感器主要分为变磁阻式传感器、互感式传感器和电涡流式传感器。

(1) 变磁阻式传感器由线圈、铁芯和衔铁 3 部分组成。铁芯和衔铁之间有气隙，当衔铁移动时，气隙厚度会发生改变，引起磁路中磁阻发生变化，从而导致电感线圈的电感量发生变化。电感式传感器的测量电路有交流电桥式测量电路、变压器式交流电桥测量电路及谐振式测量电路等，适用于测量微小位移。

（2）把被测的非电量变化转换为线圈互感变化的传感器称为互感式传感器，次级绕组用差动形式连接的传感器称为差动变压器式传感器。差动变压器的结构形式有变隙式、变面积式和螺线管式等。

（3）差动变压器式传感器的测量电路有差动整流电路和相敏检波电路。可直接用于位移测量，也可以测量与位移有关的任何机械量，如加速度、应变、比重、张力和厚度等。

（4）根据法拉第定律，当传感器线圈通以正弦交变电流时，线圈周围的空间必然产生正弦交变磁场，使置于此磁场中的金属导体产生感应电涡流，进而产生新的交变磁场。电涡流式传感器线圈阻抗的变化完全取决于被测金属导体的电涡流效应，其测量电路主要有调频式测量电路和调幅式测量电路两种，可实现非接触式测量，抗污染能力很强。

3.6 习题

1. 电感式传感器分为哪几种类型？各有何特点？

2. 比较差动式电感传感器和差动变压器式传感器在结构和工作原理上的异同。

3. 说明差动变隙式电感传感器的主要组成和工作原理，采用差动变隙式电感传感器有何优点。

4. 差动变压器式传感器的零点残余电压产生的原因是什么？

5. 什么是电涡流效应？怎样利用电涡流效应进行位移测量？

6. 选择题。

1）现欲测量极微小的位移，应选择________电感式传感器。希望线性好、灵敏度高、量程为1mm左右、分辨率为1μm左右，应选择________电感式传感器。

A. 变隙式　　B. 变面积式　　C. 螺线管式

2）希望线性范围为+1mm，应选择线圈骨架长度为________左右的螺线管式电感式传感器或差动变压器。

A. 2mm　　B. 20mm　　C. 400mm　　D. 1mm

3）螺线管式电感传感器采用差动结构是为了________。

A. 加长线圈的长度，从而增加线性范围

B. 提高灵敏度，减小温漂

C. 降低成本

D. 增加线圈对衔铁的吸引力

4）自感传感器或差动变压器采用相敏检波电路最重要的目的是________。

A. 提高灵敏度　　B. 将输出的交流信号转换成直流信号

C. 使检波后的直流电压能反映检波前交流信号的相位和幅度

5）电涡流接近开关可以利用电涡流原理检测出________的靠近程度。

A. 人体　　B. 液体　　C. 黑色金属零件　　D. 塑料零件

6）电涡流探头的外壳用________制作较为恰当。

A. 不锈钢　　B. 塑料　　C. 黄铜　　D. 玻璃

7）当电涡流线圈靠近非磁性导体（铜）板材后，线圈的等效电感 L ________，调频转换电路的输出频率 f ________。

A. 不变　　B. 增大　　C. 减小

7. 构思一个多功能警棍，希望其实现：①产生强烈眩光；②产生 3×10^4V 左右的高压；③能在 50mm 距离内探测出犯罪嫌疑人是否携带枪支或刀具。请画出该警棍的外形图，包括眩光灯按键、高压发生器按键、报警 LED、电源总开关等，并写出使用说明书。

8. 图 3.33 所示为差动整流电桥电路，该电路由差动电感 L_1、L_2，整流二极管 VD_1 ～ VD_4，平衡电阻 R_1、R_2（$R_1=R_2$），以及低通滤波器 C_1、C_2、R_3、R_4（$C_1=C_2$、$R_3=R_4$）等组成。整流电桥的一对对角接点通过差动电感 L_1、L_2（其感抗为 X_{L_1}、X_{L_2}）接激励源 U_i，另一对对角接点作为输出电压端。请用不同颜色的笔分别画出 U_i 正半周和负半周流经二极管及 R_1、R_2 的电流 I_{L_1}、I_{L_2}、I'_{L_1}、I'_{L_2}，以及它们在 R_1、R_2 上的压降 U_{R_1}、U_{R_2} 的极性。并说明衔铁上移（感抗 $X_{L_1}\uparrow$、$X_{L_2}\downarrow$）时，U_{R_1}、U_{R_2} 哪个绝对值大，以及 U_o 的极性。

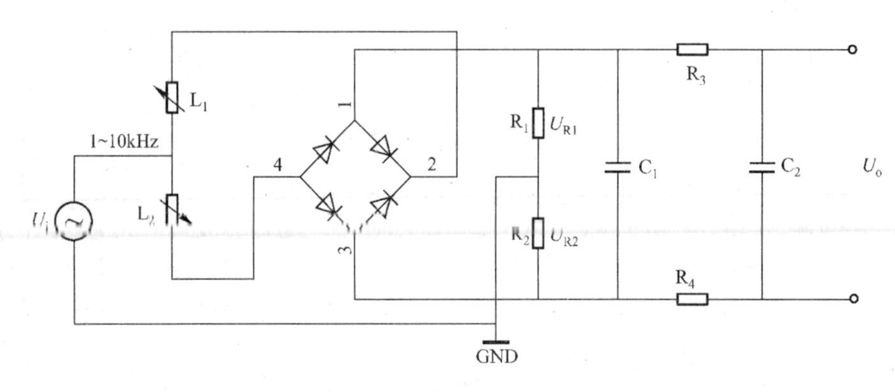

图 3.33　差动整流电桥电路

9. 工业或汽车中经常需要测量运动部件的转速、直线速度及累计行程等参数。现以大家都较熟悉的自行车的速度及累计千米数的测量为例来说明类似的运动机构的原理。

现要求在自行车的适当位置安装一套传感器及有关电路，使之能显示出车速（km/h）及累计千米数（km），当车速未达到设定值（v_{min}）时，绿色 LED 闪亮，提示运动员加速；当累计千米数达到设定值（L_{max}）时，红色 LED 闪亮、喇叭响，提示运动员停下休息，同时计数器复位，为下一次行程准备，具体要求如下。

（1）画出传感器在自行车上的安装简图（要求做到读者能看懂两者之间的相互关系）。

（2）画出测量转换电路原理框图（包括显示电路）。

（3）简要说明工作原理。写出千米数 L 与车轮直径 D 及转动圈数 N 之间的计算公式。

（4）写出车速 v 与车轮周长 l 及车轮每分钟的转动圈数 n 之间的计算公式。

项目单元4　电容式传感器——差压变送器的使用训练

4.1　项目描述

PPT：项目单元4

科学技术的不断发展极大地丰富了压力测量产品的种类，现在，压力传感器的敏感原理有电容式、压阻式、金属应变式、霍尔式、振筒式等，但仍以电容式、压阻式和金属应变式传感器为主。电容式压力变送器是应用非常广泛的一种压力变送器，其原理十分简单。

一个无限大的平行平板电容器的电容值可表示为 $C=\varepsilon S/d$（ε 为平行平板间介质的介电常数，d 为极板的间距，S 为极板的覆盖面积）。改变其中的某个参数，即可改变电容值。由于结构简单，几乎所有电容式压力变送器均采用改变间隙的方法来获得可变电容。电容式压力变送器的初始电容值较小，一般为几十 pF。它极易受到导线电容和电路的分布电容的影响，因此必须采用先进的电子线路才能检测出电容的微小变化。可以说，一个好的电容式压力变送器应该是可变电容设计和信号处理电路的完美结合。

电容传感技术投入应用已长达一个世纪，它具有结构简单、动态响应快、易实现非接触测量等突出优点，特别适用于酸类、碱类、氯化物、有机溶剂、液态 CO_2、氨水、PVC 粉料、灰料、油水界面等液位的测量。目前在冶金、石油、化工、煤炭、水泥、粮食等行业中的应用非常广泛。

电容式水位传感器是依据电容原理制作的，以耐高温、耐腐蚀的聚四氟乙烯绝缘导线为感应体，以水为电容的介质，淹没感应导线的水位越高，产生的电容就越大，且随着水位的升降呈线性变化，控制系统通过检测电容的大小来计算太阳能热水器储水箱里的水位，具有结构合理、动态范围大、分辨率高、无密封防水要求、不受水质水垢影响、无使用寿命周期等优点。

随着微处理器技术的不断进步，电容式传感器技术正在向智能化的方向发展，所谓智能化，就是将传感器获取信息的功能与专用的微处理器的信息分析、处理等功能紧密结合在一起。由于微处理器具有计算与逻辑判断功能，所以可以方便地对传感器所采集的数据进行存储记忆、比较分析，并能对实际水位对应的电容量变化进行实时监控、自动校正；从而有效地解决了以往受寄生电容影响，电容式传感器准确性、稳定性及可靠性差的技术难题，使电容式传感器具有分辨调控能力强、不受水质水垢的影响、无使用寿命周期等优点。这些优点能在太阳能热水器的应用上得到充分体现，并可因此赋予控制系统强大的功能，确保太阳能热水器在水量控制、水温显示、上水、辅助电加热等方面无限接近理想的智能模式，真正开启太阳能热水器的智能化时代。

4.1.1 任务要求

(1) 用差压变送器正确测量液位。

(2) 了解几种常用气体、液体、固体介质的相对介电常数。

(3) 熟悉电容式差压变送器的使用方法。

(4) 了解压力和液位的测量方法。

4.1.2 任务分析

本项目单元主要讲述电容式传感器的各项知识，具体知识点如下。

(1) 掌握电容式传感器的工作原理。

(2) 掌握电容式传感器的结构、分类、特点。

(3) 了解电容式传感器的测量转换电路。

(4) 了解电容式传感器的测量原理、使用方法及应用。

4.2 相关知识

电容式传感器以各种类型的电容器作为敏感元件，将被测物理量的变化转换为电容量的变化，再由转换电路（测量电路）转换为电压、电流或频率信号，以达到检测的目的。因此，凡是能引起电容量变化的有关非电量，均可用电容式传感器进行转换。

电容式传感器的特点：结构简单、性能稳定、可在恶劣环境下工作；动态响应好、灵敏度高、阻抗高、功率小，没有由于振动引起的漂移。但在测试时，导线的分布电容对测量误差的影响较大。

电容式传感器不仅能测量荷重、位移、振动、角度、加速度等机械量，还能测量压力、液面、料面、成分含量等热工量。

4.2.1 电容式传感器的工作原理及结构形式

1. 电容式传感器的工作原理

下面以平板电容器为例说明电容式传感器的工作原理，平板电容器有两个金属极板，中间有一层电介质，如图 4.1 所示。当忽略边缘效应时，其电容量为

$$C=\frac{\varepsilon A}{d} \tag{4-1}$$

式中，C——电容量。

A——两极板间的相互遮盖面积。

d——两极板间的距离；

ε——两极板间介质的介电常数。

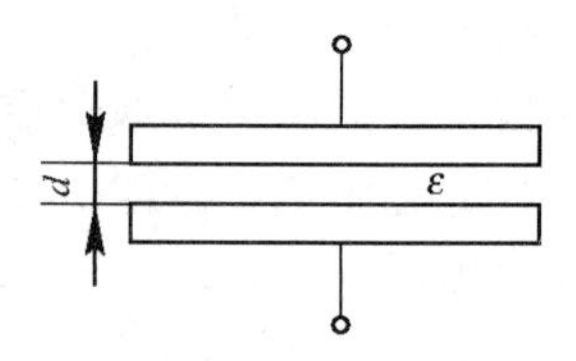

图 4.1 平板电容器

由上式可见，在 A、d、ε 这 3 个参量中，改变其中任意一个参量均可使电容量 C 发生改变。也就是说，电容量 C 是关于 A、d、ε 的函数，这就是电容式传感器的工作原理。根据此原理，一般可做成变面积式、变极距式、变介电常数式 3 种类型的电容式传感器。

2. 电容式传感器的类型与结构

电容式传感器原理

1）变面积式

平面直线位移型的变面积式电容传感器如图 4.2（a）所示。设两极板间的相互遮盖面积为 A，当动极板相对定极板沿极板长度方向移动 x 后，A 值发生变化，电容量 C 也随之改变。

$$C_x=\frac{\varepsilon b(a-x)}{d}=C_0\left(1-\frac{x}{a}\right) \tag{4-2}$$

式中，C_0 为初始电容值，$C_0=\frac{\varepsilon ab}{d_0}$。

其灵敏度为

$$K=\frac{\mathrm{d}C_x}{\mathrm{d}x}=-\frac{\varepsilon b}{d} \tag{4-3}$$

可见，增大极板长度 b、减小极距 d 都可使灵敏度提高。由式（4-3）可知，变面积式电容传感器的输出特性是线性的，灵敏度为常数。变面积式电容传感器还可以做成其他形式，如图 4.2（b）所示的角位移型和图 4.2（c）所示的圆柱体线位移型。变面积式电容传感器多用来检测位移、尺寸等参量。

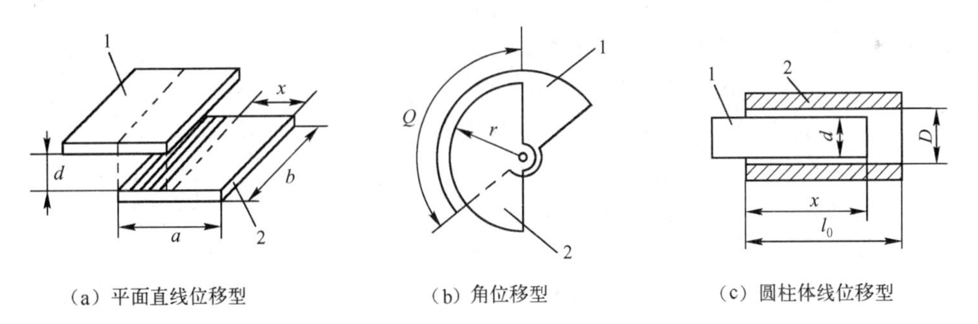

（a）平面直线位移型　　（b）角位移型　　（c）圆柱体线位移型

1—动极板；2—定极板

图 4.2　变面积式电容传感器

2）变极距式

变极距式电容传感器的结构示意图如图 4.3（a）所示。在图 4.3（a）中，极板 1 是固定不动的，极板 2 是可移动的，一般称之为动极板。

当动极板受被测物作用而产生位移时，会改变两极板之间的距离 d，从而使电容发生变化。设传感器初始时的电容值为 C_0（$C_0=\varepsilon A/d_0$），当动极板产生位移使两极板间的距离减小 x 后，其电容值为

$$C=\frac{\varepsilon A}{d_0-x}=C_0\left(1+\frac{x}{d_0-x}\right) \tag{4-4}$$

由上式可知，电容值 C 与 x 不是线性关系，其灵敏度也不是常数。

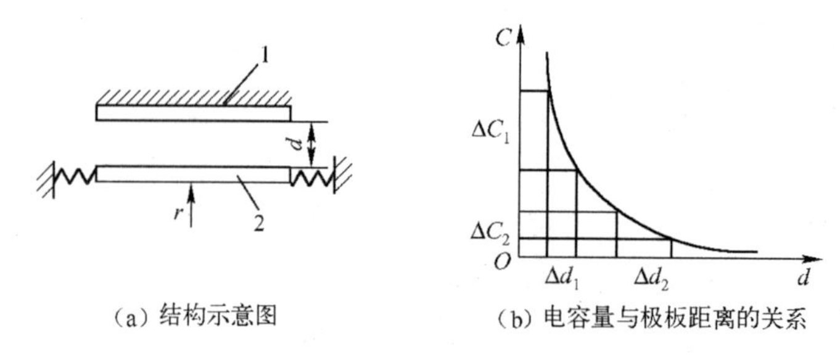

（a）结构示意图　　（b）电容量与极板距离的关系

图 4.3　变极距式电容传感器

当 $x \ll d_0$ 时，可将上式写成：

$$C=C_0\left(1+\frac{x}{d_0}\right) \tag{4-5}$$

此时 C 与 x 近似线性关系，但量程缩小很多。变极距式电容传感器的灵敏度为

$$K=\frac{\mathrm{d}C}{\mathrm{d}x}=\frac{\varepsilon A}{(d_0-x)^2} \tag{4-6}$$

由式（4-6）和图 4.3 可知，当 d_0 较小时，对于同样的位移所引起的电容变化量较大，即灵敏度较高。一般电容式传感器的起始电容在 20 ～ 300pF 之间，极板间距在 25 ～ 200μm 之间，最大位移应该小于极板间距的 1/10。

在实际应用中，为了提高电容式传感器的灵敏度，减小非线性，常常把电容式传感器做成差动形式，如图 4.4 所示。在图 4.4 中有两个对称的电容，它有三个极板，其中两个极板固定不动，只有中间的极板可以移动。当动极板向上移动 x 的距离后，上边的极板间距变为 d_0-x，而下边的极板间距变为 d_0+x，电容 C_1 和 C_2 差动变化，即其中一个电容量增加，另一个电容量相应减小。不难看出，将变极距式电容传感器改成差动式电容传感器之后，不仅非线性误差大大减小，灵敏度也提高了一倍。

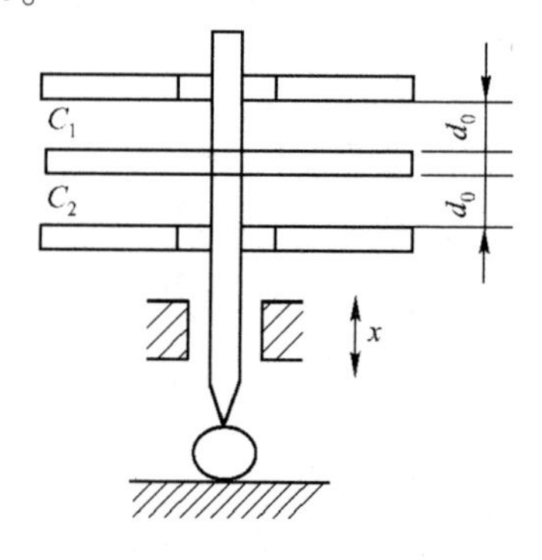

图 4.4　差动式电容传感器的示意图

3）变介电常数式

因为各种介质的介电常数不同，在两极板间加以空气以外的其他介质，当它们之间的介电常数发生变化时，电容量也随之改变。这种传感器常用来检测容器中的液面高度、片状材料的厚度等。

图 4.5 所示为电容液位计的原理图。

当被测液体的液面在电容传感元件的内外两个同心圆柱形电极间变化时，会引起极板间不同介电常数的介质的高度发生变化，从而导致电容发生变化，其电容量与液面高

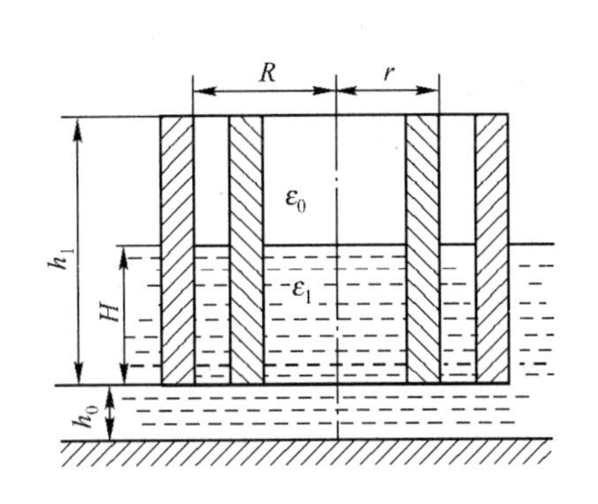

（a）同轴内外金属管式

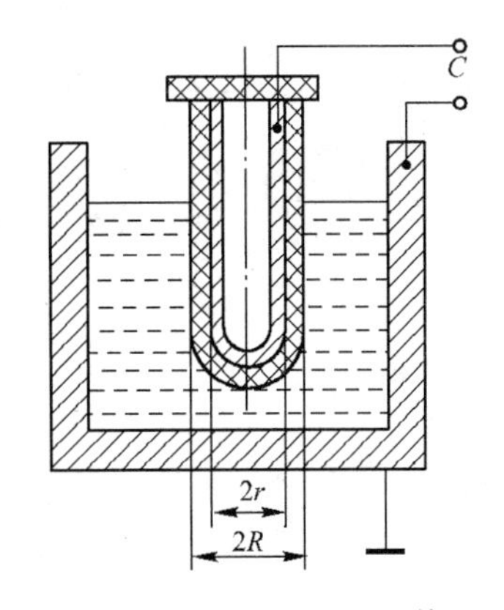

（b）金属管外套聚四氟乙烯套管式

图 4.5　电容液位计的原理图

度的关系为

$$C=\frac{2\pi(h_1-H)\varepsilon_0}{\ln(R/r)}+\frac{2\pi H\varepsilon_1}{\ln(R/r)}=\frac{2\pi h_1\varepsilon_0}{\ln(R/r)}+\frac{2\pi(\varepsilon_1-\varepsilon_0)}{\ln(R/r)}H \tag{4-7}$$

式中：h——电容器极板高度；

r——内圆柱形电极的外半径；

R——外圆柱形电极的内半径；

H——液面高度；

ε_1——被测液体的介电常数；

ε_0——真空的介电常数。

由式（4-7）可知，输出电容 C 与液面高度 H 成线性关系，其灵敏度为

$$K=\frac{\mathrm{d}C}{\mathrm{d}H}=\frac{2\pi(\varepsilon_1-\varepsilon_0)}{\ln(R/r)} \tag{4-8}$$

图 4.5（b）中电容液位计的外电极直接采用电容器壁，有时被测介质是导电的，则内电极应采用金属管外套聚四氟乙烯套管式电极。几种介质的相对介电常数如表 4.1 所示。

表 4.1　几种介质的相对介电常数

介质名称	相对介电常数 ε_r	介质名称	相对介电常数 ε_r
真空	1	玻璃釉	3～5
空气	略大于 1	SiO_2	38
其他气体	1～1.2	云母	5～8
变压器油	2～4	干的纸	2～4
硅油	2～3.5	干的谷物	3～5
聚丙烯	2～2.2	环氧树脂	3～10
聚苯乙烯	2.4～2.6	高频陶瓷	10～160
聚四氟乙烯	2.0	低频陶瓷、压电陶瓷	1000～10000
聚偏二氟乙烯	3～5	纯净的水	80

4.2.2 电容式传感器的常用测量电路

电容式传感器将被测物理量转换为电容变化量后，必须采用测量电路将其转换为电压、电流或频率等信号。电容式传感器的测量电路的种类很多，下面介绍一些常用测量电路。

1. 桥式电路

图 4.6 所示为电容式传感器的桥式电路。图 4.6（a）为单臂接法的桥式电路，高频电源经变压器接到电容桥的一条对角线上，电容 C_1、C_2、C_3、C_x 构成电桥的四臂，C_x 为电容式传感器。交流电桥平衡时：$C_1/C_2=C_x/C_3$。

当 C_x 改变时，$U_o \neq 0$，有输出电压。在图 4-6（b）中接有差动式电容传感器，其空载输出电压可用下式表示：

$$U_o=\frac{C_{x1}-C_{x2}}{C_{x1}+C_{x2}}\frac{\dot{U}_i}{2}=\pm\frac{\Delta C}{C_0}\frac{\dot{U}_i}{2} \tag{4-9}$$

式中，C_0——传感器的初始电容值；

ΔC——传感器电容的变化值。

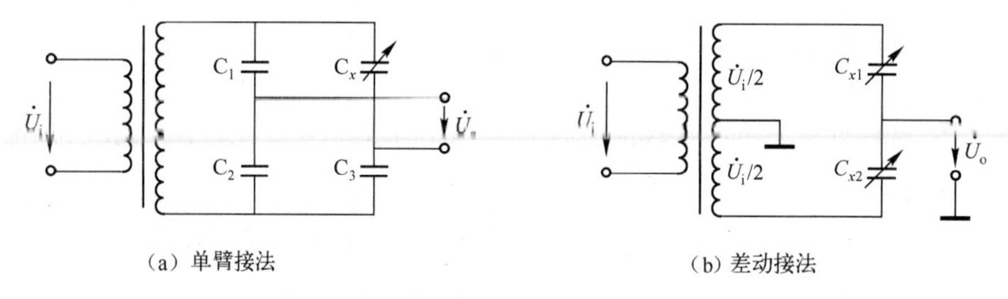

（a）单臂接法　　（b）差动接法

图 4.6　电容式传感器的桥式电路

该电路的输出还应经过相敏检波电路才能分辨 U_o 的相位。

2. 调频电路

调频电路将电容式传感器作为 LC 振荡器谐振回路的一部分，或作为晶体振荡器中的石英晶体的负载电容。当电容式传感器工作时，电容 C_x 发生变化，从而使振荡器的频率 f 发生相应的变化。由于振荡器的频率受电容式传感器的电容调制，这样就实现了 C/f 的变换，故称为调频电路。图 4.7 所示为 LC 振荡器调频电路的方框图。调频振荡器的频率可由下式决定：

$$f=\frac{1}{2\pi\sqrt{LC}} \tag{4-10}$$

式中，L——振荡回路的电感；

C——振荡回路的总电容。

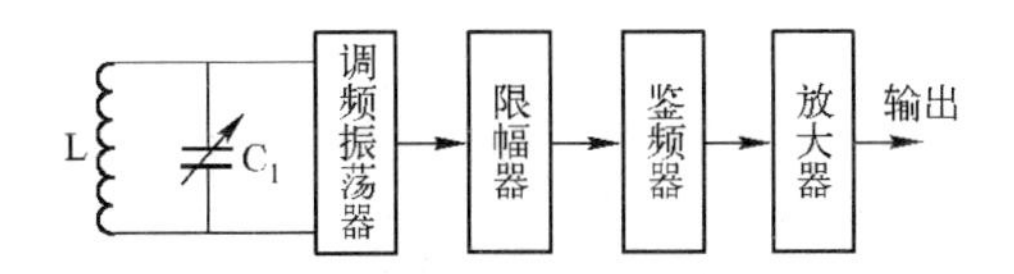

图 4.7　LC 振荡器调频电路的方框图

C 包括传感器电容 C_x、谐振回路中的微调电容 C_1 和传感器电缆分布电容 C_c，即

$$C=C_x+C_1+C_c$$

振荡器输出的高频电压是一个受被测物理量控制的调频波，频率的变化在鉴频器中被转换为电压幅度的变化，经过放大器放大后可用仪表来指示。

这种转换电路的抗干扰能力强，能取得高电平的直流信号（伏特数量级）。其缺点是振荡频率受电缆电容的影响大。随着电子技术的发展，人们直接将振荡器装在电容式传感器旁，克服了电缆电容的影响。

3. 脉冲宽度调制电路

脉冲宽度调制电路利用电容的充电、放电，使电路输出脉冲的宽度随电容式传感器的电容量的变化而改变，通过低通滤波器得到对应被测量变化的直流信号。脉冲宽度调制电路如图 4.8 所示。

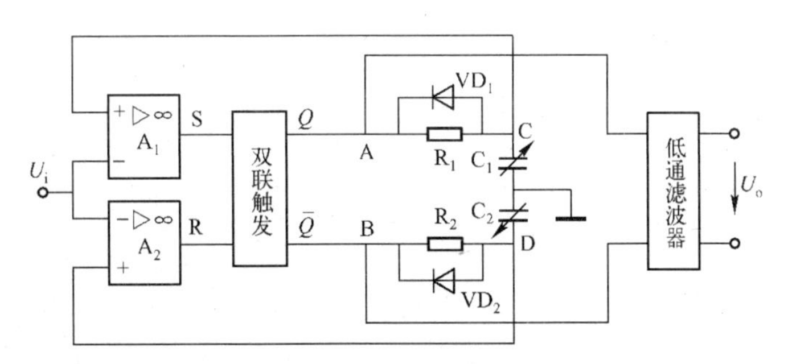

图 4.8　脉冲宽度调制电路

脉冲宽度调制电路利用电容的充电、放电，使电路输出脉冲的占空比随电容量的变化而变化，再通过低通滤波器得到对应被测量变化的直流信号。脉冲宽度调制电路各点的输出波形如图 4.9 所示。

当电阻 $R_1=R_2=R$，$C_1=C_0+\Delta C$，$C_2=C_0-\Delta C$ 时，有

$$U_o=\frac{C_1-C_2}{C_1+C_2}U_H=\frac{2\Delta C}{2C_0}U_H=\frac{\Delta C}{C_0}U_H$$

由此可知，脉冲宽度调制电路的输出电压与电容变化成线性关系。

4. 运算放大器式测量电路

运算放大器式测量电路如图 4.10 所示。

由图 4.10 可知：

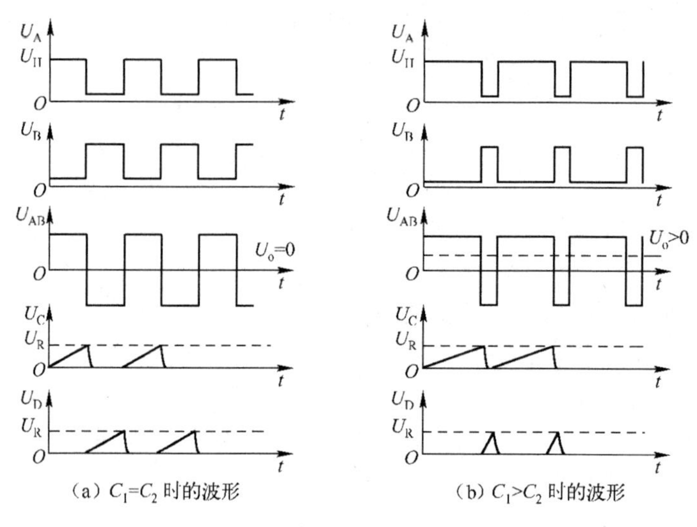

（a）$C_1=C_2$ 时的波形　　（b）$C_1>C_2$ 时的波形

图 4.9　脉冲宽度调制电路各点的输出波形

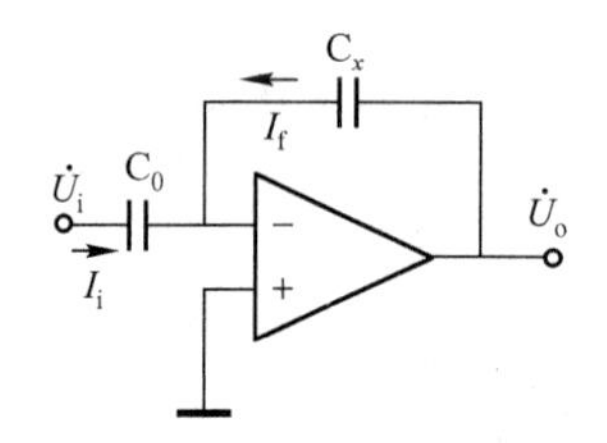

图 4.10　运算放大器式测量电路

因为　$\dot{I}_i=\dfrac{\dot{U}_i}{Z_{C0}}$，$\dot{I}_f=\dfrac{\dot{U}_o}{Z_{Cx}}$，$\dot{I}_i+\dot{I}_f=0$，所以有

$$\frac{\dot{U}_i}{\dfrac{1}{j\omega C_0}}=\frac{-\dot{U}_o}{\dfrac{1}{j\omega C_x}}$$

$$\dot{U}_o=-\frac{C_0}{C_x}\dot{U}_i$$

对于变极距式电容传感器，$C_x=\dfrac{\varepsilon A}{d}$，则 $\dot{U}_o=-\dfrac{C_0}{\varepsilon A}d\dot{U}_i$，由此得到：输出电压与传感器极板间距 d 成正比，解决了变极距式电容传感器的非线性问题。为了保证测量精度，要求电源输入电压 U_i 和固定电容 C_0 稳定。

4.2.3　电容式传感器的基本应用

电容式压力传感器原理

1. 电容式压力传感器

将压力转换成电容变化的传感器称为电容式压力传感器。可以采用改变极板间距离 d 或改变面积 A 这两种方法，但一般采用改变极板间距离的方式来改变电容量，在结构上有单端式和差动式两种形式。因为差动式电容压力传感器的灵敏度高、非线性误差小，所以常采用这种形式。采用不同的测量电路，就有不同的信号输出。

电容式压力传感器一般利用弹性膜片作为敏感元件，利用弹性膜片在压力作用下的形变来改变膜片与电容固定电极之间的距离，由此改变电容式压力传感器的电容量。图 4. 11 所示为差动式电容压力传感器的结构原理图。由图 4. 11 可知，该传感器主要由一个动电极、两个固定电极和这三个电极的引出线组成。动电极为圆形薄金属膜片，它既是动电极，又是压力敏感元件，固定电极为中凹的镀金玻璃圆片。

当被测压力（或压差）通过过滤器进入空腔时，弹性膜片两侧的压力差会使弹性膜片凸向一侧。这一位移会使两个镀金玻璃圆片与弹性膜片之间的电容量发生变化，经过测量电路将其转换成相应的电压或电流的变化。当两极板之间的距离很小时，压力和电容之间成线性关系。

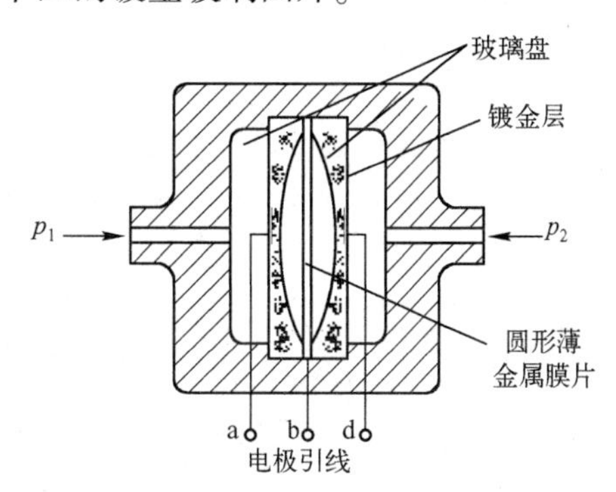

图 4. 11　差动式电容压力传感器的结构原理图

电容式压力传感器的优点是灵敏度高、寿命长、动态响应快，可以测量快变压力，所需的测量力（和能量）很小，因此可以测量微压。其主要缺点是传感器与连接线路的寄生电容影响大，非线性较严重。

2. 电容式接近开关

电容式接近开关也属于一种具有开关量输出的位移传感器，它的测量头通常是构成电容器的一个极板，而另一个极板是物体本身，当物体移向接近开关时，物体和接近开关的介电常数会发生变化，使得和测量头相连的电路状态随之发生变化，由此便可控制开关的接通和断开。这种接近开关的检测物体并不限于金属导体，也可以是绝缘的液体或粉状物体，在检测具有较低介电常数 ε 的物体时，可以顺时针调节多圈电位器（位于开关后部）来增加感应灵敏度，一般调节电位器使电容式接近开关在较大的位置动作。

图 4. 12 所示为电容式接近开关的原理框图，将被测物体与电容式接近开关的感应电极间的位置信号转换为振荡电路的频率，经信号处理电路，由开关量输出。

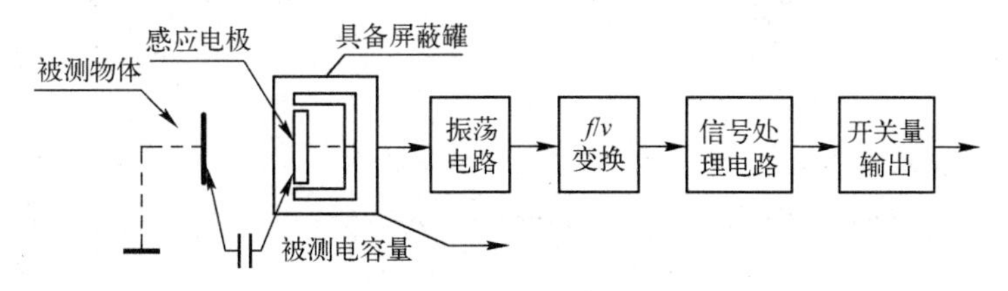

图 4. 12　电容式接近开关的原理框图

3. 电容式加速度传感器

各种电容式加速度传感器均采用弹簧-质量系统将被测加速度转换成力或位移量，然后通过传感器转换成相应的电参量，图 4.13 中的电容式加速度传感器就是基于这一原理制成的。该传感器两极板之间有一个用弹簧支撑的质量块，此质量块的两端平面经磨平抛光后作为可动极板。当传感器的壳体测量垂直方向的振动时，由于质量块的惯性作用，使两个固定极板的相对质量块产生位移。此时，上、下两个固定极板与质量块两端平面之间的电容量产生变化，使传感器有一个差动的电容变化量输出。

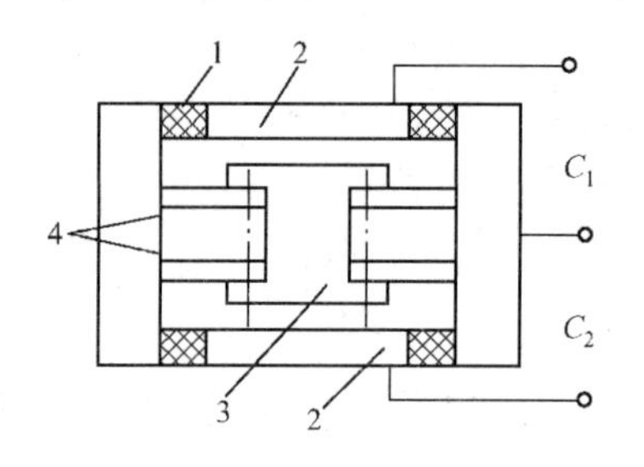

电容式加速度传感器

1—绝缘体；2—固定极板；3—质量块；4—弹簧片

图 4.13　电容式加速度传感器

4. 电容式油量表

图 4.14 所示为电容式油量表示意图，可以用于测量油箱中的油位。当油箱中无油时，电容量 $C_x=C_{x0}$，调节 R_P 的滑动臂，使其位于 0 点，即 R_P 的电阻值为 0，此时，电桥满足 $C_0/C_x=R_1/R_2$ 的平衡条件，电桥输出电压为零，伺服电动机不转动，油量表指针偏转角 $\theta=0$。

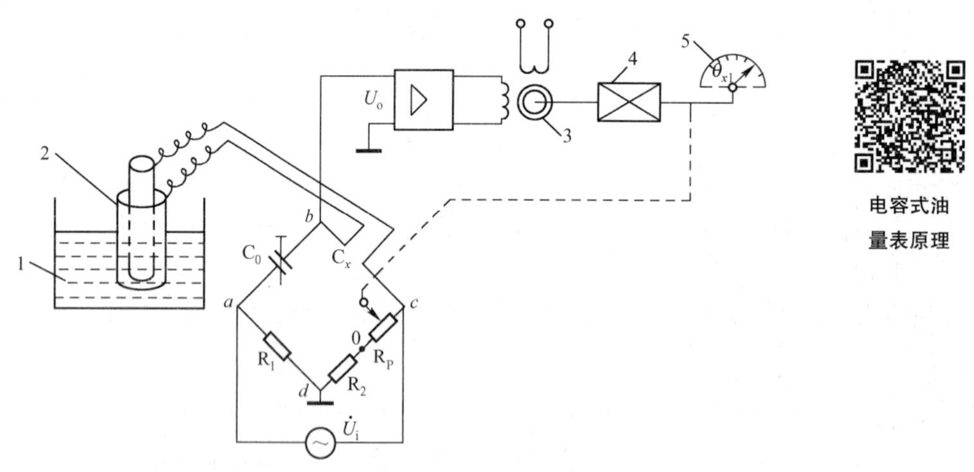

1—油箱；2—圆柱形电容器；3—伺服电动机；4—减速箱；5—油量表

图 4.14　电容式油量表示意图

当向油箱中注入油时，液位上升至 h 处，电容的变化量 ΔC_x 与 h 成正比，电容为 $C_x=C_{x0}+\Delta C_x$。此时，电桥失去平衡，电桥的输出电压 U_o 经放大后驱动伺服电动机，由减速箱减速后带动指针顺时针偏转，同时带动 R_P 滑动，使 R_P 的阻值增大，当 R_P 的阻值达到一定值时，电桥又达到新的平衡状态，$U_o=0$，伺服电动机停止转动，指针停留在转角 θ_{x1} 处，可从油量刻度盘上直接读出油位高度 h。

当油箱中的油位降低时，伺服电动机反转，指针逆时针偏转，同时带动 R_P 滑动，使其阻值减小。当 R_P 的阻值达到一定值时，电桥又达到新的平衡状态，$U_o=0$，于是伺服电动机再次停止转动，指针停留在转角 θ_{x2} 处，由此可判定油箱的油量。

4.3 电容式传感器的认识

常用电容式传感器示意图如图 4.15 所示。

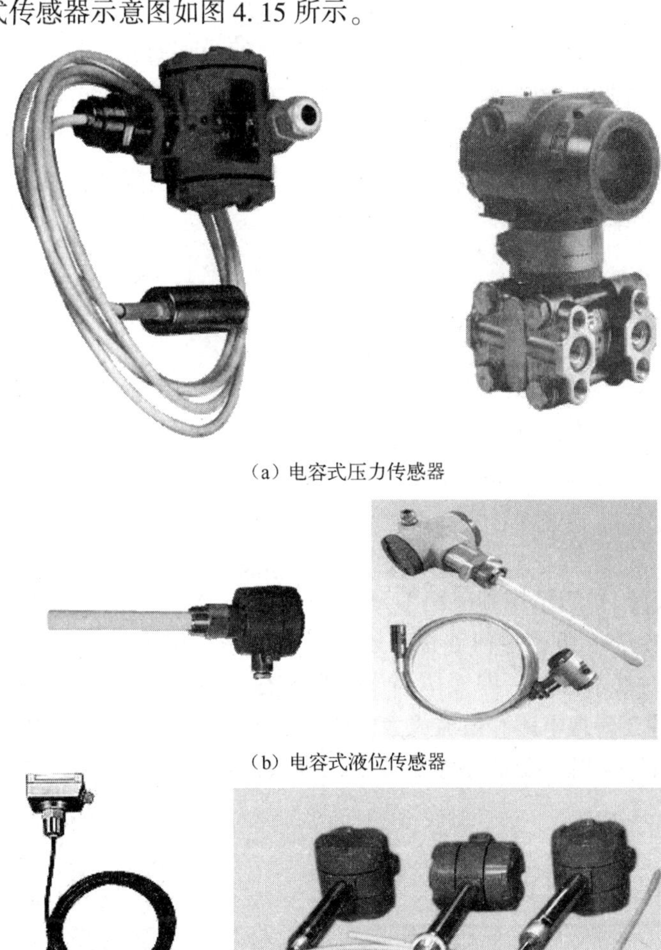

（a）电容式压力传感器

（b）电容式液位传感器

（c）UYB 系列电容式液位传感器

图 4.15 常用电容式传感器示意图

4.4 项目参考设计方案

电容式压力变送器是应用非常广泛的一种压力变送器，其原理十分简单。一个无限大平行平板电容器的电容值可表示为 $C=\varepsilon S/d$（ε 为平行平板间介质的介电常数，d 为极板间距，S 为极板的覆盖面积）。改变其中的某个参数，即可改变电容值。由于结构简单，几乎所有电容式压力变送器均采用改变间隙的方法来获得可变电容。电容式压力变送器的初始电容值较小，一般为几十 pF，它极易受导线电容和电路的分布电容的影响，因此必须采用先进的电子线路才能检测出电容的微小变化。

本项目实施方案是对学生以小组为单位进行电容式压力变送器的应用训练。

（1）针对水箱水位的检测要求，确定液位传感器的类型。

（2）分析制定安装位置、实施效果和检测方案，并进行成本分析。

（3）学生现场安装、连接和调试电容式液位传感器电路。

（4）学生可以通过电容式压力变送器的应用训练了解电容式传感器的工作原理、测量电路及应用方法等。

4.5 项目实施与考核

差压变送器或压力变送器在过程控制系统中被广泛应用于液位测量。它们的测量原理是：测量某处的液体压力（液体压力正比于液位高度），将其经内部信号转换成电路的转换，以标准的 4 ～ 20mA 的电流信号输出。

4.5.1 差压变送器选型

电容式液位传感器原理

电容式液位传感器的结构和电路原理框图如图 4.16 所示。电容式液位传感器的结构由变送电路、结构连接件、探杆等组成。被测液体浸没电容式液位传感器的内外两电极，即液位高度与两电极间的电容量 C_x 相对应。采用射频电容法测量原理，通过转换电路和恒流放大电路将两电极间的电容量转换为两线制 DC 4 ～ 20mA 标准电流信号输出。变送器应与显示仪表或计算机系统配套，才能实现液位测量与控制。

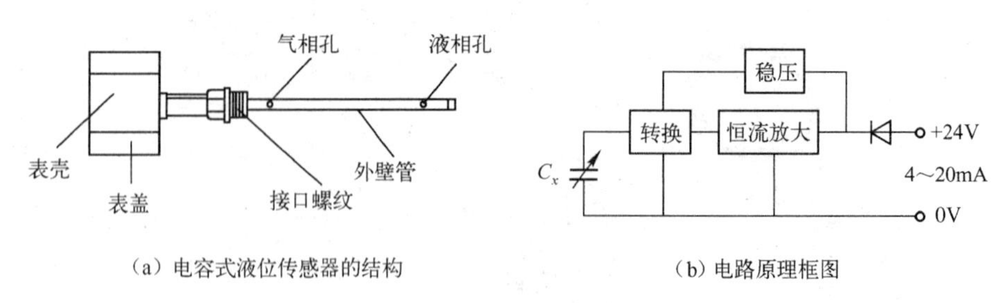

（a）电容式液位传感器的结构　　（b）电路原理框图

图 4.16　电容式液位传感器的结构和电路原理框图

表 4.2 所示为电容式液位传感器的探头类型及应用，应根据实际需求选用合适的电容式液位传感器探头。

表 4.2　电容式液位传感器探头类型及应用

探头类型	典型应用
金属裸棒探头	非导电介质+导电容器
全绝缘棒式探头	导电介质或非导电介质+导电容器
带同轴接地管的金属裸棒探头	介电常数≪5 的非导电非结晶液体介质；非导电非结晶液体介质+非导电容器；非导电非结晶液体介质+容器虽导电但径向尺寸较小且形状不规则
带同轴接地管的全绝缘棒式探头	导电非结晶液体介质+容器导电但径向尺寸较小且形状不规则
金属裸缆探头	非导电介质+导电容器
全绝缘缆式探头	导电介质或非导电介质+大型导电容器
带参考电极的金属裸棒双杆探头	非导电易结晶液体介质+非导电容器
带参考电极的全绝缘棒式双杆探头	导电且易结晶液体介质+非导电容器；导电且易结晶液体介质+容器导电，但径向尺寸较小且形状不规则
整体聚四氟乙烯包覆探头	导电或非导电强腐蚀性介质，环境中有腐蚀性挥发物，腐蚀性蒸汽环境

下面结合 UYB 型电容式差压变送器（压力变送器）介绍工程上实现液位测量的方法。由学生现场安装、连接和调试液位传感器电路，对其进行训练。

1. UYB 型电容式差压变送器（压力变送器）的特点

（1）结构和安装简单，盲区小，杆式结构几乎无盲区。

（2）用于测量导电液体的 UYB-1 型电容式差压变送器采用聚四氟乙烯或氟-46 塑料绝缘层的内电极，耐高温、低温，且耐腐蚀性能好。用于测量非导电液体的 UYB-2 型电容式差压变送器采用不锈钢内电极和外电极，结构牢固。

（3）输出两线制 DC 4 ～ 20mA 标准电流信号，输出信号的大小不受被测介质温度、压力及密度变化的影响。

（4）杆式结构在出厂前已将“零点”和“量程”校准好，安装好后用户无须重新调试即可直接使用。

（5）变送器输出信号的数值只与液位的高低相对应，与容器的形状、大小无关。

（6）无可动零部件，寿命长，性能长期稳定、可靠，测量范围广。

2. 主要技术指标

（1）测量范围：

UYB-1 型　杆式　最小测量范围为 0 ～ 0.2m，最大测量范围为 0 ～ 4m。

　　　　　缆式　最小测量范围为 0 ～ 0.2m，最大测量范围为 0 ～ 20m。

UYB-2 型　杆式　最小测量范围为 0 ～ 0.2m，最大测量范围为 0 ～ 1m。

（2）精度：±0.5%FS。

（3）被测介质：

UYB-1 型适用于一般的水，以及酸、碱、盐的水溶液，还有饮料等导电液体。

UYB-2 型适用于矿物油、食用油、蒸馏水、有机溶剂等非导电液体。

（4）被测介质温度：-40 ～+200℃。
（5）输出信号：DC 4 ～ 20mA。
（6）负载电阻：0 ～ 750Ω（当供电电压为 DC 24V 时）。
（7）环境温度：-40 ～+50℃。
（8）供电电压：DC 24V。

3. 结构

UYB-1 型电容式差压变送器适用于导电液体，有杆式结构（见图 4. 17）和缆式结构（见图 4. 18）两种。为便于安装和调试，优先选用杆式结构。仅当量程很大时，才选用缆式结构。

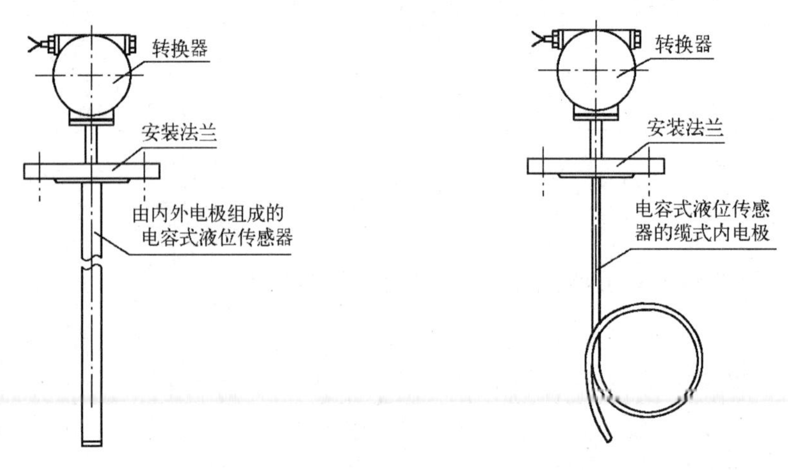

图 4. 17　UYB-1 型电容式差压变送器杆式结构示意图

图 4. 18　UYB-1 型电容式差压变送器缆式结构示意图

对于 UYB-1 型电容式差压变送器杆式结构，其电容式液位传感器由内外两个电极组成。内电极表面有聚四氟乙烯或氟-46 塑料绝缘层。外电极用不锈钢管制造，它兼作内电极的保护套管。

对于 UYB-1 型电容式差压变送器缆式结构，只装有电容式液位传感器的缆式内电极。缆式内电极表面有聚四氟乙烯或氟-46 塑料绝缘层，外电极要根据安装现场的具体条件另外设置。

4. 5. 2　安装训练

1. 机械安装

（1）杆式变送器的机械安装示例如图 4. 19 所示。由图 4. 19 可知，由于杆式变送器的电容式液位传感器自身已具有齐全的内外电极，无论容器材料是否是金属的，都无须另设外电极，所以其机械安装工作极为简便。

（2）缆式变送器的机械安装示例一如图 4. 20 所示。选择的安装位置应使缆式内电极远离金属容器内壁，以免在电极晃动时影响测量结果。必要时可用绝缘性能好的材料对缆式内电极设置支撑。也可加装内径不小于 Φ50mm 的金属保护套管。采取这些措施时，要避免损伤缆式内电极表面的绝缘层。所加装的金属保护套管兼作传感器的外电极，必须与变送器的外壳有良好的电气接触。金属保护套管的下端必须有进液孔，上端必须有排气孔。

（3）缆式变送器的机械安装示例二如图 4. 21 所示。图 4. 21 中用作外电极的金属板材表面不得有绝缘层，应确保它与变送器外壳及被测液体之间有良好的电气接触。

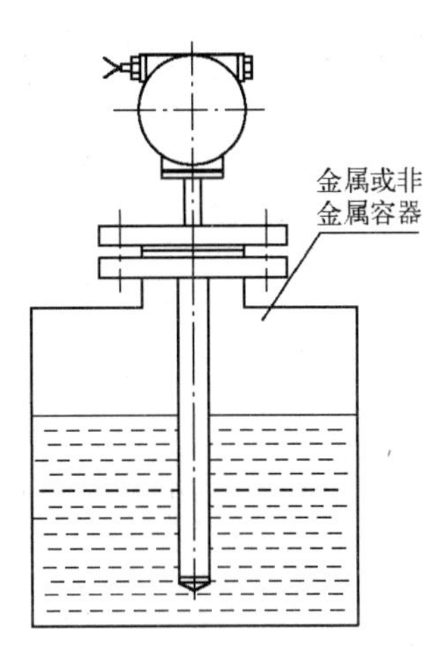

图 4. 19　杆式变送器的机械安装示例

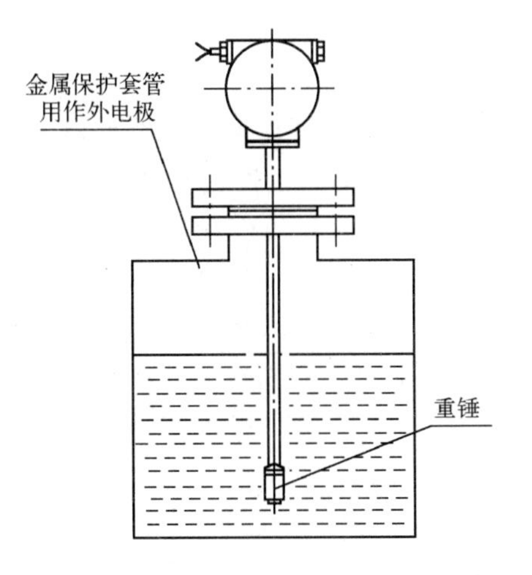

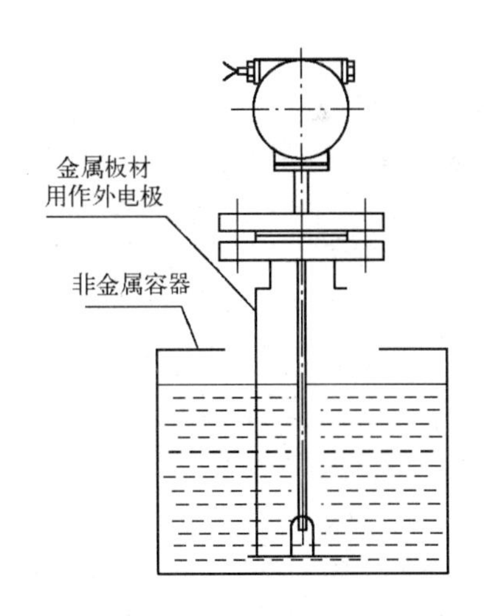

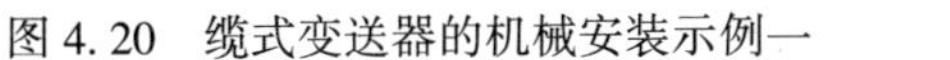

图 4. 20　缆式变送器的机械安装示例一

图 4. 21　缆式变送器的机械安装示例二

2. 电路接线

杆式变送器和缆式变送器的电路接线相同。变送器的电路接线及电位器位置示意图如图 4. 22 所示。

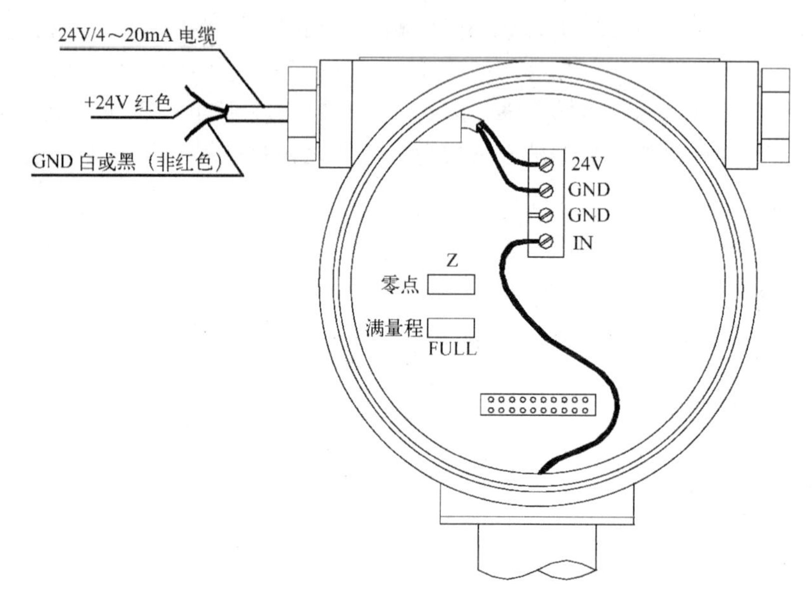

图 4.22　变送器的电路接线及电位器位置示意图

4.5.3　调试

（1）杆式变送器在出厂前已将“零点”和“量程”校准好，其测量结果与安装现场无关。如果不需要改变量程，安装好后即可直接使用，无须在安装现场重新调试。若发现“零点”有变动，只需重新校准“零点”，无须重新校准“量程”。若要改变量程，则应先调整“零点”，再调整“量程”，反复调整几次，使“零点”和“满量程”输出都准确方可。

（2）缆式变送器自身不具有外电极，其外电极需要在安装现场根据具体安装条件另外设置。因此，缆式变送器在出厂前只能模拟安装现场的条件调试“零点”和“量程”。一般，在安装好后应利用现场液位可以上下变化的条件重新调整“零点”和“量程”，且要反复调整几次。

（3）调试方法：可在 DC 24V 电源的同一条电源线上串接标准毫安表，直接测量电流，也可在配套显示仪表 4 ～ 20mA 输入端的 1 ～ 5V 信号采集电阻（250Ω 标准电阻）上，用数字电压表测量电压，以间接测量电流。调试时，使液位上下变化，反复调整“零点”和“量程”。当液位处于用户认定的零位时，调整“零点”电位器的“Z”，使输出为 4mA；当液位处于用户认定的满量程位置时，调整“满量程”电位器“FULL”，使输出为 20mA。反复调整几次，使零点和满量程输出都准确方可。调试时所需调整的“零点”电位器“Z”和“满量程”电位器“FULL”在印制电路板上的位置见图 4.22。

4.5.4　注意事项

（1）要特别注意保护 UYB-1 型电容式差压变送器的内电极表面的绝缘层，定期检查内电极与被测液体之间的绝缘性能。检查时，必须先断开电源，再将内电极从变送器的接线端子上拆卸下来，然后在使用时将内电极可能接触到被测液体的全长浸入被测液体中。在这些条件下，测量内电极与变送器外壳之间的绝缘电阻，应不低于20MΩ，否则必须排除故障，包括更换内电极。内电极表面的绝缘性能降低，将导致输出信号增大，甚至出现超出满量程的情况。测量绝缘电阻时，一定要将内电极从变送器的接线端子上拆卸下来，以确保测量结果的正确性和电路的安全。

（2）不要随意松动变送器上涉及内电极密封的紧固件。

（3）要定期检查和更换转换器中的干燥剂，使其保持浅蓝色。

4.5.5 安装

按照项目实施要求，准备好操作所需的工具、传感器、测量环境等，根据流程和安装要求进行安装训练。

（1）参考典型应用案例，学生应结合具体任务要求选定传感器的类型。

（2）制订工作计划，根据元件及工具清单备齐物品。

（3）学生现场安装、连接和调测传感器电路。

（4）完成个人任务报告，撰写小组自评报告。

4.5.6 评价

完成调试后，老师根据各同学或小组安装的系统进行标准测试，按照表4.3所列的项目为各同学或小组打分。

表4.3 评价表

考核项目	考核内容	配分	考核要求及评分标准	得分
资料	任务分析 信息运用能力 工作计划	20分	电容式传感器的相关说明书 传感器的选型 安装过程和工具准备	
安装实施	分析项目，制定工作步骤 安装传感器 团结协作 调试过程 发现、解决问题 检查验收	50分	工作步骤正确 传感器的安装工作正常 元件没有损坏 测量结果正确且电路安全 操作熟练	
检查	安装调试记录（上交） 训练报告（上交）	30分	PPT能够说明过程 汇报语言清晰明了 记录能反映调试过程 故障处理明确 训练环节清楚 训练收获体会	
教师签字			合计得分	

小　　结

本单元主要通过差压变送器的使用训练讲述电容式传感器的各项知识。电容式传感器以各种类型的电容器作为敏感元件，将被测物理量的变化转换为电容量的变化，再由转换电路（测量电路）转换为电压、电流或频率信号，以达到检测的目的。

（1）电容式传感器的类型主要有变面积式、变极距式和变介电常数式3种。在实际应用中，为了提高电容式传感器的灵敏度，减小非线性，常常把电容式传感器做成差动形式。

（2）电容式传感器将被测物理量的变化转换为电容变化量后，常采用测量电路将其转换为电压、电流或频率等信号。常用的测量电路有桥式电路、调频电路、脉冲宽度调制电路和运算放大器式测量电路等。

（3）电容式传感器的基本应用主要有电容式压力传感器、电容式接近开关、电容式加速度传感器和电容式油量表。

电容式压力变送器是应用最广泛的一种压力变送器，其原理十分简单。学生可以通过电容式压力变送器的应用训练了解电容式传感器的工作原理、测量电路及应用方法等。

4.6　习题

1. 选择题

1）在电容式传感器中，若采用调频法测量转换电路，则电路中的________。

A. 电容和电感均为变量　　　　B. 电容是变量，电感保持不变

C. 电容保持常数，电感为变量　　D. 电容和电感均保持不变

2）在两片间距为1mm的平行极板间插入________，可测得最大的电容量。

A. 塑料薄膜　　B. 干的纸　　C. 湿的纸　　D. 玻璃薄片

2. 电容式传感器有几种类型？各有什么特点？试列举出你所知道的电容式传感器的实例。

3. 电容式传感器常用的测量电路有哪些？

4. 粮食部门在收购、存储粮食时，需测定粮食的干燥程度，以防霉变。请你根据已学的知识设计一个粮食水分含量测试仪（画出原理图、传感器简图，并简要说明它的工作原理及优缺点）。

5. 为什么说变隙式电容传感器的特性是非线性的？采取什么措施可提高其灵敏度并改善其非线性特性？

6. 有一个平面直线位移型差动式电容传感器，其测量电路采用变压器交流电桥，结构组成如图4.23所示。其中，$b_1=b_2=b=20\text{mm}$，$a_1=a_2=a=10\text{mm}$，极板间距$d=2\text{mm}$，极板间的介质为空气，在测量电路中，$u_i=3\sin\omega t$，且$u=u_i$。试求向动极板上输入位移量$\Delta x=5\text{mm}$时的电桥输出电压u_o。

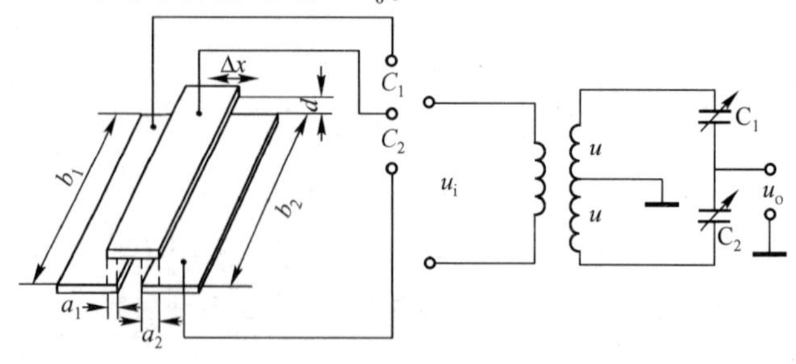

图4.23　结构组成

7. 变隙式电容传感器的测量电路为运算放大器电路，如图 4.24 所示。传感器的起始电容量 $C_{x0}=20\text{pF}$，定极板与动极板间距 $d_0=1.5\text{mm}$，$C_0=10\text{pF}$，运算放大器为理想放大器（$K\to\infty$，$Z_i\to\infty$），R_f 极大，输入电压 $u_i=5\sin\omega t$。求当向传感器动极板上输入位移量 $\Delta x=0.15\text{mm}$ 使 d_0 减小时，电路的输出电压 u_o 为多少？

8. 图 4.25 所示为正方形平板电容器，极板长度 $a=4\text{cm}$，极板间距 $\delta=0.2\text{mm}$。若用此变面积式电容传感器测量位移 x，试计算该传感器的灵敏度，并画出传感器的特性曲线。极板间的介质为空气，$\varepsilon_0=8.85\times10^{-12}\text{F/m}$。

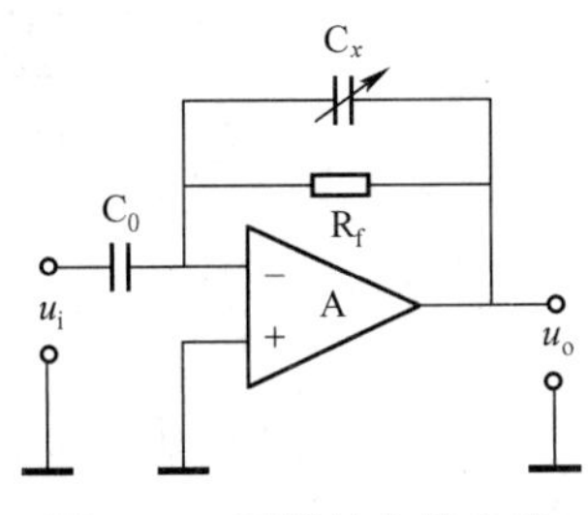

图 4.24　运算放大器电路

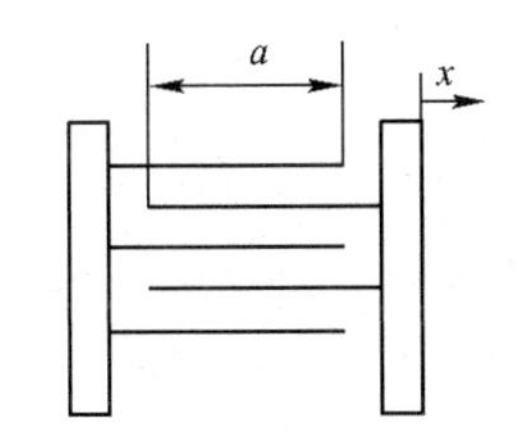

图 4.25　正方形平板电容器

项目单元5　霍尔式传感器
——转速检测仪的设计

5.1　项目描述

PPT：项目单元5

在工业、农业生产和工程实践中，经常会遇到需要测量转速的场合，如在发动机、电动机、卷扬机、机床主轴等旋转设备的试验、运转和控制中，常需要测量和显示其转速。测量转速的方法分为模拟式和数字式两种。模拟式将测量发动机作为检测元件，得到的信号是模拟量。数字式通常采用光电编码器、圆光栅、霍尔元件等作为检测元件，得到的信号是脉冲信号。随着微型计算机的广泛应用和单片机技术的日新月异，特别是高性能单片机的出现，测量转速普遍采用以单片机为核心的数字式测量方法。本项目就是结合霍尔式传感器，设计一个以霍尔式传感器为敏感元件的测量转速的仪器。

5.1.1　任务要求

（1）以霍尔式传感器为敏感元件。

（2）对于不同转速能够有区别明显的不同提示。

（3）当转速到达或高于一定阈值时。能够发出声光警报。

（4）鼓励采用单片机作为控制单元，可酌情加分。

（5）最终上交调试成功的实验系统——转速检测仪。

（6）要求有每个步骤的文字材料，包括原理图、使用说明、元件清单、进程表、调试过程描述等。

5.1.2　任务分析

本项目所用的传感器为霍尔式传感器，本项目单元主要讲述霍尔式传感器的各项知识，具体如下。

（1）理解霍尔式传感器的工作原理。

（2）了解霍尔式传感器的设计要点。

（3）了解霍尔式传感器的结构。

（4）掌握霍尔式传感器的测量电路。

（5）掌握霍尔式传感器的主要特性。

（6）掌握霍尔式传感器的误差补偿。

（7）了解霍尔集成电路。

（8）掌握霍尔式传感器的各种应用。

5.2 相关知识

早在 1879 年，美国霍普金斯大学 24 岁的研究生霍尔在研究磁场中导体的受力性质时发现了霍尔效应。随后，人们在半导体中也发现了霍尔效应，并且半导体的霍尔效应比金属导体强得多。从本质上讲，霍尔效应是电流的一种磁效应。霍尔式传感器的工作基础就是霍尔效应。霍尔式传感器是一种磁传感器。用霍尔式传感器可以检测磁场及其变化，也可在各种与磁场有关的场合中使用。

5.2.1 霍尔式传感器的工作原理及结构形式

1. 霍尔效应

将金属或半导体薄片置于磁场中，磁场方向垂直于金属或半导体薄片，当有电流流过半导体薄片时，在垂直于电流和磁场的方向上将会产生电势，这种现象称为霍尔效应，所产生的电势称为霍尔电势，半导体薄片称为霍尔元件。从本质上讲，霍尔效应是运动的带电粒子在磁场中受洛仑兹力的作用而偏转引起的。由于带电粒子（电子或空穴）被约束在薄片中，所以这种偏转将导致在垂直于电流和磁场的方向上产生正负电荷的聚积，从而形成附加的横向电场。横向电场将阻止带电粒子继续偏移，当带电粒子所受的横向电场力与洛仑兹力相等时，半导体薄片两侧的电荷达到平衡，从而产生霍尔电势。

如图 5.1 所示，设霍尔元件为 N 型半导体薄片（霍尔片），其长度为 L，宽度为 b，厚度为 d，将霍尔元件置于磁感应强度为 B 的磁场中，磁场方向垂直于半导体薄片。沿着长度方向通以控制电流 I，则半导体中的电流是载流子电子在电场作用下沿与电流 I 的相反方向以平均速度 v 运动形成的，图 5.1 中的 v 表示电子在控制电流作用下的平均运动速度，由磁场理论可知，每个运动的电子在磁场中都要受到磁场的洛伦兹力 F_B，在 F_B 的作用下，自由电子受力向一侧偏转，使自由电子向霍尔元件的一侧积聚，同时，在板面另一侧会出现相同数量的正电荷。从而在半导体内部沿宽度的方向形成由正电荷指向负电荷的横向电场（霍尔电场）。设电场强度为 E，U_H 为霍尔片两侧板面间的电位差（霍尔电压），霍尔电场的出现使定向运动的载流子电子在受到洛伦兹力 F_B 的同时，还受与洛伦兹力方向相反的电场力 F_E。由于 F_E 的方向与洛伦兹力 F_B 的方向相反，故 F_E 将阻碍电荷的积聚。随着前后积累的电荷的增加和霍尔电场的增强，电子所受到的电场力也会变大。当作用于电子的 F_B 与 F_E 相等时，电子达到动态平衡，此时的霍尔电压为

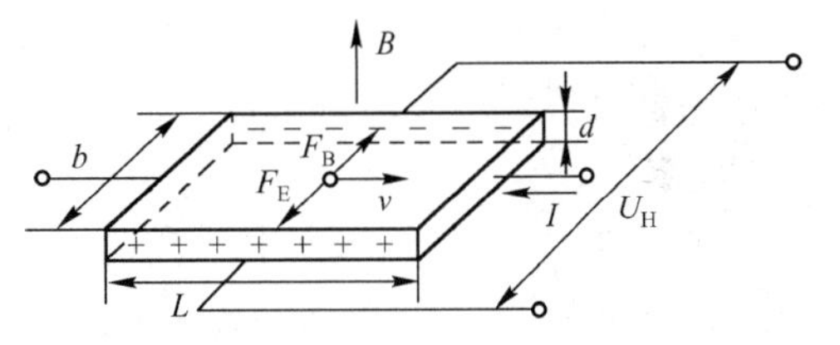

图 5.1 霍尔效应原理图

$$U_H = R_H \frac{IB}{d} \tag{5-1}$$

式中，I 为控制电流，单位为 A；

B 为磁感应强度，单位为 T；

d 为霍尔元件的厚度，单位为 m；

比例系数 R_H 为霍尔系数，单位为 m^3C^{-1}，它是反映材料的霍尔效应强弱的重要参数。

考虑到霍尔元件厚度 d 的影响，引进了一个重要参数 K_H：

$$K_H = \frac{R_H}{d}$$

则式（5-1）可写为

$$U_H = K_H IB \tag{5-2}$$

K_H 称为霍尔元件的灵敏度。

若磁感应强度 B 不垂直于霍尔元件，而是与其法线成某一角度 θ，则实际上作用于霍尔元件上的有效磁感应强度是其法线方向（与半导体薄片垂直的方向）的分量，即 $B\cos\theta$，这时的霍尔电势为

$$U_H = K_H IB\cos\theta \tag{5-3}$$

由上式可知，霍尔电势的大小正比于控制电流 I 和磁感应强度 B，U_H 的方向与 I 和 B 的方向有关，当 I 或 B 的方向改变时，霍尔电势的方向也随之改变。但当 I 和 B 同时改变时，U_H 的方向不变。如果所施加的磁场为交变磁场，则霍尔电势为同频率的交变电势。

2. 霍尔式传感器的设计要点

1）霍尔元件尺寸

霍尔效应的强弱与霍尔元件的尺寸有关。相关经验表明：当取 $L/b \approx 2$ 时，霍尔电势可达到最大值。

2）霍尔元件的材料

霍尔元件一般采用 N 型的锗、锑化铟和砷化铟等半导体单晶材料。其中，N 型锗（Ge）容易加工制造，其温度性能和线性度都较好。N 型硅（Si）的线性度最好，其霍尔系数、温度性能同 N 型锗相近。锑化铟（InSb）对温度最敏感，其受温度的影响较大，在低温范围内的温度系数大。砷化铟（InAs）的霍尔系数较小，其输出信号没有锑化铟大，但是其受温度的影响比锑化铟要小，而且其线性度也较好，因此，采用砷化铟作为霍尔元件的材料受到了广泛关注。一般情况下，在高精度测量中，大多采用 N 型锗和砷化铟元件；当作为敏感元件时，一般采用锑化铟元件。虽然砷化铟和锑化铟的霍尔常数小，但可用化学方法控制霍尔元件的厚度（一般可达 0. 01mm），使其达到很小的值，所以其输出仍然很大。

3. 霍尔式传感器的结构

霍尔式传感器的结构很简单，它由霍尔片、引线和壳体组成，霍尔片通常被制作成长方形薄片，国产霍尔片的尺寸一般为 $b=2$mm，$L=4$mm，$d=0.1$mm。它的长度方向的两端焊有 a、b 两根引线，通常用红色导线，其焊接处称为控制电极；在它两个侧端

的中间以点的形式对称地焊有 c、d 两根霍尔输出引线，通常用绿色导线，其焊接处称为霍尔电极。霍尔电极的安装要求为：①沿长度方向受力要小；②电极两侧要对称，要置于正中间的位置，这些条件对霍尔片的性能的影响很大。激励电极（控制电极）安装在垂直于 y 轴两侧的平面上，安装时要使 $b/L=2/4$。垂直于 z 轴的两个平面应为光滑的表面，因为工作磁场被垂直地安装在此平面上。霍尔元件一般用非磁性金属、陶瓷或环氧树脂封装。电路中的霍尔元件（霍尔元件示意图如图 5.2 所示）可用两种符号表示，如图 5.2（c）所示。

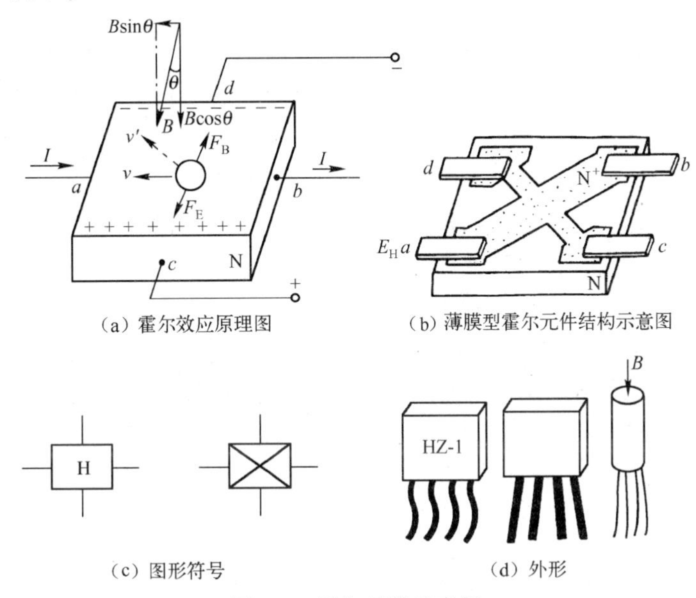

图 5.2　霍尔元件示意图

4. 霍尔元件的基本测量电路

霍尔元件的基本测量电路如图 5.3 所示，由电源 U_E 通过调节电阻 R_W 来提供控制电流 I，通过调节电阻 R_W 可以调节电流 I 的大小，U_E 可以是直流电源，也可以是交流电源，R_L 是霍尔输出电压 U_H 的负载电阻，霍尔电压 U_H 一般为毫伏数量级，因而在实际应用时要后接差动放大器。所以负载电阻 R_L 通常是放大电路的输入电阻或表头内阻。

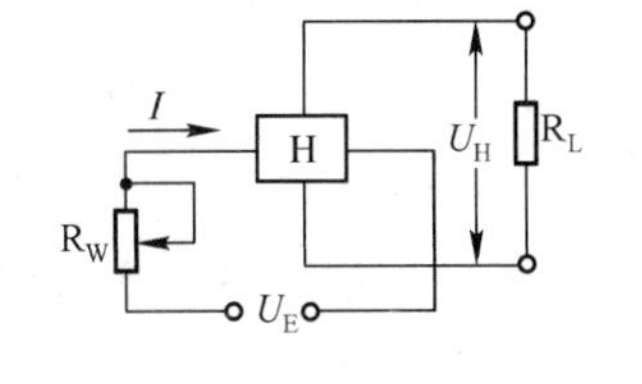

图 5.3　霍尔元件的基本测量电路

由于建立霍尔效应所需的时间很短，一般约为 $10^{-14}\sim10^{-12}$s，因此，其频率响应很高。当控制电流采用交流电时，频率可以很高（几千兆赫兹）。

有时为了增加霍尔式传感器的灵敏度，可将多片霍尔元件串联或并联使用。

5. 霍尔元件的主要特性

1）输入电阻 R_i

输入电阻 R_i 是指霍尔元件两激励电流端的直流电阻。不同型号的霍尔元件，其阻值不同，一般为几十欧姆到几百欧姆。输入电阻 R_i 受温度影响，温度升高，输入电阻将变小，从而使控制电流 I 变大，使霍尔电势变大。为了减小温度对输入电阻的影响，常采用恒流源作为激励源。输入电阻的测定通常是在磁感应强度为零且温度为室温（20±5℃）的条件下进行的，可以用欧姆表直接测量：

$$R_i = \frac{U_E}{I}\Bigg|_{\substack{t=20\pm5^\circ\mathrm{C} \\ B=0}} \tag{5-4}$$

2）输出电阻 R_o

输出电阻 R_o 是指两个霍尔电势输出端之间的电阻，霍尔电极输出电势对外电路来说相当于一个电压源，其输出电阻相当于电源内阻。它的数值与输入电阻为同一数量级。它也随温度的改变而改变。选择适当的负载电阻 R_L 与之匹配，可以使由温度引起的霍尔电势的温漂减至最小。输出电阻与输入电阻的测定方法相同，即

$$R_o = \frac{U_H}{I_H}\Bigg|_{\substack{t=20\pm5^\circ\mathrm{C} \\ B=0}} \tag{5-5}$$

3）额定激励电流 I 和最大激励电流 I_M

由于霍尔电势随激励电流的增大而增大，所以在应用中总希望选用较大的激励电流。但激励电流增大会导致霍尔元件的功耗增大，使元件的温度上升，一般能使霍尔元件自身产生 100℃温升的激励电流值称为额定激励电流 I，温度的上升会使霍尔电势的温漂增大，引起霍尔电势的变化量增大，因此对每种型号的霍尔元件均规定了相应的最大激励电流。以元件允许的最大温升为限制所对应的激励电流称为最大激励电流，它的数值从几毫安至几百毫安不等。额定激励电流和最大激励电流与散热条件相关，改善霍尔元件的散热条件可以增大额定激励电流和最大激励电流。

4）额定功耗 P_o

额定功耗 P_o 为环境温度为 25℃时，允许通过霍尔元件的电流和电压的乘积。

5）灵敏度 K_H

灵敏度 K_H 由霍尔电势公式可得：$K_H = U_H/(IB\cos\theta)$，数值约为 10mV/(mA·T)。

6）最大磁感应强度 B_M

当控制电流恒定时，霍尔元件的开路输出随磁场强度的增加并不完全呈线性关系，而是有所偏离，当磁感应强度超过 B_M 时，霍尔电势的非线性误差将明显增大，B_M 的数值一般为零点几特斯拉。

当磁场为交变磁场，电流为直流电流时，由于交变磁场在导体内产生电涡流而输出附加霍尔电势，因此霍尔元件只能在频率为几千赫兹的交变磁场内工作。

7）霍尔电势温度系数

霍尔电势温度系数是指在霍尔元件正常工作时，温度每变化 10℃时霍尔电势变化的百分比。它与霍尔元件的材料有关，一般为 0.1%/℃。在要求较高的场合，应选择低温漂的霍尔元件。

8）不等位电势和不等位电阻

向霍尔元件通以额定的激励电流，且外加磁场为零，则它的霍尔电势应为零，但实

际上其霍尔电势并不为零。这时霍尔电势的开路电压称为不等位电势，不等位电势也称为零位电势，产生这一现象的原因如下。

① 霍尔电极的安装位置不对称或不在同一等电位面上。

② 电阻分布不均匀，这主要是由半导体材料不均匀造成电阻率不均匀或是由几何尺寸不均匀所造成的。

③ 激励电极接触不良造成激励电流分布不均匀等。

9）寄生直流电势

向霍尔元件通以额定的交流控制电流，当外加磁场为零时，产生的零位电势中有直流零位电势和交流零位电势两种成分，而其中的交流成分就是前面讲述的不等位电势，而直流成分就是直流零位电势，也称为寄生直流电势。

产生寄生直流电势的原因如下。

（1）控制电极和霍尔电极与霍尔元件由于接触不良而形成非欧姆接触，造成整流效果，由整流作用形成寄生直流电势。

（2）两个霍尔电极的大小不对称，使两个电极点的热容量不同，散热状态也不同，形成两极间的温差，从而出现温差电势，并形成寄生直流电势。

寄生直流电势一般在 1mV 以下，约有几百微伏，它是影响霍尔片温漂的主要原因之一。为了补偿寄生直流电势，通常在制作和安装霍尔元件时，电极的焊接要达到欧姆接触，使散热均匀，并保持良好的散热条件。

10）热电阻

在开路情况下，在霍尔元件上输入 1mW 的功率时会产生温升，因为该温升的大小在一定条件下与电阻有关，所以称其为热电阻。一些霍尔元件的主要技术参数如表 5.1 所示。

表 5.1　一些霍尔元件的主要技术参数

参数名称	符号	单位	HZ-1 型	HZ-2 型	HZ-3 型	HZ-4 型	HZ-1 型	HZ-2 型
			Ge（111）	Ge（111）	Ge（111）	Ge（110）	InSb	InSb
电阻率	ρ	Ω·cm	0.8～1.2	0.8～1.2	0.8～1.2	0.4～0.5	0.003～0.01	0.003～0.05
几何尺寸	$l \times b$	mm^3	8×4×0.2	4×2×0.2	8×4×0.2	8×4×0.2	6×3×0.2	8×4×0.2
输入电阻	R_i	Ω	110±20%	110±20%	110±20%	45±20%	0.8±20%	0.8±20%
输出电阻	R_o	Ω	110±20%	110±20%	110±20%	40±20%	0.5±20%	0.5±20%
灵敏度	K_H	mV/(mA·T)	>12	>12	>12	>4	1.8±20%	1.8±20%
不等位电阻	r_0	Ω	<0.07	<0.05	<0.07	<0.02	<0.005	<0.005
寄生直流电势	U_0	μV	<150	<200	<150	<100		
额定控制电流	I_c	mA	20	15	25	50	250	300
霍尔电势温度系数	α	1/℃	0.04%	0.04%	0.04%	0.03%	−1.5%	−1.5%
内阻温度系数	β	1/℃	0.5%	0.5%	0.5%	0.3%	−0.5%	−0.5%
热阻	R_Q	℃/mW	0.4	0.25	0.2	0.1		
工作温度	T	℃	−40～45	−40～45	−40～45	−40～45	0～40	0～40

5.2.2 霍尔式传感器的误差及其补偿

在实际使用中，由于霍尔式传感器的精度受各种因素的影响，所以在霍尔电势中存在多种误差，这些误差产生的原因主要是制造工艺的缺陷和半导体本身的固有特性。其中，不等位电势和温度是影响霍尔式传感器误差的两个主要因素。

1. 不等位电势的补偿

不等位电势与霍尔电势具有相同的数量级，有时甚至超过霍尔电势的数量级，在实际应用中常采用补偿的方法来消除不等位电势。霍尔元件的不对称电极如图 5.4（a）所示，其中，a、c 为控制电极，b、d 为霍尔电极，用控制电极和霍尔电极将电阻四等分，它们的电阻值分别用 r_1、r_2、r_3、r_4 表示。因此，可以将霍尔元件等效为如图 5.4（b）所示的四臂电桥，在理想情况下，$r_1=r_2=r_3=r_4$，此时，电桥平衡，两个霍尔电极处于同一等位面上，当外加磁场为 0 时，$U_o=0$，即零位电势为零。实际上，因为材料不均匀等原因，所以 r_1、r_2、r_3、r_4 并不相等，电桥将失去平衡，在此情况下，虽然外加磁场为 0，但在控制电流 I 的作用下，U_o 不等于 0，即产生不等位电势误差。为了使其平衡，可采取电路补偿的方法。可在阻值较大的桥臂上并联电阻 R_W，并调整其阻值，使 $U_o=0$。图 5.5 所示为不等位电势补偿电路。图 5.5（a）是在电阻值较大的桥臂上并联电阻，图 5.5（b）是在两个相邻桥臂上并联电阻，以增加电极等效电桥的对称性。

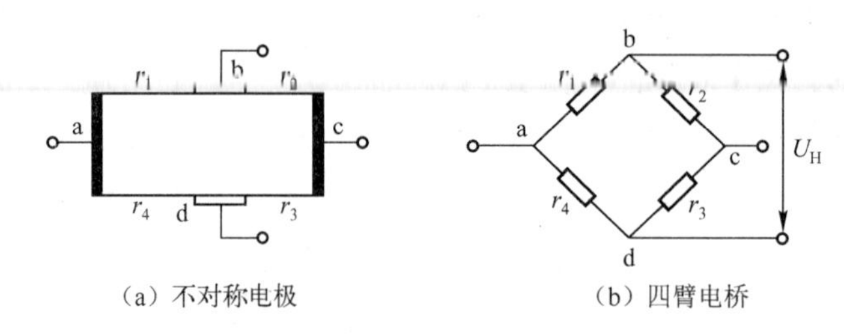

（a）不对称电极　　（b）四臂电桥

图 5.4　霍尔元件的不等位电势原理图

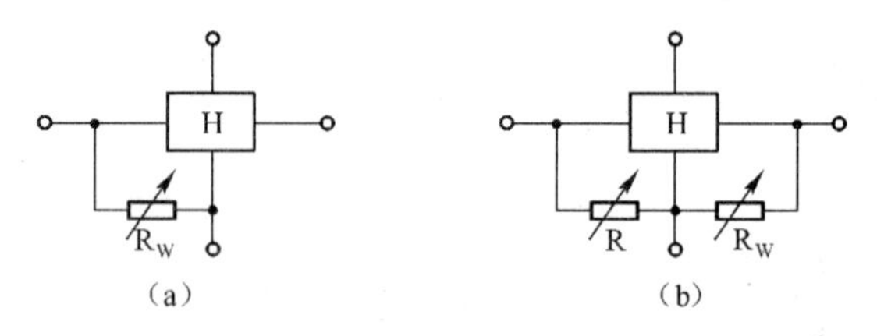

（a）　　（b）

图 5.5　不等位电势补偿电路

2. 温度误差及其补偿

由于霍尔元件均是采用半导体材料制成的，因此霍尔元件的许多特性参数都具有较大的温度系数。例如，当温度变化时，霍尔元件的载流子浓度、迁移率、电阻率、霍尔系数等都将发生变化，从而使霍尔元件产生温度误差。

为了减小霍尔元件的温度误差，可以选择温度系数较小的霍尔元件或采取恒温等措施，由 $U_H=K_HIB$ 可以看出：温度变化会引起霍尔元件的输入电阻变化，使控制电流变化，从而造成误差。采用恒流源供电是解决该问题的有效措施，可减少温度误差，使霍尔电势稳定。一般要求电流稳定度为0.1%。但也只能减小由于输入电阻随温度变化而引起的激励电流 I 的变化所带来的影响，还不能完全解决霍尔电势的稳定问题。

霍尔元件的灵敏度系数 K_H 也是与温度有关的函数，当温度变化时，K_H 的变化将引起霍尔电势的变化，并且大多数霍尔元件的灵敏度系数随温度升高而变大，如果能同时让控制电流 I 相应地减小，并保持 K_HI 的乘积不变，则可以抵消因温度对灵敏度系数 K_H 的影响而带来的误差。下面介绍几种补偿措施。

1）采用恒流源并联分流电阻的补偿方法

如图5.6所示，控制电流 I 为不受温度影响的恒定电流，在霍尔元件的控制电极上并联一个合适的补偿电阻 r_T，r_T 同霍尔元件的输入电阻具有相同的正温度系数，补偿电阻 r_T 起分流作用。当霍尔元件的输入电阻随温度升高而增加时，补偿电阻 r_T 会自动加强分流，减小霍尔元件的控制电流 I_H，从而达到补偿的目的。

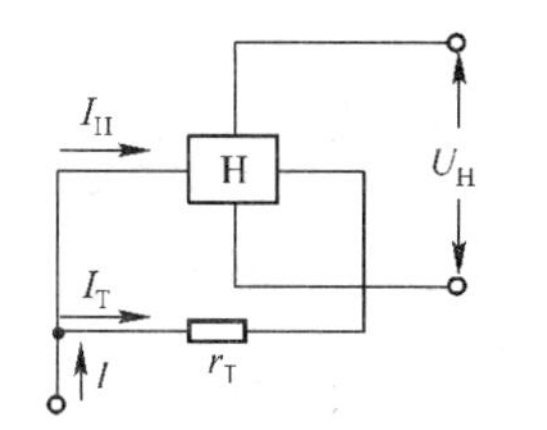

图5.6 温度补偿电路

实验表明，采用恒流源并联分流电阻补偿后的霍尔电势受温度的影响极小，并且不影响霍尔元件的其他性能，但由于控制电流被分流了，所以霍尔电势的输出略有下降，若需要，可以通过增大恒流源 I 的数值来达到原来的输出值。

2）选取合理的负载电阻 R_L 进行补偿

霍尔元件的输出电阻 R_o 和霍尔电势 U_H 都是与温度有关的函数，因此，我们可以选择合适的负载电阻 R_L 来进行温度补偿，也可以用串联电阻或并联电阻的方法来进行温度补偿，但这样会使灵敏度降低。

3）采用恒压源和输入回路串联电阻法

当霍尔元件采用恒压源供电，且霍尔输出为开路工作时，可在输入回路中串联电阻来补偿温度误差。

4）采用正、负不同的温度系数电阻法进行温度补偿

这是一种常用的补偿方法。其原理就是利用正、负不同的温度系数可相互抵消来进行温度补偿。

5）桥路补偿法

桥路补偿法，即利用电桥进行补偿，在霍尔输出极上串联一个温度补偿电桥，利用电桥输出的不平衡电压与温度之间的特定关系去平衡霍尔输出电势与温度的关系，从而消除温度的影响。

5.2.3 霍尔集成电路

随着微电子技术的发展，目前多数霍尔元件已集成化。霍尔集成电路（又称霍尔IC）有许多优点，如体积小、灵敏度高、输出幅度大、温漂小、对电源稳定性的要求低等。

霍尔集成电路可分为线性型和开关型两大类。

(1) 线性型霍尔集成电路（见图5.7）将霍尔元件和恒流源、线性放大器等放在一

个芯片上，输出电压为伏级电压，比直接使用霍尔元件方便得多。因输出电压较高，使用非常方便，目前得到了广泛应用。较典型的线性型霍尔集成电路有 UGN3501 等。

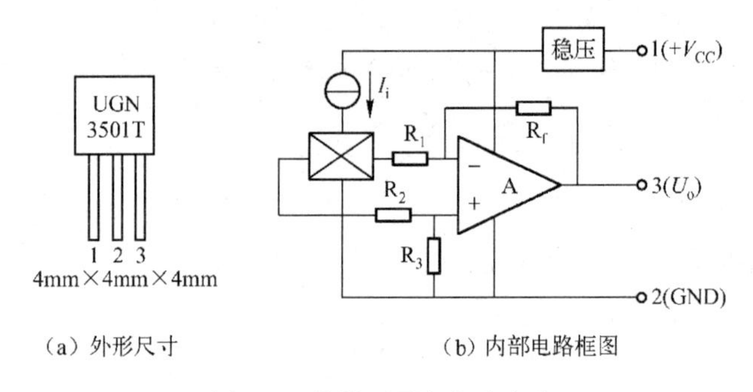

（a）外形尺寸 （b）内部电路框图

图 5.7 线性型霍尔集成电路

线性型霍尔集成电路的输出特性曲线如图 5.8 所示。

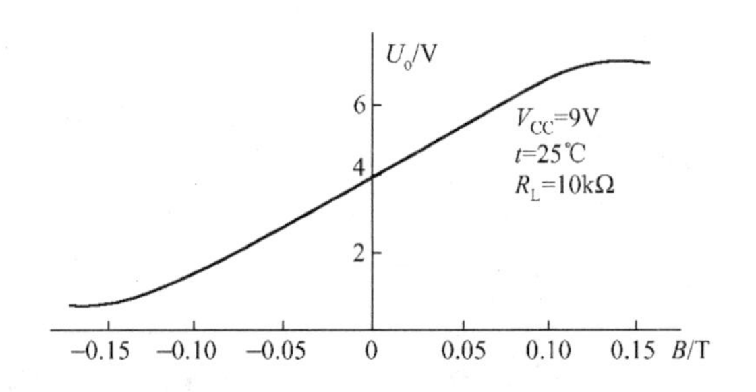

图 5.8 线性型霍尔集成电路的输出特性曲线

（2）开关型霍尔集成电路将霍尔元件、稳压器、差分放大器、施密特触发器、OC 门（集电极开路输出门）等电路放在同一个芯片上。当外加磁场强度超过规定的工作点时，OC 门由高阻态变为导通状态，输出变为低电平；当外加磁场强度低于释放点时，OC 门重新变为高阻态，输出变为高电平。这类器件中较典型的有 UGN3020、3022 等。

开关型霍尔式传感器的工作原理如下。

开关型霍尔式传感器的结构如图 5.9 所示，其中，A 为稳压器，B 为霍尔元件，C 为差分放大器，D 为施密特触发器，E 为三极管，1 为输入端，3 为输出端，从输入端 1 输入电压 V_{CC}，经稳压器 A 稳压后加在霍尔元件 B 的两端，从而提供恒定不变的工作电流 I，当在垂直于霍尔元件的方向上施加磁场时，霍尔元件将产生霍尔电势 U_H，霍尔电势经差分放大器 C 放大后送至施密特触发器 D，当磁场增大到工作点 B_{op} 时，施密特触发器 D 输出高电压（相对于低电位），使三极管 E 导通，此时，输出端 V_o 为低电位，此状态称为“开”，当施加的磁场减小到释放点 B_{rp} 时，施密特触发器 D 输出低电压，使三极管 E 截止，此时，输出端 V_o 为高电位，此状态称为“关”，经过这样的两次高、低电位变换，使霍尔式传感器完成了一次开关动作，如图 5.10 所示为开关型霍尔式传感器的输出特性曲线，B_{op}−B_{rp} 称为磁滞，在此差值内，输出电位 V_o 保持高电位或低电位不变，因此输出稳定可靠。

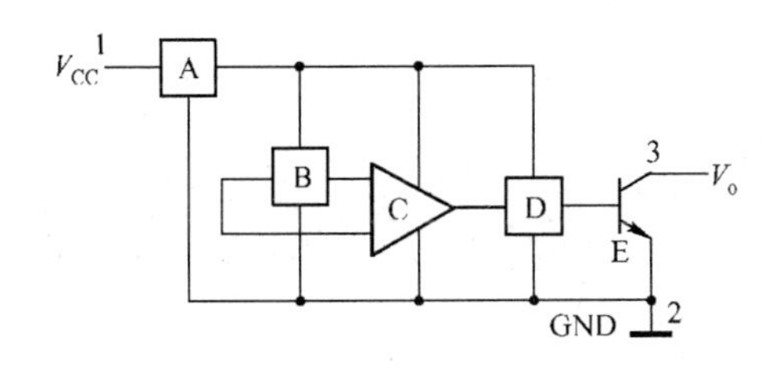

图 5.9　开关型霍尔式传感器的结构

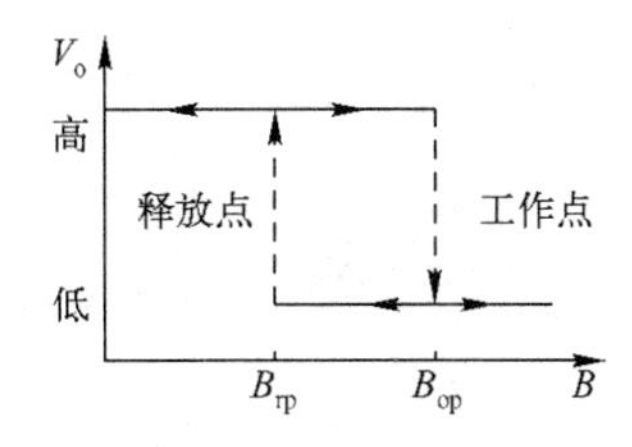

图 5.10　开关型霍尔式传感器的输出特性曲线

有些开关型霍尔集成电路内部还包括双稳态电路，这种器件的特点是必须施加相反极性的磁场，电路的输出才能回到高电平，也就是说具有“锁键”功能。

图 5.11 所示为开关型霍尔集成电路，图 5.12 所示为开关型霍尔集成电路的输出特性曲线。

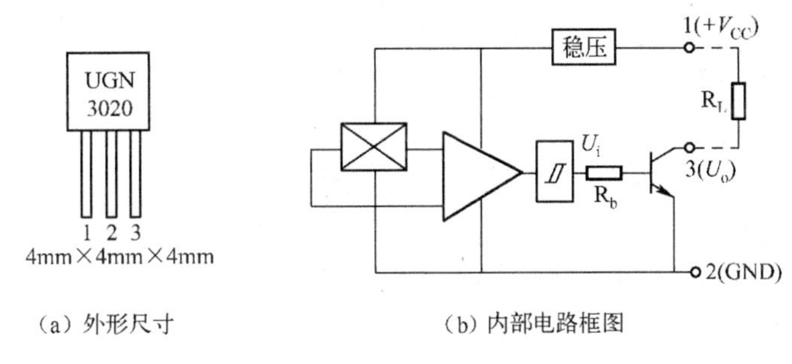

（a）外形尺寸　　（b）内部电路框图

图 5.11　开关型霍尔集成电路

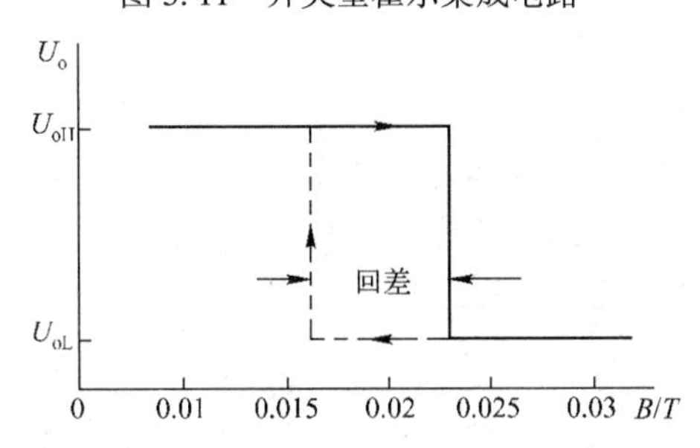

图 5.12　开关型霍尔集成电路的输出特性曲线

具有施密特特性的 OC 门输出状态与磁感应强度变化之间的关系如表 5-2 所示。

表 5.2　具有施密特特性的 OC 门输出状态与磁感应强度变化之间的关系

B/T \ OC门输出状态 \ OC 门接法	磁感应强度 B 的变化方向及数值						
	0→0.02→0.023→0.03→0.02→0.016→0						
接上拉电阻 R_L	高电平①	高电平②	低电平	低电平	低电平③	高电平	高电平
不接上拉电阻 R_L	高阻态	高阻态	低电平	低电平	低电平	高阻态	高阻态

注：①：OC 门输出的高电平电压由 V_{CC} 决定；

②，③：OC 门的迟滞区输出状态必须视 B 的变化方向而定。

5.2.4　霍尔式传感器的应用

霍尔电势是关于 I、B、θ 这 3 个变量的函数，即 $U_H = K_H IB\cos\theta$，使其中两个量不变，将第 3 个量作为变量，或者固定其中一个量，将其余两个量作为变量，也可以将 I、B、θ 都作为变量。

（1）维持 I、θ 不变，则传感器的输出正比于磁感应强度 B。因此，凡是能转换为磁感应强度变化的物理量均可进行测量。例如，可以对磁场、位移、角度、转速和加速度等进行测量。

（2）维持 B、θ 不变，则传感器的输出正比于控制电流 I。因此，凡是能转换为电流变化的物理量，均可进行测量。

（3）维持 I、B 不变，则 $E_H = f(\theta)$，这方面的应用有角位移测量仪等。

（4）维持 θ 不变，则霍尔式传感器的输出值正比于磁感应强度和控制电流之积，因此它可以用于乘法、功率等方面的计算与测量。

下面介绍几种霍尔式传感器的应用实例。

1. 磁场测量

磁场测量，将霍尔元件做成探头，测量时，将探头置于待测磁场中，并使探头的磁敏感面垂直于磁场。控制电流可由恒流源（或恒压源）供给，用电表或电位差计来测量霍尔电势。根据 $U_H = K_H IB$，若控制电流 I 不变，则输出电势 U_H 正比于磁场 B，故可以利用电表来显示待测的磁场。

用霍尔元件做的探头一般可以测量小到 10^{-4}T 的弱磁场。在对低磁场进行测量时，可以采用高磁导率的磁性材料集中磁通（集束器）来增强磁场。集束器由两根同轴的细长磁棒组成，霍尔元件在两磁棒间的气隙中。磁棒越长，间隙越小，集束器对磁场的增强作用就越大。当磁棒长为 200mm、直径为 11mm、间隙为 0.3mm 时，间隙中的磁场可以增强 400 倍。若使用锑化铟霍尔元件，并将集束器放置在液氮或液氦中，则可测量低至 10^{-13}T 的弱磁场。

利用霍尔元件测量低磁场的能力可以构成磁罗盘。磁罗盘是一种定向装置。采用霍尔元件制作的磁罗盘具有体积小、响应时间快、可达微秒级、能经受住冲击等优点。图 5.13 所示为海洋用霍尔罗盘原理图，根据霍尔效应可以看出霍尔元件的输出电压将随方位角的变化而变化。若将霍尔元件的输出与指示仪相连接，则可直接从仪表上读出方位角来。

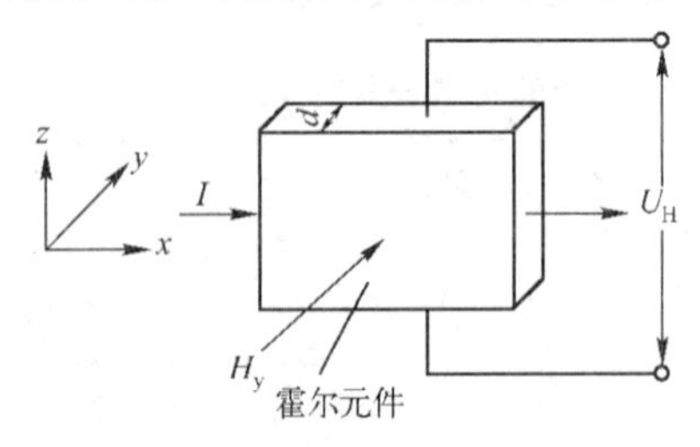

图 5.13　海洋用霍尔罗盘原理图

2. 电流测量

由霍尔元件构成的电流传感器的工作原理：根据安培定律，在载流导体周围将产生正比于该电流的磁场，可以用霍尔元件来测量此磁场，从而得到正比于该磁场的霍尔电势，因此可以通过测量霍尔电势的大小来间接测量电流的大小。霍尔电流传感器的基本原理如图 5. 14 (a) 所示。把铁磁材料做成环形（也可以是方形）的磁导体铁芯，在铁芯上开一个与霍尔电流传感器厚度相等的气隙，将霍尔线性 IC 紧紧地夹在气隙中央。测量时，将铁芯套在被测导线上，导线中的电流将在导线周围产生磁场，通过铁芯来集中磁场，即在环形气隙中会形成一个磁场。导线中的电流越大，气隙处的磁感应强度越强，霍尔元件的输出电压 U_H 越大，根据 U_H 的大小可以测得导线中电流的大小。这种方法具有非接触式测量、测量精度高、不必切断电路电流、本身几乎不消耗功率等优点。

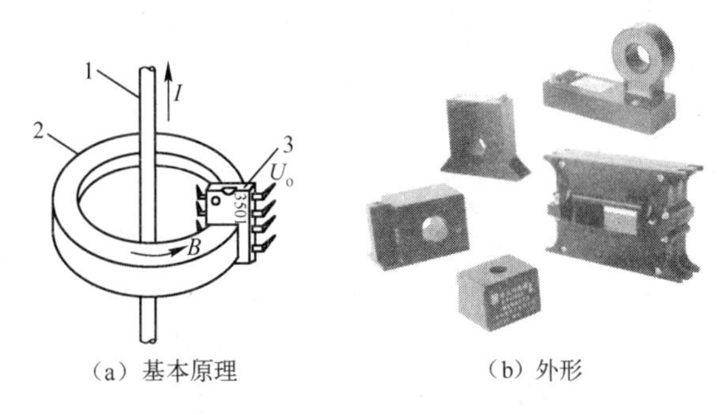

（a）基本原理　　（b）外形

1—被测电流母线；2—铁芯；3—霍尔线性 IC

图 5. 14　霍尔电流传感器的基本原理及外形

3. 位移测量

由霍尔效应可知，当激励电流恒定时，霍尔电势 U_H 与磁感应强度 B 成正比，若磁感应强度 B 是位置 x 的函数，则霍尔电势的大小就可以用来反映霍尔元件的位置。当霍尔元件在磁场中移动时，其霍尔电势 U_H 的变化即可反映霍尔元件的位移量 Δx。利用上述原理可对微量位移进行测量。

图 5. 15 所示为霍尔式位移传感器。在极性相反、磁感应强度相同的两个磁钢气隙中放置一块霍尔片，当霍尔元件的控制电流恒定不变时，磁场在一定范围内沿 x 方向均匀变化。基于霍尔效应制成的位移传感器一般可用来测量 1 ～ 2mm 的微量位移，其特点是惯性小、响应速度快。利用这种位移与电压间的转换关系还可以测量力、压力、压差、液位、流量等。

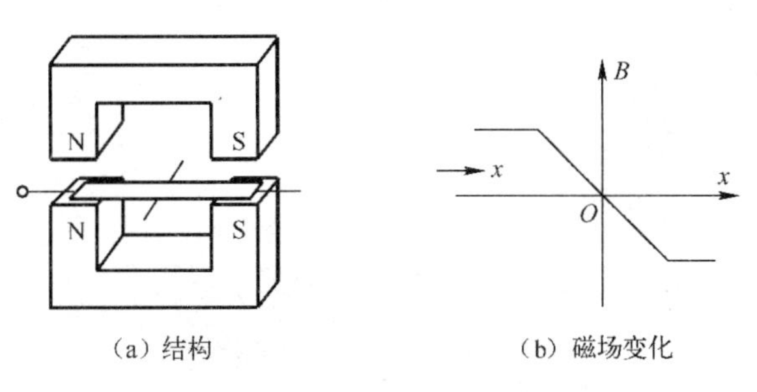

（a）结构　　（b）磁场变化

图 5. 15　霍尔式位移传感器

角位移测量仪的结构示意图如图 5.16 所示，霍尔元件与被测物连动并且置于一个恒定的磁场中，当霍尔元件的平面与磁力线 B 的方向平行时，不会产生霍尔电势，即 $U_H=0$；当霍尔元件转动 θ 时，就会产生一个与 θ 的余弦成正比关系的霍尔电势，$U_H=K_H IB\cos\theta$，即霍尔电势 U_H 反映了 θ 的变化。不过，该变化是非线性的（U_H 正比于 $\cos\theta$），若要求 U_H 与 θ 成线性关系，则必须采用特定形状的磁极。

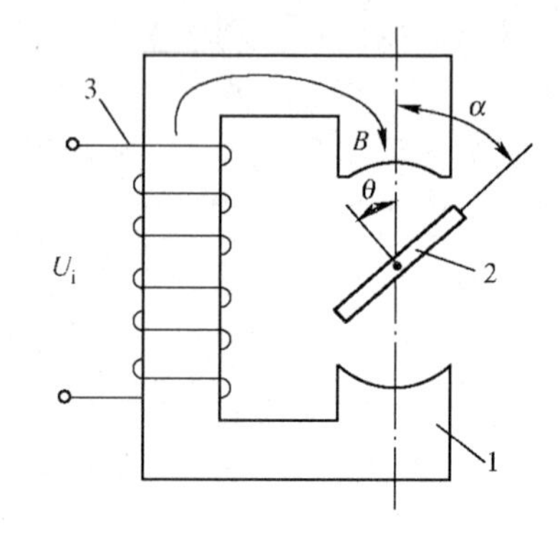

1—极靴；2—霍尔元件；3—励磁线圈

图 5.16　角位移测量仪的结构示意图

4. 霍尔接近开关

霍尔接近开关只能用于铁磁材料，并且需要建立一个较强的闭合磁场。

霍尔接近开关应用示意图如图 5.17 所示。在图 5.17（b）中，磁极的轴线与霍尔接近开关的轴线在同一直线上。当磁铁随运动部件移动到距霍尔接近开关几毫米时，霍尔接近开关的输出由高电平变为低电平，经驱动电路使继电器吸合或释放，控制运动部件（否则将撞坏霍尔接近开关），从而起到限位的作用。

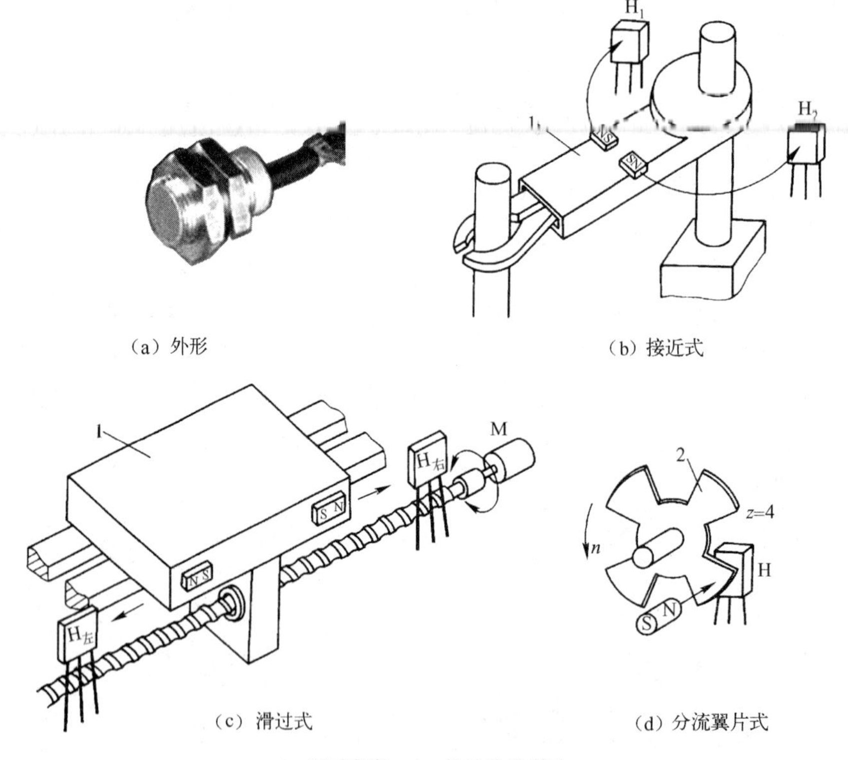

（a）外形　（b）接近式

（c）滑过式　（d）分流翼片式

1—运动部件；2—软铁分流翼片

图 5.17　霍尔接近开关应用示意图

霍尔接近开关示意图如图 5.18 所示。在图 5.18 中，磁极的轴线与霍尔元件的轴线在同一直线上。当磁铁随运动部件左右移动接近霍尔元件时，霍尔元件的输出由高电平变为低电平，经驱动电路使继电器吸合或释放，控制运动部件，从而起到限位的作用。

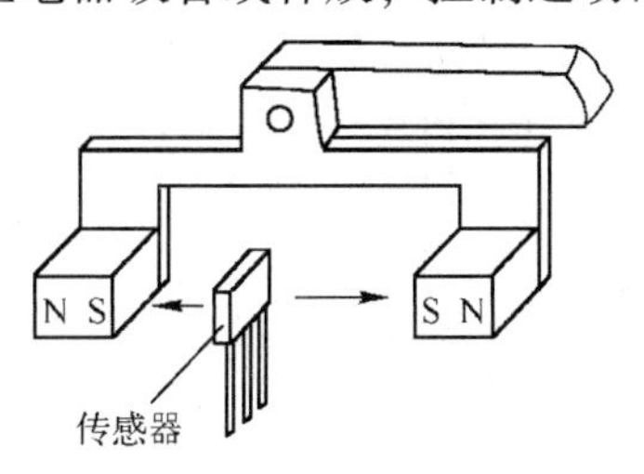

图 5.18　霍尔接近开关示意图

5. 霍尔式汽车点火器

图 5.19 所示为霍尔汽车点火器的结构示意图。图 5.19 中的霍尔式传感器采用的是 SL3020，在磁轮鼓圆周有永久磁铁和软铁制成的扼铁磁路，它和霍尔式传感器保持适当的间隙。由于永久磁铁按磁性交替排列并等分嵌在磁轮鼓圆周上，因此当磁轮鼓转动时，磁铁的 N 极和 S 极便交替地在霍尔式传感器的表面通过，霍尔式传感器的输出端便会输出一串脉冲信号。这些脉冲信号被积分后会去触发开关管，使开关管导通或截止，在点火线圈中便会输出 15kV 的感应高电压，以点燃汽缸中的燃油，随后发动机开始转动。

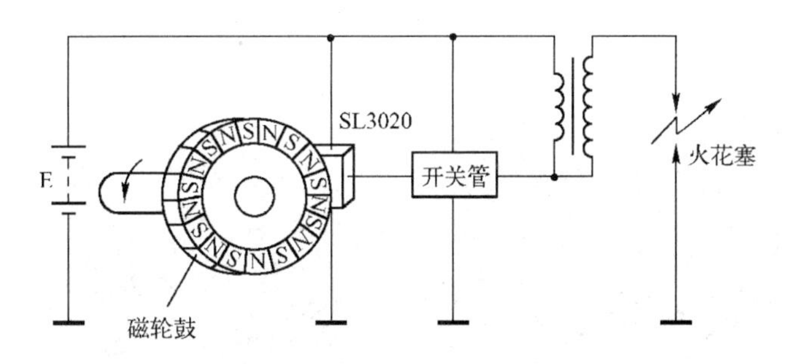

图 5.19　霍尔汽车点火器的结构示意图

采用霍尔式传感器制成的汽车点火器和传统的汽车点火器相比具有很多优点，如由于无触点，所以无须维护，使用寿命长；由于点火能量大，汽缸中的气体燃烧充分，所以排出的气体对大气的污染明显减小；由于点火时间准确，所以可以提高发动机的性能。

6. 霍尔计数装置

霍尔开关传感器 SL3501 是具有较高灵敏度的集成霍尔元件，能感受到很小的磁场变化，因此可对黑色金属零件进行计数检测。图 5.20 所示为霍尔计数装置对钢球进行计数的工作示意图和电路图，当钢球通过霍尔开关传感器时，传感器可输出峰值为 20mV 的脉冲电压，该电压经运算放大器 A（μA741）放大后，驱动半导体三极管 VT（2N5812）工作，VT 输出端计数，并由显示器显示检测的数值。

霍尔式传感器的用途还有许多，这里就不一一介绍了，希望读者在工作中遇到后能灵活运用霍尔式传感器的基本原理，查阅相关资料，进一步学习应用。

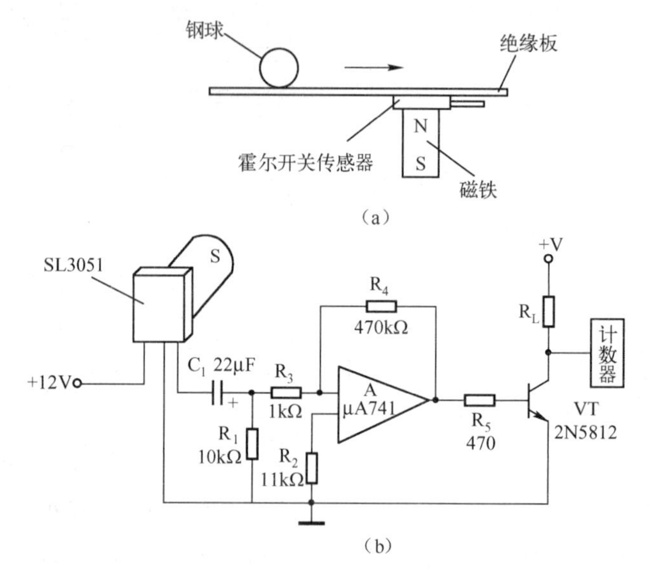

图 5.20　霍尔计数装置对钢球进行计数的工作示意图和电路图

5.3　霍尔式传感器的认识

各种霍尔式传感器如图 5.21 所示。

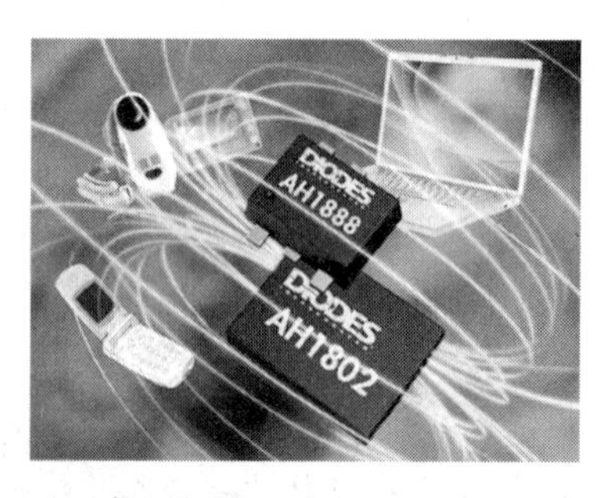

（a）DIODES 推出微功耗 AH1802 和 AH1888 霍尔传感器

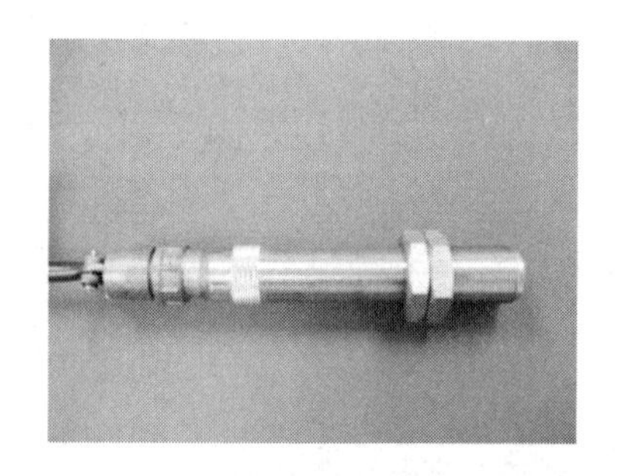

（b）HE-01 霍尔转速传感器

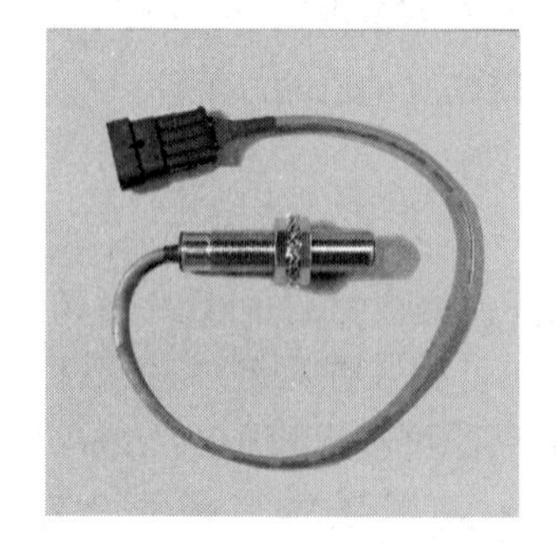

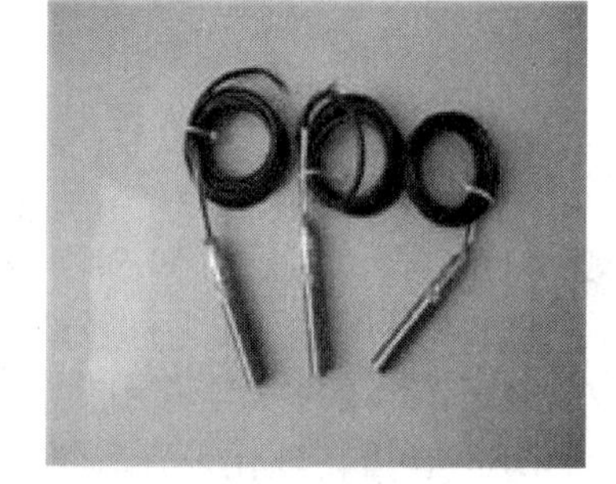

（c）霍尔测速传感器

图 5.21　各种霍尔式传感器

(d) 开关型霍尔 IC 和线性霍尔传感器 W413

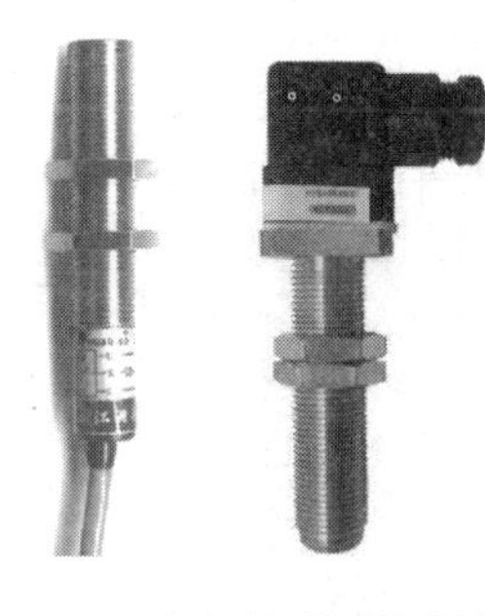

(e) 差动霍尔转速传感器

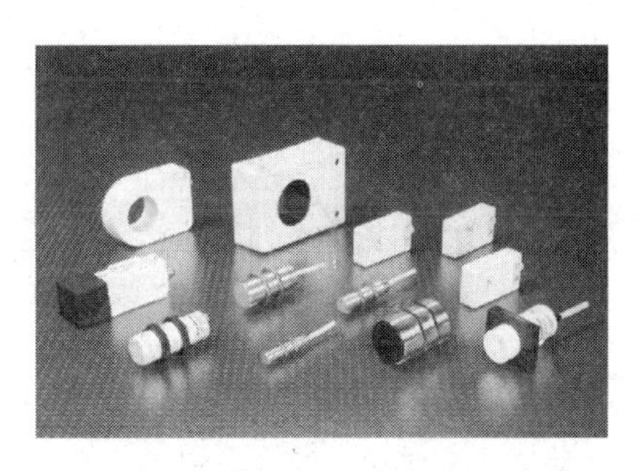

(f) 系列差分霍尔传感器

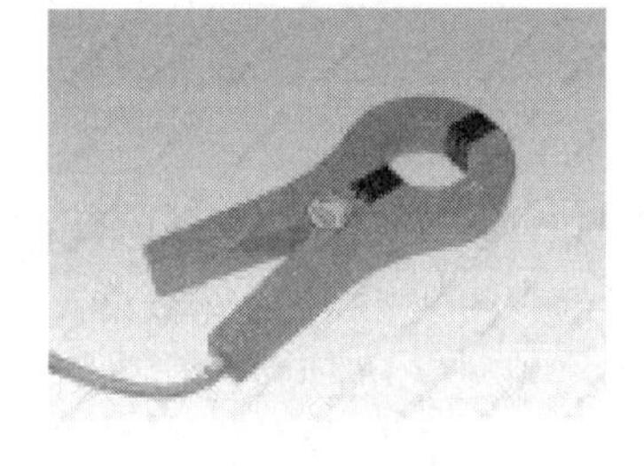
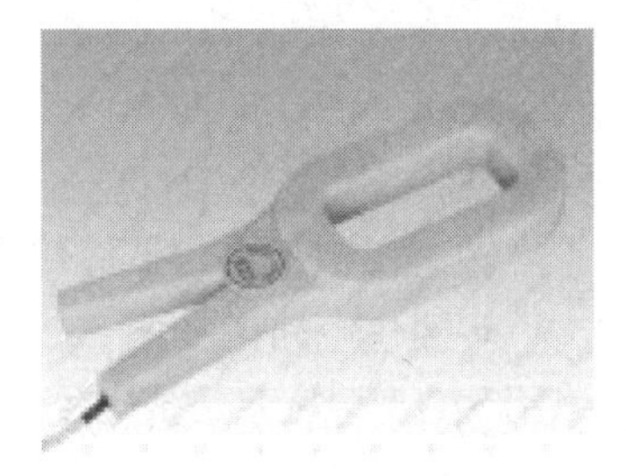

(g) 霍尔电流传感器

图 5.21　各种霍尔式传感器（续）

5.4　项目参考设计方案

霍尔式传感器测转速

5.4.1　整体方案设计

转速测量方法有很多种，在此采用频率测量法，其测量原理为：在固定的测量时间内，计取转速传感器产生的脉冲个数，从而算出实际转速。设固定的测量时间为 T_C (min)，计数器计取的脉冲个数为 m_1，假定脉冲发生器每转输出 p 个脉冲，对应的被测转速为 N (r/min)，则 $f=pN/60$；在时间 T_C 内，计取转速传感器输出的脉冲个数 m_1 应为 $m_1=T_Cf$，所以，当测得 m_1 的值时，就可以算出实际转速值 $N=60m_1/pT_C$。本检测装置中的转速信号盘安装在转轴上，工作时将传感器输出信号整形后可得到相应的方波脉冲信号。通过捕捉相邻的两个上升沿的时间差，即可算出当前转速 N，公式为 $N=\dfrac{60}{iT}$ (r/min)，式中，i 为转速信号盘每转输出的信号个数；T 为捕捉计算出的相邻两个上升沿之间的时间差。

信号传递与结构示意图如图 5.22 所示，磁性转盘的输入轴与被测转轴相连，将霍尔元件移置转盘下边，让转盘上的小磁铁形成的磁力线垂直穿过霍尔元件，当被测转轴转动时，转盘随之转动，固定在转盘上的霍尔式传感器便可在每个小磁铁通过时产生一个相应的脉冲电压，检测出单位时间内脉冲电压的个数，然后将其传送给信号处理电路和显示电路，从而实现转速的检测。转盘上的小磁铁的对数越多，传感器测速的分辨率就越高。

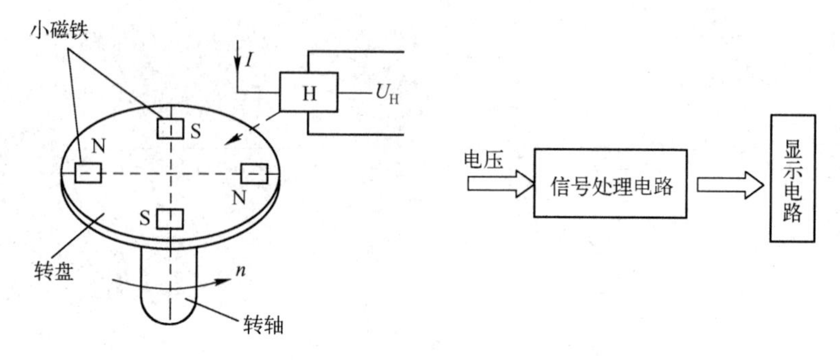

图 5.22　信号传递与结构示意图

5.4.2　电路设计

转速仪包括霍尔器件传感器电路、时基电路、计数电路、译码电路、显示电路等。

转速仪电路图如图 5.23 所示。图 5.23 中的转盘就是待测旋转轮，检测用的传感器采用 SH13 型霍尔集成电路。当安装的小磁铁转盘转动时，霍尔元件将感知磁信号并记录下来，经放大和 F_1 非门倒相，加至与非门 F_5。555 和 R_3、RP_1、C_2 等组成一个典型的无稳态多谐振荡器，振荡周期 $T=0.693\ (R_3+R_{P1})\ C_2$。

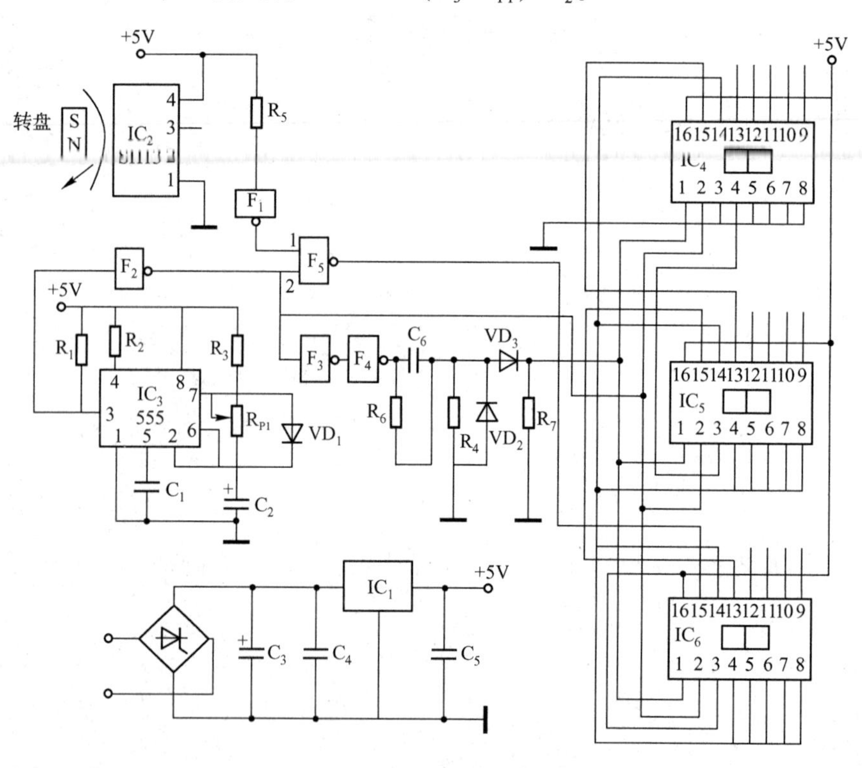

图 5.23　转速仪电路图

振荡周期可通过电位器 R_{P1} 来调节，图 5.23 中的振荡频率在 0.05 ～ 7Hz 之间。IC_3 输出的方波脉冲经 F_2 反向后，一路加至计数电路、译码电路、显示电路 CL102 的 LE 端，呈寄存状态；另一路经 F_3、F_4 及 R_4、R_6、R_7、C_6 等微分电路，作为复位脉冲加至CL102，进行清零。门 5 在 555 的输出为高电平状态时开启，使组合电路 CL102 进行计数。当 555 输出低电平时，选通门 5 关闭，但仍使 CL102 呈送数状态（LE 端），将计数内容送至寄存器并显示数字。当第二个时基信号到达时进行清零，并再次计数、寄存、译码、显示。

CL102 是一种 LED-CMOS 型组合器件，集计数、寄存、译码、显示于一体，其集成化程度高，显示亮度亮，可直接显示出 r/s 或 r/min 的数据。

可以利用实验室的霍尔开关型传感器和频率计进行简单验证。

当实验能够验证设计方案时，就开始按方案制作转速仪，并按照工作流程严格分工，实施并完成相关表格。

5.5 项目实施与考核

5.5.1 制作

按照项目实施要求，准备好操作所需的工具、耗材与元件等，主要涉及电烙铁、焊锡丝、传感器等。根据六步教学法的流程和制作要求，转速检测仪的制作工具如表 5.3 所示；按照设计原理图，转速检测仪的参考设计元件清单如表 5.4 所示。

表 5.3 转速检测仪的制作工具

项目名称			转速检测仪	
步骤	工作流程	工具	数量	备注
1	咨询	技术资料	1 份	
2	计划	工艺文件	1 份	
		仿真平台	1 套	
3	决策	霍尔式传感器实验平台	1 套	
		Protel 99se	1 套	
4/5	实施/检查	电烙铁	2 台	
		焊锡丝	1 卷	
		稳压电源	1 台	
		数字万用表	1 只	
		示波器	1 台	
		可调电动机	1 台	
		磁铁	4 只	
		常用螺装工具	1 套	
		导线	若干	
6	评估	多媒体设备	1 套	汇报用

表 5.4 转速检测仪的参考设计元件清单

项目名称			转速检测仪		
序号	元件名称	代号	规格	数量	备注
1	传感器	IC_2	霍尔式传感器 sh13	1	
2	二极管	VD_1，VD_2	2CZ82	2	
		VD_3	2CK3	1	
3	触发器	IC_3	555 触发器	1	
4	电阻	R_1	5.1kΩ	1	
		R_2	20kΩ	1	
		R_3，R_7	10kΩ	2	
		R_4	2kΩ	1	
		R_5	1.2kΩ	1	
		R_6	1MΩ	1	
5	电位器	R_P	1MΩ	1	
6	芯片	IC_4～IC_6	CL102	3	
7	电容	C_1	0.1μF	1	
		C_2	47μF	1	
		C_6	1μF	1	
8	基板		万能焊接板	1	
9	直流电源		5V（可以按图制作）	1	

5.5.2 调试

1. 检查电源回路

在通电之前，用数字万用表的二极管通断挡测量电源正负接入点之间的电阻，应该为高阻态。如果出现短路现象，应立即排查，防止通电烧坏元件的事故发生。同时，目测 IC 的正负电源是否接反，当一切正常后方可通电调试。

2. 转速的调试

本设计主要通过在固定的测量时间内计取转速传感器产生的脉冲个数来算出实际转速。因此可以先通过示波器观察传感器的输出波形是否正确，从而来判断传感器电路的对错，对于显示电路，可以用固定的频率发生器接入方波，通过对计算结果和显示结果进行比较来判断显示电路是否正确。

5.5.3 评价

完成调试后，老师根据各同学或小组制作的系统进行标准测试，按照表 5.5 所列的项目为各同学或小组打分。

表 5.5　评价表

考核项目	考核内容	配分	考核要求及评分标准	得分
工艺	板面元件的布置 布线 焊点质量	20 分	板面元件布置合理 布线工艺良好，横平竖直 焊点圆、滑、亮	
功能	电源电路 电动机转速的测量	50 分	电源正常，未烧坏元件 能够显示电动机的转速	
资料	Protel 电路图 汇报 PPT（上交） 调试记录（上交） 训练报告（上交） 产品说明书（上交）	30 分	电路图绘制正确 PPT 能够说明过程，汇报语言清晰明了 记录能反映调试过程，故障处理明确 包含所有环节，说明清楚 能够有效指导用户使用	
教师签字			合计得分	

小　　结

本单元结合霍尔式传感器的知识设计了一个以霍尔式传感器为敏感元件的测量转速的仪器，主要介绍了霍尔式传感器的工作原理、结构、基本电路、主要特性和传感器的应用等。

(1) 将金属或半导体薄片置于磁场中，当有电流流过时，在垂直于电流和磁场的方向上将会产生电势，这种现象称为霍尔效应，所产生的电势称为霍尔电势，半导体薄片称为霍尔元件。

(2) 霍尔式传感器的结构很简单，霍尔式传感器由霍尔片、引线及壳体组成。霍尔片通常被制作成长方形薄片，在两个相互垂直的方向的侧面分别引出一对电极，共四个电极。其中，两个电极用于控制电流，称为控制电极，另外两个电极用于引出霍尔电势，称为霍尔电极。

(3) 在实际使用中，存在着各种影响霍尔式传感器精度的因素，即在霍尔电势中存在多种误差，这些误差产生的原因主要有两类：一类是制造工艺的缺陷；另一类是半导体本身的固有特性。不等位电势和温度是影响霍尔式传感器误差的两个主要因素。

(4) 霍尔元件是采用半导体材料制成的，因此霍尔元件的许多特性参数都具有较大的温度系数。当温度变化时，霍尔元件的载流子浓度、迁移率、电阻率、霍尔系数等都将发生变化，从而使霍尔元件产生温度误差，因此需要对电路进行温度补偿。

霍尔式传感器在汽车、工业、计算机等行业中被广泛应用，如齿轮速度检测、运动与接近检测及电流检测等。

5.6　习题

1. 选择题。

1) 属于四端元件的传感器是________。

A. 应变片　　　B. 压电片　　　C. 霍尔元件　　　D. 热敏电阻

2）霍尔元件采用恒流源激励是为了________。

A. 提高灵敏度　　B. 克服温漂　　C. 减小不等位电势

3）减小霍尔元件的输出不等位电势的方法是________。

A. 减小激励电流　B. 减小磁感应强度C. 使用电桥调零电位器

2. 什么是霍尔效应？霍尔电势的大小与方向和哪些因素有关？

3. 影响霍尔电势的因素有哪些？用霍尔元件可测量哪些物理量？试举例说明。

4. 霍尔式传感器的灵敏度与霍尔元件的厚度之间有什么关系？

5. 什么是霍尔元件的温度特性？如何进行温度补偿？

6. 说明霍尔元件不等位电势产生的原因及常用的补偿方法。

7. 霍尔集成电路有哪几种类型？试画出其输出特性曲线。

8. 有一个测量转速装置，其调制盘上有100对永久磁极，N、S极交替放置，调制盘由转轴带动旋转，在磁极上方固定着一个霍尔元件，每通过一对磁极，霍尔元件就会产生一个方波脉冲送到计数器。假定在 $t=5\text{min}$ 的采样时间内，计数器收到了 $N=15\times10^4$ 个脉冲，试求转速 n。

9. 有一个霍尔元件，其灵敏度 K_H 为 1.2mV/mA · kGs，将它置于一个梯度为5kGs/mm的磁场中，额定控制电流 I 为20mA，如果霍尔元件在平衡点附近进行0.1mm幅度的摆动，则输出电压的范围是多少？

10. 简述用霍尔式传感器测量磁场的原理，并说明霍尔交直流钳形表的工作原理。

项目单元 6　压电式传感器——加速度检测仪的设计制作

6.1　项目描述

机械在运动时，由于旋转件的不平衡、负载的不均匀、结构刚度的各向异性、间隙、润滑不良、支撑松动等因素，总是伴随着各种振动。

PPT：项目单元 6

机械振动在大多数情况下是有害的，振动往往会降低机械性能，影响其正常工作，缩短其使用寿命，甚至导致事故。机械振动还伴随着同频率的噪声，既恶化环境，又危害健康。另一方面，也能利用振动完成有益的工作，如运输、夯实、清洗、粉碎、脱水等。这时必须正确地选择振动参数，充分发挥机械振动的性能。为此，需要设计一种加速度检测仪来对各种振动和冲击进行监测。

6.1.1　任务要求

（1）以压电式传感器为传感元件。

（2）对于不同的加速度能够有区别明显的提示。

（3）当加速度低于或高于一定阈值时能够发出声光报警。

（4）鼓励采用单片机作为控制单元，可酌情加分。

（5）最终上交调试成功的实验系统——加速度检测仪。

（6）要求有每个步骤的文字材料，包括原理图、使用说明、元件清单、进程表、调试过程描述等。

6.1.2　任务分析

加速度检测仪主要用于检测物体振动的加速度，它需要将加速度的变化转换为电参量的变化。这就需要检测加速度传感器，通常使用压电式传感器将加速度的变化转换为电荷的变化，因此本项目单元主要讲述压电式传感器的各项知识，具体如下。

（1）掌握压电式传感器的工作原理。

（2）了解各种压电材料及特性。

（3）了解压电式传感器的产生机理。

（4）了解压电元件的结构形式。

（5）掌握压电式传感器的等效电路及测量电路。

（6）了解压电式传感器的各种应用。

(7) 了解振动的测量方法及频谱分析方法。

6.2 相关知识

6.2.1 压电式传感器的理论基础

压电式传感器以某种物质的压电效应为基础，它是一种典型的有源传感器（发电型传感器）。当压电材料的表面受到外力作用而变形时，其表面会产生电荷，从而实现非电量的检测。压电式传感器具有体积小、重量轻、结构简单、灵敏度高、工作频带宽等优点，因此在各种动态力、机械冲击与振动的测量中被广泛应用。

某些电介质物体在沿一定方向受到外力作用时会发生形变，其内部就会产生极化现象，并且在其表面产生电荷，当撤销外力后，它们又重新回到不带电的状态，这种现象称为正压电效应，简称压电效应。当作用力的方向改变时，电荷的极性也随之改变，正压电效应将机械能转化为电能，反之，当在电介质的极化方向施加电场或电压时，这些电介质将产生几何形变，当撤销外加的电场或电压后，电介质的形变也随之消失，这种现象称为逆压电效应。逆压电效应又称为电致伸缩效应，它将电能转换成机械能。具有压电效应的物体称为压电材料，压电材料能实现机械能与电能间的相互转换。

压电材料的压电特性常用压电方程来描述：

$$Q=dF \tag{6-1}$$

式中，Q——产生的电荷。

d——压电常数。

F——在晶体的弹性限度内施加的外力。

自然界中与压电效应有关的现象有很多。例如，在完全黑暗的环境中，用锤子敲击一块干燥的冰糖，可以看到在冰糖破碎的瞬间，会发出蓝色闪光，这是强电场放电所产生的闪光，产生闪光的机理就是晶体的压电效应。又如，在敦煌的鸣沙丘，当许多游客在沙丘上蹦跳或从鸣沙丘上往下滑时，可以听到雷鸣般的声响，产生这种现象的原因是：无数干燥的沙子（SiO_2 晶体）在重压下引起振动，其表面产生电荷，在某些时刻，这些电荷恰好形成电压串联，产生很高的电压，并通过空气放电，从而发出声响。再如，在电子打火机中，当多片串联的压电材料受到敲击时，会产生很高的电压，通过尖端放电，从而点燃火焰。音乐贺卡中的发声原理就是压电片的逆压电效应。

6.2.2 压电材料的分类及特性

在自然界中，许多晶体都具有压电效应，但大多数晶体的压电效应十分微弱。通过研究发现，石英晶体、钛酸钡、锆钛酸铅等材料是性能优良的压电材料。

压电式传感器中的压电材料主要有 3 类：压电晶体（单晶体），它包括压电石英晶体和其他压电单晶；经过极化处理的压电陶瓷（多晶体），它是经过极化处理的多晶体；新型压电材料，有压电半导体和有机高分子压电材料两种。

1. 石英晶体

石英晶体：俗称水晶，化学成分为 SiO_2，有天然和人工之分。石英晶体的突出优点是性能非常稳定。石英晶体的主要性能特点如下。

① 压电常数小（$d=2.31\times10^{-12}$C/N），时间和温度稳定性极好，在常温下几乎不变，在 20 ～ 200℃内，其温度变化率约为 2.15×10^{-6}/℃；

② 强度和品质因数高，许用应力高达（6.8 ～ 9.8）$\times10^{7}$Pa，且刚度大，能承受 700 ～ 1000kg/cm^2 的压力，固有频率高且十分稳定，动态特性好。

③ 居里点高，可以达到 573℃，无热释电性，绝缘性和重复性均好。

因此，石英是理想的压电材料。石英晶体大多只在标准传感器、高精度传感器或使用温度较高的传感器中使用，对准确度、稳定性要求较高的场合也常用石英晶体。而在一般要求的测量中，基本上采用压电陶瓷。

除了天然石英压电材料和人造石英压电材料，还有水溶性压电晶体、铌酸锂晶体等。水溶性压电晶体属于单斜晶系，其中，最早被发现的是酒石酸钾钠（$NaKC_4H_4O_6\cdot4H_2O$），它具有很大的压电灵敏度，压电系数 $d=3\times10^{-9}$C/N ，但是它易受潮、机械强度低、电阻率低，因此只限于在室温（<45℃）下和湿度低的环境中应用。除此之外，还有酒石酸乙烯二铵（$C_6H_4N_2O_6$）和正方晶系，如磷酸二氢钾（KH_2PO_4）、磷酸二氢氨（$NH_4H_2PO_4$）等。

铌酸锂（$LiNbO_2$）压电晶体与石英晶体相似，也是一种单晶体。由于它是单晶体，所以其时间稳定性远比多晶体的压电陶瓷好，它的居里点为 1200℃左右，远比石英晶体和压电陶瓷的居里点高，所以在耐高温的传感器上有广泛的应用前景。

2. 压电陶瓷

压电陶瓷是人造多晶系压电材料。常用的压电陶瓷有钛酸钡压电陶瓷、锆钛酸铅系压电陶瓷（PZT）、铌酸盐系压电陶瓷和铌镁酸铅压电陶瓷四大类。压电陶瓷的压电系数比石英晶体大得多，所以采用压电陶瓷制作的压电式传感器的灵敏度更高，但其介电常数、机械性能不如石英晶体好。由于压电陶瓷品种多、性能各异，可根据压电陶瓷各自的特点制作各种不同的压电式传感器。由于制造成本较低，故目前国内外生产的压电元件绝大多数采用的是压电陶瓷。

（1）钛酸钡压电陶瓷。最早使用的压电陶瓷材料是钛酸钡（$BaTiO_3$）。它是由碳酸钡 $BaCO_2$ 和二氧化钛 TiO_2 按 1∶1 的摩尔分子比例混合后在高温下烧结而成的。它具有较高的压电系数（107×10^{-12}C/N）和介电常数（1000 ～ 5000），但其居里点较低，只有 115℃，使用温度不得超过 70℃，其温度稳定性和机械强度都不如石英晶体好。

（2）锆钛酸铅系压电陶瓷（PZT）。目前使用较多的压电陶瓷材料是锆钛酸铅（PZT）系列，它是由钛酸铅（$PbTiO_2$）和锆酸铅（$PbZrO_3$）组成的（$Pb(ZrTi)O_3$）。居里点（300℃）较高，其参数受温度、时间等外界条件的影响较小，性能稳定，有较高的介电常数和压电系数（$d=(200\sim500)\times10^{-12}$C/N），是目前经常采用的一种压电材料。

(3) 铌酸盐系压电陶瓷。该系列压电陶瓷是以铁电体铌酸钾（$KNbO_3$）和铌酸铅（$PbNbO_3$）为基础的，铌酸铅具有较高的居里点（570℃）和较低的介电常数；铌酸钾是通过热压过程制成的，它的居里点也较高（435℃），特别适用于 10 ～ 40MHz 的高频换能器。近年来，铌酸盐系压电陶瓷在水声传感器方面被广泛应用，如深海水听器。

(4) 铌镁酸铅压电陶瓷（PMN）。铌镁酸铅是 20 世纪 60 年代发展起来的压电陶瓷。它由铌镁酸铅（$Pb(Mg_{1/3}Nb_{2/3})O_3$）、锆酸铅（$PbZrO_3$）和钛酸铅（$PbTiO_3$）按不同比例可以配出具有不同性能的压电陶瓷。具有较高的压电系数（800×10^{-12} ～ 900×10^{-12}C/N）和居里点（260℃），能承受 7×10^7Pa 的压力，因此可作为工作在高温下的测力传感器的压电元件。

压电陶瓷具有明显的热释电效应。热释电效应是指某些晶体除了因机械应力的作用而产生电极化（压电效应），还可能因温度变化而产生电极化。通常用热释电系数来表示热释电效应的强弱，热释电系数是指温度每变化 1℃时，在单位质量的晶体表面上产生的电荷密度，单位为 $\mu C/(m^2 \cdot g \cdot ℃)$。

3. 高分子压电材料

高分子压电材料有聚偏二氟乙烯（PVDF）、聚氟乙烯（PVF）、改性聚氯乙烯（PVC）等。其中，PVDF 的压电常数最高。

高分子压电材料是一种柔软的压电材料，可以根据需要制成薄膜或电缆套管等形状。它的优点是不易破碎、具有防水性、可以大量连续拉制、能制成较大面积或较长的尺度、价格便宜。它的缺点是工作温度较低，一般低于 100℃，当温度升高时，其灵敏度将降低，它的机械强度不够高，耐紫外线性能较差，在暴晒状态下易老化。

现在还开发出了一种压电陶瓷——高聚物复合材料，它是无机压电陶瓷和有机高分子树脂构成的新型压电复合材料，可以通过在高分子化合物中掺杂压电陶瓷（锆钛酸铅或钛酸钡压电陶瓷）粉末来制成高分子压电薄膜。

高聚物复合压电材料兼备了无机压电材料和有机压电材料的性能。可以根据需要，综合两种材料的优点，制作性能更好的传感器。它的接收灵敏度很高，更适于制作水声换能器。除此之外，近年来还出现了多种压电半导体，如硫化锌（ZnS）、碲化镉（CdTe）、氧化锌（ZnO）、硫化镉（CdS）、碲化锌（ZnTe）和砷化镓（GaAs）等。这些材料的显著特点是既有压电特性，又有半导体特性。因此，既可用其压电特性研制传感器，又可用其半导体特性制作电子器件，也可以将二者结合，集元件与线路于一体，研制出新型压电集成传感器测试系统。

4. 压电材料的主要特性参数

① 压电常数：压电常数是衡量压电材料的压电效应强弱的参数，它直接关系到压电元件的输出灵敏度。

② 弹性常数：压电材料的弹性常数和刚度决定着压电器件的固有频率和动态特性。

③ 介电常数：对于一定形状、尺寸的压电元件，其固有电容特性与介电常数有关；而固有电容又影响着压电式传感器的频率下限。

④ 机械耦合系数：它是压电效应中转换输出能量（如电能）与输入能量（如机械能）之比的平方根，是衡量压电材料能量转换效率的一个重要参数。

⑤ 电阻：压电材料的绝缘电阻将减少电荷泄漏，从而改善压电式传感器的低频特性。

⑥ 居里点：压电材料开始丧失压电特性的温度。

常用压电晶体和压电陶瓷材料的性能如表 6.1 所示。

表 6.1　常用压电晶体和压电陶瓷材料的性能

压电材料 性能参数	压电晶体		压电陶瓷				
	铌酸锂 $LiNbO_3$	石英 晶体	钛酸钡 $BaTiO_3$	锆钛酸铅系列			铌镁 酸铅 DMN
				PZT-4	PZT-5	PZT-8	
压电系数/(C/N)	2200 -25.9 487	$d_{11}=2.31$ $d_{14}=0.73$	$d_{15}=260$ $d_{31}=-78$ $d_{33}=190$	$d_{15}\approx410$ $d_{31}=-100$ $d_{33}=230$	$d_{15}\approx670$ $d_{31}=185$ $d_{33}=600$	$d_{15}=330$ $d_{31}=-90$ $d_{33}=200$	-230 700
相对介电常数/ε_τ	3.9	4.5	1200	1050	2100	1000	2500
居里点/℃	1210	573	115	310	260	300	260
密度/(10^3kg/m^2)	4.64	2.65	5.5	7.45	7.5	7.45	7.6
弹性模量/(10^9N/m^2)	24.5	80	110	83.3	117	123	
机械品质因数	105	$10^3\sim10^4$	300	≥500	80	≥800	
最大安全应力/(10^5N/m^2)		95～100	81	76	76	83	
体积电阻率/(Ω·m)		$>10^{12}$	10^{10}(25℃)	$>10^{10}$	10^{11}(25℃)		
最高允许温度/℃		550	80	250	250		
最高允许湿度/%		100	100	100	100		

5. 石英晶体的压电效应产生机理

石英是一种单晶体，其形状为六角形晶柱，两端呈六棱锥形状。共有 30 个晶面，其中有 6 个柱面（m 面），6 个大棱面（R 面），5 个小棱面（r 面），还有 6 个棱界面（s 面）和 6 个棱角面（x 面），如图 6.1（a）所示。图 6.1（c）是单晶体中间的棱柱部分。石英晶体各个方向的晶体性质是不同的，即石英晶体是各向异性的。在晶体学中，石英晶体有三根互相垂直的轴。Z 轴（也称光轴）是晶体的对称轴，光线沿它通过晶体时不产生双折射现象，故此轴可用光学方法确定，在该轴方向上没有压电效应；X 轴（也称电轴）穿过正六棱柱相对的两根棱线并垂直于 Z 轴，此轴上的压电效应最强，电轴有三根，可任取一根；Y 轴（也称机械轴）经过正六面体的棱面并垂直于 Z 轴，机械轴也有三根，可任取一根，在电场作用下沿该轴方向的机械形变最明显，故称为机械轴。从晶体上沿轴线切下的薄片称为晶体切片，为了利用石英晶体的压电效应，需将晶体沿一定的方向切割成晶体切片。对于各种不同的应用，其切割方法也不同。

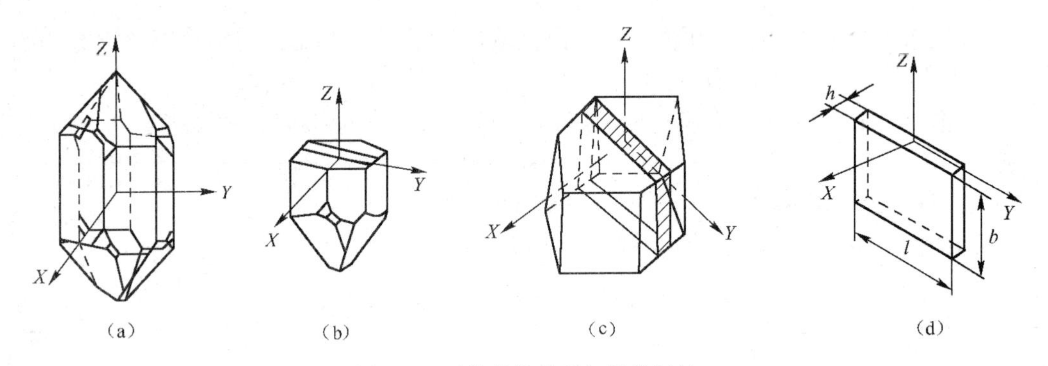

图 6.1 石英晶体外形与晶体切片

为了直观地了解石英晶体的压电效应，将构成石英晶体的硅离子和氧离子在垂直于Z轴的XY平面上投影，将其等效为一个正六边形排列。如图 6.2 所示，“⊕”代表带正电荷的硅离子 Si^{4+}，“⊖”代表带负电荷的氧离子 O^{2-}。当石英晶体不受外力作用时（不产生形变），硅离子和氧离子处于正六边形的顶角上，形成 P_1、P_2 和 P_3 三个大小相等、互成 120°夹角的电偶极矩。

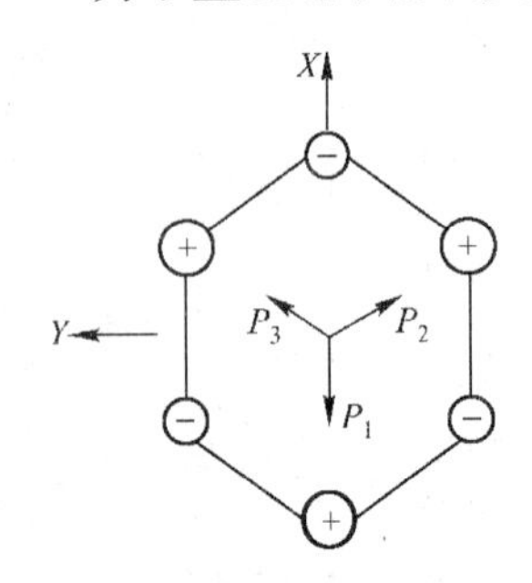

图 6.2 XY 平面上的投影

因为 $P=ql$，q 为电荷量，l 为正负电荷之间的距离，方向从负电荷指向正电荷。此时正、负电荷的重心重合，电偶极矩的矢量和等于零，即 $P_1+P_2+P_3=0$，电荷平衡，所以晶体表面不产生电荷，即呈中性。

当石英晶体受到沿X轴方向的压力作用时，晶体沿X轴方向产生压缩变形，正、负离子的相对位置也会随之变动。如图 6.3（b）所示，此时正、负电荷的重心不再重合，P_1 减小，P_2、P_3 增加，电偶极矩在X轴方向的分量$(P_1+P_2+P_3)X<0$，在Y轴方向的分量$(P_1+P_2+P_3)Y=0$，在Z轴方向的分量 $(P_1+P_2+P_3)$ $Z=0$，结果在X轴负向呈正电荷，在X轴正向呈负电荷；在Y轴、Z轴方向上未出现电荷。

如果在X轴方向上施加拉力，晶体将沿X轴方向产生拉伸形变，正、负离子的相对位置也会随之变动。此时正、负电荷的重心不再重合，P_1 增加，P_2、P_3 减小，在X轴正向呈正电荷，在X轴负向呈负电荷。

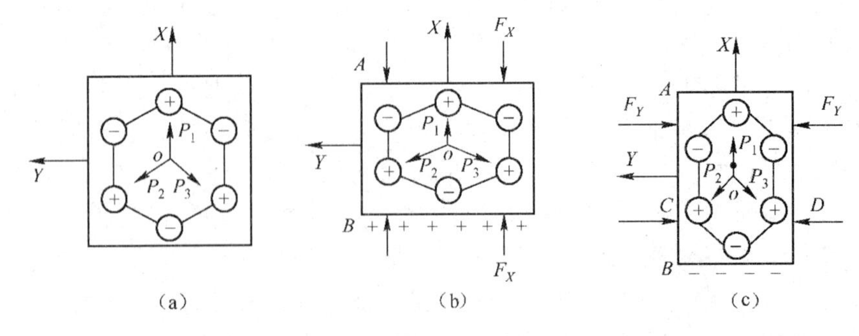

图 6.3 受力形变示意图

当晶体受到沿 Y 轴方向的压力作用时，晶体的形变如图 6.3（c）所示。与图 6.3（b）的情况相似，P_1 增大，P_2、P_3 减小。电偶极矩在 X 轴方向的分量 $(P_1+P_2+P_3)X>0$，在 Y 轴方向的分量 $(P_1+P_2+P_3)Y=0$，在 Z 轴方向的分量 $(P_1+P_2+P_3)Z=0$，所以在 X 轴上出现电荷，它的极性是 X 轴正向呈正电荷，X 轴负向呈负电荷。在 Y 轴方向上仍不出现电荷。

如果在 Y 轴方向施加拉力，那么 X 轴负向呈正电荷，X 轴正向呈负电荷。

当石英晶体受到沿 Z 轴方向的压力作用时，因为晶体在 X 轴方向和 Y 轴方向所产生的形变完全相同，硅离子和氧离子对称平移，正、负电荷的中心始终保持重合，所以正、负电荷的重心保持重合，电偶极矩矢量和等于零。这表明沿 Z 轴方向施加作用力，晶体不会产生压电效应。

综上所述，矩形晶体上的受力与产生电荷的关系是：若沿 X 轴施加压力 F_X，则在与 X 轴垂直的平面（加压的两表面）上分别出现正、负电荷；若沿 Y 轴施加压力 F_Y，则加压的两表面上不会出现电荷，电荷仍然出现在与 X 轴垂直的平面上，只是电荷符号相反。若将在 X 轴、Y 轴方向施加的压力改为拉力，则产生电荷的位置与施加压力时相同，仍然出现在与 X 轴垂直的平面上，但电荷的符号与施加压力时相反。当然用切向应力作用时也会产生电荷，此时可用力的分解方法来考虑。通常把沿电轴 X 方向的力作用下产生电荷的压电效应称为纵向压电效应；把沿机械轴 Y 方向的力作用下产生电荷的压电效应称为横向压电效应，沿光轴 Z 方向受力时不产生压电效应。

压电陶瓷的压电效应产生机理：压电陶瓷是人工制造的多晶体（由无数微小的单晶体组成）压电材料。其压电效应产生机理与石英晶体不同，压电陶瓷内部有许多自发极化的电畴，它们具有一定的极化方向，从而存在电场。进行极化处理以前，各电畴在晶体中杂乱分布，它们各自的极化效应相互抵消，压电陶瓷内的极化强度为零。因此原始的压电陶瓷呈中性，不具有压电性质，如图 6.4（a）所示。压电陶瓷必须经过极化处理后才具有压电效应。极化时，在压电陶瓷上施加外电场，电畴的极化方向将发生转动，趋向于按外电场的方向排列。外电场越强，就有更多的电畴更完全地转向外电场方向。若外电场足够强，则最终可以使材料的极化达到饱和，即所有电畴的极化方向都整齐地与外电场的方向一致，如图 6.4（b）所示。当撤销外电场后，陶瓷的极化强度并不能恢复到零，而是存在很强的剩余极化强度，如图 6.4（c）所示。同时，陶瓷片极化的两端会出现束缚电荷，一端为正，另一端为负。由于束缚电荷的作用，陶瓷片将会很快地吸附一层来自外界的自由电荷，与束缚电荷相中和，因此陶瓷片对外不呈现极性。这时的陶瓷片才具有压电特性。

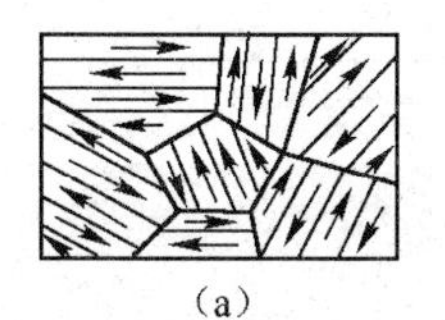

（a）　（b）　E

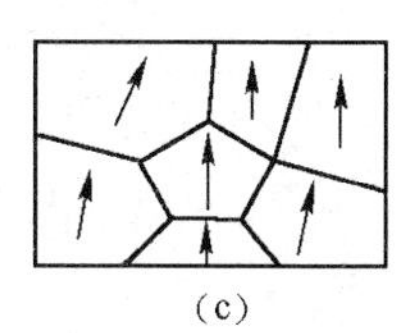

（c）

图 6.4　压电陶瓷极化

如果在压电陶瓷片上施加一个与极化方向平行的外力，陶瓷片将发生形变，片内的束缚电荷之间的距离将发生变化，电畴的界限将发生移动，电畴发生偏转，极化强度发生变化，如果外力为压力，则片内束缚电荷间的距离变小，极化强度变小，束缚电荷减少。因此吸附在其表面的自由电荷，有一部分会被释放，从而呈现放电现象。

当撤销外力后，压电陶瓷片恢复原状，片内的束缚电荷之间的距离变大，极化强度增大，因此又会吸附一部分自由电荷，从而出现充电现象。这就是压电陶瓷产生正压电效应的机理，如图 6.5 所示。

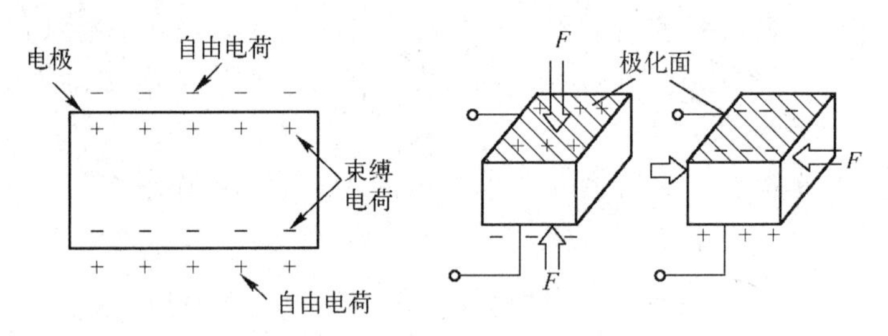

图 6.5　自由电荷与束缚电荷

6. 压电元件常用的结构形式

1) 压电元件的基本形变

压电元件作为压电式传感器的核心，在受外力作用时，其受力和形变方式大致有厚度形变、长度形变、体积形变、面切形变和剪切形变几种形式，如图 6.6 所示。

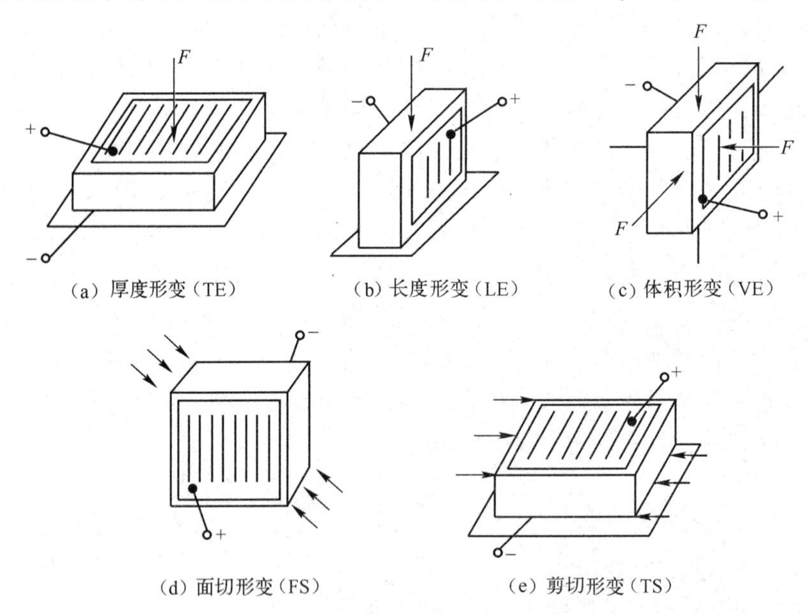

图 6.6　压电元件的形变方式

(1) 厚度形变（TE）：这种形变方式就是石英晶体的纵向压电效应。

(2) 长度形变（LE）：石英晶体的横向压电效应。

目前最常使用的是厚度形变的压缩式和剪切变形的剪切式两种形式。

2）压电元件的结构形式

受外力作用，压电材料上产生电荷，该电荷只有在无泄漏的情况下才能得以保存，即需要测量回路具有无限大的输入阻抗，实际上很难实现，因此压电式传感器不适用于静态测量。压电材料在交变力的作用下，电荷可以不断补充，可以供给测量回路一定的电流，故压电式传感器适用于动态测量。压电式传感器主要应用于动态作用力、压力和加速度的测量。

单片压电元件产生的电荷量甚微，输出电量很少，为了提高压电式传感器的输出灵敏度，在实际应用中常采用两片（或两片以上）同型号的压电元件，将其组合在一起。由于压电材料产生的电荷是有极性的，所以压电元件的接法有并联和串联两种。如图 6.7 所示，图 6.7（a）中的两个压电片的负端黏结在一起，中间插入的金属电极为压电片的负极，正电极在两边的电极上。从电路上看，这是并联接法，类似两个电容的并联。所以，在外力作用下，正、负电极上的电荷量增加了 1 倍，电容量也增加了 1 倍，输出电压与单片时相同，即 $C_{并}=2C$，$U_{并}=U$，$Q_{并}=2Q$。图 6.7（b）中的两个压电片的不同极性端黏结在一起，从电路上看它们是串联的，两个压电片中间黏结处的正、负电荷中和，上、下极板的电荷量与单片时相同，总电容量为单片时的一半，输出电压增大了 1 倍，即 $C_{串}=1/2C$，$U_{串}=2U$，$Q_{串}=Q$。

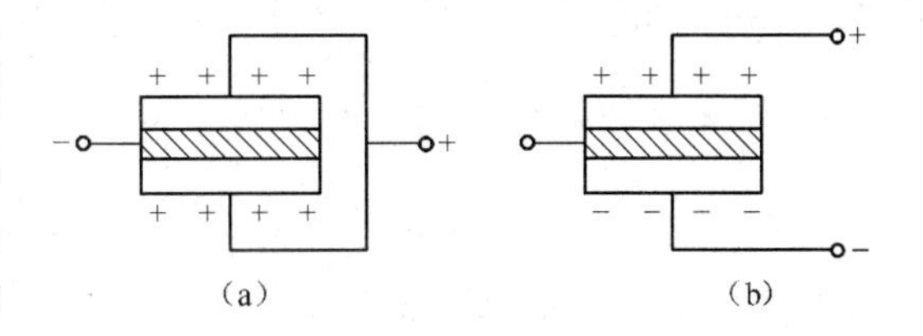

图 6.7　压电元件的并联和串联

由上可知：并联连接式压电传感器的输出电容和极板上的电荷分别为单片的 2 倍，而输出电压与单片上的电压相等。即

$$C_{并}=2C，U_{并}=U，Q_{并}=2Q$$

虽然并联接法的输出电荷大，但由于其本身的电容也大，所以时间常数大，只适用于测量慢变化信号且以电荷作为输出的情况。

串联时，输出总电荷 Q 等于单片时的电荷，输出电压为单片时的 2 倍，总电容应为单片时的 1/2。即

$$C_{串}=\frac{C}{2}，U_{串}=2U，Q_{串}=Q$$

由于串联接法输出电压高，本身电容小，故适用于以电压作为输出信号且测量电路的输入阻抗很高的情况。

在制作和使用压电式传感器时，要使压电元件有一定的预应力，保证压电元件与作用力之间的接触全面、均匀，以获得良好的线性关系，即使在加工时将压电片磨得很光滑，也难保证接触面绝对平坦，如果没有足够的压力，就不能保证全面、均匀的接触，因此要事先给压电片一定的预应力，同时，预应力能保证在作用力发生变化时，压电元件始终受到压力，但该预应力不能太大，否则将影响压电式传感器的灵敏度。

压电式传感器的灵敏度在出厂时已标定好，但随着使用时间的增加会有所变化，主

要原因是其性能发生了变化。实验表明，压电陶瓷的压电常数随着使用时间的增加而减小。因此为了保证测量精度，最好每隔半年进行一次灵敏度校正。石英晶体的长期稳定性很好，灵敏度几乎不变，无须校正。

3）压电材料的选择

作为压电材料，①应具有较大的压电常数 d，有利于机电性能的转换；②压电元件作为受力元件，应做到强度高、刚度高，以期获得宽的线性范围和高的固有振动频率；③希望具有高的电阻率和大的介电常数，以期减弱外部分布电容的影响，减小电荷泄漏，获得良好的低频特性；④温度和湿度稳定性要好，具有较高的居里点，以期得到较大的工作温度范围；⑤时间稳定性要好，压电特性不随时间锐变。

6.2.3 等效电路和测量电路

1. 压电式传感器的等效电路

由压电元件的工作原理可知，当压电片受外力作用时，可以将压电式传感器看作一个电荷发生器，即在压电片的两个表面上产生等量的正、负电荷 Q，因此可将压电片看作一只平行板电容器。压电片的两个表面相当于一个电容的两个极板，两个极板间的压电材料作为绝缘体介质，其电容量为

$$C_a=\frac{\varepsilon S}{h}=\frac{\varepsilon_r\varepsilon_0 S}{h} \tag{6-2}$$

式中，S——极板面积（压电片面积）；

h——压电片厚度；

ε_r——压电材料的相对介电常数；

ε_0——真空介电常数，$\varepsilon_0=8.85\times10^{-12}$ F/m。

两极板间的开路电压为

$$U=\frac{Q}{C_a} \tag{6-3}$$

压电式传感器可以用两种等效电路来表示，即电压等效电路和电荷等效电路。

电压等效电路：等效为将一个电压源 U 和一个电容 C_a 串联，如图 6.8（a）所示。

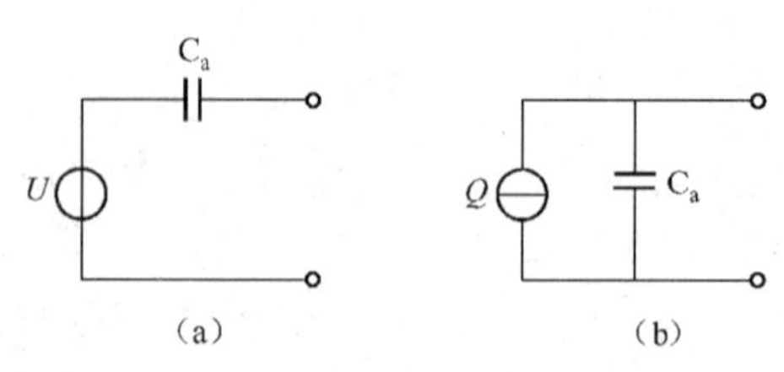

图 6.8　压电式传感器的等效电路图

电荷等效电路：等效为将一个电荷源 Q 和一个电容 C_a 并联，如图 6.8（b）所示。

只有在外电路负载无穷大，且内部无漏电时，受力产生的电压 U 才能长期保持不变；如果负载不是无穷大，那么电路就要以时间常数 τ 按指数规律放电。

压电式传感器在实际使用时总要与测量仪器或测量电路相连接，因此必须考虑连接电缆的等效电容 C_c、放大器的输入电阻 R_i、输入电容 C_i 及压电式传感器的泄漏电阻 R_a，这样在测量系统中，压电式传感器的实际等效电路图如图 6.9 所示。

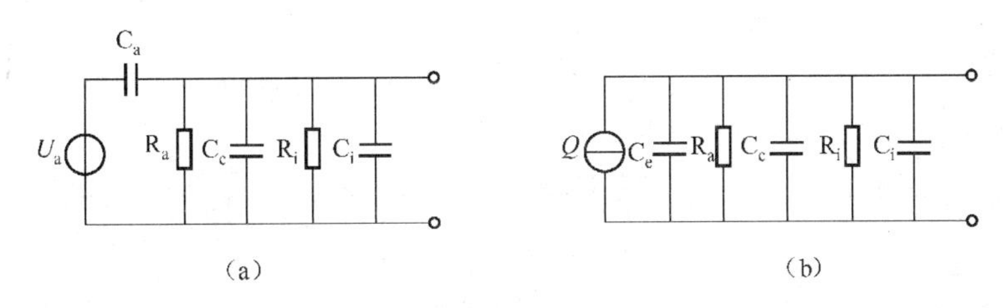

图 6.9　压电式传感器的实际等效电路图

2. 压电式传感器的测量电路

压电式传感器本身的内阻很高，而输出能量较小，为了使压电元件正常工作，保证压电式传感器的测量误差较小，要求负载电阻 R_L 很大，以使压电片上的漏电流较小，因此压电元件输出与测量电路之间要接入一个前置放大器，前置放大器的作用主要有两个：一是放大传感器输出的微弱电信号；二是把高阻抗输入变换为低阻抗输出。因此，要求前置放大器具有高输入阻抗、低输出阻抗的特点，主要起阻抗变换作用。获得低阻抗输出信号后，再接入一般的放大器，进行放大后再进行检波、输出显示等操作。

由压电式传感器的等效电路可知，压电式传感器的输出既可以是电压，也可以是电荷，因此前置放大器有电压放大器和电荷放大器两种形式。电压放大器：其输出电压与输入电压（压电元件的输出电压）成正比。电荷放大器：其输出电压与输入电荷成正比。

压电式传感器与前置电压放大器之间的连接电缆不能随意更换，在设计时，常把电缆长度定为常值，使用时若要改变电缆长度，就必须重新校正灵敏度，否则电缆电容的改变将会引入测量误差。

电荷放大器常作为压电式传感器的输入电路，由一个反馈电容 C_f 和高增益运算放大器构成。它的输入信号为压电式传感器产生的电荷。

电荷放大器的输出电压 U_o 只取决于输入电荷与反馈电容 C_f，与电缆电容 C_c 无关，而且与 Q 成正比，这是电荷放大器的特点。为了得到必要的测量精度，要求反馈电容 C_f 的温度和时间稳定性都很好，在实际电路中，考虑到不同的量程等因素，一般将 C_f 的容量做成可选择的。

由于电压放大器的输出电压与屏蔽电缆线的分布电容 C_c 及放大器的输入电容 C_i 有关，它们均是不稳定的，会影响测量结果，而电荷放大器的输出电压只与反馈电容 C_f 相关，故压电式传感器的测量电路多采用性能稳定的电荷放大器，即电荷/电压转换器，电荷放大器如图 6.10 所示。

3. 压电式传感器的应用

压电转换元件具有体积小、重量轻、结构简单、工作可靠、固有频率高、灵敏度和信噪比高等优点，适用于动态测量，其缺点是无静态输出，要求有很高的输出阻抗，需用低电容的低噪声电缆。

压电式传感器测量车速

压电式传感器已广泛应用于工业、军事和民用等领域。

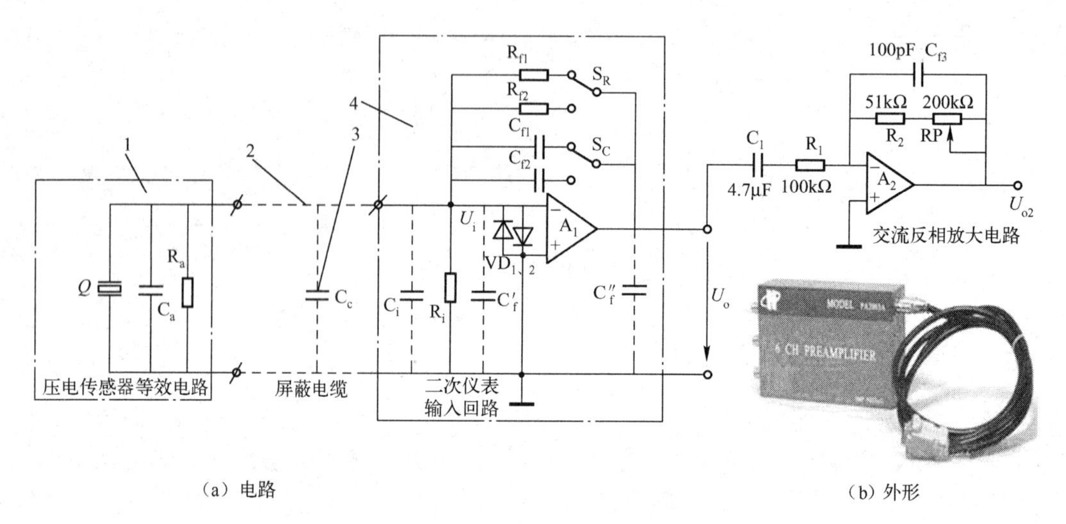

（a）电路　　　　　　（b）外形

1—压电式传感器；2—屏蔽电缆；3—分布电容；4—电荷放大器；

S_C—灵敏度选择开关；S_R—带宽选择开关；

C_f'—C_f 在放大器输入端的密勒等效电容；C_f''—C_f 在放大器输出端的密勒等效电容

图 6.10　电荷放大器

1）压电式测力传感器

压电式测力传感器在直接测量拉力或压力时，通常采用双片或多片石英晶体作为压电元件。按测力状态分为单向力、双向力和三向力传感器。这里只对单向力传感器进行介绍，不对双向力和三向力传感器进行介绍。

压电式单向测力传感器的结构如图 6.11 所示，主要由石英晶片、绝缘套、电极、上盖及基座等组成。传感器上盖为传力元件，它的外缘壁较薄，一般为 0.1 ～ 0.5mm，具体数值由测力大小决定。当外力作用时，它将产生弹性形变，将力传递到石英晶片上，利用其纵向压电效应使石英晶片在电轴方向上产生电荷，实现力—电转换。石英晶片的尺寸为 $\Phi 8\times 1$mm。

压电式单向测力传感器体积小、重量轻（仅 10g）、固有频率高（约为 50 ～ 60kHz），测力范围为 0 ～ 50N，最小分辨率为 0.01N。

2）压电式加速度传感器

压电式加速度传感器是一种常用的加速度计。图 6.12 所示为一种压电式加速度传感器，它主要由压电元件、质量块、预压弹簧、基座及外壳组成。压电元件（一般由两片压电片并联组成）置于基座上，在压电片的两个表面上镀有银层，银层上焊有引出线，或在两个压电片间夹一片金属薄片，将引出线焊在金属薄片上，输出端另一根引出线直接与基座相连。在压电片上放一个比重较大的质量块，一般用比重大的金属钨或合金，在保证所需质量的前提下应使其体积尽量小。为了消除因压电元件和质量块间接触不良而引起的非线性误差及保证传感器在交变力作用下能正常工作，质量块上用预压弹簧压紧，从而对压电片施加预应力，用预压弹簧对压电元件施加预压负荷。静态预压负荷的大小应远大于传感器在振动、冲击测试中可能承受的最大动应力。这样，当传感器向上运动时，质量块产生的惯性力使压电元件上的压应力增加；反之，当传感器向下运动时，压电元件上的压应力减小。传感器的整个组件装在一个厚基座上，并由螺栓加以固定，用外壳罩起来。

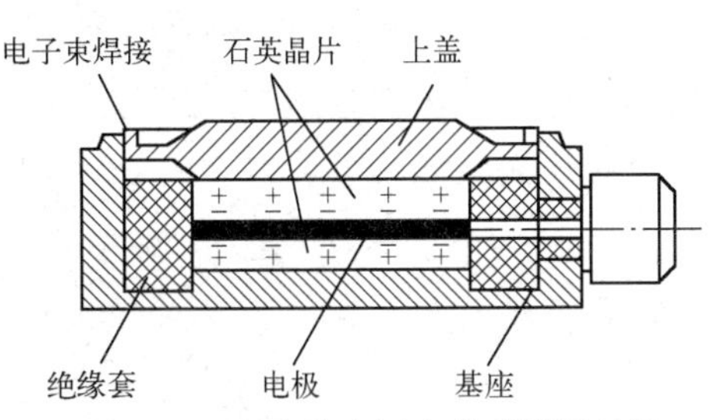

图 6.11　压电式单向测力传感器的结构

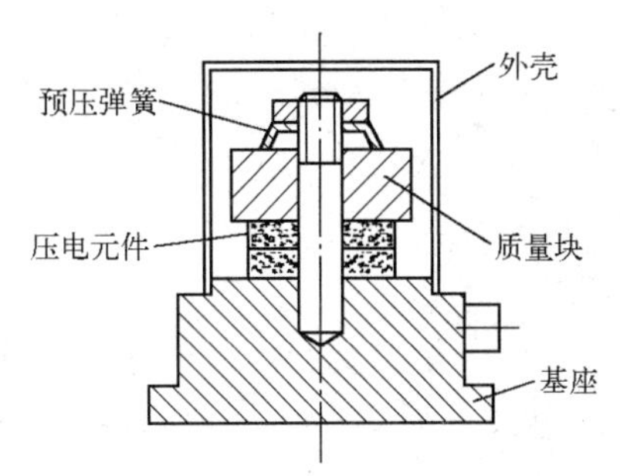

图 6.12　压电式加速度传感器

3）压电式金属加工切削力测量

图 6.13 所示为利用压电陶瓷传感器测量刀具切削力的示意图。由于压电陶瓷元件的自振频率高，特别适合测量变化剧烈的载荷。图 6.13 中的压电陶瓷传感器位于车刀前部的下方，当进行切削加工时，切削力通过刀具传给压电陶瓷传感器，压电陶瓷传感器将切削力转换为电信号输出，记录下电信号的变化便可测得切削力的变化。

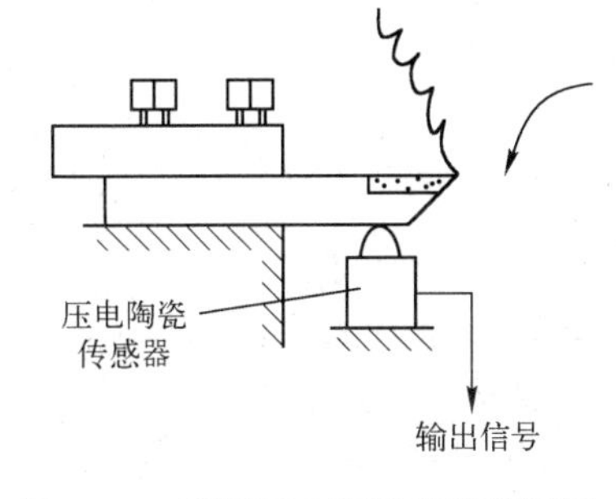

图 6.13　利用压电陶瓷传感器测量刀具切削力的示意图

4）压电式报警器

BS-D2 压电式传感器是专门用于检测玻璃破碎的一种传感器，它利用压电元件对振动敏感的特性来感知玻璃受撞击和破碎时产生的振动波。传感器把振动波转换成电压输出，输出电压经放大、滤波、比较等处理后提供给报警系统。

使用时把传感器放在玻璃上，然后将其通过电缆和报警电路相连。为了提高报警器的灵敏度，信号经放大后，再经低通滤波器进行滤波，要求它对选定的频谱通带的衰减要小，而频带外衰减要尽量大。由于玻璃振动的波长在音频和超声波的范围内，这就使滤波器成为电路中的关键。只有当传感器输出信号高于设定的阈值时，才会输出报警信号，驱动报警执行机构工作。压电式报警器可广泛应用于文物保管、贵重商品保管及其他商品柜台保管等场合。

4. 振动测量及频谱分析

1）振动的基本概念

振动是指物体围绕平衡位置往复运动。

振动分类：机械振动、土木结构振动、运输工具振动，以及武器、爆炸引起的冲击振动等。从振动的频率范围来分，可将其分为高频振动、低频振动和超低频振动等。

振动的主要参数：频率 f，单位为 Hz；振幅 x，单位为 mm；振动速度 v，单位为 m/s；加速度 a，单位为 m/s^2。

2）测振传感器分类

测振传感器又称拾振器。它有接触式和非接触式之分。接触式中又可分为磁电式、电感式、压电式等。非接触式中又可分为电涡流式、电容式、霍尔式、光电式等。

3）压电式振动加速度传感器的结构

将常用压电式振动加速度传感器与被测振动加速度的机件紧固在一起后，传感器受机械运动的振动加速度的作用，压电片受到质量块惯性引起的交变力作用，其方向与振动加速度的方向相反，大小由 $F=ma$ 决定。惯性引起的压力作用在压电片上产生电荷。电荷由引出电极输出，由此将振动加速度转换成电参量。

4）压电式振动加速度传感器的性能指标

（1）灵敏度 K。压电式加速度传感器属于自发电型传感器，它的输出为电荷量，以 pC 为单位（$1\text{pC}=10^{-12}\text{C}$），而输入量为加速度，单位为 m/s^2，所以灵敏度以 $\text{pC}/(\text{m/s}^2)$ 为单位。

用标准重力加速度 g 作为加速度的单位，这是检测行业的一种习惯用法。大多数测量振动的仪器都用 g 作为加速度的单位，并在仪器的面板及说明书中标出，灵敏度的范围为 10 ～ 100pC/g。许多压电式加速度传感器的灵敏度的单位为 mV/g，通常为 10 ～ 1000mV/g。高灵敏度的压电式传感器可用于测量微弱的振动；低灵敏度的压电式传感器可用于测量剧烈的振动。

（2）频率范围。常见的压电式加速度传感器的频率范围为 0.01Hz ～ 20kHz。

（3）动态范围。常用的测量范围为 0.1 ～ 100g，或 1000m/s^2。测量冲击振动时应选用 100 ～ 10000g 的高频压电式加速度传感器；而测量桥梁、地基等微弱振动时往往要选择 0.001 ～ 10g 的具有高灵敏度的低频压电式加速度传感器。

5）振动的频谱分析

（1）时域图。纵坐标为输入信号，横坐标为时间轴，称为时域图。

（2）频谱图。如果将时域图经过快速傅里叶变换（FFT），就能在计算机显示器上显示出另一种坐标图，它的横坐标为频率 f，纵坐标可以是加速度，也可以是振幅或功率等。它反映了在频率范围内，对应于每个频率的振动分量的大小，这样的图形称为频谱图或频域图。专门用于测量和显示频谱图的仪器称为频谱仪。空调压缩机在 720r/min 带负载时的频谱图如图 6.14 所示。

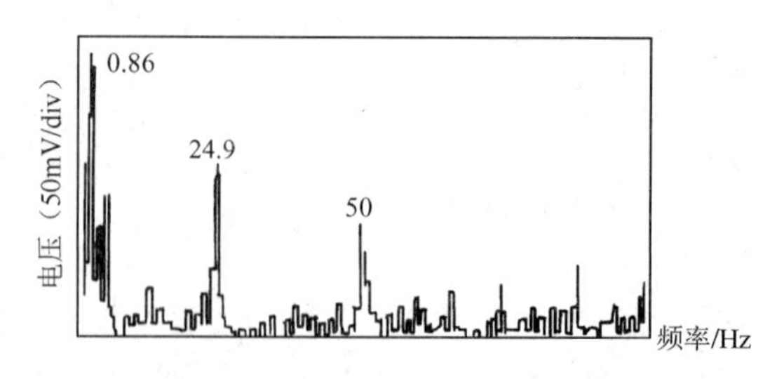

图 6.14　空调压缩机在 720r/min 带负载时的频谱图

（3）依靠频谱分析法进行故障诊断。从频谱仪得到的频谱图（见图 6.15（b））中可以清楚地看到，活塞的振动是由 5Hz 和 10Hz 等多个振动分量合成的。10Hz 的幅值大约是 5Hz 时幅值的一半。

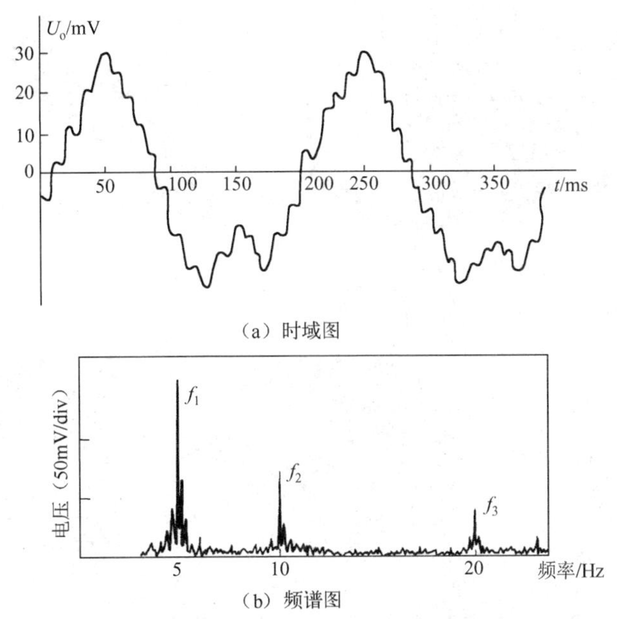

图 6.15　手扶拖拉机发动机活塞振动的时域图和频域图

6.3　压电式传感器的认识

各种压电式传感器实物图如图 6.16 所示。

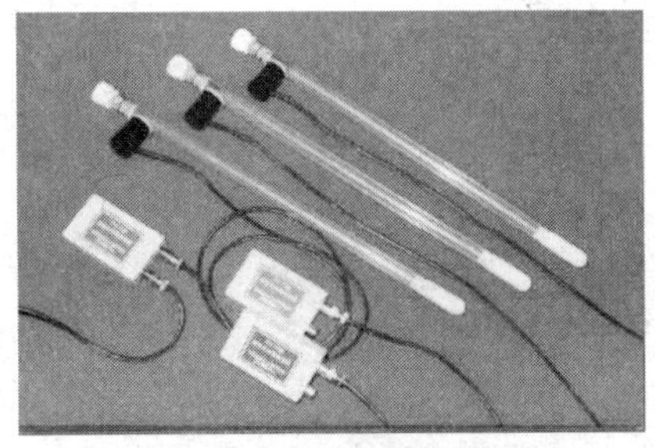

（a）压电式水势传感器

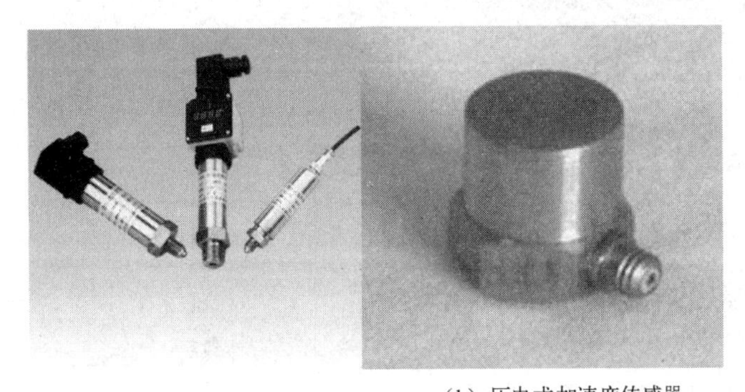
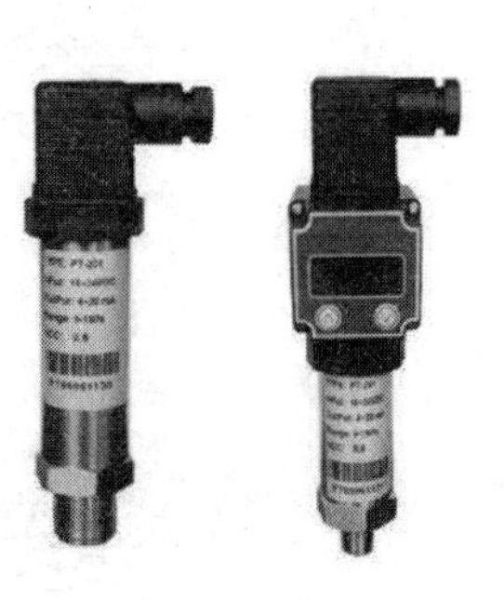
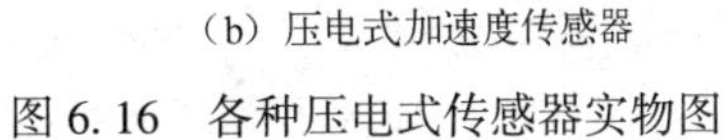

（b）压电式加速度传感器

图 6.16　各种压电式传感器实物图

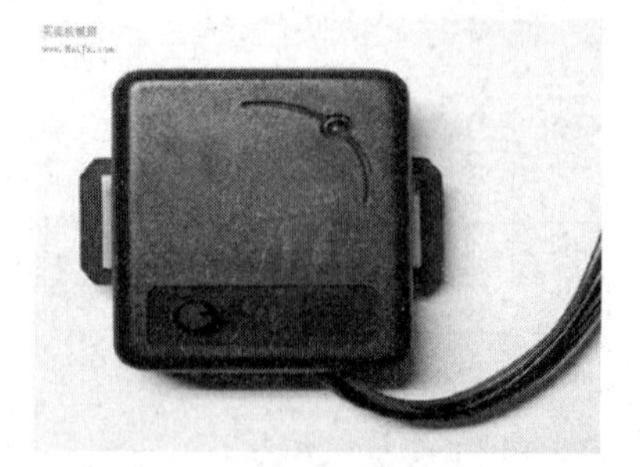

（c）智能振动探测器

（d）压电式专用传感器

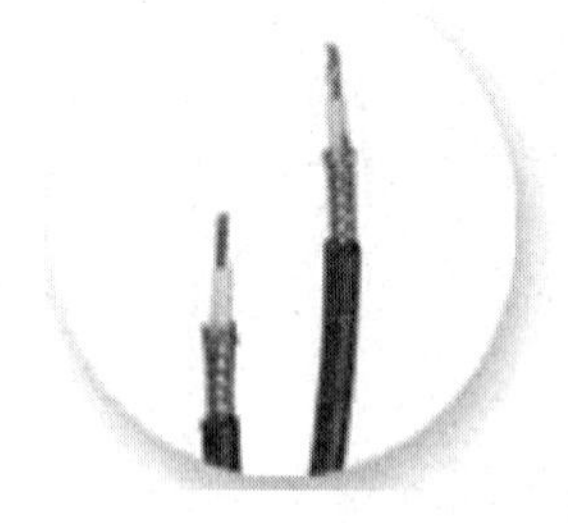

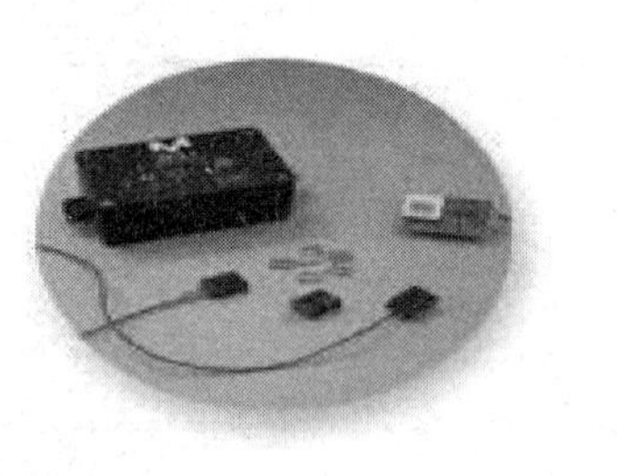

（e）压电式电缆传感器

（f）压电式薄膜传感器

（g）压电式石英水平姿态传感器

（h）压电式石英力传感器

（i）压电式射流角速度传感器

（g）振动变送器

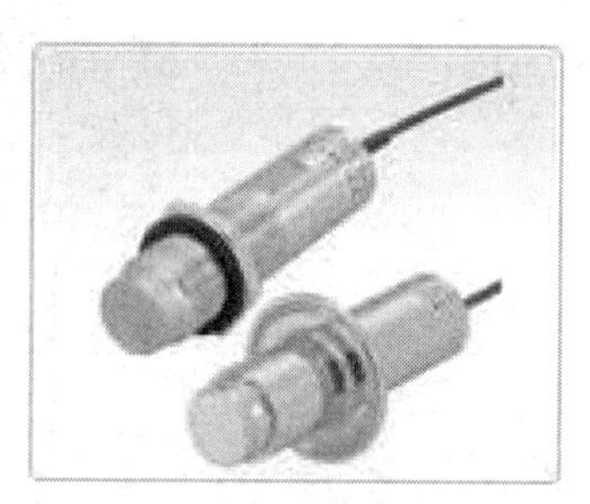

（k）压电式传感器

（l）压电式陶瓷片

图 6.16　各种压电式传感器实物图（续）

6.4 项目参考设计方案

6.4.1 整体设计方案

根据自动检测系统的组成结构，该加速度检测仪应该包含压电式加速度传感器、信号处理电路和执行指示机构等部分。对于压电式加速度传感器，根据所需测量的振动大小进行选取，本设计拟采用市面上常用的 PV-96 型压电式加速度传感器，再通过电荷放大器将压电式加速度传感器产生的电荷转换为电压。同时应具有相应的显示装置，显示加速度的大小。具体的信号传递与结构如图 6.17 所示。

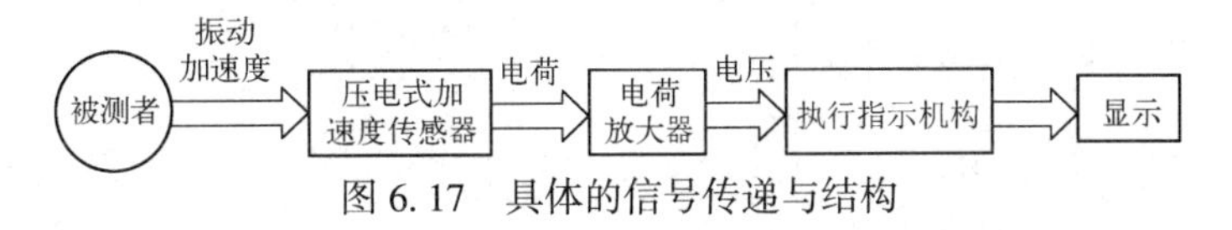

图 6.17 具体的信号传递与结构

6.4.2 电路设计

下面进行 PV-96 型压电式加速度传感器应用电路的设计。

石英晶体、压电陶瓷和一些塑料等材料在外界机械力的作用下，内部会产生极化现象，导致其上、下两个表面出现电荷，当去掉外界压力时，电荷立即消失，这种现象就是压电效应。压电式加速度传感器常见的结构形式有压缩型、剪切型、弯曲型和膜盒式等几种。表 6.2 所示为 PV-96 型压电式加速度传感器的特性。

表 6.2 PV-96 型压电式加速度传感器的特性

参　数	参 数 值	单　位
电荷灵敏度	～10000	PC/g
静电容	～6000	pF
频率范围	0.1～100	Hz
最高工作温度	200	℃
绝缘电阻	10	GΩ
重量	2000	g

压电式加速度传感器是容性、灵敏度很高的传感器，它常配以电荷放大器和电压放大器一起使用。

由于电压放大器信号从同相端输入，实际上就是同相比例放大器。其输出电压 V_0 为

$$V_0 = S_q/(C_i+C_c)$$

式中，S_q 为电荷灵敏度；C_i 为传感器电容；C_c 为电缆电容。因此，输出电压易受输出电缆电容的影响，故常将电压放大器置于传感器内。

PV-96 型压电式加速度传感器的应用电路如图 6.18 所示，该电路由电荷放大器和电压调整放大电路组成。电荷放大器的频带宽，其增益由负反馈电路中的电容 C_1 决定，输出电缆电容对电压放大器无影响。

输出电压为 $V_0=-q/C_1$。

第一级是电荷放大器，其低频响应由反馈电容 C_1 和反馈电阻决定。低频截止频率为 0.053Hz。RF 为过载保护电阻。第二级为输出调整放大器，输出调整放大器可以使

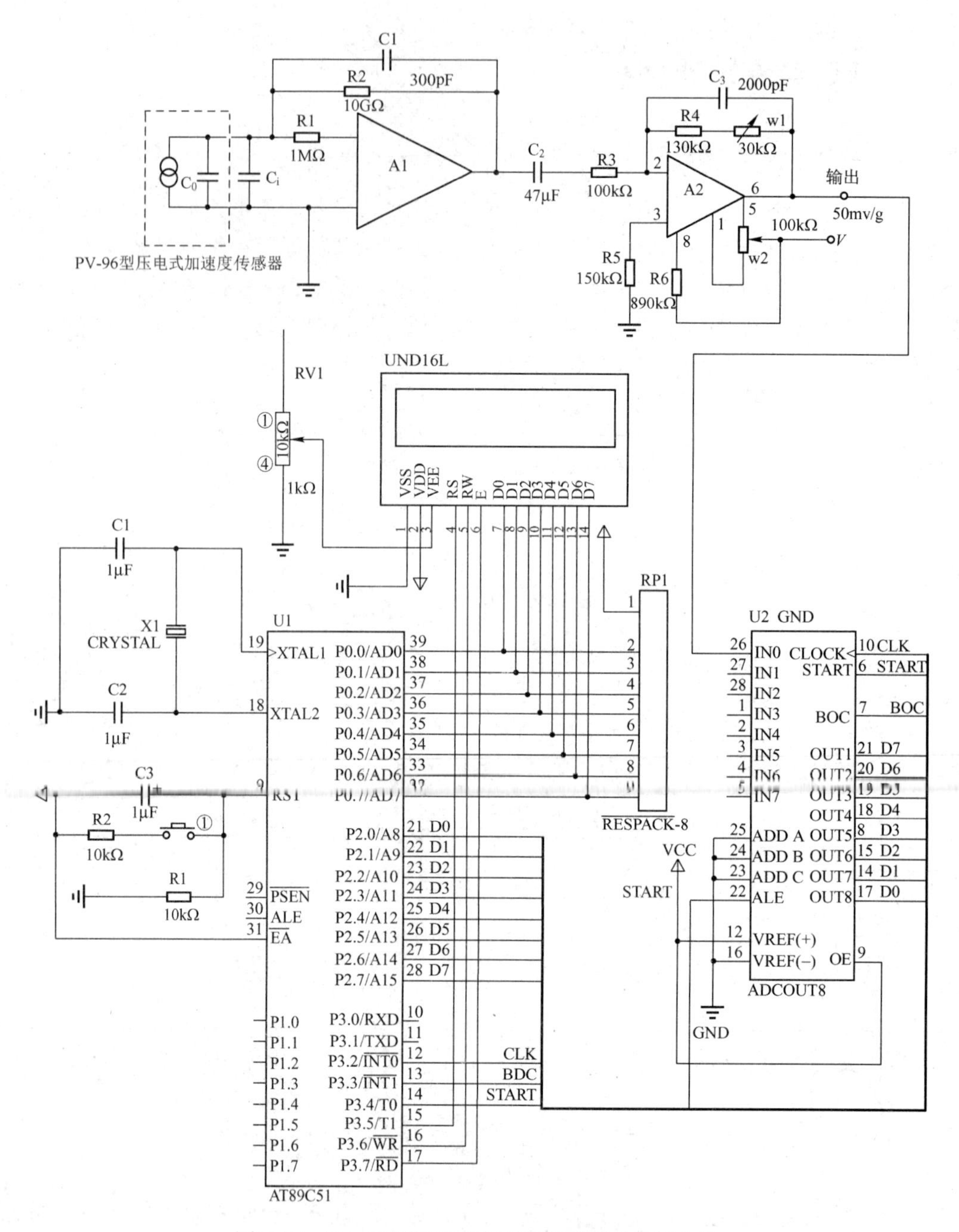

图 6.18　PV-96 型压电式加速度传感器的应用电路

输出变为 50mv/g。A2 为多用途可编程运算放大器的低功耗型运算放大器。

加速度的显示部分主要由 3 个模块组成：A/D 转换模块、数据处理模块和显示模块。A/D 转换模块主要由芯片 ADC0808 来完成，它负责把采集到的模拟量转换为相应的数字量，再传送到数据处理模块中。数据处理模块由芯片 AT89C51 来完成，它负责对 ADC0808 传送来的数字量进行处理，产生相应的显示码，送到显示模块进行显示；此外，它还控制 ADC0808 芯片的工作。

6.5 项目实施与考核

6.5.1 制作

当实验能够验证设计方案时，就开始实施制作，并按照项目实施要求准备好操作所需的工具、耗材与元件等，主要涉及电烙铁、焊锡丝、传感器等。根据六步教学法的流程和制作要求，加速度检测仪的制作工具如表 6.3 所示；按照设计原理图，加速度检测仪的参考设计元件清单如表 6.4 所示。

表 6.3 加速度检测仪的制作工具

项目名称			加速度检测仪	
步骤	工作流程	工具	数量	备注
1	咨询	技术资料	1 份	
2	计划	工艺文件	1 份	
		仿真平台	1 套	
3	决策	压电式传感器实验平台	1 套	
		Protel 99se	1 套	
4/5	实施/检查	电烙铁	2 台	
		焊锡丝	1 卷	
		稳压电源	1 台	
		数字万用表	1 只	
		示波器	1 台	
		振动物体	1 件	
		常用螺装工具	1 套	
		导线	若干	
6	评估	多媒体设备	1 套	汇报用

表 6.4 加速度检测仪的参考设计元件清单

项目名称				加速度检测仪	
序号	元件名称	代号	规格	数量	备注
1	传感器		PV-96 型压电式加速度传感器	1	
2	放大器	A_1	AD544L	1	
		A_2	μA776	1	
3	变阻器	RP1	30kΩ	1	
		RP2	100kΩ	1	
4	电阻	R_1	1MΩ	1	
		R_2	10GΩ	1	
		R_3	100kΩ	1	
		R_4	130kΩ	1	
		R_5	150kΩ	1	
		R_6	890kΩ	1	

续表

项目名称				加速度检测仪	
序号	元件名称	代号	规格	数量	备注
5	电容	C_1	300pF	1	
		C_2	47μF		
		C_3	2000pF		
6	显示模块	C1	30μF	1	
		C2	30μF	1	
		X1	24MHz	1	
		C3	10μF	1	
		R1	10kΩ	1	
		R2	10kΩ	1	
		Rv1	1kΩ	1	
		液晶	1602	1	
		AD	ADC0808	1	
		按键	小按键	1	
7	基板		万能焊接板	1	

6.5.2 调试

本设计主要测量振动加速度。可以先通过 A2 的电压输出波形来判断传感器电路的对错，对于显示电路，可以通过将 A2 的电压换算成加速度并与显示结果相比较，看显示电路是否正确。

6.5.3 评价

完成调试后，老师根据各同学或小组制作的系统进行标准测试，按照表 6.5 所列的项目为各同学或小组打分。

表 6.5 评价表

考核项目	考核内容	配分	考核要求及评分标准	得分
工艺	板面元件的布置 布线 焊点质量	20 分	板面元件布置合理 布线工艺良好，横平竖直 焊点圆、滑、亮	
功能	加速度的测量	50 分	电路安装正确 正确安装和使用 PV-96 型压电式加速度传感器 能够显示振动的加速度	
资料	Protel 电路图 汇报 PPT（上交） 调试记录（上交） 训练报告（上交） 产品说明书（上交）	30 分	电路图绘制正确 PPT 能够说明过程，汇报语言清晰明了 记录能反映调试过程，故障处理明确 包含所有环节，说明清楚 能够有效指导用户使用	
教师签字			合计得分	

小　　结

本单元通过加速度测量仪的设计和制作，主要介绍了压电式传感器的检测原理、压电元件、测量电路和传感器的应用等。

（1）压电式传感器以某种物质的压电效应为基础，是一种典型的有源传感器，主要应用于压力、加速度和振动等参数的测量。压电效应是指当向某些电介质材料沿一定方向施力而使其变形时，其内部会产生极化现象，同时在它的两个表面上产生符号相反的电荷，当撤销外力后，其又能恢复到不带电的状态。当在电介质极化方向施加电场或电压时，电介质会产生几何形变，这称为逆压电效应。

（2）常用的压电材料有石英晶体、压电陶瓷和高分子压电材料。压电晶体有石英晶体、水溶性压电晶体和铌酸锂晶体；压电陶瓷有钛酸钡压电陶瓷、锆钛酸铅系压电陶瓷（PZT）、铌酸盐系压电陶瓷和铌镁酸铅压电陶瓷。

（3）压电式传感器主要由压电元件和测量电路组成，由于压电元件可以等效成电压源与电容的串联，也可以等效成电荷源与电容的并联，因此其测量电路有电压放大器和电荷放大器两种。为了提高测量的灵敏度，可将多个压电片进行串联或并联，测量电路应引入前置放大器，作用有两个：一是把高阻抗输入变换为低阻抗输出；二是可以放大传感器输出的微弱电信号。

压电式传感器可用于工业参数的检测中，也可用于液位、流量、压力和振动的检测等方面。

6.6　习题

1. 选择题。

1）压电式传感器目前多用于测量（　　）。

A. 静态的力或压力　　B. 动态的力或压力　　C. 速度　　D. 加速度

2）当石英晶体受压力作用时，电荷产生在（　　）。

A. 与光轴垂直的 Z 面上　　B. 与电轴垂直的 X 面上

C. 与机械轴垂直的 Y 面上　　D. 所有的面（X、Y、Z）上

2. 什么叫正压电效应？什么是逆压电效应？

3. 常用压电式传感器的材料有哪些？各有何特点。

4. 画出压电元件的两种等效电路，简述其等效原理。

5. 用压电元件和电荷放大器组成的压力测量系统能否用于静态测量？

6. 石英晶体 X 轴、Y 轴、Z 轴的名称是什么？它们各有哪些特征？

7. 简述压电式传感器分别与电压放大器和电荷放大器相连时各自的特点。

8. 用石英晶体加速度计及电荷放大器测量机械振动，已知：加速度计的灵敏度为 5pC/g；电荷放大器的灵敏度为 50mV/pC，最大加速度对应的输出幅值为 2V，试求振动加速度。

9. 将压电式加速度传感器与电荷放大器连接，电荷放大器又与函数记录仪连接。已知：传感器的灵敏度 $K_q=100$（pC/g），反馈电容 $C_f=0.01\mu F$，被测加速度 $a=0.5g$。试求：

（1）电荷放大器的输出电压是多少？

（2）电荷放大器的灵敏度是多少？

项目单元 7　超声波传感器
——超声波测距仪的设计制作

7.1　项目描述

超声波一般指频率在 20kHz 以上的机械波，具有穿透性强、衰减小、反射能力强等特点。工作时，超声波发射器不断发射出一系列连续脉冲，给测量逻辑电路提供一个短脉冲，最后由信号处理装置对接收的信号依据时间差进行处理，自动计算出车与障碍物之间的距离。超声波测距原理简单、成本低、制作方便，但其传输速度受天气的影响较大，不能精确测距；另外，超声波能量随传播距离的增大而衰减，距离越远，灵敏度越低，因此超声波测距方式只适用于较短距离的测距。目前，国内外超声波测距仪在汽车倒车雷达等近距离测距中被广泛应用。

PPT：项目单元 7

7.1.1　任务要求

设计一个超声波测距仪，任务如下。

(1) 了解超声波的分类和传播方式，了解超声波的速度、波长和指向性。

(2) 熟悉超声波传感器的结构，掌握超声波传感器的应用。

(3) 了解超声波测距原理。

(4) 了解超声波发射电路、接收电路的原理。

(5) 根据超声波测距原理设计超声波测距仪的硬件结构电路。

(6) 了解实现超声波测距的应用软件的设计方法。

7.1.2　任务分析

本项目单元的具体知识点如下。

(1) 超声波传感器的原理。

(2) 超声波传感器的结构与分类。

(3) 压电材料的分类及特性。

(4) 掌握超声波的速度、波长和指向性，熟悉压电材料的分类及特性。

(5) 了解超声波测距仪的硬件结构电路和软件设计方法。

7.2 相关知识

7.2.1 超声波的基本知识

1. 超声波的概念

超声波是一种机械波。

（1）可闻声波。振动频率在 20Hz ～ 20kHz 的范围内，可为人耳所感觉。

（2）次声波。振动频率在 20Hz 以下，人耳无法感知，但许多动物能感知。如地震发生前的次声波会引起许多动物发生异常反应。

（3）超声波。振动频率高于 20kHz 的机械振动波。

超声波的特点：指向性好，能量集中，穿透本领大，在遇到两种介质的交界面（如钢板与空气的交界面）时，能产生明显的反射和折射现象，这一现象类似于光波。

超声波的特性与频率的关系：频率越高，其声场指向性就越好，与光波的反射、折射特性就越接近。

常用的超声波频率为几十千赫兹至几十兆赫兹。声波频率的界限划分示意图如图 7.1 所示。

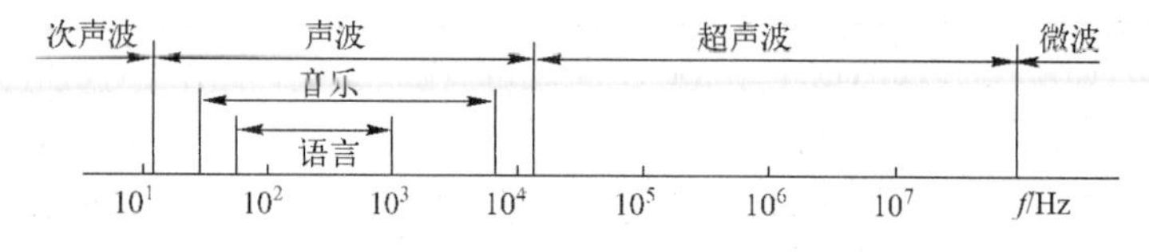

图 7.1　声波频率的界限划分示意图

2. 超声波的传播

超声波采用直线传播方式，频率越高，其绕射能力越弱，但反射能力越强，因此，利用超声波的这种性质可以制成超声波传感器。

超声波是波的一种，它的传播完全符合波的传播特性。超声波在介质中传播的波形取决于介质可以承受何种作用力及如何对介质激发超声波。

超声波通常有以下 3 种波形。

（1）纵波。当介质中各体元振动的方向与超声波传播的方向平行时，此超声波为纵波波形。对于任何固体介质，当其体积发生交替变化时均能产生纵波。纵波可以在气体、液体、固体介质中传播。

（2）横波。当介质中各体元振动的方向与超声波传播的方向垂直时，此超声波为横波波形。由于介质除了能承受体积形变外，还能承受切变形变，因此，当有剪切应力交替作用于介质时就能产生横波。横波只能在固体介质中传播。

（3）表面波。表面波是沿着两种介质的界面传播的具有纵波和横波的双重性质的超声波。可以将表面波看作平行于表面的纵波和垂直于表面的横波的集合体，振动质点的轨迹为椭圆，在距表面 1/4 波长处振幅最强，且振幅随着深度的增加会快速衰减，实际上，在离表面一个波长以上的地方，质点振动的振幅已经很微弱了。

超声波是一种弹性介质中的机械振荡，在空气中传播超声波，其频率较低，一般为几十千赫兹，而在固体、液体中，其频率可能较高。超声波在空气中的衰减较快，而在液体及固体中的衰减较慢、传播较远。利用超声波的特性，可做成各种超声波传感器，配上不同的电路，制成各种超声波测量仪器及装置，并在通信、医疗、家电等领域得到了广泛应用。

3. 声速、波长与指向性

1）声速

纵波、横波和表面波的传播速度取决于介质的弹性系数、介质的密度及声阻抗。声阻抗是描述介质传播声波特性的一个物理量。介质的声阻抗 Z 等于介质的密度 ρ 和声速 c 的乘积，即

$$Z=\rho c \tag{7-1}$$

在气体中，声速为 344m/s，在液体中，声速为 900 ～ 1900m/s。在固体中，纵波、横波和表面波 3 者的声速有一定的关系，通常可认为横波声速为纵波声速的一半，表面波声速约为横波声速的 90%，如表 7. 1 所示。

2）波长

超声波的波长 λ 与频率 f 的乘积恒等于声速 c，即

$$c=\lambda f \tag{7-2}$$

例如，将一束频率为 5MHz 的超声波（纵波）射入钢板，查表 7. 1 可知，纵波在钢中的声速 c_L 为 5. 9km/s，所以此时的波长 λ 为 1. 18mm，如果是可闻声波，其波长将增大上千倍。

表 7. 1　常用材料的密度、声阻抗与声速（环境温度为 0℃）

材　料	密度 $\rho/(10^3\text{kg}\cdot\text{m}^{-1})$	声阻抗 $Z/(10^3\text{MPa}\cdot\text{s}^{-1})$	纵波声速 $c_L/(\text{km/s})$	横波声速 $c_s/(\text{km/s})$
钢	7. 8	46	5. 9	3. 23
铝	2. 7	17	6. 32	3. 08
铜	8. 9	42	4. 7	2. 05
有机玻璃	1. 18	3. 2	2. 73	1. 43
甘油	1. 26	2. 4	1. 92	—
水(20℃)	1. 0	1. 48	1. 48	—
油	0. 9	1. 28	1. 4	—
空气	0. 0013	0. 0004	0. 34	—

3）指向性

超声波声源发出的超声波束以一定的角度逐渐向外扩散，如图 7. 2 所示。波束横截面的中心轴线上的超声波最强，且超声波的强度随着扩散角度的增大而减小。指向角 θ 与超声源的直径 D 及波长 λ 之间的关系为

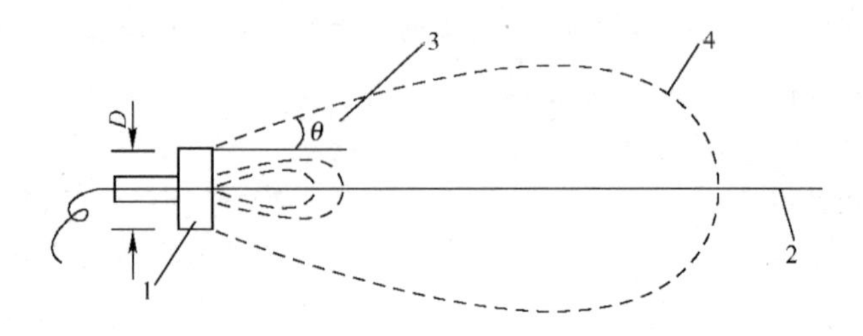

1—超声源；2—中心轴线；3—指向角；4—等强度线

图 7.2　声场的指向性及指向角

$$\sin\theta = 1.22\lambda / D \tag{7-3}$$

设超声源的直径 $D=20\text{mm}$，射入钢板的超声波（纵波）的频率为 5MHz，则根据式（7-3）可得 $\theta=4°$，可见该超声波的指向性是十分尖锐的。

人声的频率（约为几百赫兹）比超声波低得多，波长 λ 很长，指向角非常大，所以可闻声波不太适用于检测领域。

4. 超声波的反射和折射

波从介质 1 垂直射入介质 2，在边界上形成反射和折射。

当超声波从一种介质传播到另一种介质中时，在两种介质的分界面上，一部分能量反射回原介质，称为反射波；另一部分能量透射过分界面，在另一种介质内部继续传播，称为折射波。为描述反射和折射现象，我们引入 r 和 p 分别表示反射和折射系数，r 和 p 均与介质 1 和介质 2 的波阻抗或声阻抗 z_1 和 z_2 有关，反射系数 $r=\left(\dfrac{z_1-z_2}{z_1+z_2}\right)^2$，另外，$p=1-r$。由此可见，若两种介质的波阻抗相差不大，则主要是透射；若两种介质的波阻抗相差悬殊，则主要是反射。

超声波的反射和折射如图 7.3 所示。在图 7.3 中，L 为入射波，S_1 为反射横波，L_1 为反射纵波，L_2 为折射纵波，S_2 为折射横波。

这些物理现象均遵守反射定律、折射定律。除了有纵波的反射和折射，还有横波的反射和折射，在一定条件下还能产生表面波的反射和折射。

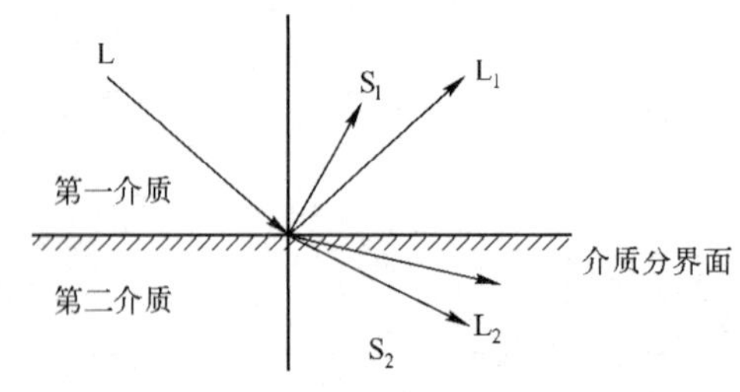

图 7.3　超声波的反射和折射

5. 超声波的衰减

当超声波在介质中传播时，随着传播距离的增加，能量逐渐衰减，其衰减程度与超声波的扩散、散射及吸收等因素有关。其超声波的衰减规律如下：

$$I_x = I_0 e^{-2\alpha x} \tag{7-4}$$

式中，I_x——距声源 x 处超声波的声强；

I_0——x 等于 0 处超声波的声强；

α——衰减系数；

x——声波与声源间的距离。

在理想介质中，超声波的衰减仅来自超声波的扩散，即随着超声波传播距离的增加，单位面积内的声强将减弱。散射衰减是指超声波在固体介质中的颗粒界面上散射，或在流体介质中有悬浮粒子使超声波散射。而超声波的吸收是由介质的导热性、黏滞性及弹性滞后造成的，介质吸收声能并将其转换为热能，吸收的声能随超声波频率的增加而增加。因介质材料的性质而异，晶粒越粗，频率越高，衰减越大。最大探测厚度往往受衰减系数的限制，经常以 dB/cm 或 10^{-3}dB/mm 为单位来表示衰减系数。在一般的探测频率下，材料的衰减系数在一到几百之间。例如，对于衰减系数为 1dB/mm 的材料，声波穿透 1mm 时，衰减 1dB；声波穿透 20mm 时，衰减 20dB。

7.2.2 超声波传感器的材料与结构

1. 超声波传感器的材料

从广义上讲，超声波传感器是在超声频率范围内将交变的电信号转换成声信号或将外界声场中的声信号转换为电信号的能量转换器件，又称为超声波换能器或超声波探头。

超声波传感器的主要材料有压电晶体（电致伸缩）及镍铁铝合金（磁致伸缩）两类。电致伸缩的材料有锆钛酸铅（PZT）等。压电晶体组成的超声波传感器是一种可逆传感器，它可以将电能转换成机械振荡，从而产生超声波，同时，当它接收到超声波时，也能将其转换成电能，所以它可以分成发送器和接收器。有的超声波传感器既能发送超声波，也能接收超声波。

超声波传感器分为发射换能器和接收换能器，既能发射超声波又能接受发射出去的超声波的回波。发射换能器利用压电元件的逆压电效应，而接收换能器则利用压电效应。

按照实现超声波传感器机电转换的物理效应的不同可将超声波传感器分为电动式、电磁式、磁致式、压电式和电致伸缩式等。

超声波传感器的材料也有多种选择，对于某些电介质（如晶体、陶瓷、高分子聚合物等），向其适应的方向施加作用力时，内部的电极化状态会发生变化，在电介质的相对的两个表面内会出现与外力成正比的符号相反的束缚电荷，这种由于外力作用使电介质带电的现象叫作压电效应。相反，若在电介质上加外电场，在此外电场作用下，电介质内部的电极化状态会发生相应的变化，产生与外电场的强度成正比的应变现象，这一现象叫作逆压电效应。压电材料是超声波传感器的研制、应用和发展的关键。

根据不同的实际应用情况，超声波传感器会产生不同的频率。如应用在流量测量领域，声波的频率在 30kHz ～ 5MHz 之间；应用在物位测量领域，声波的频率会低一些，一般在 30 ～ 200kHz 之间；而当应用在检测装置（如测厚仪和探伤检验装置）上时，声波的频率范围很广，但是总体而言要比用于其他领域时高很多。

2. 超声波传感器的结构与原理

超声波传感器可分为压电式、磁致伸缩式、电磁式等形式，在检测技术中主要采用压电式。由于其结构的不同，超声波传感器又分为直探头、斜探头、双探头、表面波探头、聚焦探头、冲水探头、水浸探头、空气传导探头及其他专用探头等，超声波探头的结构示意图如图 7.4 所示。

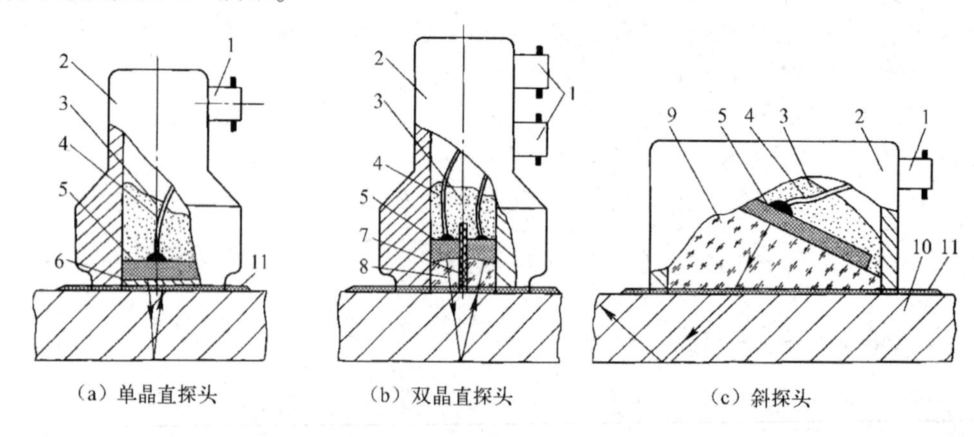

（a）单晶直探头　（b）双晶直探头　（c）斜探头

1—接插件；2—外壳；3—阻尼吸收块；4—引线；5—压电片；6—保护膜；
7—隔离层；8—延迟块；9—有机玻璃斜楔块；10—试件；11—耦合剂

图 7.4　超声波探头的结构示意图

1）单晶直探头

当单晶直探头发射超声波时，将 500V 以上的高压电脉冲加到压电片上，利用逆压电效应，使压电片发射出一束频率落在超声范围内、持续时间很短的超声振动波。

当超声波到达被测物底部后，超声波的绝大部分能量被底部界面反射。反射波经过短暂的传播时间回到压电片。利用压电效应，压电片将机械振动波转换成同频率的交变电荷和电压。

由于衰减等原因，该电压通常只有几十毫伏，要加以放大，才能在显示器上显示出该脉冲的波形和幅值。

虽然超声波的发射和接收利用同一块压电片，但在时间上有先后之分，所以单晶直探头处于分时工作状态，必须用电子开关来切换这两种不同的状态。

2）双晶直探头

虽然双晶直探头的结构复杂些，但其检测精度比单晶直探头高，且超声波信号的反射和接收控制电路较单晶直探头简单。

3）斜探头

为了使超声波倾斜入射到被测介质中，可使压电片粘贴在与底面成一定角度（如

30°、45°等）的有机玻璃斜楔块上，当有机玻璃斜楔块与不同材料的被测介质（试件）接触时，超声波会产生一定角度的折射，倾斜入射到试件中去。

当超声波在空气中传播时，如果遇到其他介质，那么会因两种介质的声阻抗不同而产生反射。因此，向前方路面障碍物发射超声波，检测反射波并进行分析，便可判断并获知前方路面的状况。另外，超声波传感器的信息处理简单、快速，环境适应性强，价格便宜，因此适宜在车辆测距系统中应用。

空气传导型超声发射器和接收器的结构示意图如图 7.5 所示。发射器的压电片上必须粘贴一个锥形共振盘，以提高发射效率和方向性。接收器在锥形共振盘上还增加了一只阻抗匹配器，以滤除噪声、提高接收效率。空气传导型超声发射器和接收器的有效工作范围是几米至几十米。

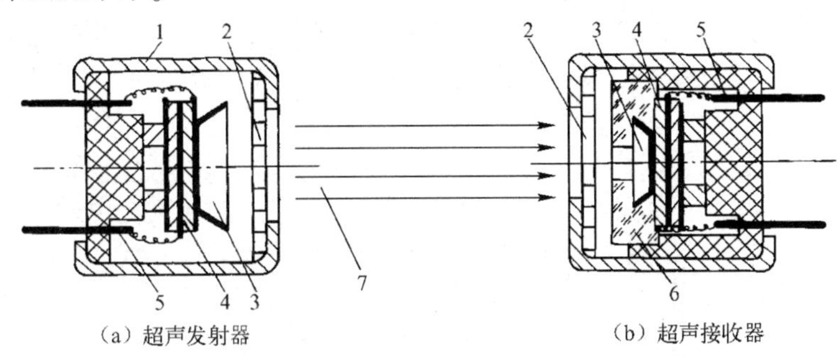

1—外壳；2—金属丝网罩；3—锥形共振盘；4—压电片；5—引脚；6—阻抗匹配器；7—超声波束

图 7.5　空气传导型超声发射器和接收器的结构示意图

7.2.3　超声波传感器的应用

超声波在工农业生产中有极其广泛的应用。包括超声波检测、超声波探伤、功率超声、超声波处理、超声波诊断、超声波治疗等。超声波在工业中可用来对材料进行检测和探伤，可以测量气体、液体和固体的物理参数，可以测量厚度、液面高度、流量、黏度和硬度等，还可以对材料的焊缝、黏结等进行检查。

超声波频率差测量流量

1. 超声波测厚

在电路上，只要在从发射到接收这段时间内使计数电路计数，便可达到数字显示的目的。使用双晶直探头可以使信号处理电路趋于简化，有利于缩小仪表的体积。

超声波应用

超声测厚仪的特点：量程范围大、无损、便携等。

缺点：测量精度与温度及材料的材质有关。

$$\delta=\frac{1}{2}ct \tag{7-5}$$

式中，δ——被测材料的厚度；

c——超声波在材料中传播的速度；

t——超声波从发射到接收的时间。

2. 超声波测量液位和物位

在离水塔底部 H 处安装超声波液位计。液位计向液面垂直发出超声波，超声波遇到液面向上反射回液位计，液位计接收到反射回的超声波，由单片机 CFU 算出超声波往返一次所用的时间，即可算出液位计到液面的距离 h_1。液位高度可由公式：$h_1=Vt/2$ 算出。其中，V 为超声波在空气中的传播速度，t 为超声波由液位计到液面往返一次的时间。

在液位上方安装空气传导型超声发射器和接收器，如图 7.6 所示。由于空气中的声速随温度发生改变会造成温漂，所以在传送路径中还设置了一个反射性良好的反射小板作为标准参照物，以便修正结果。上述方法除了可以测量液位，还可以测量粉体和粒状体的物位。

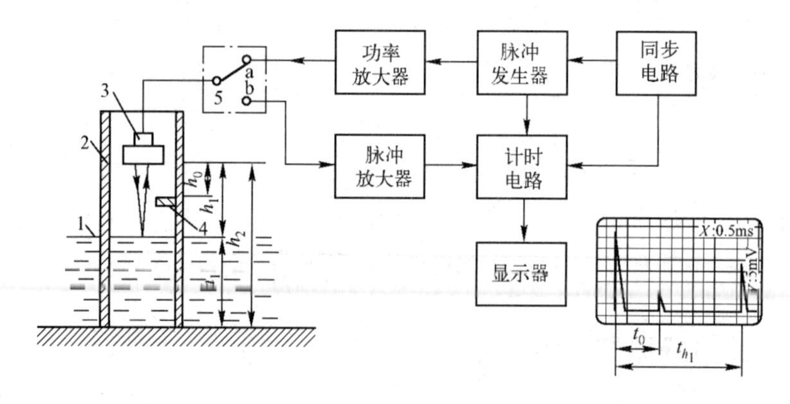

1—液面；2—直管；3—空气超声探头；4—反射小板；5—电子开关

图 7.6 在液位上方安装空气传导型超声发射器和接收器

【例 7-1】如图 7.6 所示，从显示屏上测得 $t_0=2\text{ms}$，$t_{h_1}=5.6\text{ms}$。已知水底与超声探头的间距为 10m，反射小板与探头的间距为 0.34m，求液位 h。

解：由于

$$\frac{h_0}{t_0}=\frac{h_1}{t_{h_1}}$$

所以有

$$h_1=\frac{t_{h_1}}{t_0}=5.6\times0.34/2=0.95\text{m}$$

所以液位 h 为

$$h=h_2-h_1=10-0.95=9.05\text{m}$$

3. 超声防盗报警器

图 7.7 所示为超声防盗报警器的原理框图，包括发射部分和接收部分的原理框图，

它们装在同一块电路板上。发射器发射出频率f为 40kHz 左右的连续超声波（空气超声探头选用 40kHz 的工作频率可获得较高的灵敏度，并可避开环境噪声的干扰）。如果有人进入信号的有效区域，相对速度为v，从人体反射回接收器的超声波将因多普勒效应而发生频率偏移 Δf。

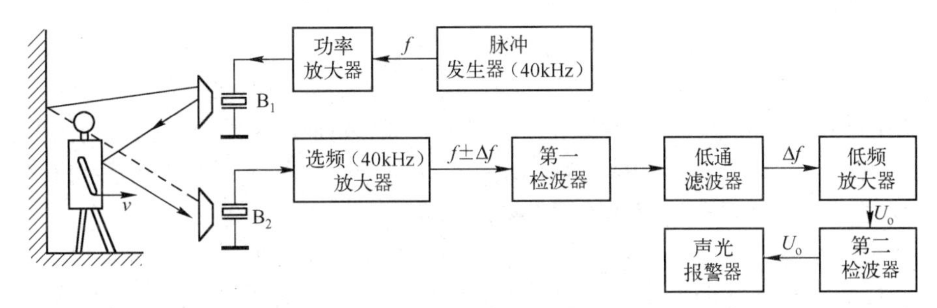

图 7.7　超声防盗报警器的原理框图

多普勒效应：当超声源与传播介质之间存在相对运动时，接收器接收到的频率与超声源发射的频率将有所不同。产生的频率偏移$\pm\Delta f$与相对速度的大小及方向有关。

举例：当高速行驶的火车向你逼近和开过时，所产生的变调声就是由多普勒效应引起的。

接收器的电路原理：压电喇叭收到两种不同频率组成的差拍信号（40kHz 及偏移的频率 40kHz$\pm\Delta f$）。这些信号由 40kHz 选频放大器放大，并经检波器检波后，由低通滤波器滤去 40kHz 信号，而留下$\pm\Delta f$的多普勒信号，此信号经低频放大器放大后，由检波器转换为直流电压，从而控制声光报警器。

利用多普勒原理的好处：可以排除墙壁、家具的影响（它们不会产生$\pm\Delta f$），只对运动的物体起作用。由于振动和气流也会产生多普勒效应，故该防盗报警器多用于室内。根据本装置的原理，可以运用多普勒效应去测量运动物体的速度，液体、气体的流速，还能用于汽车防碰、防追尾等。

4. 无损探伤

无损检测的方法：对铁磁材料，可采用磁粉检测法；对导电材料，可用电涡流法；对非导电材料，可以用荧光染色渗透法。以上几种方法只能检测材料表面及接近表面的缺陷。采用放射线（X 光、中子、δ 射线）照相检测法可以检测材料内部的缺陷，但对人体有较大的危害，且设备复杂，不利于现场检测。

除此之外，还有红外、激光、声发射、微波、计算机断层成像技术（CT）探伤等。超声波检测和探伤是目前应用十分广泛的无损探伤手段，既可以检测材料表面的缺陷，又可以检测材料内部几米深的缺陷，这是 X 光探伤无法达到的深度。

超声探伤分为 A、B、C 三种类型。

（1）A 型超声探伤。A 型超声探伤的结果以二维坐标图的形式给出。它的横坐标为时间轴，纵坐标为反射波强度。可以从二维坐标图上分析出缺陷的深度、大致尺寸，但较难识别缺陷的性质、类型。

（2）B 型超声探伤。B 型超声探伤的原理类似于医学上的 B 超。它将探头的扫描距离作为横坐标，将探伤深度作为纵坐标，以屏幕的辉度（亮度）来反映反射波的强度。它可以绘制被测材料的纵截面图形。探头的扫描可以是机械式的，更多的是采用计算机控制一组发射晶片阵列（线阵）来完成与机械式移动探头相似的扫描动作，但其扫描速度更快，定位更准确。

（3）C 型超声探伤。目前发展最快的是 C 型超声探伤，其扫描原理类似于医学上的 CT。计算机控制探头中的三维晶片阵列（面阵），使探头在材料的纵深方向上扫描，因此可绘制出材料内部缺陷的横截面图，这个横截面与扫描声束垂直。横截面图上各点的反射波强可以通过对应的几十种颜色在计算机的高分辨率彩色显示器上显示出来。经过复杂的算法，可以得到缺陷的立体图像和每个横截面的切片图像。

C 型超声探伤的特点是利用三维动画原理，分析员可以在屏幕上控制该立体图像，以任意角度来观察缺陷的大小和走向。当需要观察缺陷的细节时，还可以对该缺陷图像进行放大（放大倍数可达几十倍），并显示出图像的各项数据，如缺陷的面积、尺寸和性质。对每个横截面都可以做出相应的解释并评判其是否超出设定标准。每次扫描的原始数据都可被记录并存储，可以在以后的任何时刻调用，并打印探伤结果。

A 型超声探伤的特点是采用超声脉冲反射法，而超声脉冲反射法根据波形的不同又可分为纵波探伤、横波探伤和表面波探伤等。A 型超声探伤仪的外形如图 7.8 所示。

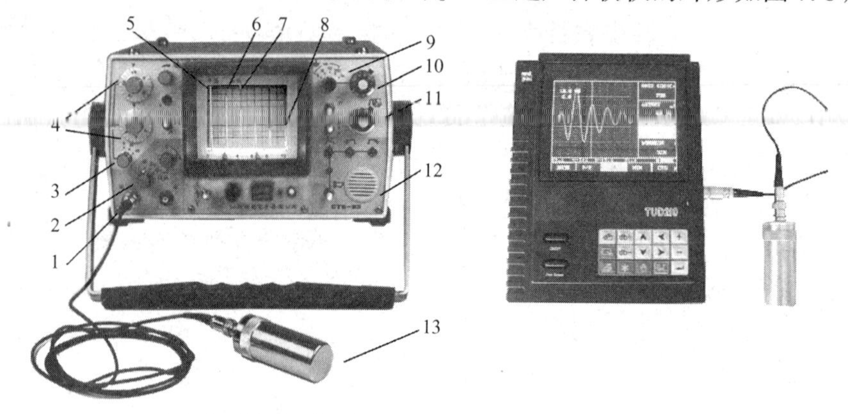

（a）台式A型超声探伤仪　（b）便携式A型超声探伤仪

1—电缆插座；2—工作方式选择；3—衰减细调；4—衰减粗调；5—发射波 T；6—第一次底反射波 B_1；7—第二次底反射波 B_2；8—第五次底反射波 B_5；9—扫描时间调节；10—扫描时间微调；11—脉冲 X 轴移位；12—报警扬声器；13—直探头

图 7.8　A 型超声探伤仪的外形

纵波探伤的方法是在测试前先将探头插入探伤仪的电缆插座上。探伤仪面板上有一个荧光屏，通过荧光屏可知工件中是否存在缺陷、缺陷大小及缺陷位置。工作时将探头放在被测工件上，并在工件上来回移动探头进行检测。探头发出的超声波以一定速度向工件内部传播，如果工件中没有缺陷，则超声波传到工件底部便会产生反射，反射波到达表面后再次向下反射，周而复始，在荧光屏上出现始脉冲 T 和一系列底脉冲 B_1、B_2、B_3……纵波探伤示意图如图 7.9 所示。

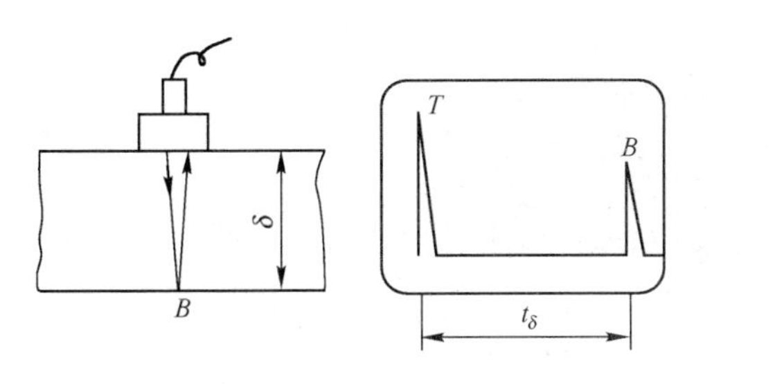

（a）无缺陷时超声波的反射及显示波形

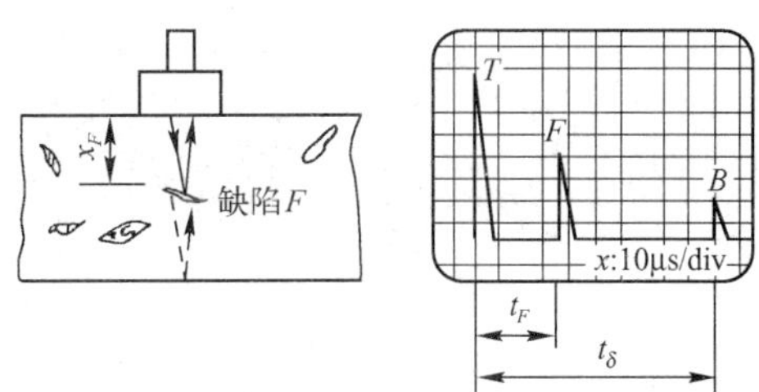

（b）有缺陷时超声波的反射及显示波形

图 7.9　纵波探伤示意图

在图 7.9 中，荧光屏上的水平亮线为扫描线（时间基线），其长度与工件的厚度成正比（可调整）。

注意：缺陷面积越大，则缺陷脉冲 F 的幅度越高，而 B 脉冲的幅度越低；F 脉冲距离 T 脉冲越近，缺陷距离表面就越近。

此外，超声波的液体处理和净化可应用于环境保护中，如超声波水处理、燃油乳化、大气除尘等。超声波清洗和加工处理可以应用于切割、焊接、喷雾、乳化、电镀等工艺过程中。超声波清洗是一种高效率的方法，已经用于尖端和精密工业领域。大功率超声波可用于机械加工，使超声波在拉管、拉丝、挤压和铆接等工艺中得到应用。在农业中，可以用超声波对有机体细胞的杀伤特性来进行消毒灭菌，对作物种子进行超声波处理，有利于种子发芽和作物增产。

7.3　超声波传感器的认识

超声波传感器的分类：压电式、磁致伸缩式、电磁式等，在检测技术中主要采用压电式。按结构可将其分为直探头、斜探头、双探头、表面波探头、聚焦探头、冲水探头、水浸探头、空气传导探头及其他专用探头等。

几种常见的超声波传感器如图 7.10 所示。

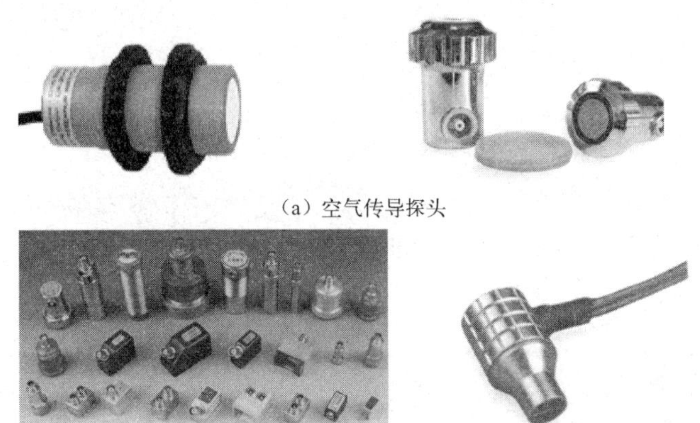
（a）空气传导探头

（b）超声波传感器

图 7.10　几种常见的超声波传感器

（c）双晶斜探头系列

图 7.10　几种常见的超声波传感器（续）

超声波传感器的选型有以下几个要点。

1. 范围和尺寸

被检测的物体的尺寸大小会影响超声波传感器的最大有效范围，传感器必须探测到一定级别的超声波才能被激励输出信号，一个较大的物体可以将大部分声波反射给超声波传感器，所以超声波传感器可以在它的最大限度内对此物体进行感应，而一个小物体只能反射很少的超声波，这样就明显地减小了感应的范围。

2. 被测物

能运用超声波传感器进行检测的最理想的物体应该是大型、平坦、高密度的物体，应垂直放置且面对着超声波传感器的感应面。最难检测的是那些面积非常小的、由可以吸收声波的材料制作的（如泡沫塑料）、角面对着传感器的物体。对于一些比较难检测的物体，可以先对物体的背景表面进行示教，再对放在超声波传感器和背景之间的物体做出反应。用于液体测量时，液体的表面应垂直面对超声波传感器，如果液体的表面不平整，那么要将超声波传感器的响应时间调得更长一些。

3. 振动

无论是超声波传感器本身还是周围的机械振动，都会影响距离测量的精确度。这时可以考虑采取一些减振措施，如用橡胶的抗震设备给超声波传感器做一个底座，从而减少振动，用固定杆也可以消除或减少振动。

4. 衰减

当周围环境的温度缓慢变化时，有温度补偿的超声波传感器可以进行调整，但是如果温度变化过快，超声波传感器将无法进行调整。

5. 误判

超声波可能会被附近的一些物体反射，如导轨或固定夹具，为了确保检测的可靠性，必须减少或排除周围物体对超声波的反射的影响，为了避免对周围物体的错误检测，许多超声波传感器都有一个 LED 指示器来引导操作人员进行安装，从而确保这个超声波传感器被正确安装，减少出错的风险。

7.4 项目参考设计方案

设计一个超声波测距仪，可应用于汽车倒车、建筑工地、工业现场的位置监控，也可用于液位、井深、管道长度的测量等场合，要求其测量范围为 0.10 ～ 2.50m，测量精度为 1cm，测量时与被测物体无直接接触，能够清晰稳定地显示测量结果。

7.4.1 超声波测距原理

超声波因其指向性强、能量消耗缓慢、在介质中的传播距离远等特点，经常被用于进行各种测量，如利用超声波可以测量水深、液位等。利用超声波测距，使用单片机系统，设计合理，计算处理也较方便，测量精度能达到各种场合的使用要求。

超声波测距利用超声波在空气中的传播速度为已知数据，测量超声波在发射后遇到障碍物而反射回来的时间，根据发射和接收的时间差来计算出从发射点到障碍物间的实际距离。由此可见，超声波测距原理与雷达原理是一样的。

测距公式可以表示为

$$l=c\times t$$

式中，l 为测量的距离长度；c 为超声波在空气中的传播速度；t 为传播的时间差（t 为从发射到接收超声波的时间数值的一半）。

超声波测距主要应用于倒车提醒、建筑工地、工业现场等场合的距离测量，虽然目前在测距量程上能达到百米数量级，但测量的精度往往只能达到厘米数量级。

7.4.2 超声波测距的参考设计方案

我们知道，由于超声波的指向性强，能量消耗缓慢，在介质中传播的距离较远，因此超声波经常用于距离测量。利用超声波检测距离，设计比较方便，计算处理也较简单，并且在测量精度方面也能达到日常使用要求。

目前在近距离测量方面较为常用的是压电式超声波传感器。根据设计要求并综合各方面因素，采用 AT89C51 单片机作为主控制器，用动态扫描法实现 LED 数字显示，超声波驱动信号用单片机的定时器完成，超声波测距仪的系统设计框图如图 7.11 所示。

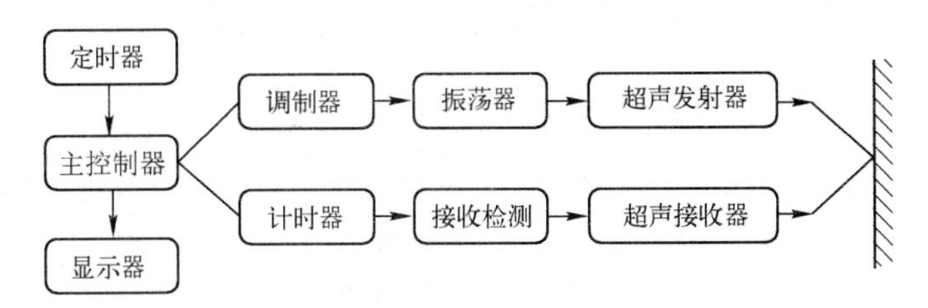

图 7.11 超声波测距仪的系统设计框图

1. 系统硬件电路的设计

系统硬件电路主要分为单片机系统及显示电路、超声波发射电路和超声波检测接收电路三部分。

1）单片机系统及显示电路

单片机采用 AT89C51 或其兼容系列。采用 12MHz 高精度的晶振，以获得较稳定的时钟频率，减小测量误差。单片机用 P1.0 端口输出超声波传感器所需的 40 kHz 的方波信号，利用外中断 0 口监测超声波接收电路输出的返回信号。显示电路采用简单实用的 4 位共阳 LED 数码管，段码可以用 74LS244 驱动，位码用 PNP 三极管 8550 驱动。单片机系统及显示电路如图 7.12 所示。

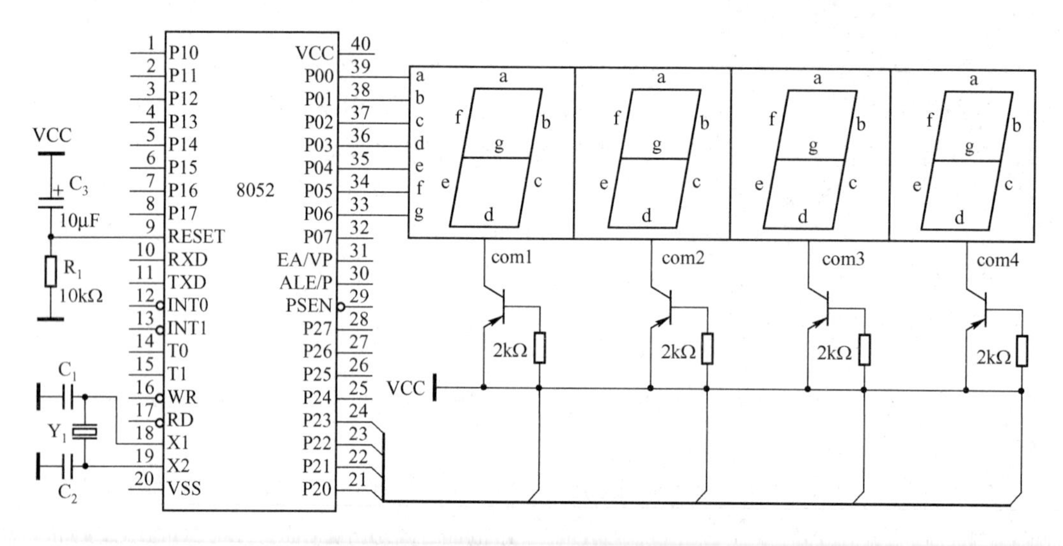

图 7.12　单片机系统及显示电路

2）超声波发射电路

超声波发射电路原理图如图 7.13 所示。超声波发射电路主要由反向器 74LS04 和超声波发射换能器 T 构成，单片机 P1.0 端口输出的 40kHz 的方波信号的一路经一级反向器后被送到超声波换能器的一个电极，另一路经两级反向器后被送到超声波换能器的另一个电极。用这种推挽形式将方波信号加到超声波换能器的两端可以提高超声波的发射强度。输出端采用两个反向器并联，以提高驱动能力。上拉电阻 R_{10} 和 R_{11} 一方面可以提高反向器 74LS04 输出高电平的驱动能力，另一方面可以增加超声波换能器的阻尼效果，缩短其自由振荡的时间。

压电式超声波换能器是利用压电片的谐振来工作的。它有两个压电片和一个共振板。当它的两极外加脉冲信号，其频率等于压电片的固有振荡频率时，压电片将会发生共振，并带动共振板振动产生超声波，这时它就是一个超声波发生器；反之，如果两电极间未外加电压，当共振板接收到超声波时，将压迫压电片振动，将机械能转换为电信号，这时它就成为超声波接收器了。超声波发射器与超声波接收器的结构稍有不同，使用时应分清器件上的标志。

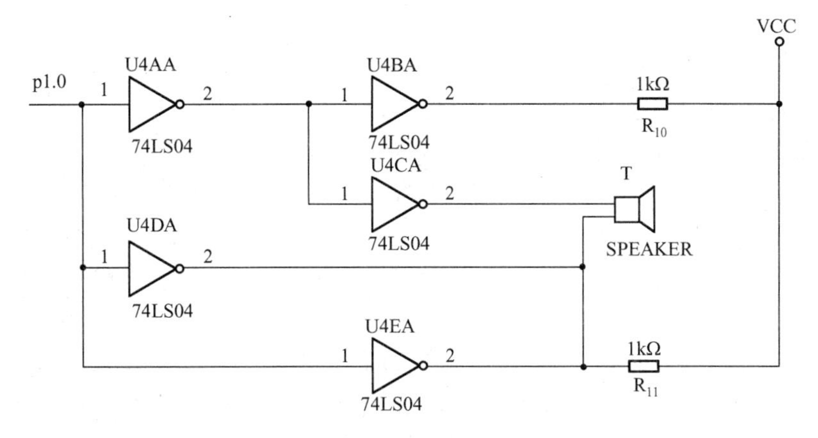

图 7.13　超声波发射电路原理图

3）*超声波检测接收电路*

集成电路 CX20106A 是一款红外线检波接收的专用芯片，常用于电视机红外遥控接收器。考虑到红外遥控常用的载波频率 38kHz 与测距的超声波频率 40kHz 较接近，可以利用它制作超声波检测接收电路，如图 7.14 所示。实验证明用 CX20106A 接收超声波（无信号时输出高电平）具有很高的灵敏度和较强的抗干扰能力。适当更改电容 C_4 的大小，可以改变超声波检测接收电路的灵敏度和抗干扰能力。

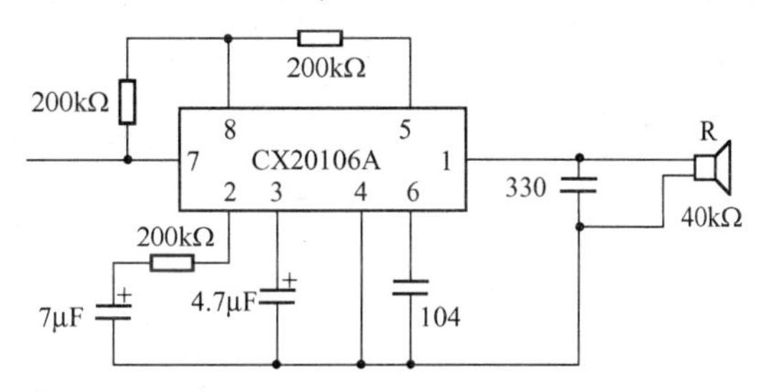

图 7.14　超声波检测接收电路

2. 系统程序的设计

超声波测距器的软件设计主要由主程序、超声波发生子程序、超声波接收中断程序及显示子程序组成。我们知道 C 语言程序有利于实现较复杂的算法，汇编语言程序则具有较高的效率并且容易精确计算程序运行的时间，而超声波测距仪的程序既有较复杂的计算（计算距离时），又要求精确计算程序的运行时间（超声波测距时），所以控制程序可采用 C 语言和汇编语言混合编程。下面对超声波测距仪的算法、主程序、超声波发生子程序和超声波接收中断程序逐一进行介绍。

1）*超声波测距仪的算法设计*

图 7.15 所示为超声波测距原理图，即超声波发生器 T 在某一时刻发出一个超声波信号，当这个超声波信号遇到被测物体后反射回来，就被超声波接收器 R 接收到。这样只要计算出从发出超声波信号到接收到返回信号所用的时间，就能算出超声波发生器与反射物体的距离。

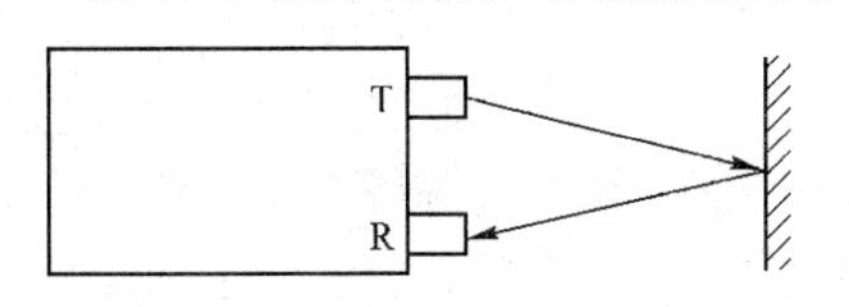

图 7.15　超声波测距原理图

距离的计算公式为

$$d=s/2=(c\times t)/2$$

式中，d 为被测物体与超声波测距仪之间的距离，s 为超声波来回的路程，c 为声速，t 为超声波来回所用的时间。

2）主程序

主程序首先对系统环境进行初始化，设置定时器 T0 的工作模式为 16 位定时计数器模式，置位总中断允许位 EA 并将显示端口 P0 和 P2 清零。然后调用超声波发生子程序发送出一个超声波脉冲，为了避免超声波从发射器直接传送到接收器引起的直射波触发，需要延时约 0.1ms（这也是超声波测距仪会有一个最小可测距离的原因），才打开外中断 0 接收返回的超声波信号。由于采用的是 12MHz 的晶振，计数器每计一个数就需要 1μs，当主程序检测到接收成功的标志位后，将 T0 中的数（超声波来回所用的时间）按式 $d=s/2=(c\times t)/2$ 计算，即可得到被测物体与超声波测距仪之间的距离，设计时取 20℃时的声速为 344m/s，则有

$$D=(c\times t)/2=172\cdot T_0/10000\ \text{cm} \tag{7-5}$$

式中，T_0 为 T0 的计数值。

测出距离后将结果以十进制 BCD 码的方式发送至 LED 显示约 0.5s，然后发送超声波脉冲重复测量过程。为了便于程序结构化和计算距离，主程序采用 C 语言编写。图 7.16 所示为主程序流程图。

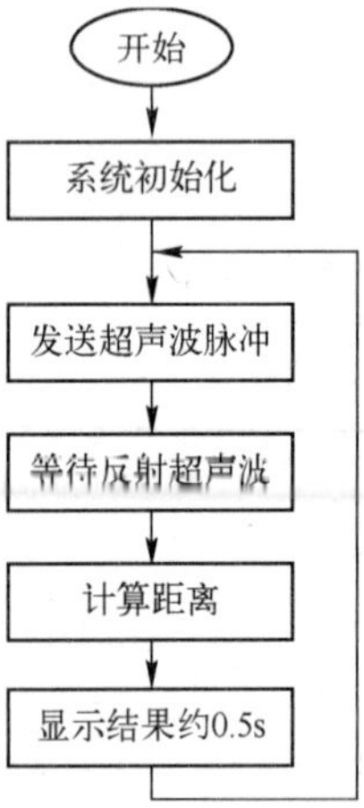

开始

系统初始化

发送超声波脉冲

等待反射超声波

计算距离

显示结果约0.5s

图 7.16　主程序流程图

3）超声波发生子程序和超声波接收中断程序

超声波发生子程序的作用是通过 P1.0 端口发送 2 个左右的超声波脉冲信号（频率约为 40kHz 的方波），脉冲宽度为 12μs 左右，同时把 T0 打开进行计时。超声波发生子程序较简单，但要求程序的运行时间准确，所以采用汇编语言编程。

超声波测距仪主程序利用外中断 0 检测返回的超声波信号，一旦接收到返回的超声波信号（INT0 引脚出现低电平），就立即进入中断程序。进入该中断后就立即关闭 T0，停止计时，并将测距成功标志位赋值 1。

如果计时器溢出时还未检测到超声波返回信号，则 T0 溢出中断将外中断 0 关闭，并将测距成功标志位赋值，以表示本次测距不成功。超声波发生子程序的作用是通过 P1.0 端口发送 2 个左右的频率约为 40kHz 的方波，脉冲宽度为 12us 左右，同时把 T0 打开进行计时。超声波测距仪主程序利用外中断 0 检测返回的超声波信号，一旦接收到返回的超声波信号（INT0 引脚出现低电平），就立即进入中断程序。进入该中断后立即关闭 T0 停止计时，并将测距成功标志位赋值 1。如果当计时器溢出时还未检测到超声波返回信号，那么 T0 溢出中断将外中断 0 关闭，并将测距成功标志位赋值 2 以表示此次测距不成功。超声波定时中断服务子程序和外部中断服务子程序如图 7.17 所示。

另外，由于超声波也是一种声波，其声速 c 与温度有关，表 7.2 所示为不同温度下的超声波声速。在使用时，如果温度变化不大，则可认为声速是基本不变的。如果测距精度要求很高，则应通过温度补偿的方法加以修正。确定声速后，只要测得超声波往返

的时间，即可求得距离。

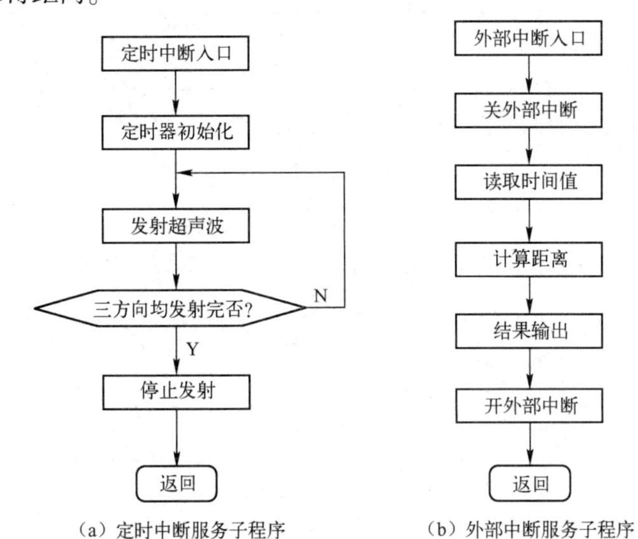

图 7.17　超声波定时中断服务子程序和外部中断服务子程序

表 7.2　不同温度下的超声波声速

温度/℃	-30	-20	-10	0	10	20	30	100
$c/\ (\mathrm{m \cdot s^{-1}})$	313	319	325	323	338	344	349	386

7.5　项目实施与考核

7.5.1　制作

按照项目实施要求准备好操作所需的工具、耗材与元件等，主要涉及电烙铁、焊锡丝、传感器等。超声波测距仪的设计制作工具如表 7.3 所示，超声波测距仪的参考设计元件清单如表 7.4 所示。

按照设计原理图进行安装。

表 7.3　超声波测距仪的设计制作工具

项 目 名 称		超声波测距仪的设计制作		
步骤	工作流程	工具	数量	备注
1	咨询	技术资料	1 份	
2	计划	工艺文件	1 份	
		仿真平台	1 套	
3	决策	单片机实验平台	1 套	
		Protel 99se	1 套	

续表

项 目 名 称		超声波测距仪的设计制作		
步骤	工作流程	工具	数量	备注
4/5	实施/检查	电烙铁	2台	
		焊锡丝	1卷	
		稳压电源	1台	
		数字万用表	1只	
		示波器	1台	
		常用螺装工具	1套	
		导线	若干	
6	评估	多媒体设备	1套	汇报用

表 7.4 超声波测距仪的参考设计元件清单

项 目 名 称			超声波测距仪		
序号	元件名称	代号	规格	数量	备注
1	传感器	T	40K	1	
		R	40K	1	
2	单片机	U_5	AT89C51	1	
3	三极管	$VT_1 \sim VT_5$	9012	5	
4	二极管	$VD_1 \sim VD_4$	1N4007	4	
4	电阻	R_1	1kΩ	11	
		R_2	2kΩ	4	
		R_3	4.7kΩ	1	
		R_4	200kΩ	2	
5	晶体	Y	12MHz	1	
6	芯片	IC_1	74LS04	1	
		IC_2	74LS244	1	
7	电容	$C_1 \sim C_2$	40pF	2	
8	基板		万能焊接板	1	

7.5.2 调试

超声波测距仪的制作和调试都比较简单，其中，超声波的发射和接收分别采用 $\Phi 15$ 的超声波换能器 TCT40-10F1（T 发射）和 TCT40-10S1（R 接收），中心频率为 40kHz，安装时应保持两个超声波换能器的中心轴线平行并相距 4 ～ 8cm，其余元件无特殊要求。若能将超声波接收电路用金属壳屏蔽起来，则可提高其抗干扰能力。根据测量范围要求的不同，可适当调整与接收器并联的滤波电容 C_0 的大小，以获得合适的灵敏度和抗干扰能力。

制作完成并调试好硬件电路后，便可将程序编译好并下载到单片机上试运行。根据实际情况可以修改超声波发生子程序每次发送的脉冲宽度和两次测量的间隔时间，以适应不同距离的测量需要。根据所设计的电路参数和程序，超声波测距仪能测的范围为0.07～2.50m，超声波测距仪的最大误差不超过1cm。调试完系统后应对测量误差和重复一致性进行多次实验分析，不断优化系统使其达到实际使用的测量要求。

根据前面的电路参数和程序，超声波测距仪的可测量范围为0.07～2.50m，实验中对测量范围为0.07～2.50m的平面物体进行了多次测试，超声波测距仪的最大误差不超过1cm，重复一致性很好。

7.5.3 评价

完成调试后，老师根据各同学或小组制作的系统进行标准测试，按照表7.5所列的项目为各同学或小组打分。

表7.5 评价表

考核项目	考核内容	配分	考核要求及评分标准	得分
工艺	板面元件的布置 布线 焊点质量	20分	板面元件布置合理，输出LED有说明 布线工艺良好，横平竖直 焊点圆、滑、亮	
功能	电源电路 超声波发生 超声波接收 显示电路 超声波发生	50分	电源正常，未烧坏元件 调节接入电压能使LED顺序点亮 蜂鸣器发声位置正常 能显示测量距离 正确使用Keil51进行超声波应用软件调试	
资料	Protel电路图 汇报PPT（上交） 调试记录（上交） 训练报告（上交） 产品说明书（上交）	30分	电路图绘制正确 PPT能够说明过程，汇报语言清晰明了 记录能反映调试过程，故障处理明确 包含所有环节，说明清楚 能够有效指导用户使用	
教师签字			合计得分	

小　　结

本单元结合超声波传感器的知识完成了超声波测距仪的设计制作。本单元主要介绍了超声波传感器的检测原理、结构、基本电路、主要特性和超声波传感器的应用。

（1）超声波的基本知识。超声波是振动频率高于20kHz的机械振动波，为直线传播方式，频率越高，绕射能力越弱，但反射能力越强，并有一定的声场指向性，超声波有3种波形：纵波、横波及表面波，其传播速度取决于介质的弹性系数、介质的密度及声阻抗，超声波在介质中传播时，随着传播距离的增加，能量逐渐衰减。

（2）当超声波从一种介质传播到另一种介质中时，在两种介质的分界面上，一部分能量反射回原介质，称为反射波；另一部分能量透射过分界面，在另一种介质内部继续传播，称为折射波。

（3）超声波传感器的材料有多种选择，主要有压电晶体、压电陶瓷、高分子聚合物等，其逆压电效应可产生超声波，压电效应又可接收超声波，超声波传感器分为直探头、斜探头、双探头、表面波探头、聚焦探头等，压电材料是超声波传感器的研制、应用和发展的关键。

（4）超声波测距利用超声波在空气中的传播速度为已知数据，测量超声波在发射后遇到障碍物而反射回来的时间，根据发射和接收的时间差计算出从发射点到障碍物间的实际距离。如果测距精度要求很高，则应通过温度补偿的方法加以修正。

超声波在工农业生产中有极其广泛的应用，包括超声波检测、超声波探伤、功率超声、超声波处理、超声波诊断、超声波治疗等。超声波在工业中可用来对材料进行检测和探伤，可以测量气体、液体和固体的物理参数，可以测量厚度、液面高度、流量、黏度和硬度等，还可以对材料的焊缝、黏结等进行检查。

7.6 习题

1. 选择题。

1）一束频率为 1MHz 的超声波（纵波）在钢板中传播时，它的波长约为________，声速约为________。

A. 5.9m　　B. 340m　　C. 5.9mm　　D. 1.2mm

E. 5.9km/s　　F. 340m/s

2）超声波频率越高，________。

A. 波长越短，指向角越小，方向性越好

B. 波长越长，指向角越大，方向性越好

C. 波长越短，指向角越大，方向性越好

D. 波长越短，指向角越小，方向性越差

3）超声波在有机玻璃中的声速比在水中的声速________，比在钢中的声速________。

A. 大　　B. 小　　C. 相等

2. 超声波发生器的种类及其工作原理是什么？它们各自的特点是什么？

3. 什么是纵波、横波和表面波？它们各有什么不同？

4. 什么是反射定律和折射定律？举例说明如何用这两个定律进行测量？

5. 用超声波探头测量工件时，往往要在工件与探头接触的表面加一层耦合剂，这是为什么？

6. 请依据已学过的知识设计一个超声波液位计，画出原理框图，并简要说明它的工作原理和优缺点。

7. 请根据已学过的知识设计一个超声波探伤实用装置，画出原理框图，并简要说明它探伤的工作过程。

项目单元 8　热电式传感器——燃气热水器加热炉温度检测单元的设计制作

8.1　项目描述

PPT：项目单元 8

燃气热水器已深入千家万户，它给人们的生活带来了很大的方便，人们对燃气热水器的要求也越来越高。小容量直排式热水器已逐渐不能满足人们淋浴的要求；普通烟道式大容量热水器的烟道安装困难和抗风性能差等不安全因素也限制了自身的发展。研制一种出水量大、安装方便、操作简单、安全可靠的燃气热水器已成为满足市场迫切需求的任务。在燃气热水器的控制中，温度检测是关系到其安全使用的一个重要因素，本项目单元利用热电式传感器设计制作燃气热水器加热炉温度检测单元。燃气热水器的内部结构如图 8.1 所示。

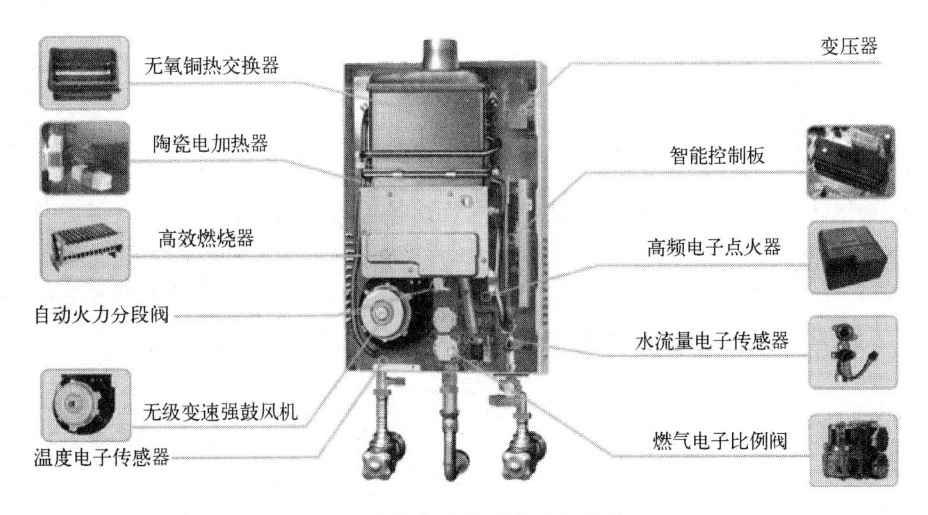

图 8.1　燃气热水器的内部结构

8.1.1　任务要求

（1）以热电偶为传感元件，将燃气热水器加热炉的温度转化为电压输出。

（2）测量电路能够将电压放大后再输出。

（3）能将输出电压转化为温度并显示出来。

（4）要求使用 4 位数码管显示温度。

（5）最终上交调试成功的实验系统——燃气热水器加热炉温度检测单元。

（6）要求有每个步骤的文字说明，包括原理图、使用说明、元件清单、进程表、调试过程描述等。

8.1.2 任务分析

燃气热水器加热炉的内部温度较高，一般的金属热电阻的测温范围不够，而热敏电阻很难精确测量，因此使用热电偶作为传感元件进行测量。

温度是一个和人们的生活环境有密切关系的物理量，是国际单位制中7个基本量之一，也是一种在生产、科研、生活中需要测量和控制的物理量，如空调温度的检测与控制、窑炉温度的检测与控制、机车轴温的检测与控制、蔬菜大棚的温度检测与控制等，其目的是控制合理的温度或对温度上限进行控制，从而满足生活、生产、科研等需求。

温度的检测方法有很多种，常采用的方法是热电式，即将温度这一非电量转化为电量。目前使用比较广泛的热电式测量方法有热电偶测量、金属热电阻测量、热敏电阻测量和集成温度传感器测量等。本项目单元从使用热电偶设计制作燃气热水器加热炉温度检测单元出发，主要训练温度的检测和应用。不同的测温元件所适用的温度范围和测量精度各不相同，希望读者在阅读过程中能够注意到各测量方法的区别，掌握各方法的典型应用。

本单元的具体知识点如下。

（1）了解温度的基本概念及各种温标。

（2）掌握热电式传感器的工作原理。

（3）掌握热电偶的热电效应和热电势的组成。

（4）理解并掌握使用热电偶测量温度的基本定律。

（5）了解国际通用热电偶的类型、结构及其各自的使用特点。

（6）掌握热电偶的冷端延长和延长导线的类型，以及温度补偿的方法。

（7）了解金属热电阻的工作原理，掌握铜热电阻和铂热电阻的性能特点与应用。

（8）了解热敏电阻式传感器的类型、结构和应用。

8.2 相关知识

8.2.1 温度测量的基本概念

温度是一个和人们的生活环境密切关系的物理量，是国际单位制中的7个基本量之一，也是一种在生产、科研、生活中需要测量和控制的重要物理量。这里将系统地介绍温度、温标的测量方法及一些基本知识。

1. 温度的基本概念

温度是表征物体冷热程度的物理量。温度的概念是以热平衡为基础的，如果两个相接触的物体的温度不相同，它们之间就会产生热交换，热量将从温度高的物体向温度低的物体传递，直到两个物体的温度相同为止。

温度的微观概念是：温度标志着物质内部大量分子进行无规则运动的剧烈程度。温度越高，表示物体内部分子的热运动越剧烈。

2. 温标

温度的数值表示方法称为温标。它规定了温度读数的起点（零点），以及温度的单位。各类温度计的温度刻度均由温标确定，国际上规定的温标有摄氏温标、华氏温标、热力学温标等。

1）摄氏温标（℃）

摄氏温标把在标准大气压下冰的熔点定为0℃，把水的沸点定为100℃。在这两个固定点间划分100等份，1等份为1℃，符号为t。

2）华氏温标（F）

它规定在标准大气压下，冰的熔点为32F，水的沸点为212F。在这两个固定点间划分180等份，1等份为华氏1度，符号为θ。华氏温标与摄氏温标之间的关系为

$$\theta/\mathrm{F}=(1.8t/℃+32) \tag{8-1}$$

例如，37℃时的华氏温度为$\theta=1.8\times37+32=98.6\mathrm{F}$。西方国家在日常生活中经常使用华氏温度。

3）热力学温标（K）

热力学温标是建立在热力学第二定律基础上的最科学的温标，由开尔文根据热力学定律提出，因此又称为开氏温标。其符号为T，单位为开尔文（K）。

热力学温标是参照物质内分子的运动和停止状态进行定义的，分子停止运动时的温度为绝对零度，水的三相点（气、液、固三态同时存在，并进入平衡状态时）的温度为273.16K，把从绝对零度到水的三相点的温度等分为273.16格，每格为1K。

由于一直沿用水的冰点温度为273.15K，因此用下式进行热力学温标和摄氏温标的换算：

$$t/℃=T/\mathrm{K}-273.15 \tag{8-2}$$

或

$$T/\mathrm{K}=t/℃+273.15 \tag{8-3}$$

例如，100℃时的热力学温度$T=100+273.15=373.15\mathrm{K}$。

在使用传感器测量时，一般使用摄氏温标与热力学温标，要注意二者之间的转换关系，不能混淆，防止产生人为的测量误差。

3. 温度测量及传感器分类

温度传感器的分类方法有很多。按照用途可分为基准温度计和工业温度计；按照测量方法又可分为接触式和非接触式；按工作原理又可分为膨胀式、电阻式、热电式、辐射式等；按输出方式可分为自发电型、非电测型等。总之，测量温度的方法有很多，至今人们仍在不断研究新型的温度测量方法。温度传感器的种类与特点如表8.1所示。

表 8.1　温度传感器的种类与特点

所利用的物理现象	传　感　器	测温范围/℃	特　　点
体积热膨胀	气体温度计 液体压力温度计 玻璃水银温度计 双金属片温度计	-250～1000 -200～350 -50～350 -50～300	不需要电源，耐用；但感温部件体积较大
接触热电势	钨铼热电偶 铂铑热电偶 其他热电偶	1000～2100 200～1800 -200～1200	自发电型，标准化程度高，品种多，可根据需要选择；须注意冷端温度补偿
电阻的变化	铂热电阻 热敏电阻	-200～900 -50～300	标准化程度高；但需要接入桥路才能得到电压输出
PN 结电压	硅半导体二极管 （半导体集成电路温度传感器）	-50～150	体积小，线性好；但测温范围小
温度和颜色	示温涂料 液晶	-50～1300 0～100	面积大，可得到温度图像；但易衰老，精度低
光辐射 热辐射	红外辐射温度计 光学高温温度计 热释电温度计 光子探测器	-50～1500 500～3000 0～1000 0～3500	非接触式测量，反应快；但易受环境及被测物体表面状态的影响，标定困难

8.2.2　热电偶的工作原理及实用电路

1. 热电偶的工作原理

1）热电效应

将两种不同成分的导体组成一个闭合回路，如图 8.2 所示。当闭合回路的两个接点分别置于不同的温度场中时，回路中将产生电势，该电势的方向和大小与导体的材料及两个接点的温度有关，这种现象称为热电效应，两种导体组成的回路称为热电偶，这两种导体称为热电极，产生的电势称为热电势，热电偶的两个接点，一个称为工作端或热端，另一个称为自由端或冷端。

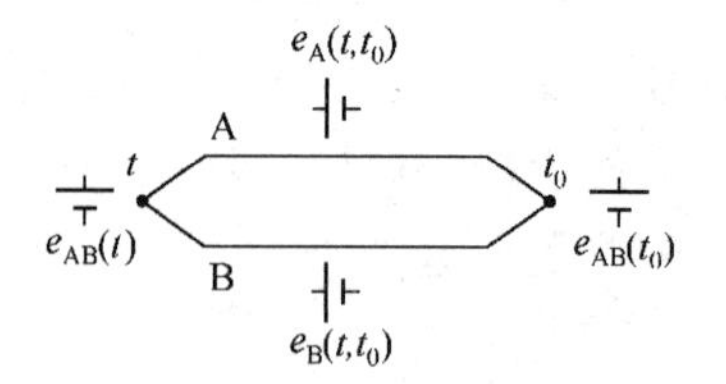

图 8.2　热电偶回路原理图

热电偶原理

热电势由两部分组成，一部分是两种导体的接触电势，另一部分是单一导体的温差电势。

2）接触电势

当A和B两种不同材料的导体接触时，由于两者内部单位体积的自由电子数目不同（电子密度不同），因此，电子在两个方向上扩散的速率不一样。假设导体A的自由电子密度大于导体B的自由电子密度，则从导体A扩散到导体B的电子数要比从导体B扩散到导体A的电子数大。所以导体A失去电子带正电荷，导体B得到电子带负电荷。于是，在A、B两导体的接触界面上便形成一个从导体A到导体B的电场。该电场的方向与电子扩散方向相反，它将引起反方向的电子转移，阻碍扩散作用继续进行。当扩散作用与阻碍扩散作用相等时，即自导体A扩散到导体B的自由电子数与在电场作用下自导体B扩散到导体A的自由电子数相等时，便可达到一种动态平衡状态。在这种状态下，A与B两导体的接触点产生了电位差，称为接触电势。接触电势的大小与导体材料、接点温度有关，与导体的直径、长度及几何形状无关。对于温度分别为t和t_0的两个接点，接触电势的公式如下：

$$e_{AB}(t)=U_{At}-U_{Bt} \tag{8-4}$$

$$e_{AB}(t_0)=U_{At_0}-U_{Bt_0} \tag{8-5}$$

式中，$e_{AB}(t)$、$e_{AB}(t_0)$为导体A、B在接点温度为t和t_0时形成的电势；U_{At}、U_{At_0}分别为导体A在接点温度为t和t_0时的电压，U_{Bt}、U_{Bt_0}分别为导体B在接点温度为t和t_0时的电压；接触电势的数量级为$10^{-3}\sim10^{-2}$。

3）温差电势

将某一导体两端分别置于不同的温度t、t_0中，在导体内部，热端的自由电子具有较大的动能，会向冷端移动，从而使热端失去电子带正电荷，冷端得到电子带负电荷。这样，导体两端便产生了一个由热端指向冷端的静电场，该静电场阻止电子从热端向冷端移动，最后达到动态平衡。这样，导体两端便产生了电势，我们称之为温差电势

$$e_A(t,t_0)=U_{At}-U_{At_0} \tag{8-6}$$

$$e_B(t,t_0)=U_{Bt}-U_{Bt_0} \tag{8-7}$$

式中，$e_A(t,t_0)$、$e_B(t,t_0)$为导体A、B在两端温度分别为t和t_0时形成的电势；它的数量级为10^{-5}。

4）热电偶的电势

将由A和B组成的热电偶的两接点分别置于温度t和t_0中，热电偶的电势为

$$E_{AB}(t,t_0)=e_{AB}(t)-e_{AB}(t_0)-e_A(t,t_0)-e_B(t,t_0) \tag{8-8}$$

其中，接触电势比温差电势大得多，可将温差电势忽略，所以上式可改写成

$$E_{AB}(t,t_0)=e_{AB}(t)-e_{AB}(t_0) \tag{8-9}$$

式中，下标AB的顺序表示电势的方向；当改变下标的顺序时，电势前面的符号（正、负号）也应随之改变，即上式可写成

$$E_{AB}(t,t_0)=e_{AB}(t)+e_{BA}(t_0) \tag{8-10}$$

综上所述，可以得出以下结论：热电偶电势的大小只与组成热电偶的材料和两接点的温度有关，而与热电偶的形状和尺寸无关。

2. 热电偶的基本定律

1）均质导体定律

如果热电偶中的两个热电极的材料相同，那么无论接点的温度如何，热电势都为零。

2）中间导体定律

在热电偶中接入第三种导体，只要第三种导体的两接点的温度相同，则热电偶的热电势不变。

如图 8.3 所示，在热电偶中接入第三种导体 C，设导体 A 与 B 接点处的温度为 t，A 与 C、B 与 C 接点处的温度为 t_0，则回路中的热电势为

$$E_{ABC}(t,t_0)=e_{AB}(t)+e_{BC}(t_0)+e_{CA}(t_0) \tag{8-11}$$

令 $t=t_0$，则回路中的热电势为 0，即

$$e_{AB}(t_0)+e_{BC}(t_0)+e_{CA}(t_0)=0$$

可改写成

$$-e_{AB}(t_0)=e_{BC}(t_0)+e_{CA}(t_0)$$

所以

$$E_{ABC}(t,t_0)=e_{AB}(t)-e_{AB}(t_0) \tag{8-12}$$

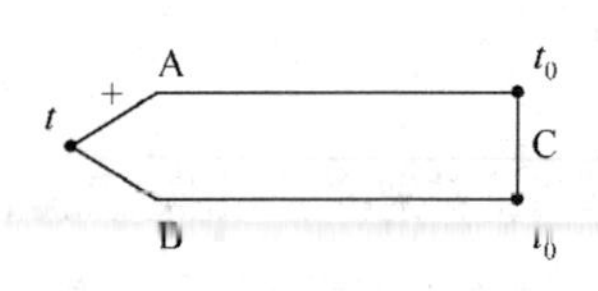

图 8.3　第三种导体接入热电偶回路

热电偶的这种性质在实际应用中有很重要的意义，它使我们可以方便地在回路中直接接入各种类型的显示仪表或调节器，也可以不将热电偶的两端焊接而直接插入液态金属中或直接焊在金属表面测量。

3）标准电极定律

如果两种导体分别与第三种导体组成的热电偶所产生的热电势已知，那么就能得到由这两种导体组成的热电偶所产生的热电势。

如图 8.4 所示，导体 A、B 分别与标准电极 C 组成热电偶，若它们所产生的热电势已知，即

$$E_{AC}(t,t_0)=e_{AC}(t)-e_{AC}(t_0)$$
$$E_{BC}(t,t_0)=e_{BC}(t)-e_{BC}(t_0)$$

那么，导体 A 与 B 组成的热电偶的热电势为

$$E_{AB}(t,t_0)=E_{AC}(t,t_0)-E_{BC}(t,t_0) \tag{8-13}$$

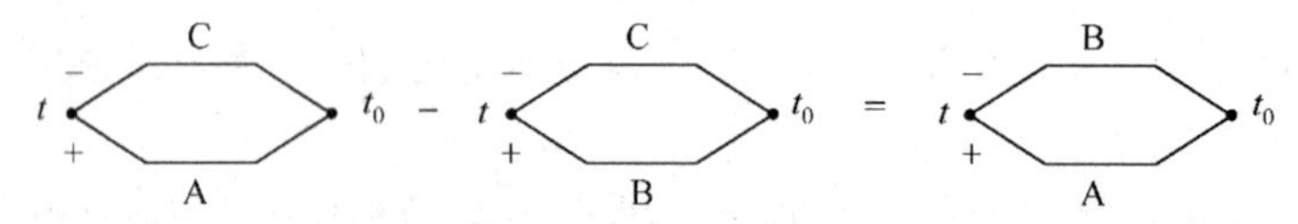

图 8.4　三种导体分别组成的热电偶

由于铂的物理性质和化学性质稳定，熔点高，易提纯，我们通常选用高纯铂丝做标准电极。这样，测得各种金属与纯铂组成的热电偶的热电势，各种金属组合而成的热电

偶的热电势即可根据上式算出来。

4）中间温度定律

热电偶在两接点处的温度分别为 t、t_0 时的热电势等于该热电偶在接点温度为 t、t_n 和 t_n、t_0 时相应热电势的代数和，即

$$E_{AB}(t,t_0)=E_{AB}(t,t_n)+E_{AB}(t_n,t_0) \tag{8-14}$$

中间温度定律为补偿导线的使用提供了理论依据，热电偶中间温度定律示意图如图 8.5 所示。

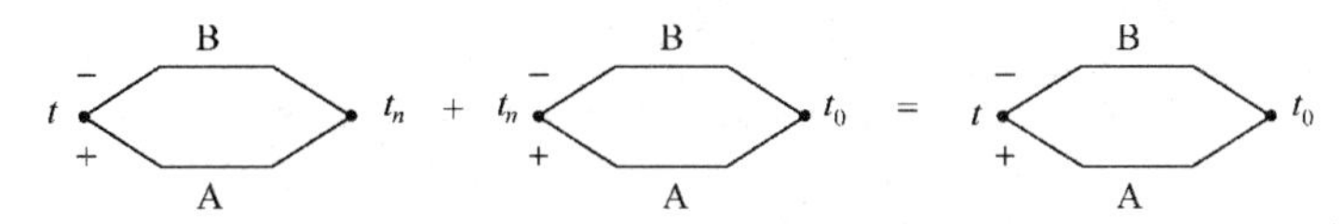

图 8.5 热电偶中间温度定律示意图

3. 热电偶的结构及材料

1）热电偶的基本结构

热电偶的种类很多，通常由热电极金属材料、绝缘材料、保护材料及接线装置等组成。

（1）对热电偶的基本要求。

① 在整个测温过程中能长时间准确、可靠地工作。

② 有足够的绝缘材料。

③ 有足够的机械强度，耐一定的振动和热冲击等。

（2）热电偶工作点的焊接方法。除要求焊接牢固外，还应当使焊接点具有金属光泽，表面圆滑，无玷污和裂纹等。焊点的形状通常有点焊、对焊、绞状点焊等。对于焊接工艺，根据热电偶的大小和材料的不同，可采用不同的方法焊接。

① 电弧焊和乙炔焰焊。这种方法用得比较多，尤其是电弧焊，非常简单实用，也是目前实验室进行热电偶焊接最常用的方法，如图 8.6 所示。

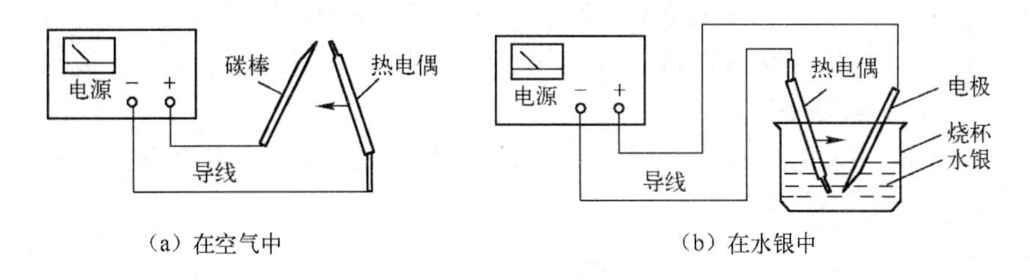

图 8.6 热电偶电弧焊接示意图

② 盐浴焊。此方法适用于焊接廉价金属材料的热电偶，盐浴焊接原理图如图 8.7 所示。盐浴焊接的焊点质量好，焊接电流可用调节器控制，宜焊接直径较细（0.03 ～ 0.3mm）的热电偶，如图 8.8 所示。

③ 激光焊。该方法是比较先进的焊接方法，其焊点质量较其他方法好，特别适用于超细丝的焊接，如直径在 0.01mm 以下的热电偶。

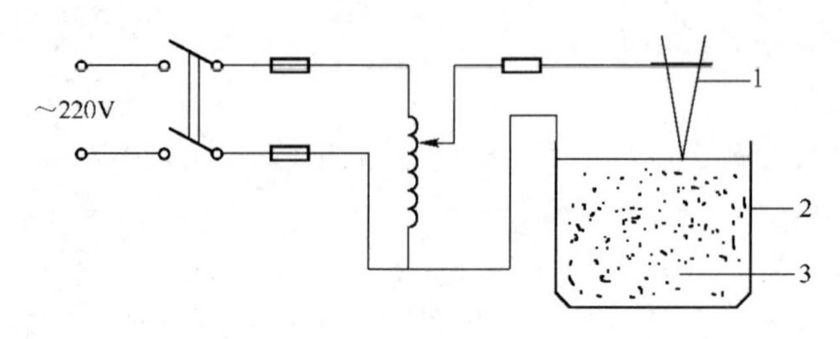

1—热电极；2—石墨坩埚；3—氧化钡

图 8.7　盐浴焊接原理图

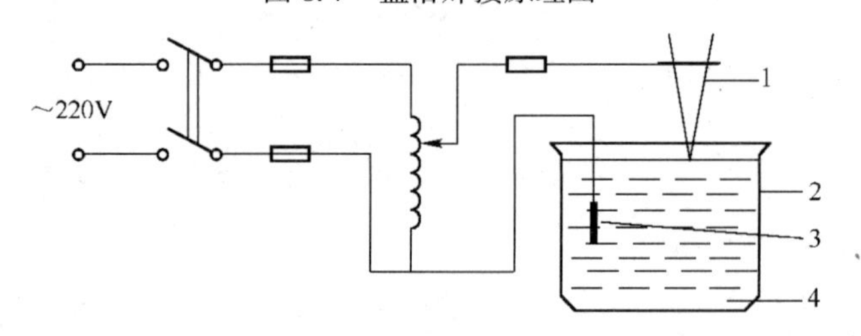

1—热电极；2—烧杯；3—铂丝；4—氯化氨

图 8.8　盐水焊接原理图

2）热电偶材料

（1）对热电偶材料的一般要求。

① 配对的热电偶应有较大的热电势，并且热电势与温度尽可能有良好的线性关系。

② 能在较宽的温度范围内应用，并且在长时间工作后不会发生明显的化学及物理性能的变化。

③ 电阻温度系数小，电导率高。

④ 易于复制，工艺性与互换性好，便于制定统一的分度表，材料有一定的韧性，焊接性能好，利于制作。

（2）电极材料的分类。

① 一般金属，如镍铬-镍硅、铜-镍铜、镍铬-镍铝、镍铬-考铜等。

② 贵金属，这类热电偶材料主要由铂、铱、铑、钌、锇及其合金组成，如铂铑-铂、铂铑-铂铑、铱铑-铱等。

③ 难熔金属，这类热电偶材料由钨、钼、铌、铼、锆等难熔金属及其合金组成，如钨铼-钨铼、铂铑-铂铑等。

3）绝缘材料

用热电偶测温时，除测量端外，热电极之间和连接导线之间均要有良好的电绝缘，否则会有热电势损耗，从而产生测量误差，甚至无法测量。

（1）有机绝缘材料。这类材料具有良好的电气性能、物理性能、化学性能，以及工艺性，但其耐高温能力和稳定性较差。

（2）无机绝缘材料。有较好的耐热性，常制成圆形或椭圆形的绝缘管，有单孔、双孔、四孔及其他特殊规格。其材料有陶瓷、石英、氧化铝和氧化镁等。除管材外，还可以将无机绝缘材料直接涂覆在热电极表面，或者把粉状材料经加压后烧结在热电极和保护套管之间。

4）保护套管材料

对保护套管材料的要求如下。

（1）气密性好，可有效防止有害介质深入，避免腐蚀接点和热电极。

（2）应有足够的强度及刚度，耐振、耐热冲击。

（3）物理性能和化学性能稳定，在长时间工作中不会与介质、绝缘材料和热电极互相作用，也不产生对热电极有害的气体。

（4）导热性能好，使接点与被测介质有良好的热接触。

4. 热电偶的类型

1）按工业标准划分

按工业标准划分可分为标准化热电偶、非标准化热电偶。

2）按结构形状划分

（1）普通型热电偶。普通型热电偶的外形如图 8.9 所示，主要用于测量气体、蒸汽和液体等介质的温度，根据测量范围和环境的不同，可选择合适的热电偶和保护套管。安装时可用螺纹或法兰方式连接，根据使用状态可适当选用密封式普通型或高压固定螺纹型。

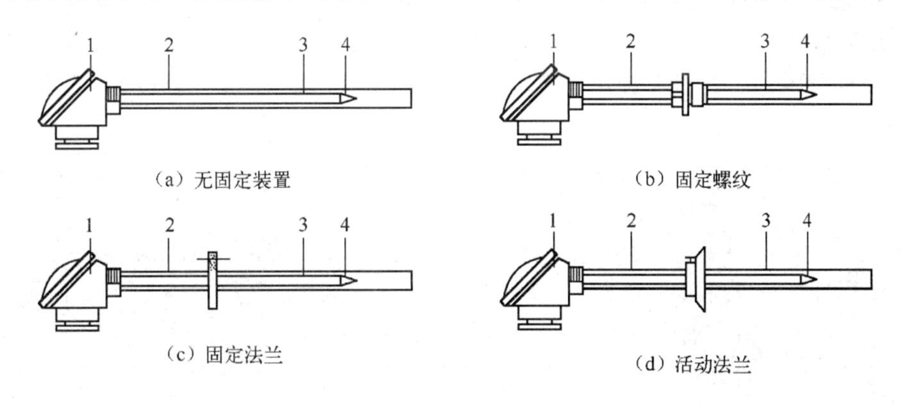

1—接线盒；2—保护套管；3—绝缘管；4—热电极

图 8.9　普通型热电偶的外形

（2）铠装热电偶。铠装热电偶是将热电极、绝缘材料和金属保护套管组合在一起，经拉伸加工而成的坚实组合体。它的内芯有单芯和双芯两种，如图 8.10 所示。铠装热电偶的主要优点是小型化，对被测物体的温度敏感，机械性能好，结实牢靠，耐振动和耐冲击。很细的整体组合结构可以弯成各种形状，适用于位置狭小的测温场合。

（3）表面热电偶。表面热电偶可用来测量各种形状的固体的表面温度，如测量轧辊、金属块、炉壁、橡胶筒和涡轮叶片等表面温度。

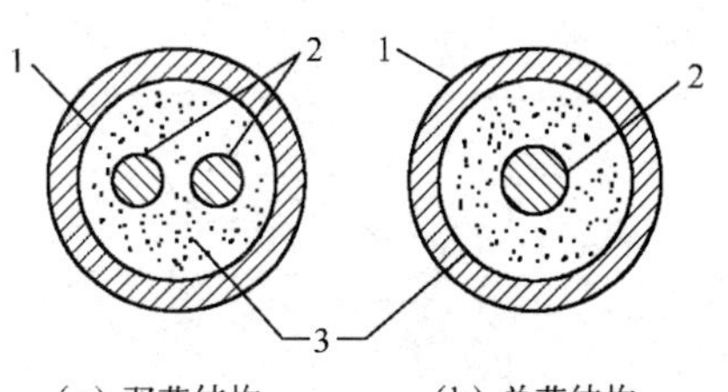

1—金属保护套管；2—内电极；3—绝缘物质

图 8.10　铠装热电偶截面图

(4) 薄膜热电偶。用真空蒸镀（或真空溅射）、化学涂层等工艺，将热电极材料沉积在绝缘基板上而形成的一层金属薄膜。热电偶测量端既小又薄（厚度可达 0.01 ～ 0.1 μm），因此其热惯性小、反应快，可用于测量瞬变的表面温度和微小面积上的温度，如图 8.11 所示。其结构有片状、针状及把热电极材料直接蒸镀在被测物体表面上三种。所用的电极类型有铁-康铜、铁-镍、铜-康铜、镍铬-镍硅等，测温范围为 -200 ～ 300℃。

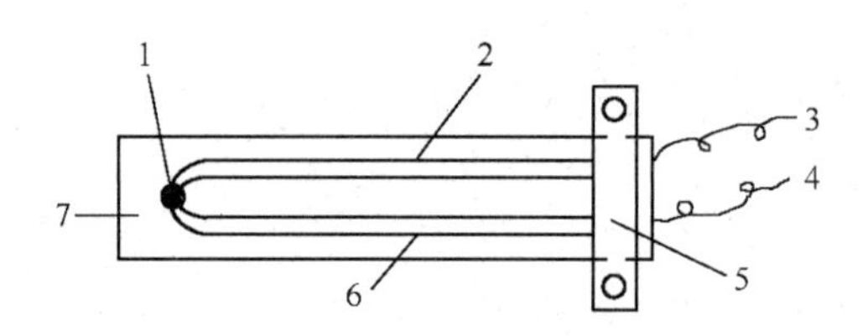

1—测量接点；2—铁膜；3—铁丝；4—镍丝；5—接头夹具；6—镍膜；7—衬架

图 8.11 铁-镍薄膜热电偶

(5) 测量气流温度的热电偶。

① 屏罩式热电偶。为了减少速度和辐射误差，将测量气流温度的热电偶装上屏罩。

② 抽气式热电偶。当测量高温气流的温度时，采用抽气方法可以有效地减少热电偶的传热误差。

③ 采样热电偶。在自动控制中，通常需要测量不同位置的平均温度，这时可采用采样热电偶。

(6) 浸入式热电偶。浸入式热电偶主要用来测量液态金属的温度，它可以直接插入液态金属中，常用于钢水、铁水、铜水、铝水和熔融合金的温度测量。

我国从 1991 年开始采用国际计量委员会规定的“1990 年国际温标”（简称 ITS-90）的新标准。按此标准，共有 8 种标准化的通用热电偶，如表 8.2 所示。在表 8.2 中所列的热电偶中，写在前面的热电极为正极，写在后面的热电极为负极。对于每种热电偶，还制定了相应的分度表，并且有相应的线性化集成电路与之对应。所谓分度表就是热电偶自由端（冷端）温度为 0℃时，热电偶工作端（热端）的温度与输出热电势之间的对应关系的表格，附录 B 所示为 K 型镍铬-镍硅（镍铬-镍铝）分度表。

表 8.2 8 种国际通用热电偶分度表

名 称	分度号	测温范围/℃	100℃时的热电势/mV	1000℃时的热电势/mV	特 点
铂铑$_{30}$-铂铑$_{6}$	B	50 ～1820	0.033	8.834	熔点高，测温上限高，性能稳定，精度高，100℃以下的热电势极小，所以不必考虑冷端温度补偿；价格昂贵，热电势小，线性差；只适用于高温区域的温度测量

续表

名　　称	分度号	测温范围/℃	100℃时的热电势/mV	1000℃时的热电势/mV	特　　点
铂铑$_{13}$-铂	R	-50～1768	0.647	10.506	使用上限较高，精度高，性能稳定，复现性好；但热电势较小，不能在金属蒸气和还原性气体中使用，在高温下连续使用时，其特性会逐渐变差，价格昂贵，多用于精密测量
铂铑$_{10}$-铂	S	-50～1768	0.646	9.587	优点同上；但其性能不如R热电偶好；长期以来一直作为国际温标的法定标准热电偶
镍铬-镍硅	K	-270～1370	8.096	41.276	热电势大，线性好，稳定性好，价格低廉；但材质较硬，在1000℃以上长期使用会引起热电势漂移；多用于工业测量
镍铬硅-镍硅	N	-270～1300	2.744	36.256	是一种新型热电偶，各项性能均比K热电偶好，适用于工业测量
镍铬-铜镍（康铜）	E	-270～800	6.319	—	热电势比K热电偶大50%左右，线性好，耐高湿度，价格低廉；但不能用于还原性气体中；多用于工业测量
铁-铜镍（康铜）	J	-210～760	5.269	—	价格低廉，在还原性气体中较稳定；但纯铁易被腐蚀和氧化；多用于工业测量
铜-铜镍（康铜）	T	-270～400	8.279	—	价格低廉，加工性能好，离散性小，性能稳定，线性好，精度高；铜在高温时易被氧化，测温上限低；多用于低温域测量。可作为-200～0℃温域的计量标准

注：① 铂铑$_{30}$表示该合金含70%的铂及30%的铑，后面以此类推。

5. 热电偶实用测温线路

合理安排热电偶的测温线路，对提高测温精度和方便维修等方面有十分重要的意义。

（1）热电偶基本测量线路如图8.12所示。这种测量线路包括热电偶、补偿导线、冷端补偿器、连接用铜线、动圈式显示仪表。显示仪表如果是电位差计，则不必考虑测量线路的电阻对测温精度的影响，如果是动圈式仪表，就必须考虑测量线路的电阻对测温精度的影响。

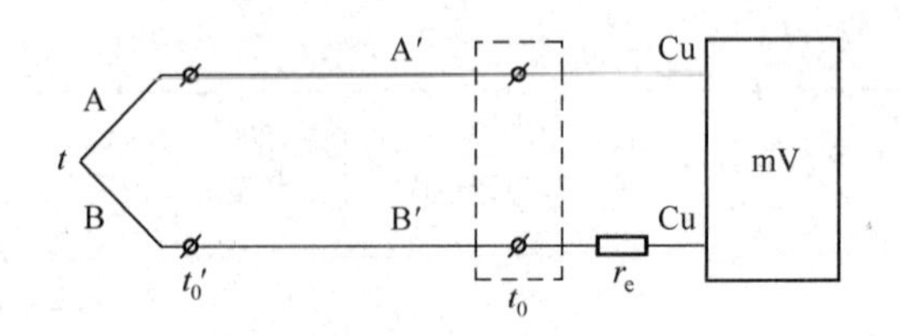

图 8.12　热电偶基本测量线路

（2）热电偶串联测量线路。将 N 支相同型号的热电偶的正、负极依次相连，如图 8.13 所示。若 N 支热电偶的各热电势分别为 $E_1,E_2,E_3,\cdots,E_N$，则总电势为

$$E_{串}=E_1+E_2+E_3+\cdots+E_N=NE \tag{8-15}$$

式中，E 为 N 支热电偶的平均热电势；串联线路的总热电势为 E 的 N 倍，$E_{串}$ 所对应的温度可由 $E_{串}-t$ 求得，也可根据平均热电势 E 在相应的分度表上查找。串联测量线路的主要优点是热电势大，精度比单支测量线路高；主要缺点是只要有一支热电偶断开，整个线路就不能工作了，个别热电偶短路会引起示值显著偏低。

（3）热电偶并联测量线路。将 N 支相同型号的热电偶的正、负极分别连在一起，如图 8.14 所示。

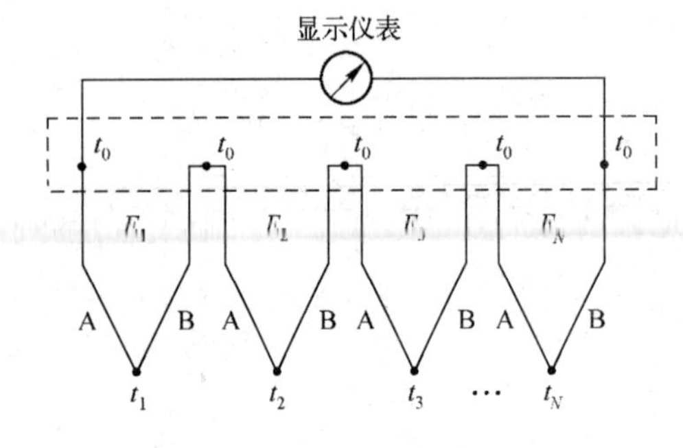

图 8.13　热电偶串联测量线路

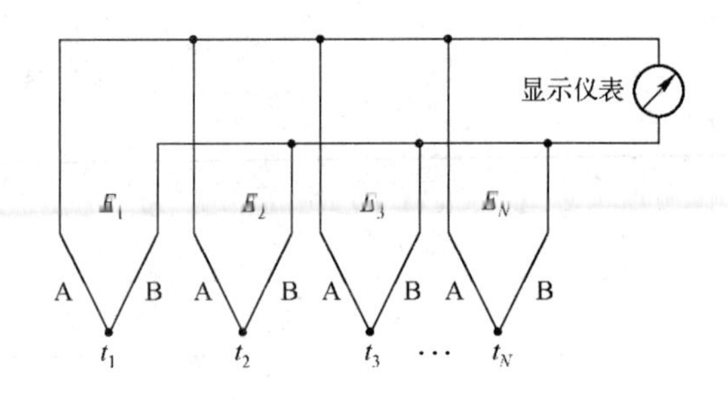

图 8.14　热电偶并联测量线路

如果 N 支热电偶的电阻值相等，则并联电路的总热电势等于 N 支热电偶的平均值，即

$$E_{并}=(E_1+E_2+E_3+\cdots+E_N)/N \tag{8-16}$$

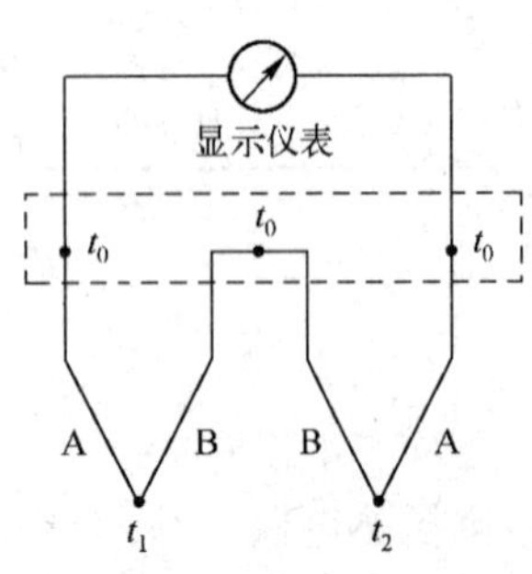

图 8.15　温差测量线路

（4）温差测量线路。实际工作中常需要测量两处的温差，可选用两种方法测温差，一种是用两支热电偶分别测量两处的温度，然后求算温差；另一种是将两支同型号的热电偶反向串联，直接测量温差电势，然后求算温差，如图 8.15 所示。前一种测量方法比后一种测量方法的精度差，对于对精确要求高的小温差测量，应采用后一种测量方法。

（5）热电偶测量系统。图 8.16 所示为热电偶测量系统图。图 8.16 中由毫伏定值器给出设定温度的相应毫伏值，如果热电偶的热电势与定值器的输出值有偏差，则说明炉温偏离给定值，此偏差经放大

器被送入调节器，再经过晶闸管触发器推动晶闸管执行器，从而调整炉丝的加热功率，消除偏差，达到控温的目的。

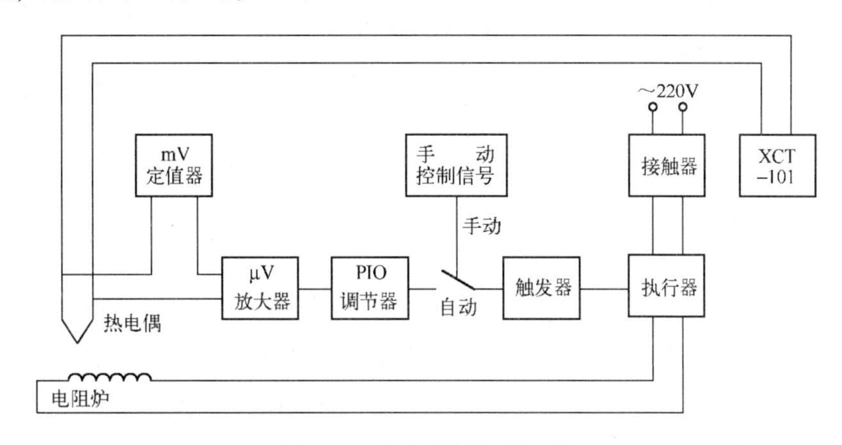

图 8.16 热电偶测量系统图

6. 热电偶的温度补偿

从热电效应的原理可知，热电偶产生的热电势与两端的温度有关。只有冷端的温度恒定，热电势才是热端温度的单值函数。由于热电偶分度表是以冷端温度为 0℃ 为基础做出的，因此在使用时要正确反映热端温度，最好设法使冷端温度恒为 0℃。在实际应用中，热电偶的冷端通常靠近被测对象，且受到周围环境温度的影响，其温度不是恒定不变的，因此，必须采取一些相应的措施进行温度补偿或修正，常用的方法有以下几种。

1）冷端恒温法

（1）0℃恒温器。将热电偶的冷端置于温度为 0℃ 的恒温器内，使冷端温度处于 0℃。这种装置常用于实验室或精密的温度测量中。

（2）其他恒温器。将热电偶的冷端置于各种恒温器内，使之保持恒定温度，避免由于环境温度的波动而引入误差。这类恒温器可以是盛有变压器油的容器，利用变压器油的热惰性恒温，也可以是使用电加热的恒温器，这类恒温器的温度不为 0℃，所以最后还需要对热电偶进行温度修正。

2）补偿导线法

补偿导线的作用是将热电偶的冷端延长到温度相对稳定的地方。只有当冷端温度恒定时，产生的热电势才与热端温度成单值函数关系。在工业中应用时，一般把冷端延长到温度相对稳定的地方。由于热电偶一般都是较贵重的金属，为了节省材料，采用与相应热电偶的热电特性相近的材料做成补偿导线，连接热电偶，将信号送到控制室，如图 8.17 所示（其中，A′、B′为补偿导线）。

所谓补偿导线，实际上是材料的化学成分与原导线不同的导线，在 0 ～ 1500℃ 的温度范围内，与配接的热电偶有一致的热电特性，价格相对便宜。由此可知，我们不能用一般的铜导线传送热电偶信号，同时对不同分度号的热电偶，其采用的补偿导线也不同。

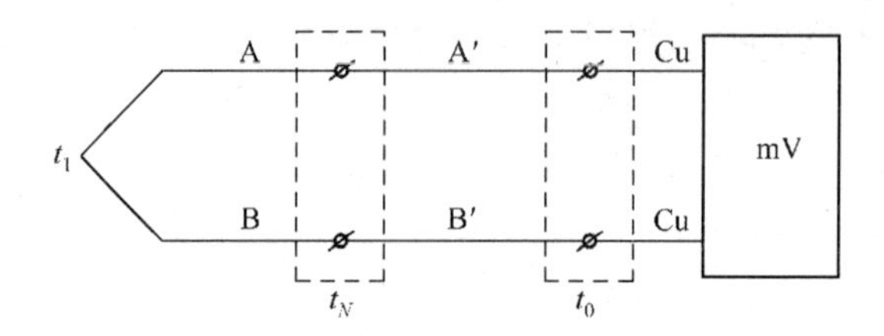

图 8.17　补偿导线的连接示意图

根据中间温度定律，只要热电偶和补偿导线的两个接点的温度一致，就不会影响热电势的输出。

使用补偿导线时必须注意以下几个问题。

（1）两根补偿导线与两个热电极的接点必须具有相同的温度。

（2）只能与相应型号的热电偶配用，而且必须满足工作范围。

（3）极性切勿接反。

常用热电偶补偿导线的特性如表 8.3 所示。

表 8.3　常用热电偶补偿导线的特性

型　号	配用热电偶 正-负	补偿导线 正-负	导线外皮颜色		100℃热电势/ mV	20℃时的 电阻率
			正	负		
SC	铂铑$_{10}$-铂	铜-铜镍	红	绿	0.646±0.023	0.05×10^{-6}
KC	镍铬-镍硅	铜-康铜	红	蓝	8.096±0.063	0.52×10^{-6}
$WC_{5/26}$	钨铼$_5$-钨铼	铜-铜镍	红	橙	1.451±0.051	0.10×10^{-6}

3）计算修正法

上述两种方法解决了一个问题，即设法使热电偶的冷端温度恒定。但是，冷端温度并非一定为0℃，所以测出的热电势还是不能正确地反映热端的实际温度。为此，必须对温度进行修正。修正公式如下

$$E_{AB}(t,t_0)=E_{AB}(t,t_1)+E_{AB}(t_1,t_0) \tag{8-17}$$

式中，$E_{AB}(t,t_0)$为热电偶热端温度为t，冷端温度为0℃时的热电势；$E_{AB}(t,t_1)$为热电偶热端温度为t，冷端温度为t_1时的热电势；$E_{AB}(t_1,t_0)$为热电偶热端温度为t_1，冷端温度为0℃时的热电势。

4）电桥补偿法

计算修正法虽然很精确，但不适合连续测温，为此，有些仪表的测温线路中带有补偿电桥。利用不平衡电桥产生的电势补偿热电偶因冷端温度波动引起的热电势的变化，如图 8.18 所示。

在图 8.18 中，E 为热电偶产生的热电势，U 为回路的输出电压。回路中串接了一个补偿电桥。R_1 ～ R_3 及 R_{CM} 均为桥臂电阻。R_{CM} 是用漆包铜丝绕制而成的，它和热电偶的冷端温度相同。R_1 ～ R_3 均用温度系数小的锰铜丝绕制而成，阻值稳定。在进行桥路设计时，使$R_1=R_2$，并且R_1、R_2的阻值要比桥路中的其他电阻大得多。这样，即使电桥中其他电阻的阻值发生变化，左右两桥臂中的电流也会几乎保持不变，从而认为其具有恒流特性。

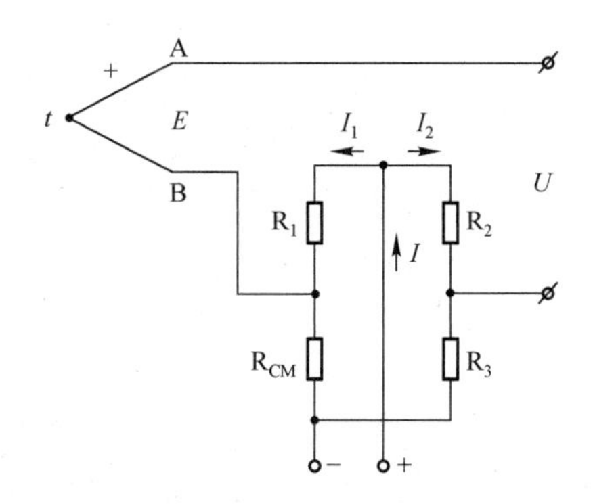

图 8.18　电桥补偿线路

回路输出电压 U 为热电偶的热电势 E、桥臂电阻 R_{CM} 的压降 $U_{R_{CM}}$ 及另一桥臂电阻 R_3 的压降 U_{R_3} 三者的代数和：

$$U=E+U_{R_{CM}}-U_{R_3} \tag{8-18}$$

当热电偶的热端温度恒定，冷端温度升高时，热电势会减小。与此同时，R_{CM} 将增大，从而使 $U_{R_{CM}}$ 增大，由此达到补偿的目的。

自动补偿的条件应为

$$\Delta E=I_1 R_{CM}\alpha\Delta t \tag{8-19}$$

式中，ΔE 为热电偶冷端温度变化引起的热电势的变化，它因所用的热电偶的材料的不同而异；I_1 为流过 R_{CM} 的电流，α 为铜电阻 R_{CM} 的温度系数，一般取 0.0039 1/℃；Δt 为热电偶冷端温度的变化范围。

通过上式，可得

$$R_{CM}=\frac{1}{\alpha I_1}\left(\frac{\Delta E}{\Delta t}\right) \tag{8-20}$$

需要说明的是，热电偶所产生的热电势与温度之间的关系是非线性的，每变化 1℃所产生的毫伏数并非都相同，但补偿电阻 R_{CM} 的阻值变化却与温度变化成线性关系。因此，这种补偿方法是近似的。在实际使用时，由于热电偶冷端温度的变化范围不会太大，所以这种补偿方法常被采用。

5）显示仪表零位调整法

当热电偶通过补偿导线连接显示仪表时，如果热电偶冷端温度已知且恒定，那么可以预先将有零位调整器的显示仪表的指针从刻度的初始值调至已知的冷端温度值上，这时显示仪表的示值即为被测量的实际值。

7. 工业现场利用热电偶测量炉温的误差分析

工业现场利用热电偶测量炉温产生误差的主要原因有安装不正确、热导率和时间滞后等。

1）安装不当引入的误差

（1）热电偶安装的位置及插入的深度不能反映炉膛的真实温度，换句话说，热电偶不应装在太靠近门和加热的地方，插入的深度至少应为保护套管直径的 8 ～ 10 倍。

（2）热电偶的保护套管与壁间的间隔未填充绝热物质致使炉内热溢出或冷空气侵入，因此热电偶保护套管和炉壁孔之间的空隙应用耐火泥或石棉绳等绝热物质堵塞，以免冷热空气对流而影响测温的准确性。

（3）热电偶冷端太靠近炉体使温度超过 100℃。

（4）热电偶的安装应尽可能避开强磁场和强电场，所以不应把热电偶和动力电缆线装在同一根导管内，以免引入干扰造成误差。

（5）热电偶不能安装在被测介质很少流动的区域内，当用热电偶测量管内气体的温度时，必须将热电偶沿逆流速方向安装，使其充分与气体接触。

2）绝缘强度降低引入的误差

热电偶绝缘强度降低，保护套管和拉线板的污垢或盐渣过多会致使热电偶极间与炉壁间的绝缘强度降低，在高温下更为严重，这不仅会引起热电势的损耗，还会引入干扰，由此引起的误差有时可达上百摄氏度。

3）热惰性引入的误差

（1）热电偶的热惰性会使仪表的指示值落后被测温度的变化，在进行快速测量时这种影响尤为突出。所以应尽可能采用热电极较细、保护套管直径较小的热电偶。当测温环境许可时，甚至可以将保护套管除去。

（2）由于存在测量滞后，用热电偶检测出的温度的波动振幅较炉温的波动振幅小。测量滞后越大，热电偶的波动振幅就越小，与实际炉温的差别也就越大。当用时间常数大的热电偶测温或控温时，虽然仪表显示的温度波动很小，但实际炉温的波动可能很大。为了准确地测量温度，应当选择时间常数小的热电偶。时间常数与传热系数成反比，与热电偶热端的直径、材料的密度及比热成正比，若要减小时间常数，除增加传热系数外，最有效的办法是减小热端的尺寸。在实际使用中，通常采用导热性能好的材料，管壁薄、内径小的保护套管。在较精密的温度测量中，使用无保护套管的裸丝热电偶，但这种热电偶容易损坏，应及时校正及更换。

4）热阻误差

高温时，如果保护套管上有一层煤灰，尘埃附在上面，那么热阻会增加，阻碍热的传导，这时温度示值比被测温度的真值低。因此，应保持热电偶保护套管外部的清洁，以减小误差。

8.2.3 金属热电阻式传感器的工作原理及实用电路

利用电阻随温度变化的特征而制成的传感器在工业上被广泛用来对温度和与温度有关的参数进行检测。按热电阻性质的不同，热电阻式传感器可分为金属热电阻式传感器和半导体热电阻式传感器两大类，前者通常简称为热电阻，后者称为热敏电阻。

1. 热电阻的基本工作原理

热电阻是利用电阻与温度成一定函数关系的特性，由金属材料制成的感温元件。当被测物体的温度变化时，导体的电阻随温度的变化而变化，通过测量电阻值的变化量可得出温度变化的情况及大小，这就是热电阻测温的基本工作原理。

作为测温的热电阻应满足下列要求：电阻温度系数（α）要大，以获得较高的灵敏度；电阻率（ρ）要高，以便使元件的尺寸小；电阻值随温度的变化尽量呈线性关系，以减小非线性误差；在测量范围内，物理、化学性能稳定；材料工艺性好、价格便宜。

2. 常用热电阻及特性

常用的热电阻材料有铂、铜、铁和镍等，它们的电阻温度系数在（3～6）×10^{-3}/℃的范围内，下面分别介绍它们的使用特性。

1）铂电阻

铂电阻是目前公认的制造热电阻的最好的材料，它性能稳定，重复性好，测量精度高，其电阻值与温度之间有近似的线性关系。其缺点是电阻温度系数小，价格较高。铂电阻主要用于制作标准电阻温度计，其测量范围一般为-200～+650℃。

当温度 t 在-200～0℃的范围内时，铂的电阻值与温度的关系可表示为

$$R_t=R_0(1+At+Bt^2+Ct^3(t-100)) \tag{8-21}$$

当温度 t 在0～850℃的范围内时，铂的电阻值与温度的关系为

$$R_t=R_0(1+At+Bt^2) \tag{8-22}$$

式中，R_0——温度为0℃时的电阻值；

R_t——温度为 t℃时的电阻值；

A——常数（$A=3.96847\times10^{-3}$ 1/℃）；

B——常数（$B=-5.847\times10^{-7}$ 1/℃^{2}）；

C——常数（$C=-8.22\times10^{-12}$ 1/℃^{4}）。

由式（8-21）和（8-22）可知，热电阻的阻值 R_t 不仅与 t 有关，还与其在0℃时的电阻值 R_0 有关，即在同样的温度下，R_0 的取值不同，R_t 的值也不同。目前国内统一设计的工业用铂电阻的 R_0 值有46Ω和100Ω等，并将 R_0 与 t 的相应关系列成表格形式，称为分度表。上述两种铂电阻的分度号分别用BA1和BA2表示，使用分度表时，只要知道热电阻的 R_t 值，便可从分度表中求得与 R_t 相对应的温度值 t。

2）铜电阻

铜电阻的特点是价格便宜（铂是贵重金属）、纯度高、重复性好，电阻的温度系数大，$\alpha=(8.25\sim8.28)\times10^{-3}$/℃（铂的电阻温度系数在0～100℃之间的平均值为3.9×10^{-3}/℃），其测温范围为-50～+150℃，当温度更高时，裸铜就氧化了。

在上述测温范围内，铜的电阻值与温度成线形关系，可表示为

$$R_t=R_0(1+\alpha t) \tag{8-23}$$

用铜电阻的主要缺点是电阻率小，所以用铜制成电阻时，与铂材料相比，铜电阻要更细或更长，使其机械强度不高或体积较大，而且铜电阻容易氧化，测温范围小。因此，铜电阻常用于介质温度不高、腐蚀性不强、测温元件体积不受限制的场合。铜电阻的 R_0 值有53Ω和100Ω等。常用的铜热电阻为WZG型，分度号为G，$R_0=53\Omega$。

3）其他热电阻

镍和铁的电阻温度系数大，电阻率高，可用于制成体积大、灵敏度高的热电阻。但由

于其容易氧化，化学稳定性差，不易提纯，重复性和线性度差，所以目前应用得较少。

近年来，在低温和超低温测量方面开始采用一些较为新颖的热电阻，如铑铁电阻、铟电阻、锰电阻、碳电阻等。铑铁电阻是以含 0.5%的铑原子的铑铁合金丝制成的，常用于测量 0.3 ～ 20K 范围内的温度，具有较高的灵敏度、稳定性、重复性。铟电阻是一种高精度的低温热电阻，铟的熔点约为 429K，在 8.2 ～ 15K 的温域内，其灵敏度比铂高 10 倍，可用于不能使用铂电阻的测温场合。

3. 热电阻的测量电路

常用的热电阻测温电路是电桥电路，如图 8.19 所示。在图 8.19 中，R_1、R_2、R_3 和 R_t（或 R_q、R_M）组成电桥的 4 个桥臂，其中，R_t 是热电阻，R_q 和 R_M 分别是调零和调满刻度的调整电阻（电位器）。测量时先将 S 扳到“1”位置，调节 R_q 使仪表指示为零，然后将 S 扳到“3”位置，调节 R_M 使仪表指示到满刻度，调整后再将 S 扳到“2”位置，则可进行正常的测量。

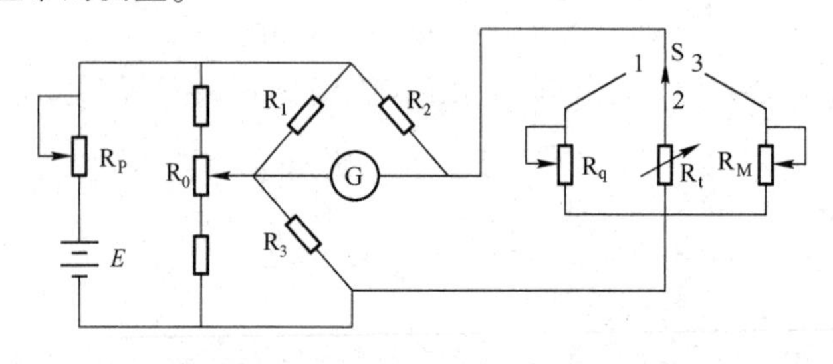

图 8.19　电桥电路

由于热电阻本身的电阻值较小（通常在 100Ω 以内），而热电阻安装处（测温点）距仪表总有一定的距离，所以其连接导线的电阻会因环境温度的变化而变化，从而造成测量误差。

为了消除连接导线的电阻的影响，一般采用三线制连接法，如图 8.20 所示。图 8.20（a）的热电阻有三根引出线，而图 8.20（b）的热电阻只有两根引出线，但都采用了三线制连接法。采用三线制连接法，引线的电阻分别接到相邻桥臂上，且电阻温度系数相同，因此温度变化时引起的电阻变化也相同，从而使因引线电阻变化而产生的附加误差减小。

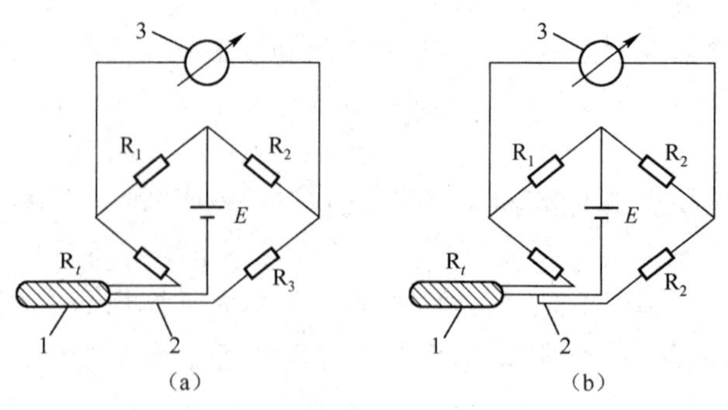

1—电阻；2—引线；3—显示仪表

图 8.20　三线制连接法

在进行精密测量时，常采用四线制连接法，如图 8.21 所示。由图 8.21 可知，调零电阻 R_t 分为两部分，分别接在两个桥臂上，其接触电阻与检流计 G 串联，接触电阻的不稳定不会影响电桥的平衡和正常的工作状态，其测量电路常与双电桥或电位差计配用。

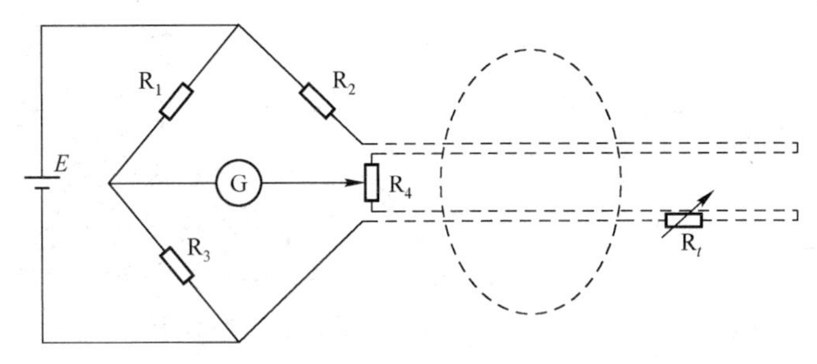

图 8.21　四线制连接法

4. 热电阻的应用

在工业上广泛应用金属热电阻式传感器进行-200 ～+500℃范围内的温度测量，在特殊情况下，测量的低温端可达 3.4K，甚至更低（1K 左右），高温端可达 1000℃，甚至更高，而且测量电路较为简单。用金属热电阻式传感器进行温度测量的主要特点是精度高，适用于测低温（测高温时常用热电偶传感器），便于远距离、多点、集中测量和自动控制。

1）温度测量

一般利用热电阻的高灵敏度进行液体、气体、固体、固熔体等温度测量。工业测量中常用三线制连接法，标准或实验室精密测量中常用四线制连接法。这样不仅可以消除连接导线电阻的影响，还可以消除测量电路中的寄生电势引起的误差。在测量过程中需要注意的是，流过热电阻丝的电流不要过大，否则会产生过大的热量，影响测量精度。图 8.22 所示为热电阻的测量电路图。

2）流量测量

利用热电阻上的热量消耗和介质流速的关系还可以测量流量、流速、风速等。图 8.23 就是利用铂热电阻测量气体流量的一个例子。在图 8.23 中，热电阻探头 R_{t1} 放置在气体流路的中心位置，它所耗散的热量与被测介质的平均流速成正比；另一个热电阻 R_{t2} 放置在不受流动气体干扰的平静小室中，它们分别接在电桥的两个相邻桥臂上。测量电路在流体静止时处于平衡状态，桥路输出为零，当气体流动时，介质会将热量带走，从而使 R_{t1} 和 R_{t2} 的散热情况不一样，致使 R_{t1} 的阻值发生相应的变化，使电桥失去平衡，产生一个与流量变化相对应的不平衡信号，并由检流计 P 显示出来，检流计的刻度值可以显示气体流量的大小。

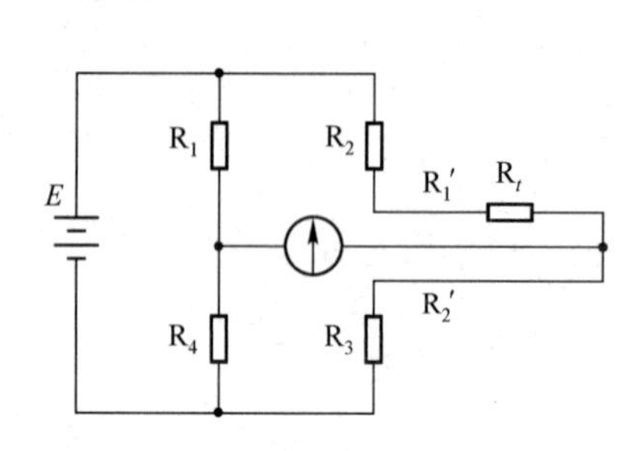

图 8.22　热电阻的测量电路图

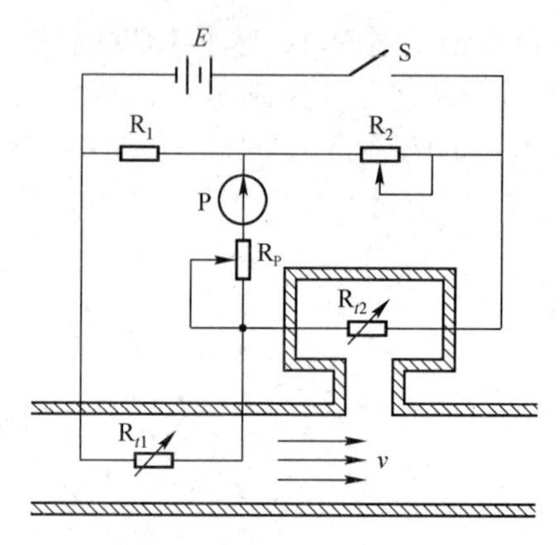

图 8.23　热电阻式流量计的电路原理图

8.2.4　热敏电阻式传感器的工作原理及实用电路

1. 热敏电阻的概念、原理及特点

1）基本概念

热敏电阻是一种新型的半导体测温元件，它是利用半导体的电阻随温度变化的特性而制成的测温元件。按温度系数不同可分为正温度系数热敏电阻（PTC）和负温度系数热敏电阻（NTC）两种。

2）工作原理

热敏电阻的阻值与温度之间的关系可以用下式表示。

正温度系数热敏电阻

$$R_t = R_0 e^{B(t-t_0)} \tag{8-24}$$

负温度系数热敏电阻

$$R_t = R_0 e^{B(1/t-1/t_0)} \tag{8-25}$$

式中，R_t 是温度为 t 时的电阻值，R_0 是温度为 t_0 时的电阻值，B 为常数，由材料、工艺及结构决定。热敏电阻的热电特性曲线如图 8.24 所示。

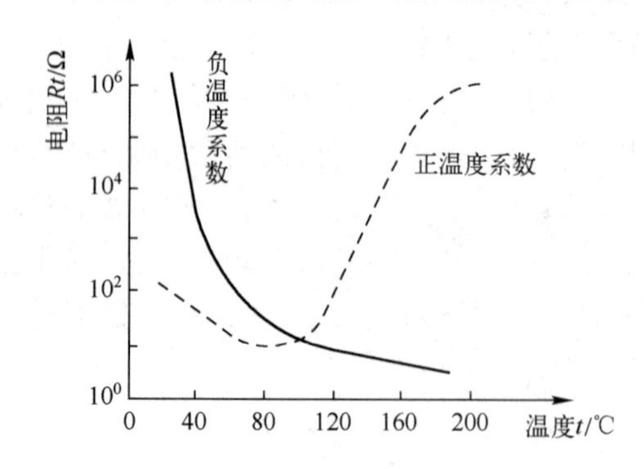

图 8.24　热敏电阻的热电特性曲线

3）主要特点

（1）灵敏度高，是铂热电阻、铜热电阻的灵敏度的几百倍。它与简单的二次仪表结合，能检测出 1×10^{-3}℃的温度变化，与电子仪表组成测温计，可完成更精确的温度测量。工作温度范围宽，常温热敏电阻的工作温度为-55 ～+315℃；高温热敏电阻的工作温度高于 315℃；低温热敏电阻的工作温度低于-55℃。

（2）可以根据不同的要求将热敏电阻

制成各种不同的形状，可制成 1 ～ 10MΩ 的标称阻值的热敏电阻，以供不同电路选择。

(3) 稳定性好，过载能力强，寿命长。

2. 热敏电阻的基本应用电路

1) 热敏电阻作为检测元件和电路元件

热敏电阻工作点的选取由其伏安特性决定。作为检测元件用的热敏电阻在仪器仪表中的应用分类如表 8.4 所示，作为电路元件用的热敏电阻在仪器仪表中的主要应用分类如表 8.5 所示。

表 8.4 作为检测用的热敏电阻在仪器仪表中的应用分类

对伏安特性的位置	在仪器仪表中的应用
U_m 左边	温度计、温度差计、温度补偿、微小温度检测、温度报警、温度继电器、温度计、分子量测定、水分计、热辐射计、红外探测器、热传导测定、比热容测定
U_m 右边	液位报警、液位检测
旁热型热敏电阻	流速计、流量计、气体分析仪、气体色谱仪、真空计、热导分析
U_m 峰值电压	风速计、液面计、真空计

表 8.5 作为电路元件用的热敏电阻在仪器仪表中的主要应用分类

对伏安特性的位置	在仪器仪表中的应用
U_m 左边	偏置线圈的温度补偿、仪表温度补偿、热电偶温度补偿、晶体管温度补偿
U_m 附近	恒压电路、延迟电路、保护电路
U_m 右边	自动增益控制电路、RC 振荡器、振幅稳定电路

2) 热敏电阻的结构

热敏电阻的结构有很多，如图 8.25 所示，可根据使用需要选取。

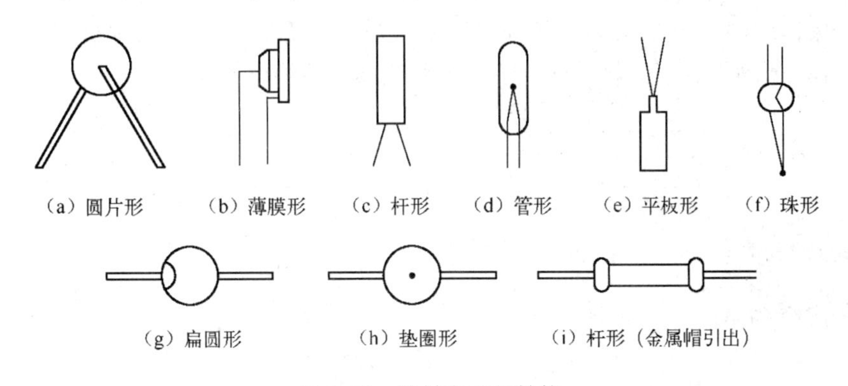

图 8.25 热敏电阻的结构

3) 热敏电阻的应用

(1) 温度控制。

利用热敏电阻作为测量元件还可以组成温度自动控制系统。图 8.26 所示为温度自动控制电加热器的电路原理图。在图 8.26 中，接在测温点附近（电加热器 R）的热敏电阻 R_t 作为差动放大器（由 VT_1、VT_2 组成）的偏置电阻。当温度变化时，R_t 的值也会变化，引起 VT_1 集电极电流的变化，经二极管 VD_2 引起电容 C 充电速度的变化，从而使单结晶体管 VJT 的输出脉冲移相，改变晶闸管 V 的导通角，调整加热电阻丝 R 的电源电压，从而达到温度自动控制的目的。

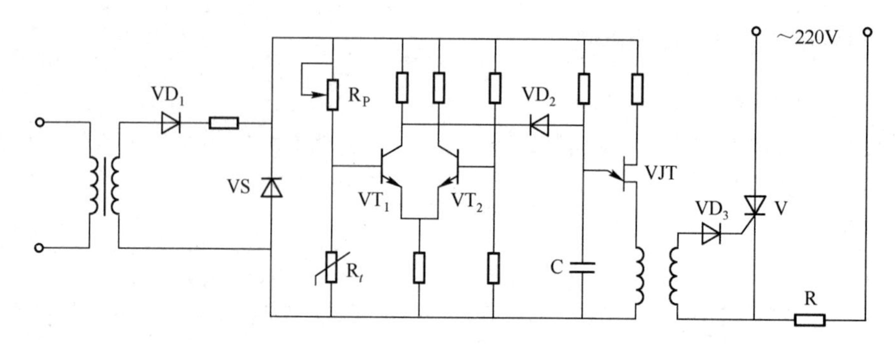

图 8.26　温度自动控制电加热器的电路原理图

（2）用热敏电阻进行温度补偿。

通常温度补偿电路是由热敏电阻 R_t 和与温度无关的线性电阻 R_1 和 R_2 串联或并联组成的，如图 8.27 所示。

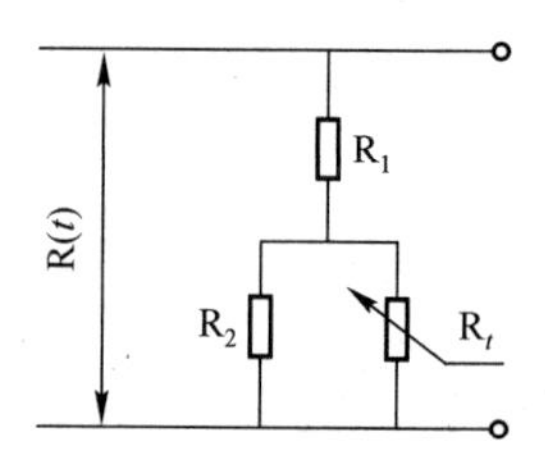

图 8.27　热敏电阻温度补偿电路

（3）电动机的过载保护控制。

热敏电阻构成的电动机过载保护电路如图 8.28 所示，R_{t1}、R_{t2}、R_{t3} 是特性相同的 PRC6 型热敏电阻，将其放在电动机绕组中，用万能胶固定。热敏电阻的阻值在 20℃ 时为 10kΩ，在 100℃时为 1kΩ，在 110℃时为 0.6kΩ。

正常运行时，三极管 BG 截止，KA 不动作。当电动机过载、断相或有一相接地时，电动机的温度急剧升高，使 R_t 的阻值急剧减小，到一定值时，BG 导通，KA 得电吸合，从而实现保护作用。根据电动机各种绝缘等级的允许温升来调节偏流电阻 R_2 的阻值，从而确定 BG 的动作点，其效果好于熔丝及双金属片热继电器。

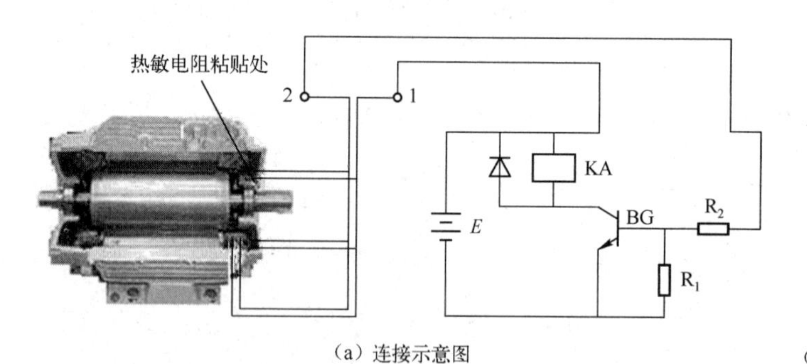

（a）连接示意图

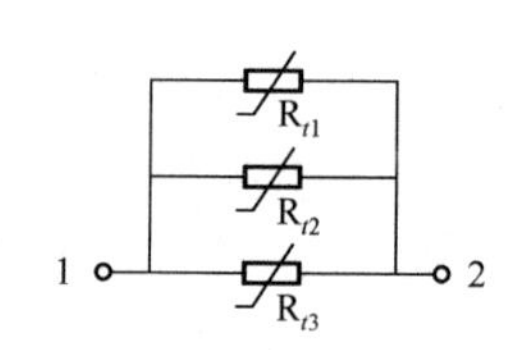

（b）电动机定子上的热敏电阻的连接方式

图 8.28　热敏电阻构成的电动机过载保护电路

（4）晶体管的温度补偿。

热敏电阻用于晶体管的温度补偿电路如图 8.29 所示，根据晶体管的特性，当温度升高时，其集电极电流 I_c 上升，等效于晶体管的等效电阻下降，U_{sc} 会增大。若要使

U_{sc}维持不变，则需提高基极 b 的电位，减少晶体管的基流。因此，应选择正温度系数的热敏电阻，从而使基极电位提高，达到温度补偿的目的。

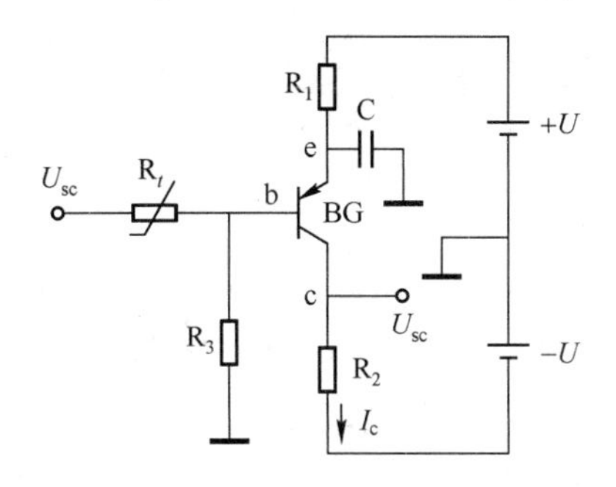

图 8.29　热敏电阻用于晶体管的温度补偿电路

8.3　热电式传感器的认识

8.3.1　热电偶的认识

各种热电偶实物图如图 8.30 所示。

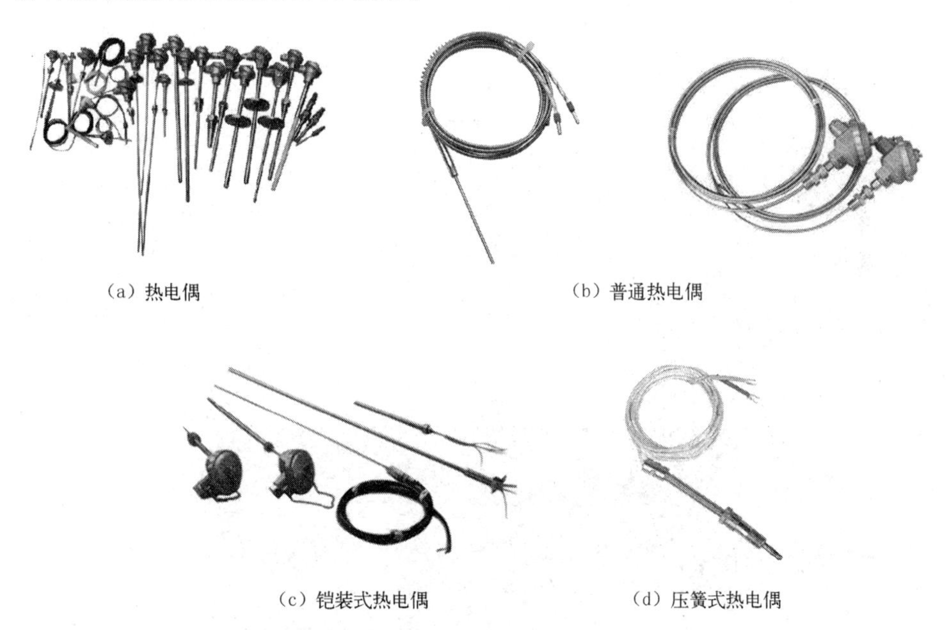

（a）热电偶　（b）普通热电偶

（c）铠装式热电偶　（d）压簧式热电偶

图 8.30　各种热电偶实物图

8.3.2　金属热电阻式传感器的认识

常见的金属热电阻式传感器如图 8.31 所示。

金属热电阻的内部结构如图 8.32 所示。

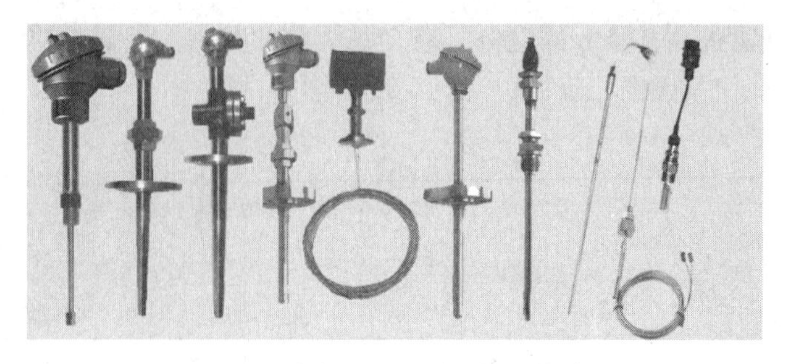

图 8.31　常见的金属热电阻式传感器

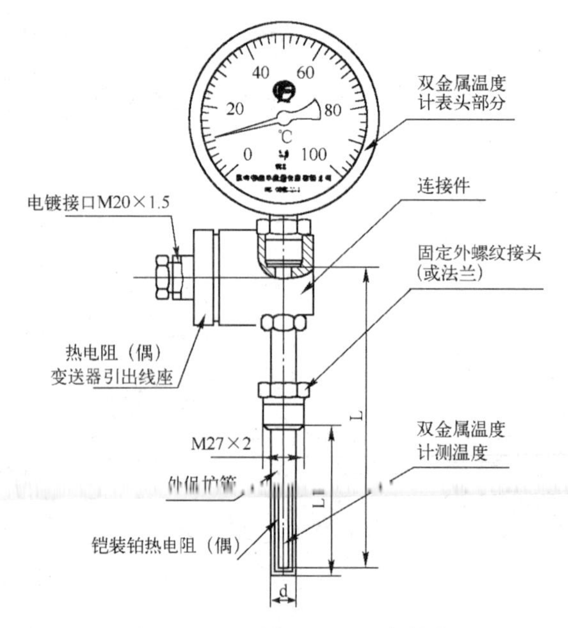

图 8.32　金属热电阻的内部结构

8.3.3　热敏电阻式传感器的认识

常见的热敏电阻式传感器如图 8.33 所示。

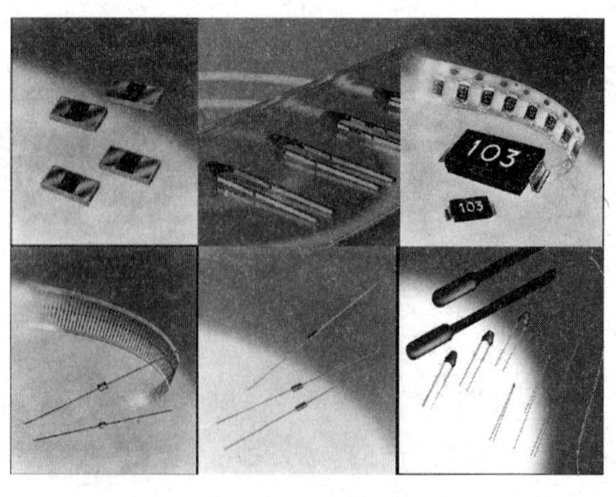

图 8.33　常见的热敏电阻式传感器

1. NTC

常见的 NTC 热敏电阻如图 8.34 所示。
由 NTC 热敏电阻制成的温度控制器如图 8.35 所示。

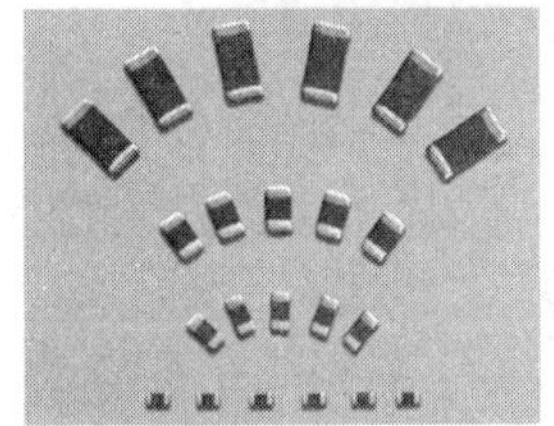
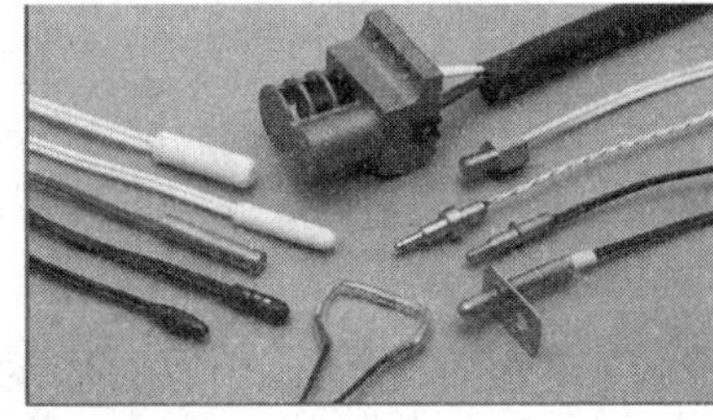

图 8.34　常见的 NTC 热敏电阻

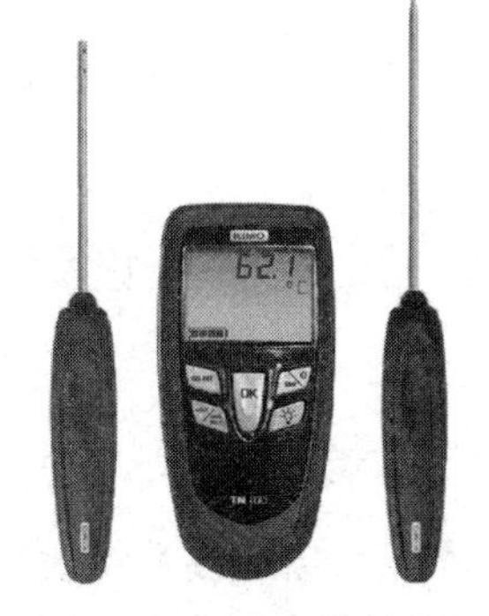

图 8.35　由 NTC 热敏电阻制成的温度控制器

2. PTC

常见的 PTC 热敏电阻如图 8.36 所示。

图 8.36　常见的 PTC 热敏电阻

CPU 底座下的 PTC 热敏电阻如图 8.37 所示。

3. 艾默生热敏电阻

艾默生热敏电阻如图 8.38 所示。

图 8.37 CPU 底座下的 PTC 热敏电阻

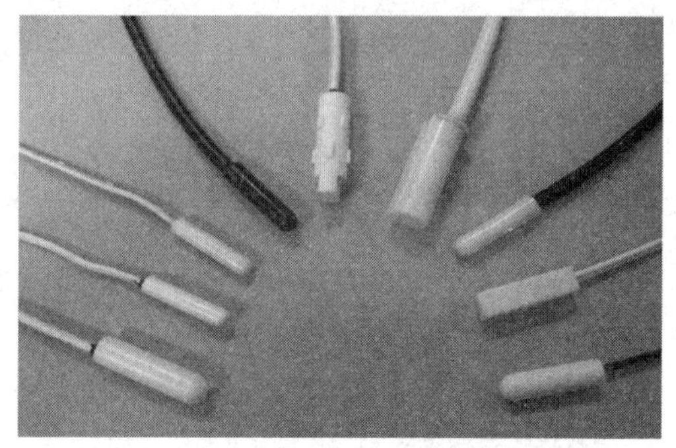

图 8.38 艾默生热敏电阻

8.4 项目参考设计方案

8.4.1 整体方案设计

根据自动检测系统的组成结构，该热水器加热炉温度显示装置主要用于采集加热炉的温度，并通过转换技术驱动显示装置显示出来。由于燃气热水器加热炉内部是燃气燃烧的位置，燃烧的火焰温度可以达到 1000℃ 以上，因此选用热电偶作为测温传感器，同时需要放大电路进行信号放大处理，还需要专用的显示处理电路驱动数码管显示。因此本设计拟采用 K 型热电偶作为测温元件，如图 8.39 所示。

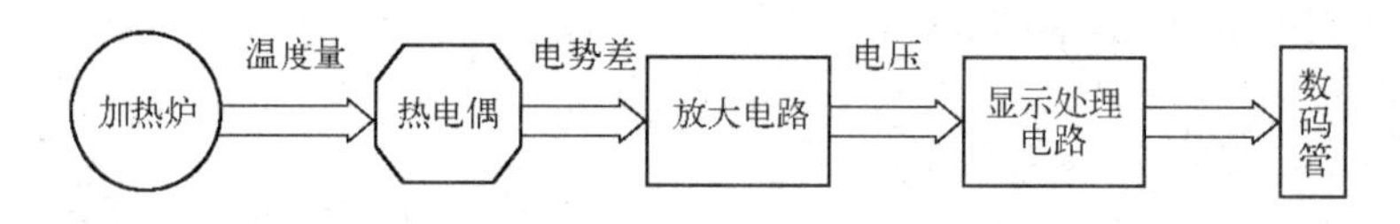

图 8.39 热水器加热炉温度显示装置的结构

8.4.2 电路设计

本方案设计燃气热水器加热炉的温度显示器，采用 K 型热电偶（具体内容参见 8.2.2）采集前端信号温度，将其转换为电压信号，再通过两级放大将信号传递到一个专用显示芯片 ICL7107，芯片将电压信号转换为数码管的段码信号并输出，驱动 4 位数码管显示。测温原理参考设计图如图 8.40 所示。

冷端和热端的温度差通过热电偶转化为电势差，再由电阻线路送到两级放大器 LM324 中放大，将得到的电压送入 ICL7107 中，ICL7107 是一种高性能、低功耗的三位半 A/D 转换器，它包含七段译码器、显示驱动器、参考源和时钟系统，同时可以直接驱动 4 位数码管。

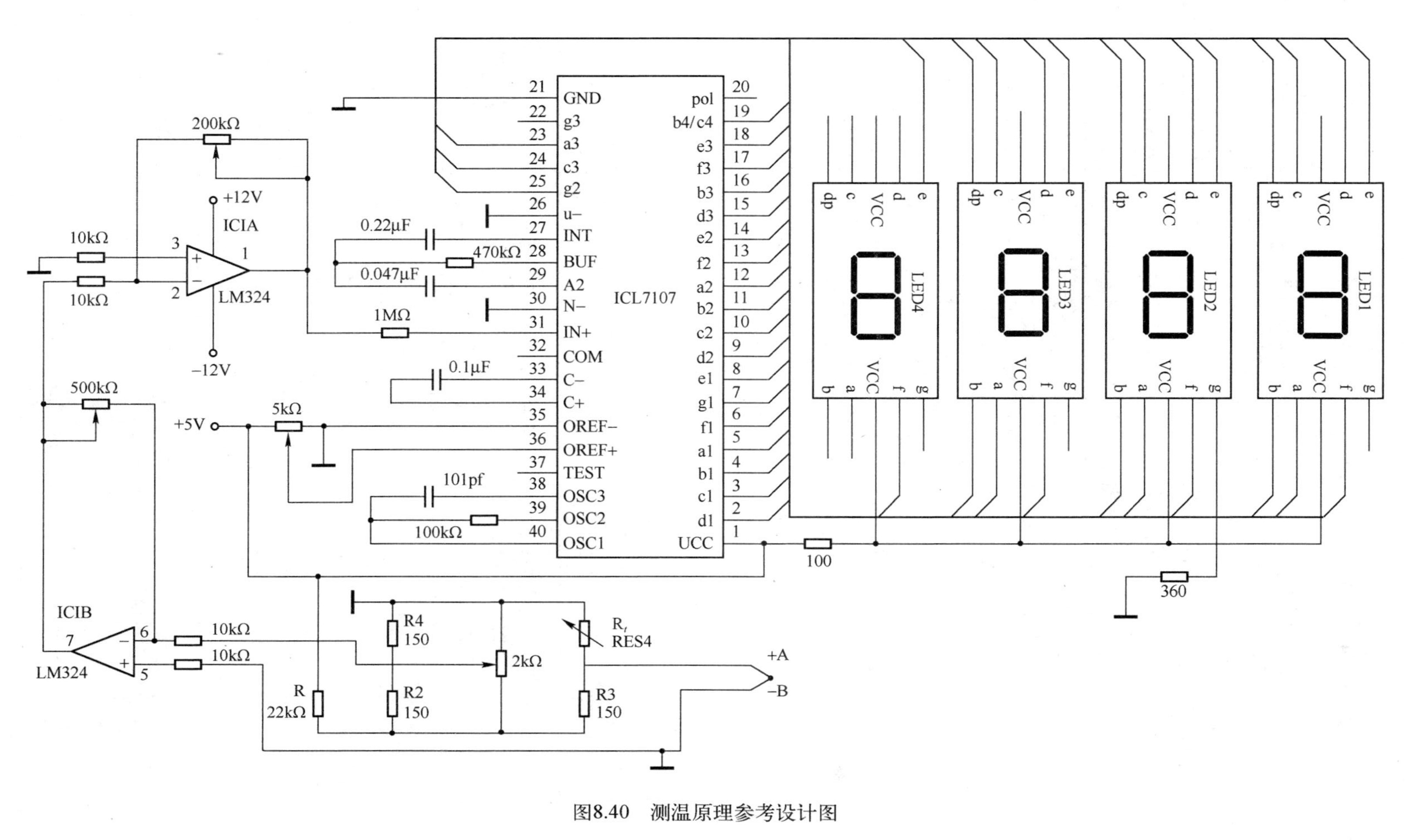

图8.40　测温原理参考设计图

8.5 项目实施与考核

8.5.1 制作

按照项目实施要求准备好操作所需的工具、耗材与元件等，主要涉及电烙铁、焊锡丝、传感器等。根据六步教学法的流程和制作要求，燃气热水器加热炉温度检测单元的制作工具如表 8.6 所示。燃气热水器加热炉温度检测单元的参考设计元件清单如表 8.7 所示。

表 8.6 燃气热水器加热炉温度检测单元的制作工具

项 目 名 称			燃气热水器加热炉温度检测单元	
步骤	工作流程	工具	数量	备注
1	咨询	技术资料	1 份	
2	计划	工艺文件	1 份	
		仿真平台	1 套	
3	决策	热电偶实验平台	1 套	
		Protel 99se	1 套	
4/5	实施/检查	电烙铁	2 台	
		焊锡丝	1 卷	
		稳压电源	1 台	
		数字万用表	1 只	
		示波器	1 台	
		模拟加热炉	1 台	
		燃气灶具	1 套	
		常用螺装工具	1 套	
		导线	若干	
6	评估	多媒体设备	1 套	汇报用

表 8.7 燃气热水器加热炉温度检测单元的参考设计元件清单

项 目 名 称			燃气热水器加热炉温度检测单元	
序号	元件名称	规格	数量	备注
1	传感器	K 型热电偶	1	
2	数码管	红色共阳数码管	4	
3	电容	100pF	1	
		0.047uF	1	
		0.1uF	1	
		0.22uF	1	
4	电阻	100Ω	1	
		150Ω	3	
		360Ω	1	
		10kΩ	4	
		22kΩ	1	
		100kΩ	1	
		200kΩ	1	
		470kΩ	1	

续表

项目名称		燃气热水器加热炉温度检测单元		
序号	元件名称	规格	数量	备注
5	电位器	500Ω	1	
		2kΩ	1	
		5kΩ	1	
		500kΩ	1	
6	芯片	ICL7107	1	
		LM324	1	
7	基板	万能焊接板	1	

8.5.2 调试

1. 检查电源回路

在通电之前，用数字万用表的二极管通断挡测量电源正、负接入点之间的电阻，应该为高阻态。如果出现短路现象，应立即排查，防止通电烧毁元件的事故发生。同时，目测 IC 的正负电源是否接反，当一切正常后方可通电调试。

2. 热电偶检测

利用示波器和万用表检测，比较热电偶工作端处于加热炉中和置于冷端中时输出电势的区别，检测热电偶的工作效果。

3. 放大电路调节

根据 ICL7107 的输入参考电压的要求调节放大器的放大倍数，使 ICL7107 输入电压在其允许的范围内，并能与温度相对应。

4. 输出显示检测

输出显示使用 4 位数码管，但是第 4 位（最高位）只能显示 0 或 1。注意每一位数字的变化，看其是否符合数字变化的规律，观察各数据位和控制端的接线。

8.5.3 评价

完成调试后，老师根据各同学或小组制作的系统进行标准测试，按照表 8.8 所列的项目为各同学或小组打分。

表 8.8 评价表

考核项目	考核内容	配分	考核要求及评分标准	得分
工艺	板面元件的布置 布线 焊点质量	20 分	板面元件布置合理，输出 LED 有说明 布线工艺良好，横平竖直 焊点圆、滑、亮	
功能	电源电路 LED 显示 灵敏度调节 温度测量	50 分	电源正常，未烧毁元件 LED 显示正常 灵敏度可以通过 R_P 调节 能够较精确地测出加热炉的温度	

续表

考核项目	考 核 内 容	配 分	考核要求及评分标准	得分
资料	Protel 电路图 汇报 PPT（上交） 调试记录（上交） 训练报告（上交） 产品说明书（上交）	30 分	电路图绘制正确 PPT 能够说明过程，汇报语言清晰明了 记录能反映调试过程，故障处理明确 包含所有环节，说明清楚 能够有效指导用户使用	
教师签字			合计得分	

小　　结

本单元从设计制作热水器加热炉温度检测单元开始，根据任务设计要求，带着相关问题学习热电偶传感器的相关知识。

（1）温度是一个和人们的生活环境有密切关系的物理量，也是一种在生产、科研、生活中需要测量和控制的物理量，是国际单位制中的七个基本量之一。温度的检测方法有很多种，目前使用比较广泛的热电式测量方法有热电偶测量、金属热电阻测量、热敏电阻测量和集成温度传感器测量等。国际上规定的温标有摄氏温标、华氏温标、热力学温标等。

（2）热电偶的工作原理：将两种不同成分的导体组成一个闭合回路，当闭合回路的两个接点分别置于不同的温度场中时，回路中将产生电势，该电势的方向和大小与导体的材料及两个接点的温度有关，这种现象称为"热电效应"。当测量温度较高时，大多使用热电偶作为传感器。

（3）热电势由两部分组成，一部分是两种导体的接触电势，另一部分是单一导体的温差电势。热电偶的基本定律有均质导体定律、中间导体定律、标准电极定律和中间温度定律，它们是热电偶传感器测温的基础。热电偶的种类很多，通常由热电极金属材料、绝缘材料、保护材料及接线装置等组成。

（4）热电偶的类型按结构形状划分，可分为普通型热电偶、铠装热电偶、表面热电偶、薄膜热电偶、测量气流温度的热电偶和浸入式热电偶。热电偶产生的热电势与两端温度有关，只有冷端的温度恒定，热电势才是热端温度的单值函数。在实际应用中，热电偶的冷端通常靠近被测对象，且受到周围环境温度的影响，其温度不是恒定不变的，因此，必须采取一些相应的措施进行温度补偿或修正。

（5）热电阻是利用电阻与温度成一定函数关系的特性，由金属材料制成的感温元件。当被测物体的温度变化时，导体的电阻随温度的变化而变化，通过测量电阻值的变化量可得出温度变化的情况及大小，这就是热电阻测温的基本工作原理。

本单元应重点学习热电偶的测量和应用，并掌握热电阻的性能特点和使用方法。

8.6　习题

1. 选择题。

1）热电偶的基本组成部分是（　　）。

A. 热电极　　　B. 保护套管　　　C. 绝缘管　　　D. 接线盒

2）为了减小热电偶测温时的测量误差，需要进行的温度补偿方法不包括（　　）。

A. 补偿导线法　　B. 电桥补偿法　　C. 冷端恒温法　　D. 差动放大法

3）用热电阻测温时，热电阻在电桥中采用三线制连接法的目的是（　　）。

A. 接线方便　　B. 减小引线电阻变化产生的测量误差

C. 减小桥路中其他电阻对热电阻的影响　　D. 减小桥路中电源对热电阻的影响

4）热电偶测量温度时（　　）。

A. 需加正向电压　　B. 需加反向电压

C. 加正向、反向电压都可以　　D. 不需要加电压

5）热电偶中的热电势包括（　　）。

A. 感应电势　　B. 补偿电势　　C. 接触电势　　D. 切割电势

6）用热电阻式传感器测温时，经常使用的配用测量电路是（　　）。

A. 交流电桥　　B. 差动电桥　　C. 直流电桥　　D. 以上几种均可

7）一个热电偶产生的热电势为 E_0，当其冷端串接与两个热电极材料不同的第三个金属导体时，若保证已打开的冷端的两个端点的温度与未打开时相同，则回路中的热电势（　　）。

A. 增加　　B. 减小　　C. 不能确定　　D. 不变

8）热电偶中产生热电势的条件有（　　）。

A. 两个热电极的材料相同　　B. 两个热电板的材料不同

C. 两个热电极的几何尺寸不同　　D. 两个热电极的两个端点的温度相同

9）利用热电偶测温时，只有在（　　）条件下才能进行。

A. 分别保持热电偶两端的温度恒定　　B. 保持热电偶两端的温差恒定

C. 保持热电偶冷端的温度恒定　　D. 保持热电偶热端的温度恒定

10）通常用热电阻测量（　　）。

A. 电阻　　B. 扭矩　　C. 温度　　D. 流量

11）在实际应用中，热电偶的热电极材料中用得较多的是（　　）。

A. 纯金属　　B. 非金属　　C. 半导体　　D. 合金

12）下列关于热电偶传感器的说法中，（　　）是错误的。

A. 热电偶必须由两种不同性质的均质材料构成

B. 计算热电偶的热电势时，可以不考虑接触电势

C. 在工业标准中，热电偶参考端的温度规定为0℃

D. 接入第三个导体时，只要其两端的温度相等，就对总热电势没有影响

13）在实际的热电偶测温应用中，引用测量仪表而不影响测量结果是利用了热电偶的（　　）。

A. 中间导体定律　　B. 中间温度定律　　C. 标准电极定律　　D. 均质导体定律

14）热电阻的引线电阻对测量结果有较大影响，采用（　　）连接法的测量精度最高。

A. 两线制　　B. 三线制　　C. 四线制　　D. 五线制

15）采用热电偶测温与其他感温元件一样，也是利用热电偶与被测介质之间的（　　）。

A. 热量交换　　B. 温度交换　　C. 电流传递　　D. 电压传递

16）在高精度的测量场合中，热电阻测量电路应设计成（　　）。

A. 两线制　　　　B. 三线制　　　　C. 四线制

2. 热电偶是将温度变化转换为________的测温元件；热电阻和热敏电阻是将温度变化转换为________变化的测温元件。

3. 热电势来源于两方面，一方面由两种导体的________构成，另一方面是单一导体的________。

4. 热电偶的________与________的对照表称为分度表。

5. 热电阻是利用________的电阻值随温度变化而变化的特性来实现对温度的测量的；热敏电阻是利用________的电阻值随温度显著变化这一特性而制成的一种热敏元件。

6. 热电偶传感器是基于________工作的。

7. 什么是热电效应和热电势？

8. 什么是热电偶的中间导体定律？

9. 什么是热电偶的标准电极定律？

10. 热电偶串联测温线路和并联测温线路主要用于什么场合？简述其各自的优缺点。

11. 镍铬—镍硅（K型）热电偶工作时冷端温度为30℃，测得热电势 $E(t,t_0)=38.560\text{mV}$，求被测介质的实际温度（$E(30,0)=1.203\text{mV}$）。

工作端温度/℃	0	20	40	60	70	80	90
	热电势/mV						
900	37.325	38.122	38.915	39.703	40.096	40.488	40.897

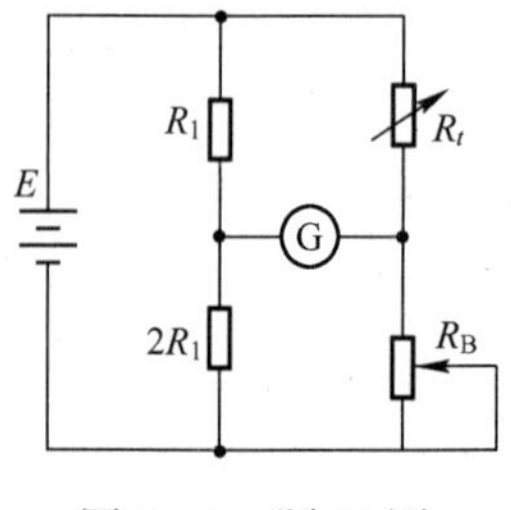

图8.41　题12图

12. 图8.41给出了一种测温电路。其中，R_t 是感温电阻，$R_t=R_o(1+0.005t)\ \text{k}\Omega$；$R_B$ 为可调电阻；U_m 为工作电压。问：

（1）这是什么测温电路？主要特点是什么？

（2）电路中的G代表什么？如果要提高测温灵敏度，G的内阻大些好，还是小些好？

（3）基于该电路的工作原理说明调节电阻 R_B 随温度的变化关系。

13. 有一线性电流输出型温度传感器，其测量范围为0～100℃，对应的输出电流为4～20mA。求当输出电流 $I=12\text{mA}$ 时的温度。

14. 用标准铂铑10—铂热电偶检定镍铬—镍硅热电偶，在某一温度下，铂铑10—铂热电偶的输出热电势为7.345mV（参考端温度为0℃），根据该标准热电偶分度值可知此时的对应温度为800℃，而被检热电偶的输出热电势为33.370mV，从分度表查出此时对应的温度值为802.3℃，求被检热电偶的偏差和修正值各为多少度？

15. 用镍铬—镍硅（K）热电偶测温，已知冷端温度为40℃，用高精度毫伏表测得这时的热电势为29.188mV，求被测点的温度。

项目单元 9　光电式传感器——光电开关的应用

9.1　项目描述

光电开关（光电式传感器）是传感器大家族中的成员之一，它把发射端和接收端之间光的强弱变化转化为电流的变化，以达到检测遮挡物的目的。由于光电开关的输出回路和输入回路是光电隔离（电绝缘）的，所以它在工业控制领域得到了广泛应用。

PPT：项目单元 9

9.1.1　任务要求

（1）以光电式传感器为传感元件，将光的强弱变化转化为电流的变化。

（2）对于光的强弱变化能够有区别明显的提示。

（3）当光的强弱变化到达一定阈值时能够发出声光报警。

（4）鼓励采用单片机作为控制单元，并酌情加分。

（5）最终上交调试成功的实验系统——光电开关。

（6）要求有每个步骤的文字材料，包括原理图、使用说明、元件清单、进程表、调试过程描述等。

9.1.2　任务分析

光电开关是光电接近开关的简称，它利用被检测物对光束的遮挡或反射，由同步回路选通电路，从而检测有无遮挡物体。所有能反射光线的物体均可被检测（物体不限于金属）。光电开关将输入电流在发射器上转换为光信号输出，接收器再根据接收到的光线的强弱或有无对目标物体进行检测，具体知识点如下。

（1）了解光电式传感器的转化原理。

（2）掌握光电式传感器的应用。

（3）掌握光电式传感器的基本原理。

（4）理解光电式传感器的工作原理，了解光电效应的原理。

（5）了解光电开关的类型、结构及其测量转换电路。

（6）了解光电开关的各种应用。

（7）了解光电式传感器的测量原理、使用方法及应用。

（8）了解光电式传感器的类型、构成和应用。

9.2 相关知识

光电式传感器在受到可见光照射后会产生光电效应，将光信号转换成电信号输出。除能测量光强外，光电式传感器还能利用光线的透射、遮挡、反射、干涉等测量多种物理量，如尺寸、位移、速度、温度等，因而光电式传感器是一种应用极广泛的敏感器件。进行光电测量时，光电式传感器不与被测对象直接接触，光束的质量近似为零，在测量中不存在摩擦，且几乎不对被测对象施加压力。因此，在许多应用场合，光电式传感器比其他传感器有明显的优越性。其缺点是在某些应用方面，光学器件和电子器件的价格较贵，并且对测量环境条件的要求较高。

9.2.1 外光电效应

一束光是由一束以光速运动的粒子流组成的，这些粒子称为光子。光子具有能量，每个光子具有的能量由下式确定：

$$E=hv \tag{9-1}$$

式中，h——普朗克常数，值为 6.626×10^{-34}（J·s）；

v——光的频率（s^{-1}）。

光的波长越短，频率越高，其光子的能量就越大；反之，光的波长越长，其光子的能量就越小。

在光线作用下，物体内的电子逸出物体表面向外发射的现象称为外光电效应，向外发射的电子称为光电子。基于外光电效应的光电器件有光电管、光电倍增管等。

光照射物体，可以看成一连串具有一定能量的光子轰击物体，当物体中的电子吸收的入射光子能量超过逸出功 A_0 时，电子就会逸出物体表面，产生光电子，超过 A_0 部分的能量表现为逸出电子的动能。根据能量守恒定理可得：

$$hv=\frac{1}{2}mv_0^2+A_0 \tag{9-2}$$

式中，m——电子质量；

v_0——电子逸出速度。

式（9-2）为爱因斯坦光电效应方程式，由式（9-2）可知：光子的能量必须超过逸出功 A_0 才能产生光电子；入射光的频谱成分不变，产生的光电子与光强成正比；光电子逸出物体表面时具有初始动能，因此对于外光电效应器件，即使不加初始阳极电压，也会有光电流产生，为使光电流为零，必须加负的截止电压。

9.2.2 内光电效应

在光线作用下，物体的导电性能发生变化或产生光生电势的效应称为内光电效应。内光电效应又可分为以下两类。

（1）光电导效应。在光线作用下，半导体材料吸收了入射光子能量，若光子能量大于或等于半导体材料的禁带宽度，就会激发出电子-空穴对，使载流子的浓度增加，半导体的导电性增强，阻值降低，这种现象称为光电导效应。光敏电阻就是基于这种效应的光电器件。

(2) 光生伏特效应。在光线的作用下能够使物体产生一定方向的电势的现象称为光生伏特效应，基于该效应的光电器件有光电池。

9.2.3 光敏电阻

光敏电阻原理

1. 光敏电阻的结构与工作原理

光敏电阻又称光导管，它几乎是用半导体材料制成的光电器件。光敏电阻没有极性，纯粹是一个电阻器件，使用时既可以加直流电压，也可以加交流电压。无光照时，光敏电阻值（暗电阻）很大，电路中的电流（暗电流）很小。当光敏电阻受到一定波长范围的光照时，它的阻值（亮电阻）急剧减小，电路中的电流迅速增大。一般情况下，暗电阻越大越好，亮电阻越小越好，此时光敏电阻的灵敏度较高。实际上，光敏电阻的暗电阻值一般在兆欧量级，亮电阻值在几千欧以下。

光敏电阻的结构很简单，图 9.1 所示为金属封装的硫化镉光敏电阻的结构示意图，在玻璃底板上均匀地涂上一层薄薄的半导体物质，称为光导层。半导体的两端装有金属电极，金属电极与引出线端相连，光敏电阻通过引出线端接入电路。为了防止受到周围介质的影响，在半导体光敏层上覆盖了一层漆膜，漆膜的成分应使它在光敏层最敏感的波长范围内的透射率最大。为了提高灵敏度，光敏电阻的电极一般采用梳状图案，如图 9.1(b)所示。图 9.1(c)为光敏电阻的接线图。

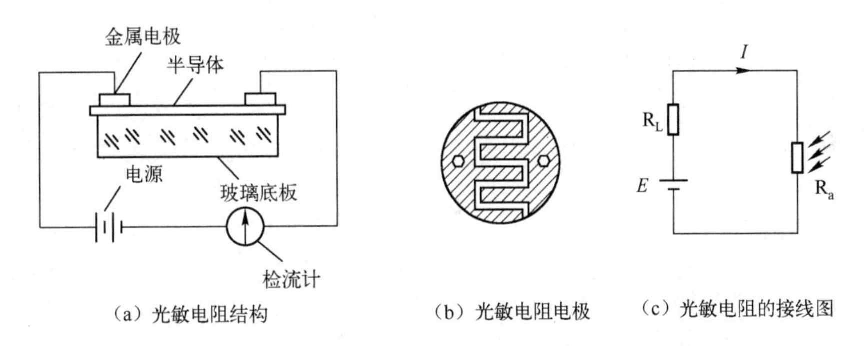

(a) 光敏电阻结构　(b) 光敏电阻电极　(c) 光敏电阻的接线图

图 9.1　金属封装的硫化镉光敏电阻的结构示意图

2. 光敏电阻的主要参数

(1) 暗电阻：光敏电阻在不受光照射时的阻值称为暗电阻，此时流过的电流称为暗电流。

(2) 亮电阻：光敏电阻在受光照射时的电阻称为亮电阻，此时流过的电流称为亮电流。

(3) 光电流：亮电流与暗电流之差称为光电流。

(4) 伏安特性：在一定的照度下，流过光敏电阻的电流与光敏电阻两端的电压的关系称为光敏电阻的伏安特性。图 9.2 所示为硫化镉光敏电阻的伏安特性曲线。由图 9.2 可知，在一定的电压范围内，光敏电阻的伏安特性曲线为直线，说明其阻值与入射光量有关，而与电压和电流无关。

（5）光照特性：光敏电阻的光照特性描述光电流 I 和光照强度之间的关系，不同材料的光照特性是不同的，绝大多数光敏电阻的光照特性是非线性的。图 9.3 所示为硫化镉光敏电阻的光照特性曲线。

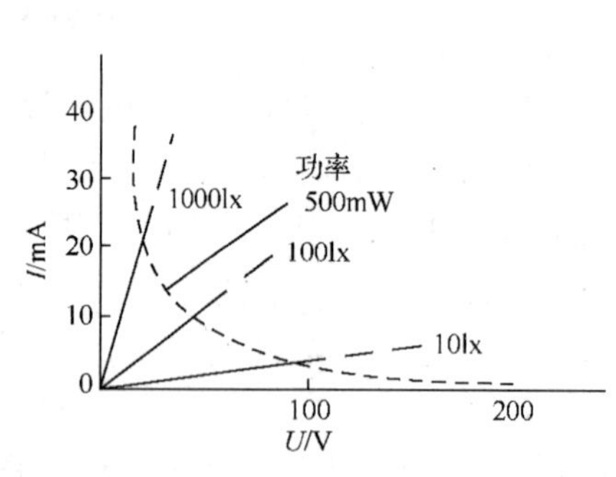

图 9.2　硫化镉光敏电阻的伏安特性曲线

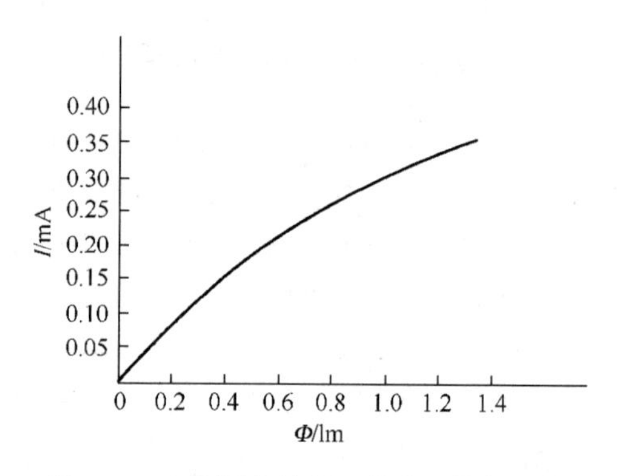

图 9.3　硫化镉光敏电阻的光照特性曲线

（6）光谱特性：光敏电阻对入射光的光谱具有选择作用，即光敏电阻对不同波长的入射光有不同的灵敏度。光敏电阻的相对灵敏度与入射波长的关系称为光敏电阻的光谱特性，亦称为光谱响应。图 9.4 所示为几种不同材料的光敏电阻的光谱特性图。对应于不同波长，光敏电阻的灵敏度是不同的，而且不同材料的光敏电阻的光谱响应曲线也不同。从图 9.4 中可见，硫化镉光敏电阻的光谱响应的峰值在可见光区域，常被用作照度计的探头。而硫化铅光敏电阻响应于近红外和中红外区，常被用作火焰探测器的探头。

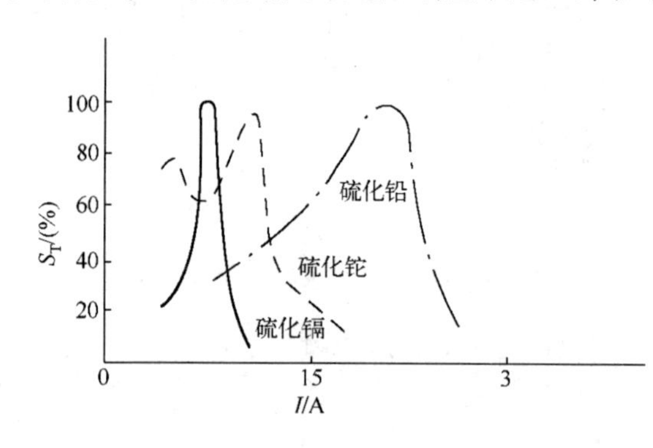

图 9.4　几种不同材料的光敏电阻的光谱特性图

（7）频率特性：实验证明，光敏电阻的光电流不能随着光强的改变而立刻变化，即光敏电阻产生的光电流有一定的惰性，这种惰性通常用时间常数表示。大多数光敏电阻的时间常数较大，这是它的缺点之一。不同材料的光敏电阻具有不同的时间常数（毫秒数量级），因此它们的频率特性各不相同。图 9.5 所示为硫化镉和硫化铅光敏电阻的频率特性曲线，相比而言，硫化铅的使用频率范围更大。

（8）温度特性：光敏电阻和其他半导体器件一样，受温度的影响较大。当温度变化时，会影响光敏电阻的光谱响应，同时，光敏电阻的灵敏度和暗电阻也会随之改变，尤其是响应于红外区的硫化铅光敏电阻，其受温度的影响更大。图 9.6 所示为硫化铅光敏电阻的光谱温度特性曲线，它的峰值随着温度上升向波长短的方向移动。因此，硫化铅光敏电阻要在低温、恒温的条件下使用。对于响应于可见光的光敏电阻，其受温度的影响要小一些。

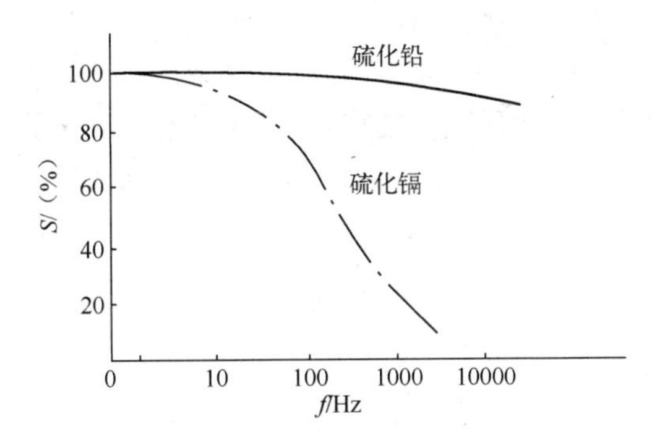

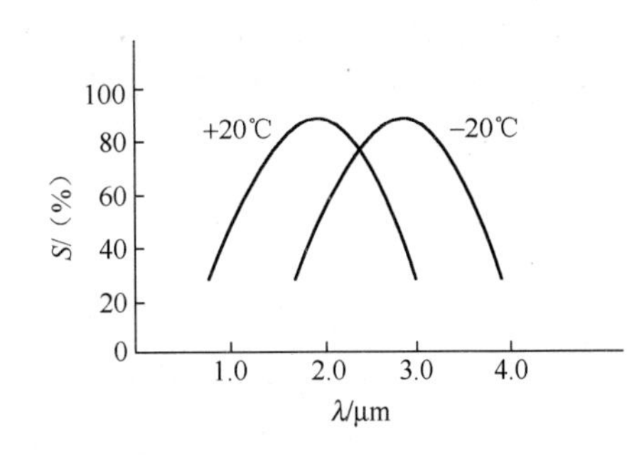

图 9.5　硫化镉和硫化铅光敏电阻的频率特性曲线　图 9.6　硫化铅光敏电阻的光谱温度特性曲线

光敏电阻具有光谱特性好、允许的光电流大、灵敏度高、使用寿命长、体积小等优点，所以应用范围广泛。此外，许多光敏电阻对红外线敏感，适宜在红外线光谱区工作。光敏电阻的缺点是型号相同的光敏电阻的参数参差不齐，并且由于光照特性的非线性，光敏电阻不适用于测量要求线性的场合，常用作开关式光电信号的传感元件。

几种光敏电阻的特性参数如表 9.1 所示。

表 9.1　几种光敏电阻的特性参数

型　　号	材料	面积 /mm²	工作温度 /K	长波限 /μm	峰值探测率 /（$cmHz^{\frac{1}{2}}/W$）	响应时间 /s	暗电阻值 /MΩ	亮电阻值 /kΩ（100lx）
MG41—21	CdS	Φ9.2	233～343	0.8		$\leqslant 2\times10^{-2}$	≥0.1	≤1
MG42—04	CdS	Φ7	248～328	0.4		$\geqslant 5\times10^{-2}$	≥1	≤10
P397	PbS	5×5	298	298	2×10^{10} [1300，100，1]	$1\sim4\times10^{-4}$	2	
P791	PbSe	1×5	298		1×10^{9} [λ_m，100，1]	2×10^{-6}	2	
9903	PbSe	1×3	263		3×10^{9} [λ_m，100，1]	10^{-5}	3	
OE—10	PbSe	10×10	298		2.5×10^{9}	1.5×10^{-6}	4	
OTC—3MT	InSb	2×2	253		6×10^{8} [λ_m，100，1]	4×10^{-6}	4	
Ge（Au）	Ge		77	8.0	1×10^{10}	5×10^{-8}		
Ge（Hg）	Ge		38	14	4×10^{10}	1×10^{-9}		
Ge（Cd）	Ge		20	23	4×10^{10}	5×10^{-8}		
Ge（Zn）	Ge		4.2	40	5×10^{10}	$<10^{-6}$		
Ge—Si（Au）			50	10.3	8×10^{9}	$<10^{-6}$		
Ge—Si（Zn）			50	13.8	10^{10}	$<10^{-6}$		

9.2.4　光敏二极管和光敏晶体管

1. 结构原理

光敏二极管的结构与一般的二极管相似。它被装在透明的玻璃外壳中，其 PN 结装在管的顶部，可以直接受到光的照射，如图 9.7 所示。光敏二极管在电路中一般处于反向工作状态，如图 9.8 所示，在没有光照射时，反向电阻很大，反向电流很小，此反向电流称为暗电流，当光照射在 PN 结上，光子打在 PN 结附近时，PN 结附近会产生光生电子和光生空穴对，它们在 PN 结处的内电场的作用下定向运动，形成光电流。光的照度越大，光电流越大。因此光敏二极管在不受光照射时处于截止状态，在受光照射时处于导通状态。

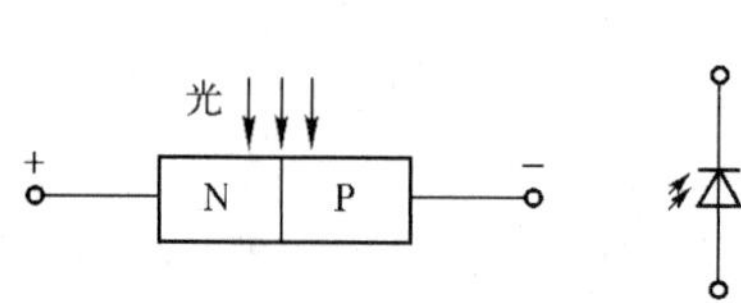

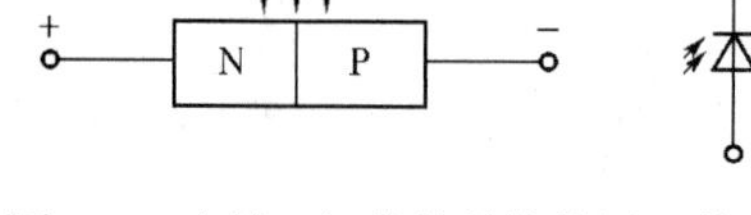

图 9.7　光敏二极管的结构简图和符号

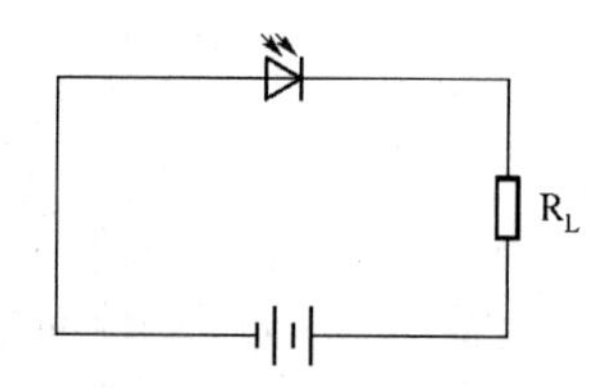

图 9.8　光敏二极管的接线图

光敏晶体管与一般的晶体管相似，具有两个 PN 结，如图 9.9（a）所示，只是它的发射极一边做得很大，以扩大光的照射面积。光敏晶体管的基本电路如图 9.9（b）所示，大多数光敏晶体管的基极无引出线，当集电极加上相对于发射极为正的电压而不接基极时，集电结就是反向偏压，当光照射在集电结上时，就会在 PN 结附近产生电子-空穴对，光生电子被拉到集电极上，基区留下空穴，使基极与发射极间的电压升高，这样便会有大量的电子流向集电极，形成输出电流，且集电极电流为光电流的 β 倍，所以光敏晶体管有放大作用。

虽然光敏晶体管的光电灵敏度比光敏二极管高得多，但在需要高增益或大电流输出的场合，需采用达林顿光敏管。图 9.10 所示为达林顿光敏管的等效电路，它是一个光敏晶体管和一个晶体管以共集电极的连接方式构成的集成器件，由于增加了一级电流放大，所以输出电流的能力大大加强，甚至无须经过进一步放大，便可直接驱动灵敏继电器。但由于无光照时暗电流会增大，所以达林顿光敏管适用于开关状态或位式信号的光电变换。

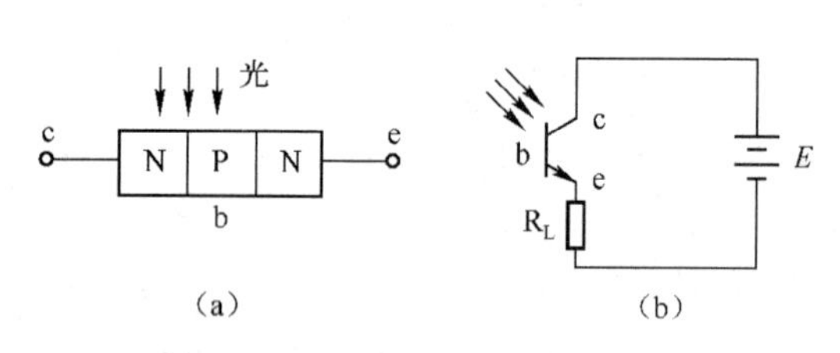

图 9.9　NPN 型光敏晶体管的结构简图和基本电路

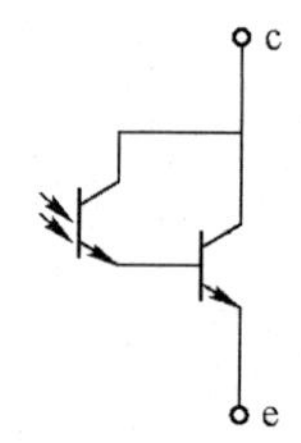

图 9.10　达林顿光敏管的等效电路

2. 基本特性

（1）光谱特性。光敏管的光谱特性是指在一定照度时，输出的光电流（或用相对灵敏度表示）与入射光波长的关系。硅和锗光敏二极（晶体）管的光谱特性曲线如图 9.11 所示，从中可以看出，硅的峰值波长约为 0.9μm，锗的峰值波长约为 1.5μm，此时灵敏度最大，而当入射光的波长增长或缩短时，相对灵敏度会下降。一般来讲，锗管的暗电流较大，性能较差，因此在可见光下或在探测炽热状态的物体时一般用硅管。但对红外光的探测用锗管较为适宜。

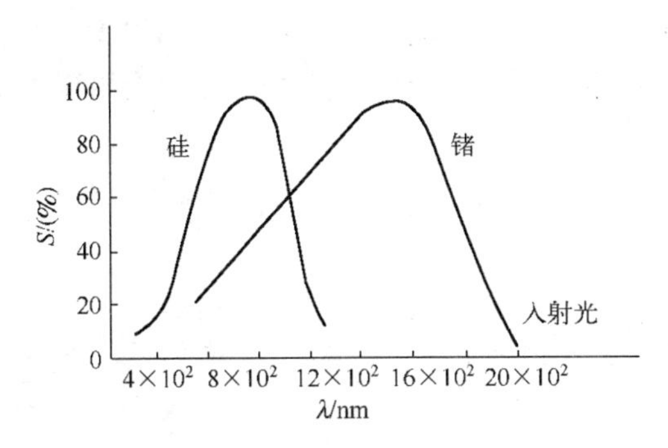

图 9. 11　硅和锗光敏二极（晶体）管的光谱特性曲线

（2）伏安特性。图 9. 12（a）所示为硅光敏二极管的伏安特性曲线，横坐标表示所加的反向偏压。当光照时，反向电流随着光照强度的增大而增大，在不同的照度下，伏安特性曲线几乎平行，所以只要没达到饱和值，它的输出就不受反向偏压大小的影响。

图 9. 12（b）所示为硅光敏晶体管的伏安特性曲线。纵坐标为光电流，横坐标为集电极-发射极电压，从图 9. 12 中可见，由于晶体管的放大作用，在同样的照度下，其光电流比相应的二极管大上百倍。

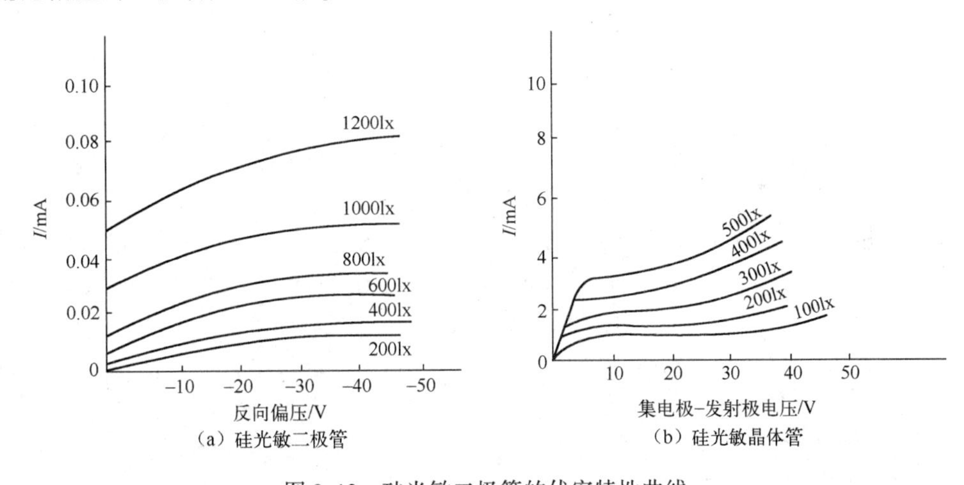

图 9. 12　硅光敏二极管的伏安特性曲线

（3）频率特性。光敏管的频率特性是指光敏管输出的光电流（或相对灵敏度）随频率变化的关系。光敏二极管的频率特性是半导体光电器件中较好的一种，普通光敏二极管的频率响应时间为 10μs。光敏晶体管的频率特性受负载电阻的影响，图 9. 13 所示为光敏晶体管的频率特性曲线，减小负载电阻可以提高其频率响应范围，但输出电压的响应也会减小。

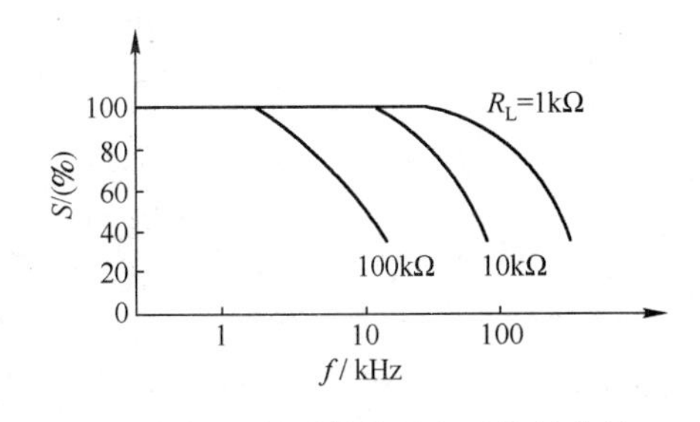

图 9. 13　光敏晶体管的频率特性曲线

（4）温度特性。光敏晶体管的温度特性曲线是指光敏晶体管的暗电流及光电流与温度的关系。光敏晶体管的温度特性曲线如图 9.14 所示，从中可以看出，温度变化对光电流的影响很小（图 9.14（b）），而对暗电流的影响很大（图 9.14（a）），所以在电子线路中应该对暗电流进行温度补偿，否则将会导致输出误差。

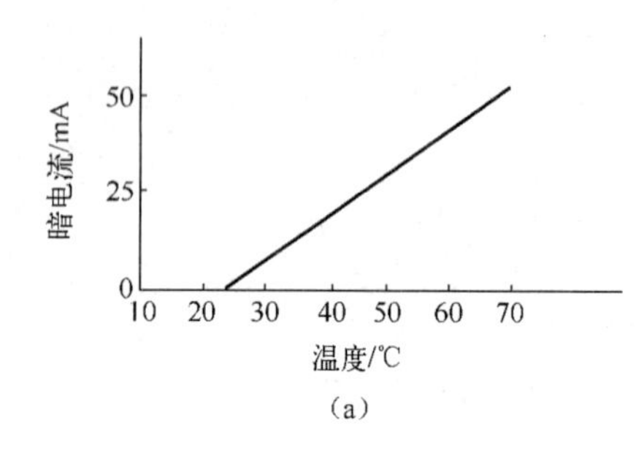

（a）

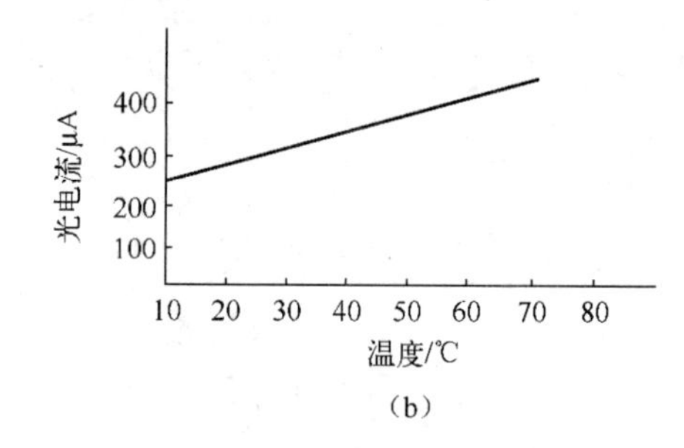

（b）

图 9.14　光敏晶体管的温度特性曲线

2CU 型硅光敏二极管的基本参数如表 9.2 所示。

表 9.2　2CU 型硅光敏二极管的基本参数

	光谱响应范围/nm	光谱峰值波长/nm	最高工作电压 U_{max}/V	暗电流/μA	光电流/μA	灵敏度/(μA/μW)	响应时间/s	结电容/pF	使用温度/℃
测试条件 / 型号			$I_D<0.1\mu A$ $H<0.1\mu W/cm^2$	$U=U_{max}$	$U=U_{max}$	$U=U_{max}$ 入射光波长 9000nm	$U=U_{max}$ 负载电阻为 1000Ω	$U=U_{max}$	
2CU1A			10	<0.2	≥80			<5	
2CU1B			20	<0.2	≥80			<5	
2CU1C			30	<0.2	≥80			<5	
2CU1D			40	<0.2	≥80			<5	
2CU1E			50	<0.2	≥80			<5	
2CU2A			10	<0.1	≥30			<5	
2CU2B	400～1100	860～900	20	<0.1	≥30	≥0.5	10^{-7}	<5	-55～+125
2CU2C			30	<0.1	≥30			<5	
2CU2D			40	<0.1	≥30			<5	
2CU2E			50	<0.1	≥30			<5	
2CU5A			10	<0.1	≥10			<2	
2CU5B			20	<0.1	≥10			<2	
2CU5C			30	<0.1	≥10			<2	

3DU 型硅光敏晶体管的基本参数如表 9.3 所示。

表 9.3　3DU 型硅光敏晶体管的基本参数

测试条件 / 型号	光谱响应范围/nm	光谱峰值波长/nm	最高工作电压 U_{max}/V	暗电流 /μA	光电流 /μA	结电容 /pF	响应时间 /s	收集极最大电流/mA	最大功耗/mW	使用温度/℃
				$U_{cc}=U_{max}$	$U_{ce}=U_{max}$ 入射光照度 1000lx	$U_{cc}=U_{max}$ 频率 1kHz	$U_{ce}=10V$ 负载电阻 100Ω			
3DU11			10	<0.3	≥0.5	<10		20	150	
3DU12			30	<0.3	≥0.5	<10		20	150	
3DU13			50	<0.3	≥0.5	<10		20	150	
3DU21			10	<0.3	≥0.1	<10		20	150	
3DU22			30	<0.3	≥0.1	<10		20	150	
3DU23			50	<0.3	≥1.0	<10		20	150	
3DU31			10	<0.3	≥2.0	<10		20	150	
3DU32	400～1100	860～900	30	<0.3	≥2.0	<10	10^{-5}	20	150	-55～+125
3DU33			50	<0.3	≥2.0	<10		20	150	
3DU41			10	<0.5	≥4.0	<10		20	150	
3DU42			30	<0.5	≥4.0	<10		20	150	
3DU43			50	<0.5	≥4.0	<10		20	150	
3DU51A			15	<0.2	≥0.3	<5		10	50	
3DU51B			30	<0.2	≥0.3	<5		10	50	
3DU51C			30	<0.2	≥0.1	<5		10	50	

9.2.5　光电池

光电池是一种直接将光能转换为电能的光电器件。光电池在有光线作用时实质上就是电源，电路中有了这种器件就不需要外加电源了。

光电池的工作原理是光生伏特效应。光电池实质上是一个大面积的 PN 结，当光照射到 PN 结的一个面（如 P 型面）时，若光子能量大于半导体材料的禁带宽度，那么 P 型面每吸收一个光子就会产生一对自由电子和空穴，电子–空穴对从表面向内迅速扩散，在结电场的作用下，建立一个与光照强度有关的电势。图 9.15 所示为硅光电池的原理图。

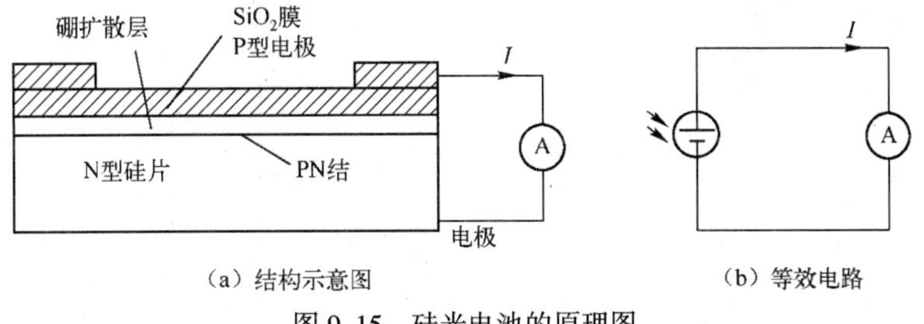

（a）结构示意图　　（b）等效电路

图 9.15　硅光电池的原理图

光电池的基本特性有以下几种。

（1）光谱特性。光电池对不同波长的光的灵敏度是不同的。图 9.16 所示为硅光电池和硒光电池的光谱特性曲线。从图 9.16 中可知，不同材料的光电池，其光谱响应峰值所对应的入射光的波长是不同的，硅光电池的光谱响应峰值对应的波长在 0.8μm 附近，硒光电池的光谱响应峰值对应的波长在 0.5μm 附近。硅光电池的光谱响应波长范围为 0.4 ～ 1.2μm，而硒光电池的光谱响应波长范围为 0.38 ～ 0.75μm。可见，硅光电池可以在很宽的波长范围内得到应用。

（2）光照特性。光电池在不同照度下，其光电流和光生电势是不同的，它们之间的关系就是光照特性。图 9.17 所示为硅光电池的光照特性曲线。从图 9.17 中可以看出，短路电流在很大范围内与光照强度成线性关系，开路电压（负载电阻 R_L 无限大时）与光照强度的关系是非线性的，并且当光照强度在 2000 lx 时就趋于饱和了。因此在用光电池作为测量元件时，应把它当作电流源使用，不宜用作电压源。

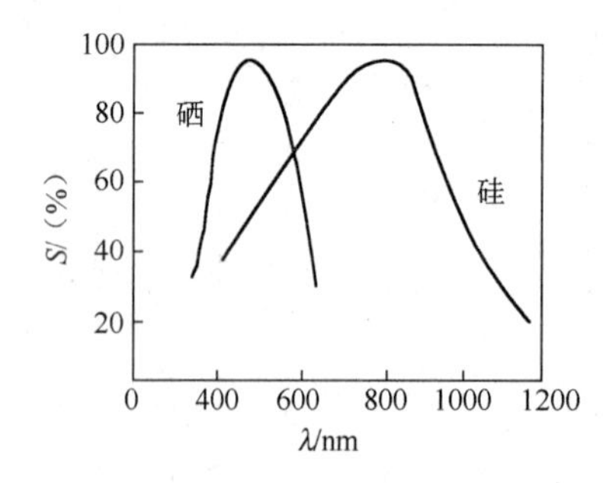

图 9.16　硅光电池和硒光电池的光谱特性曲线

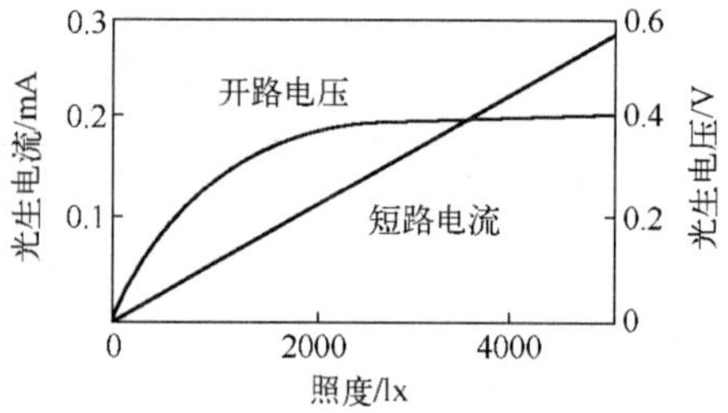

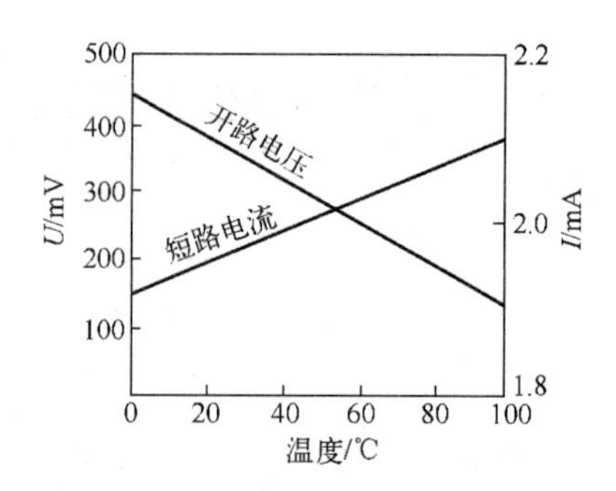

图 9.17　硅光电池的光照特性曲线

（3）频率特性。图 9.18 所示为硅光电池和硒光电池的频率特性曲线，横坐标表示光的调制频率。由图 9.18 可见，硅光电池有较好的频率响应。

（4）温度特性。光电池的温度特性可以描述光电池的开路电压和短路电流随温度变化的情况。由于它关系到应用光电池的仪器或设备的温度漂移，会影响到测量精度或控制精度等重要指标，因此温度特性是光电池的重要特性之一。硅光电池的温度特性曲线如图 9.19 所示。从图 9.19 中可以看出，开路电压随温度的升高而下降的速度较快，而短路电流随温度的升高而缓慢增加。由于温度对硅光电池的工作有很大影响，因此当把它作为测量元件使用时，最好能保证温度恒定或采取温度补偿措施。2CR 型硅光电池的特性参数如表 9.4 所示。

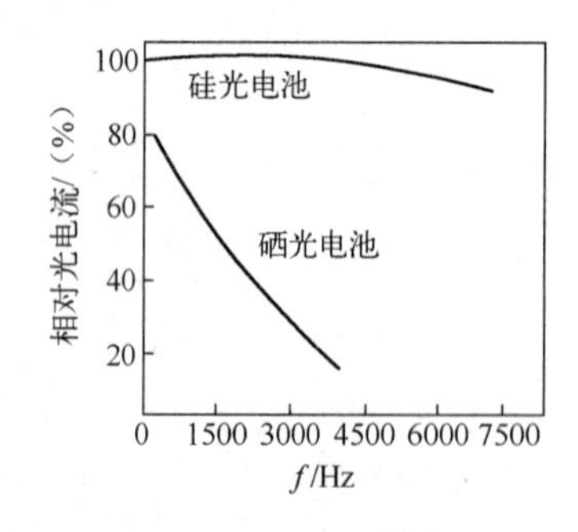

图 9.18　硅光电池和硒光电池的频率特性曲线

图 9.19　硅光电池的温度特性曲线

表 9.4　2CR 型硅光电池的特性参数

型号 \ 参量 数值	开路电压 /mV	短路电流 /mA	输出电流 /mA	转换效率 /（%）	面积 /mm²
2CR11	450～600	2～4		>6	2.5×5
2CR21	450～600	4～8		>6	5×5
2CR31	450～600	9～15	6.5～8.5	6～8	5×10
2CR32	550～600	9～15	8.6～11.3	8～10	5×10
2CR33	550～600	12～15	11.4～15	10～12	5×10
2CR34	550～600	12～15	15～17.5	12 以上	5×10
2CR41	450～600	18～30	17.6～22.5	6～8	10×10
2CR42	500～600	18～30	22.5～27	8～10	10×10
2CR43	550～600	23～30	27～30	10～12	10×10
2CR44	550～600	27～30	27～35	12 以上	10×10
2CR51	450～600	36～60	35～45	6～8	10×20
2CR52	500～600	36～60	45～54	8～10	10×20
2CR53	550～600	45～60	54～60	10～12	10×20
2CR54	550～600	54～60	54～60	12 以上	10×20
2CR61	450～600	40～65	30～40	6～8	Φ17
2CR62	500～600	40～65	40～51	8～10	Φ17
2CR63	550～600	51～65	51～61	10～12	Φ17
2CR64	550～600	61～65	61～65	12 以上	Φ17
2CR71	450～600	72～120	54～120	>6	20×20
2CR81	450～600	88～140	66～85	6～8	Φ25
2CR82	500～600	88～140	86～110	8～10	Φ25
2CR83	550～600	110～140	110～132	10～12	Φ25
2CR84	550～600	132～140	132～140	12 以上	Φ25
2CR91	450～600	18～30	13.5～30	>6	5×20
2CR101	450～600	173～288	130～288	>6	Φ35

9.2.6　光电耦合器件

光电烟雾报警

光电耦合器件是由发光元件（如发光二极管）和光电接收元件合并而成的，以光作为媒介传递信号的光电器件。根据其结构和用途的不同，光电耦合器件又可分为用于实现光电隔离的光电耦合器和用于检测有无物体的光电开关。

1. 光电耦合器

光电耦合器的发光元件和接收元件都封装在一个外壳内，一般有金属封装和塑料封装两种。发光器件通常采用砷化镓发光二极管，其管芯由一个 PN 结组成，随着正向电压的增大，正向电流增加，发光二极管产生的光通量也会增加。光电接收元件可以是光敏二极管或光敏三极管，也可以是达林顿光敏管。图 9.20 所示为光敏三极管和达林顿光敏管输出型的光电耦合器。为了保证光电耦合器有较高的灵敏度，应使发光元件和接收元件的波长匹配。

2. 光电开关

光电开关是一种利用感光元件对变化的入射光加以接收，并进行光电转换，同时加以某种形式的放大和控制，从而获得最终的控制输出的器件。

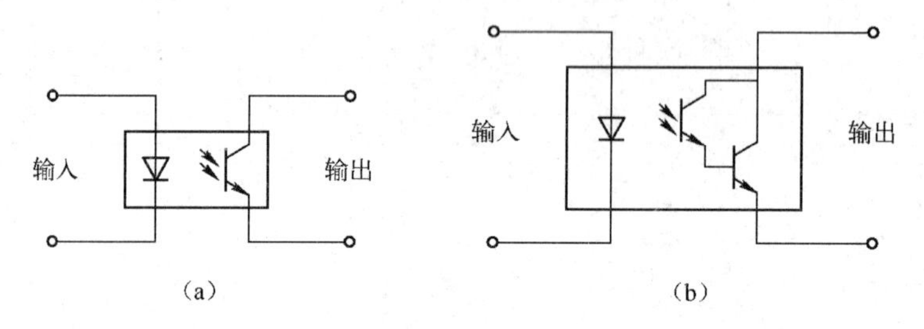

图 9.20　光敏三极管和达林顿光敏管输出型的光电耦合器

图 9.21 所示为光电开关结构图。图 9.21（a）是一种透射式的光电开关，它的发光元件和接收元件的光轴是重合的。当不透明的物体位于或经过发光元件和接收元件之间时，会阻断光路，使接收元件接收不到来自发光元件的光，这样就起到了检测作用。图 9.21（b）是一种反射式的光电开关，它的发光元件和接收元件的光轴在同一平面上，且以某一角度相交，交点一般为待测物所在处。当有物体经过时，接收元件将接收到从物体表面反射的光，没有物体时则接收不到反射的光。光电开关的特点是小型、高速、非接触，而且容易与 TTL、MOS 等电路结合。

当用光电开关检测物体时，大多只要求其输出信号有高低（1 或 0）之分。图 9.22 所示为光电开关的基本电路示例。图 9.22（a）、图 9.22（b）表示负载为 CMOS 比较器等高输入阻抗电路时的情况，图 9.22（c）表示用晶体管放大光电流的情况。

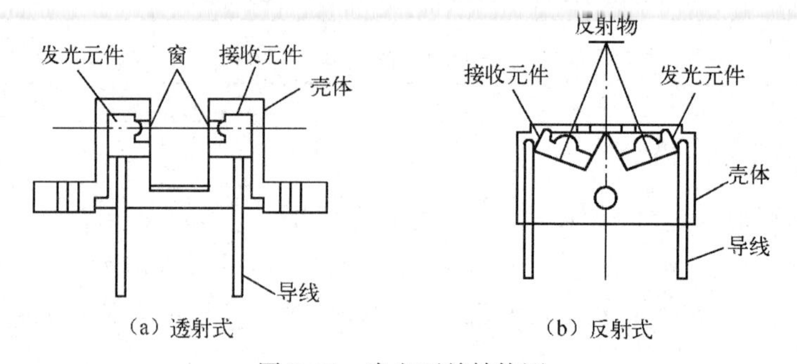

图 9.21　光电开关结构图

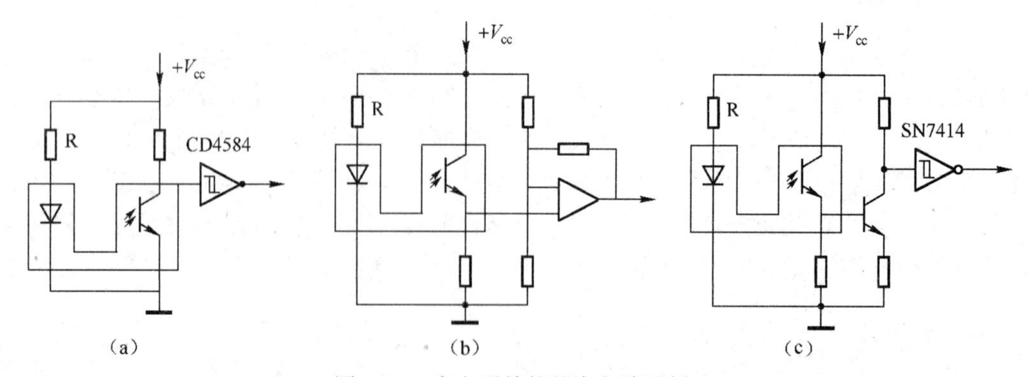

图 9.22　光电开关的基本电路示例

光电开关广泛应用于工业控制、自动化包装及安全装置中，作为光控制和光探测装置，还可用于自动控制系统中进行物体检测、产品计数、料位检测、尺寸控制、安全报警等。

9.3 光电式传感器的认识

光敏电阻实物图如图 9.23 所示。

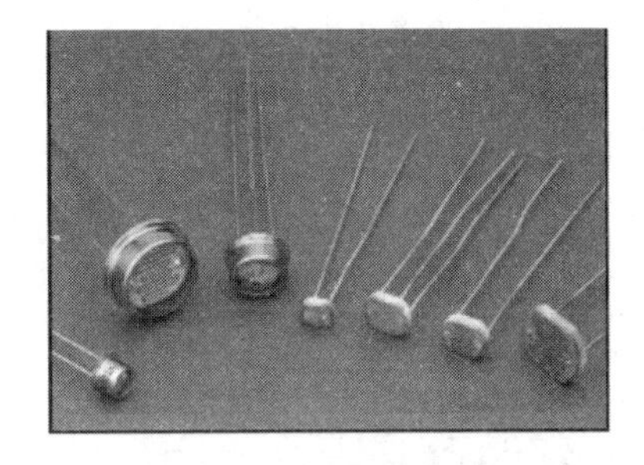

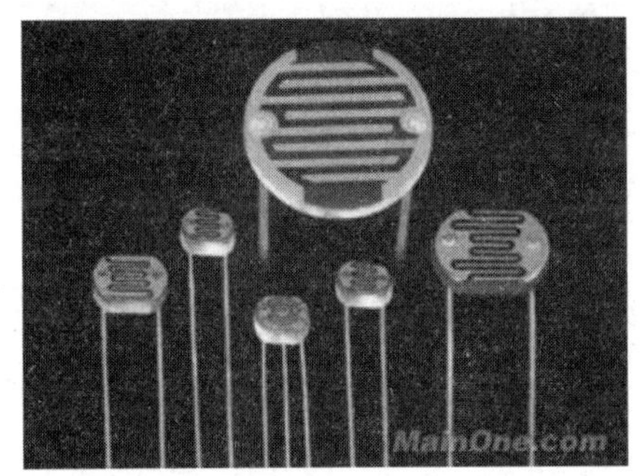

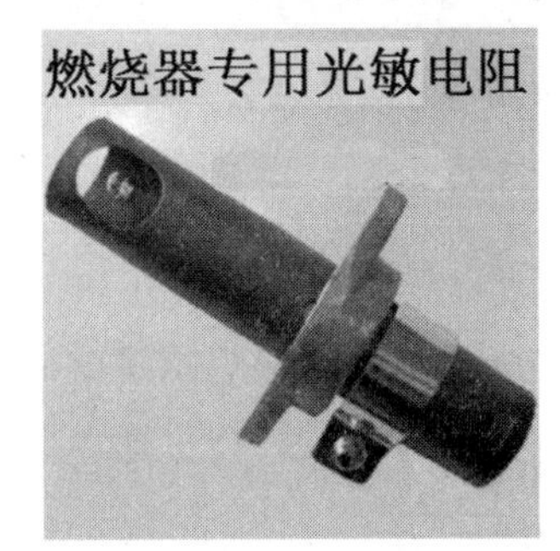

图 9.23 光敏电阻实物图

光敏电阻的结构如图 9.24 所示。

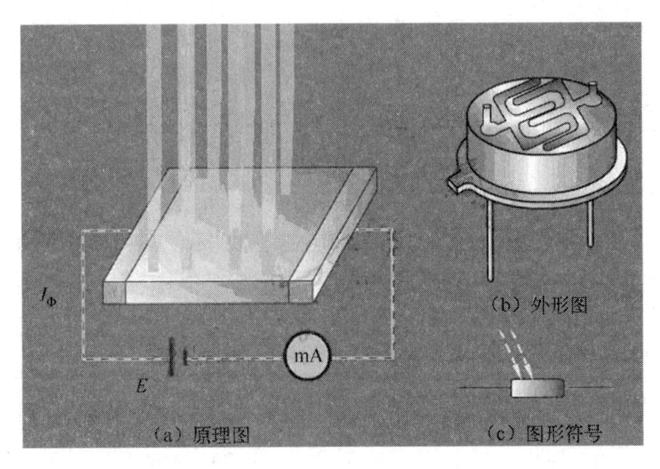

图 9.24 光敏电阻的结构

常见的光敏传感器如图 9. 25 所示。

图 9. 25　常见的光敏传感器

9. 4　项目参考设计方案

9. 4. 1　整体方案设计

本设计作品可代替住宅小区楼道上的开关。当天黑有人走过楼梯通道，有脚步声或其他声音时，楼道里的灯会自动点亮，提供照明，当人们走进家门或走出公寓时，楼道里的灯延时几分钟后会自动熄灭。在白天，即使有声音，楼道里的灯也不会亮，从而可以达到节能的目的。声光控延时开关不仅适用于住宅区的楼道，而且适用于工厂、办公楼、教学楼等公共场所，它具有体积小、外形美观、制作容易、工作可靠等优点。声光控延时开关方框图如图 9. 26 所示。

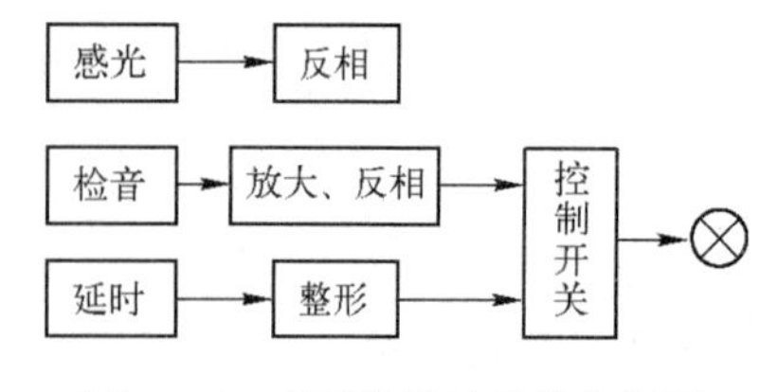

图 9. 26　声光控延时开关方框图

9. 4. 2　电路设计

图 9. 27 所示为声光控延时开关的原理图。本电路使用家用交流 220V 电源作为电源，经过 VD_5 ～ VD_8 整流成直流，此直流电一方面提供给电灯使用。另一方面经过 R_9、R_{10} 分压，经 VD_3、C_3 稳压，得到 6. 2V 的直流工作电源。R_1、MIC 构成声音输入电路，经过 C_1 耦合送到 VT_1 进行放大。R_2、R_3、VT_1 构成普通的音频放大电路。信号被放大后经过 C_2 输出。VD_1、VD_2、C_4 构成倍压整流将声音信号转变成直流电。光敏电阻在光亮的环境下的电阻值很小，相当于短路，在黑暗的环境下的电阻值很大，相当于开路。因此在光亮时应阻止声音信号继续往后传送。R_3、R_6、R_7、VT_2、VT_3 构成直流放大电路。VD_4、VD_5、C_5、R_8、K01 构成延时控制电路。

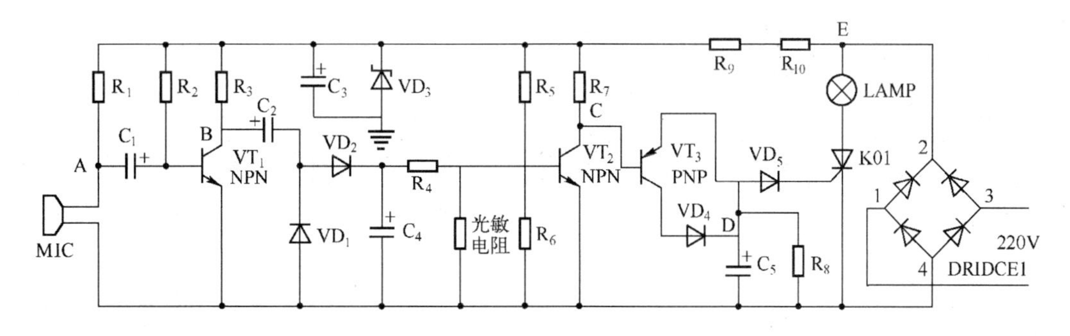

图 9.27　声光控延时开关的原理图

9.5　项目实施与考核

9.5.1　制作

按照项目实施要求，准备好操作所需的工具、耗材与元件等，主要涉及电烙铁、焊锡丝、传感器等。根据六步教学法的流程和制作要求，声光控延时开关的制作工具如表 9.5 所示；按照设计原理图，声光控延时开关的参考设计元件清单如表 9.6 所示。

表 9.5　声光控延时开关的制作工具

项 目 名 称			声光控延时开关	
步骤	工作流程	工具	数量	备注
1	咨询	技术资料	1 份	
2	计划	工艺文件	1 份	
		仿真平台	1 套	
3	决策	Protel 99se	1 套	
4/5	实施/检查	电烙铁	2 台	
		焊锡丝	1 卷	
		稳压电源	1 台	
		数字万用表	1 只	
		示波器	1 台	
		常用螺装工具	1 套	
		导线	若干	
6	评估	多媒体设备	1 套	汇报用

表 9.6　声光控延时开关的参考设计元件清单

项目名称			声光控延时开关		
序号	元件名称	代号	规格	数量	备注
1	声光控节电开关 PCB 板		DZZZSGKDDSJ	1	
2	可控硅	VD_1	MCR100-6	1	
3	话筒	MIC	普通	1	
4	电阻	R_1	1.2MΩ	1	
		R_2	470kΩ	1	
		R_3	80Ω	1	
		R_4	38kΩ	1	
		R_5	47kΩ	1	
		R_6	100kΩ	1	
		R_7	3.8kΩ	1	
		R_8	12kΩ	1	
		R_9	3.8kΩ	1	
		R_{10}	1kΩ	1	
5	电解电容	C_1	4.7uf	1	
		C_2	4.7uf	1	
		C_3	4.7uf	1	
		C_4	100uf	1	
		C_5	100uf	1	
6	稳压二极管		6.2V	6	
7	二极管		4148	4	
8	三极管	VT_1	9013	1	
		VT_2	9013	1	
		VT_3	9012	1	
9	光敏电阻		GMDZ	1	

9.5.2 调试

（1）如果购买的是散件，那么可以一边组装一边测量，也可以全部组装好后再一次性测量。不过一边组装一边测量可以得到更多的乐趣。

（2）由于本电路使用 220V 的交流电，因此在组装时必须注意安全。为安全起见，在调试时可以用 6V 的直流电源代替，电灯改用 6V 的电珠。待全部调试完毕，再用 220V 交流电供电。具体做法是将直流电的+6V 接到 E 处，短接 R_9、R_{10}，将接地线与本电路的地相连，如果没有 6V 的电源，接 5V 的电源也是可以的，只是其数据与下面所说的有所不同。

（3）接好 6V 电源，焊接好 MIC、R_1，在 MIC 处给点掌声，用示波器可以观察到

2mV 左右的电压波动。

(4) 焊接好 C_1、R_2、VT_1、R_3，此时在 B 处用万用表可测量得到 3V 左右的电压。给点掌声，即可用万用表观察到指针偏转。掌声越响，偏转越大。

(5) 焊接好 R_5、R_6、R_7、VT_2、GMDZ，用手盖住光敏电阻，用万用表可观察到 C 处的电压变低，放开双手，让光敏电阻接受光照，则 C 处的电压上升。

(6) 焊接好 VD_1、VD_2、C_2、C_4、R_4，使光敏电阻不受光照（模拟夜晚），此时吹个口哨，放声唱一段歌，用万用表测量 C 处，可以看到指针摆动。接着使光敏电阻受光照（模拟白天），此时不管发出多大的声响，C 处的值始终保持在 6V 左右。

(7) 焊接上 VT_3、C_5、R_8、VD_5、K01、电珠，使光敏电阻不受光照。此时再唱一段歌，发现电珠亮了。如果停止唱歌，灯光却继续亮，表明延时电路 C_5、R_8 在发挥作用，过一段时间后，灯自然熄灭，再唱歌则又被点亮。

(8) 取消接在 R_9、R_{10} 上的短路线。焊接上 R_9、R_{10}。接上 220V 的电灯。重新检测，看有无其他异常情况。确认安全后接上 220V 的市电测试。

9.5.3 评价

完成调试后，老师根据各同学或小组制作的系统进行标准测试，按照表 9.7 所列的项目为各同学或小组打分。

表 9.7 评价表

考核项目	考核内容	配分	考核要求及评分标准	得分
工艺	板面元件的布置 布线 焊点质量	20 分	板面元件布置合理 布线工艺良好，横平竖直 焊点圆、滑、亮	
功能	电源电路 声控开关 光控开关	50 分	电源正常，未烧毁元件 声控开关正常 光控开关正常 声控开关正常工作	
资料	Protel 电路图 汇报 PPT（上交） 调试记录（上交） 训练报告（上交） 产品说明书（上交）	30 分	电路图绘制正确 PPT 能够说明过程，汇报语言清晰明了 记录能反映调试过程，故障处理明确 包含所有环节，说明清楚 能够有效指导用户使用	
教师签字			合计得分	

小　结

本单元通过光电开关的应用训练，主要介绍了光电式传感器的检测原理、光电元件、测量电路和光电式传感器的应用等。

(1) 在光线作用下，物体内的电子逸出物体表面向外发射的现象称为外光电效应，向外发射的电子称为光电子。基于外光电效应的光电器件有光电管、光电倍增管等。

（2）在光线作用下，物体的导电性能发生变化或产生光生电势的效应称为内光电效应。内光电效应可分为两类：光电导效应，光敏电阻就是基于这种效应的光电器件；光生伏特效应，基于该效应的光电器件有光电池。光敏电阻具有光谱特性好、允许的光电流大、灵敏度高、使用寿命长、体积小等优点，所以应用范围广泛。

（3）光敏二极管的结构与一般的二极管的结构相似，它被装在透明的玻璃外壳中，其 PN 结装在管的顶部，可以直接受到光的照射。光敏二极管在不受光照射时处于截止状态，受光照射时处于导通状态。光敏晶体管与一般的晶体管相似，具有两个 PN 结，只是它的发射极一边做得很大，以扩大光的照射面积。虽然光敏晶体管的光电灵敏度比光敏二极管高得多，但在需要高增益或大电流输出的场合，需采用达林顿光敏管。

（4）光电池是一种直接将光能转换为电能的光电器件。光电池在有光线作用时实质上就是电源，电路中有了这种器件就不需要外加电源了。用光电池作为测量元件时，应把它当作电流源使用，不宜用作电压源。

（5）光电耦合器件是由发光元件（如发光二极管）和光电接收元件合并而成的，以光作为媒介传递信号的光电器件。根据其结构和用途的不同，光电耦合器件又可分为用于实现光电隔离的光电耦合器和用于检测有无物体的光电开关。

光电开关是一种利用感光元件对变化的入射光加以接收，并进行光电转换，同时加以某种形式的放大和控制，从而获得最终的控制输出的器件，可用于自动控制系统中进行物体检测、产品计数、料位检测、尺寸控制、安全报警等。

9.6 习题

1. 晒太阳取暖利用了________；人造卫星的光电池板利用了________；植物的生长利用了________。

A. 光电效应　B. 光化学效应　C. 光热效应　D. 感光效应

2. 光敏二极管属于________；光电池属于________。

A. 外光电效应　B. 内光电效应　C. 光生伏特效应

3. 光敏二极管在测光电路中应处于________偏置状态，而光电池通常处于________偏置状态。

A. 正向　B. 反向　C. 零

4. 在光纤通信中，与出射光纤耦合的光电元件应选用________。

A. 光敏电阻　B. PIN 光敏二极管

C. APD 光敏二极管　D. 光敏三极管

5. 当温度上升时，光敏电阻、光敏二极管、光敏三极管的暗电流________。

A. 上升　B. 下降　C. 不变

6. 欲精密测量光照强度，光电池应配接________。

A. 电压放大器　B. A/D 转换器　C. 电荷放大器　D. I/U 转换器

7. 欲利用光电池驱动电动车，需将数片光电池________以提高输出电压，再将几组光电池________起来，以提高输出电流。

A. 串联，并联　B. 串联，串联　C. 并联，串联　D. 并联，并联

8. 普通型硅光电池的峰值波长为________，落在________区域。

A. 0.8m　B. 8mm　C. 0.8μm　D. 可见光

E. 近红外光　F. 紫外光　G. 远红外光

9. 光敏电阻是用半导体材料制成的，如图9.28所示，将一个光敏电阻与多用电表连成一个电路，此时选择开关放在欧姆挡，照射在光敏电阻上的光照强度逐渐增大，则欧姆表指针的偏转角度________，若将选择开关放在电压挡，增大光照强度，则指针偏转角度________。

A. 变大　B. 变小　C. 不变

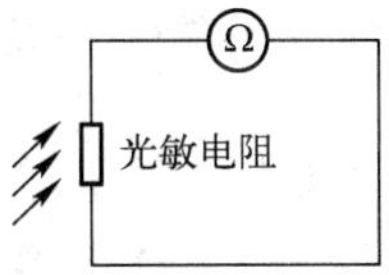

光敏电阻

图9.28　题9图

10. 用遥控器调换电视机频道的过程实际上就是传感器把光信号转化为电信号的过程。下列属于这类传感器的是________。

A. 红外报警装置

B. 走廊照明灯的声控开关

C. 自动洗衣机中的压力传感器装置

D. 电饭煲中控制加热和保温的温控器

11. 在图9.29中，电源两端的电压恒定，L为小灯泡，R为光敏电阻，VD为发光二极管（电流越大，发出的光越强），且R与VD的间距不变，下列说法正确的是________。

A. 当滑动触头P向左移动时，L消耗的功率增大

B. 当滑动触头P向左移动时，L消耗的功率减小

C. 当滑动触头P向右移动时，L消耗的功率可能不变

D. 无论怎样移动触头P，L消耗的功率都不变

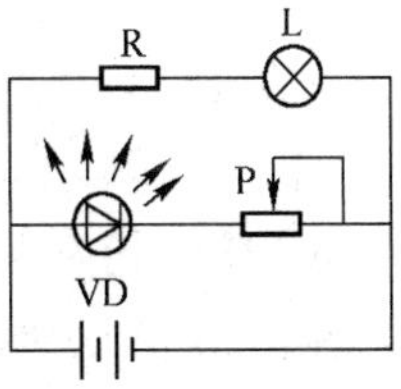

R L P VD

图9.29　题11图

12. 某光敏三极管在强光照射时的光电流为2.5mA，选用的继电器的吸合电流为50 mA，直流电阻为200Ω。现欲设计两个简单的光电开关，其中一个是有强光照射时的继电器吸合（得电）；另一个则相反，是在有强光照射时的继电器释放（失电）。请分别画出两个光电开关的电路图（只允许采用普通三极管放大光电流），并标出各电阻值及选用的电压值、电源极性。

13. 在冲床工作时，工人稍不留神就有可能被冲掉手指头。请选用两种以上的传感器来同时探测工人的手是否处于危险区域（冲头下方）。只要有一个传感器输出有效（检测到手未离开该危险区），就不让冲头动作，或使正在动作的冲头惯性轮刹车。请以文字形式谈谈你的检测控制方案，必须同时设置两个传感器组成“或”的关系，并说明必须使用两只手同时操作冲床开关的好处。

14. 请你在课后回家打开家中的自来水表，观察其结构及工作过程。然后考虑如何利用学到的光电测速原理，在自来水表玻璃外面安装若干个电子元器件，使之变成数字式自来水流量累积测量显示仪。请以文字的形式写出你的设计方案。

15. 请你谈谈如何利用热释电传感器及其他元器件实现宾馆玻璃大门的自动开闭。

项目单元 10　数字式传感器
——传感器在数控机床中的应用

10.1　项目描述

数字式传感器是能把被测（模拟）量直接转换成数字量输出的传感器，数字式传感器具有下列特点。

PPT：项目单元 10

（1）具有较高的测量精度和分辨率，测量范围大。

（2）抗干扰能力强，稳定性好。

（3）信号易于采集、传送和处理。

（4）便于动态测量和多路测量，读数直观。

（5）安装方便，维护简单，工作可靠性高。

数字式传感器在数控机床中的应用很广泛，在数控机床中，常用传感器主要应用于机械量和热工量的自动检测和控制中，对机械量的自动检测与控制是数控机床的主要任务。早在 1874 年，物理学家瑞利就发现了构成计量光栅基础的莫尔条纹，但直到 20 世纪 50 年代初，英国 FERRANTI 公司才成功地将计量光栅用于铣床中。与此同时，美国 FARRAND 公司发明了感应同步器，20 世纪 60 年代末，日本 SONY 公司发明了磁栅数显系统，20 世纪 90 年代初，瑞士 SYLVAC 公司推出了容栅数显系统。目前，直线位移测量精度可达 0.1μm，角位移测量精度可达 0.1″，并在朝着大量程、自动补偿、测量数据处理高速化的方向发展。

在数控机床中，传感器通过测量机床工作台、刀架等移动部件的位移、主轴旋转运动的转速，实现移动和转速的伺服控制，有效地提高了数控机床的性能。随着数控机床生产水平的提高，传感器在数控机床中的应用会越来越多。

10.1.1　任务要求

数控机床是一种装有程序控制系统的自动化机床，能够根据已编好的程序使机床动作并加工零件。它综合了机械、自动化、计算机、测量、微电子等最新技术，使用了多种传感器，各种各样的传感器在数控机床上被广泛应用。

本任务是了解传感器在数控机床中的广泛应用，主要要求如下。

（1）了解常用数字式传感器的结构、原理、应用。

（2）了解传感器的转速测量方法。

（3）了解机械加工零件位移的测量方法。

(4) 了解常用位移传感器的主要特点和使用性能。

(5) 了解传感器在数控机床中的应用实例。

10.1.2 任务分析

本单元将从结构、原理、应用等方面介绍几种数控机床中常用的传感器，如角编码器、光电式传感器、光栅传感器、磁栅传感器、感应同步器等，它们既具有很高的精度，也有较大的测量范围，主要知识点如下。

(1) 了解绝对式编码器的分类及其特点。

(2) 掌握角编码器的应用。

(3) 熟悉光栅的类型、结构和工作原理。

(4) 掌握光栅传感器的应用。

(5) 了解磁栅传感器和感应同步器的类型、结构和工作原理。

10.2 相关知识

10.2.1 数字式编码器

数字式编码器又称码盘，是一种旋转式的位移传感器，通常装在被测装置的轴上，随被测轴一起转动，它能将被测轴的角位移转换成增量脉冲或二进制编码。码盘有两种基本类型：绝对型码盘和增量型码盘，根据内部结构和检测方式可分为接触式、光电式和电磁式等形式。

1. 码盘的结构

1) 接触式码盘

码盘是一种简单的数字式编码器，在绝缘材料圆盘上粘贴导电铜箔，利用电刷与铜箔接触与否代表逻辑“0”和“1”。铜箔的形状按二进制规律设计，图 10.1 所示为 4 位二进制接触式码盘。在图 10.1 中，涂黑部分是导电区，空白部分是绝缘区，所有导电部分连在一起接高电位，将 4 个互相独立的电刷沿同一径向放置，并分别与 4 个码道

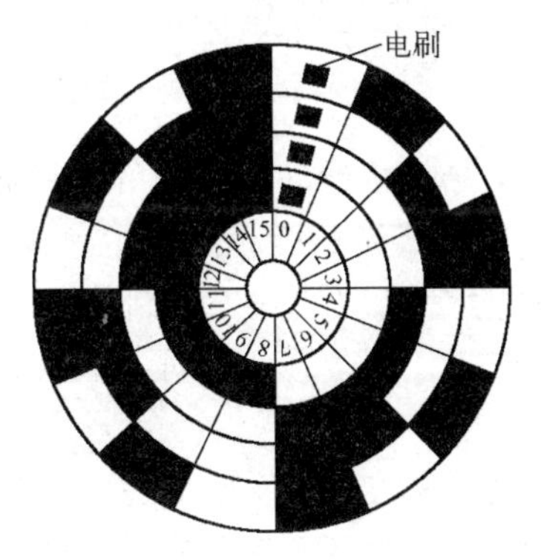

图 10.1 4 位二进制接触式码盘

接触，各电刷经电阻接地，4 个电刷上输出 4 位二进制数码。当电刷与码盘的导电区接触时，输出为高电平“1”；当电刷与码盘的绝缘区接触时，输出为低电平“0”。这样，当码盘与轴一起转动时，静止的电刷将输出一个与转轴角位置相应的二进制数码。例如，当电刷与 9 区接触时，它输出代码 1001。

接触式码盘的测量精度取决于码盘的精度，接触式码盘的分辨率取决于码盘的码道数目。若采用 n 位码盘（有 n 条码道），则其能分辨的角度为

$$\alpha = 360°/2^n$$

显然，n 越大，其能分辨的角度就越小，测量精度越高。为了得到高的分辨率和精度，可增加码盘的码道数目。

二进制码盘很简单，但在实际应用中对码盘制作和电刷安装（或光电元件安装）的要求十分严格，否则就会出现错误。例如，当电刷由位置（0111）向位置（1000）过渡时，如果电刷的安装位置不准或接触不良，可能会出现 8 ～ 15 之间的任意一个十进制数，这种误差被称为非单值误差。可采用双电刷扫描或循环码消除这种误差。

2）光电式码盘

接触式码盘的电刷和铜箔靠接触导电，有时是不够可靠的。采用光电原理，将码盘按同样的规律分成透光和不透光的两部分，组成光电式码盘，可以实现同样的功能，这是一种使用得较普遍的码盘。

在图 10.2 中，光电式码盘装在光源与光敏元件之间，码盘的后方沿半径方向安装了多个（视位数而定）光敏元件，光源经过码盘的透光部分和狭缝照射在光敏元件上，便可得到并行输出信号。

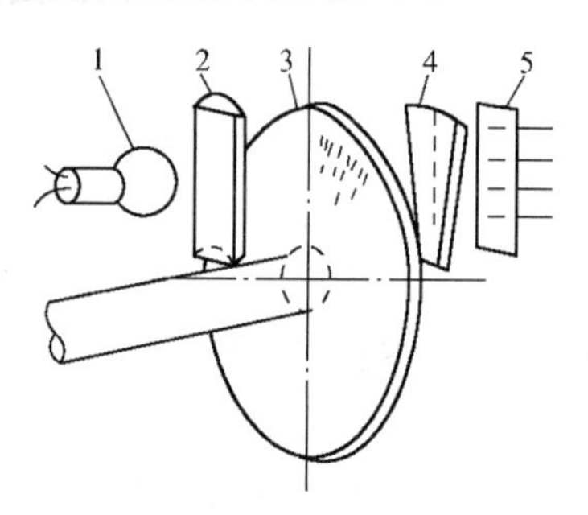

1—光源；2—透镜；3—码盘；4—狭缝；5—光敏元件

图 10.2　光电式码盘

光电式码盘与接触式码盘的结构相似，但其中的黑白区域不表示导电区和绝缘区，而表示透光区或不透光区，黑色区域为不透光区，用“0”表示；白色区域为透光区，用“1”表示。因此，在任意角度都有对应的二进制数码。与接触式码盘不同的是，光电式码盘不必在最里边一圈设置公用码道，同时，取代电刷的是码道上的一组光电元件。

无论码盘随着工作轴转到哪个角度位置，径向方向上各码道的透光和不透光都使与之对应的各光敏元件中受光的输出“1”，不受光的输出“0”，由此组成 n 位二进制数码。

光电式码盘的特点是没有接触磨损、码盘寿命长、转速高、精度高。其缺点是结构复杂、价格贵、光源寿命短。由于光电式码盘具有非接触和体积小的特点，且分辨率很高，旋转一周即可产生数百万个脉冲，因此，它是目前应用较为广泛的编码器。光电式码盘在数控机床和机器人的位置控制、机床进给系统的控制、角度测量、通信及自动化控制等方面都发挥着重要的作用。

3）电磁式码盘

它是在导磁体（软铁）圆盘上用腐蚀的方法做成一定的编码图形，使导磁体的导磁性有的地方高，有的地方低。再用一个很小的马蹄形磁铁作为磁头，上面绕有两组线圈，一个为通有正弦电流的励磁线圈，另一个为读出线圈。由于读出线圈的电势与整个电路的磁导率有关，因此可以区分出码盘随被测物体转动的角度。

2. 绝对型码盘和增量型码盘

码盘从测量角度可分为绝对型码盘和增量型码盘。

绝对型码盘在被测转角不超过 360°的情况下所提供的是转角的绝对值，即从起始位置（对应于输出各位皆为零的位置）所转动的角度。在应用中如果遇到停电的状况，恢复供电后的显示值仍然能正确地反映当时的角度，这叫作绝对型码盘。如果将码盘改为只有一个数据环，且由等宽度的黑白径向条纹构成，则码盘转动时可产生串行光脉冲，用脉冲计数器将脉冲数累加起来也能反映转过的角度大小。但一旦遇到停电就会把累加的脉冲数丢失，必须有停电保护措施，这叫作增量型码盘。

用增量型码盘时必须有辨向措施，以便识别转动方向。反向转动时要把脉冲数从寄存器里减去，由此可见，增量型码盘不如绝对型码盘方便。增量型码盘的最大优点是结构简单，只要一个分得足够细的数据环和一个光敏元件便可工作。为了辨别方向，往往要将两个光敏元件装在相距一定角度的位置上，根据受光时刻的先后辨别方向。这种辨向原理也能推广到由其他敏感元件（如磁敏元件）构成的传感器上。

当被测转角大于 360°时，绝对型码盘也将变成增量型码盘。为了在测量大转角时仍能得到转角的绝对值，可以用两个或多个码盘，借助机械减速器的配合，扩大角度量程。但是，在这种情况下，转速低的高位码盘必须制作得相当精密，其角度误差应该比转速高的低位码盘末位的有效值小，否则就会使读数失去意义。

例如，在绝对型码盘的工位加工装置中用绝对型码盘实现加工工件的定位。由于绝对型码盘每个转角位置均有一个固定的编码输出，若绝对型码盘与转盘同轴相连，则转盘上每个工位安装的被加工工件均可以有一个编码相对应，如图 10.3 所示。当转盘上某个工位转到加工点时，该工位对应的编码由绝对型码盘输出。如果要使处于工位 5 上的工件转到加工点等待钻孔加工，计算机就控制电动机通过传动机构带动转盘旋转。与此同时，绝对型码盘输出的编码不断变化。当输出某个特定码，如 0101（BCD 码）时，表示转盘已将工位 5 转到加工点，电动机停转。

这种编码方式在加工中心（一种带刀库和自动换刀装置的数控机床）的刀库选刀控制中得到了广泛应用。

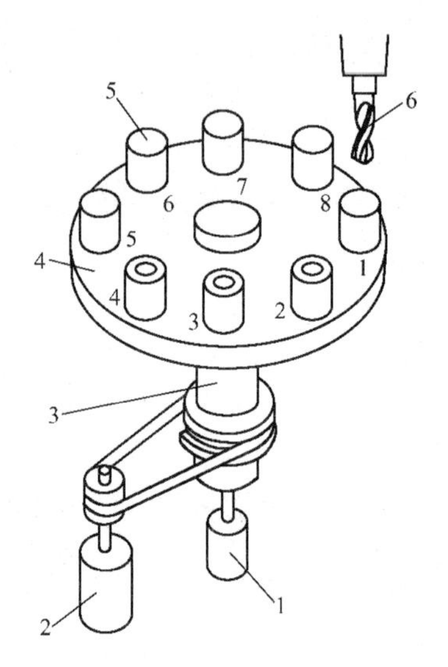

1—绝对型码盘；2—电动机；
3—转轴；4—转盘；5—工件；6—刀具
图 10.3　转盘工位编码

10.2.2　光栅传感器

光栅传感器是根据莫尔条纹原理制成的一种脉冲输出数字式传感器，测量精度可达微米级。由于光栅传感器的测量精度高（分辨率为 0.1μm）、动态测量范围广（0 ～ 1000 mm），可进行无接触测量，而且容易实现系统的自动化和数字化，因此，其在机械工业中得到了广泛应用。特别是在量具、数控机床等闭环系统的线位移和角位移的自动检测，以及精密测量、工作母机的坐标测量等方面，光栅传感器都起到了重要作用。

1. 光栅传感器的结构

光栅传感器是通过计量光栅的莫尔条纹来进行测量的，测量线位移采用长光栅，测量角位移采用圆光栅。

光栅传感器是由主光栅（也称标尺光栅，通常随被测物体移动）、指示光栅和光路系统组成的。光栅传感器有透射光栅传感器和反射光栅传感器两类，这里只介绍透射光栅传感器。

实际应用的光栅有透射光栅和反射光栅，按其工作原理可分为黑白光栅（辐射光栅）和相位光栅（炫耀光栅）；按其用途可分为直线光栅和圆光栅。

如图 10.4 所示，黑白透射直线光栅是在镀有铝箔的光学玻璃上均匀地刻上许多明暗相间、宽度相同的透光线，称为栅线。设栅线宽为 a，线缝宽为 b，$a+b=W$，W 称为光栅节距（栅距）。通常 $a=b=W/2$，也可刻成 $a:b=1.1:0.9$，目前常用的光栅每毫米刻成 10、25、50、100、250 线。使用时，长光栅装在运动部件上，称为标尺光栅；短光栅装在固定部件上，称为指示光栅。

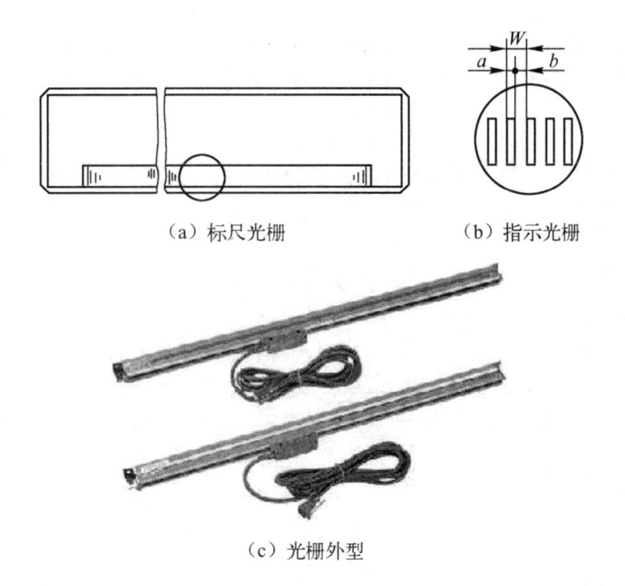

图 10.4　黑白透射直线光栅示意图

在透射直线光栅中，把两光栅的刻线面叠合在一起，中间留有很小的间隙，并使两者的栅线保持很小的夹角 θ。在两光栅的刻线重合处，光从缝隙透过，形成亮带，这种亮带和暗带形成的明暗相间的条纹称为莫尔条纹，如图 10.5 所示，条纹方向与刻线方向近似垂直。通常在光栅的适当位置安装光敏元件。

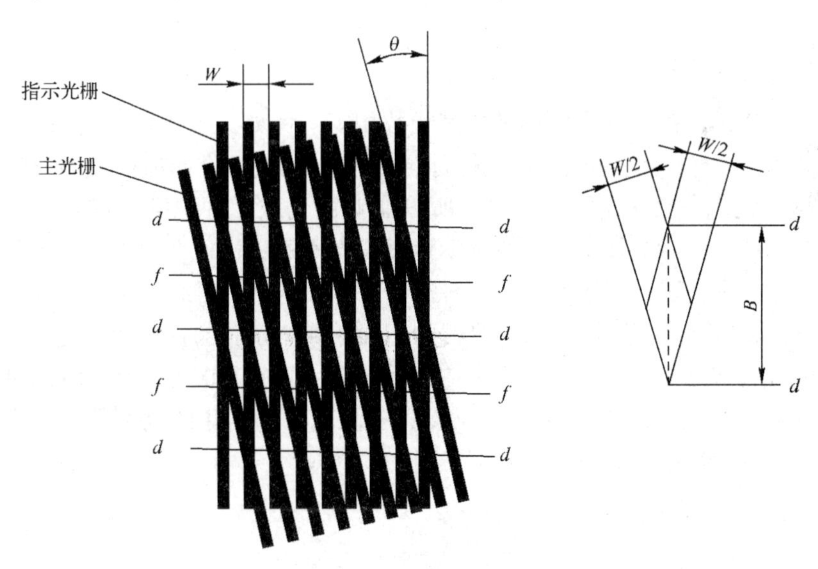

图 10.5　莫尔条纹

2. 莫尔条纹的测量原理

莫尔条纹有如下特征。

(1) 莫尔条纹是由光栅的大量刻线共同形成的，能在很大程度上消除由于光栅刻线不均匀而引起的误差。

（2）当两光栅沿与栅线垂直的方向进行相对移动时，莫尔条纹沿光栅刻线方向进行相对移动（两者的运动方向相互垂直），光栅反向移动，莫尔条纹亦反向移动，如表 10.1 所示。

表 10.1　莫尔条纹和光栅的移动方向与转角方向之间的关系

标尺光栅相对指示光栅的转角方向	光栅的移动方向	莫尔条纹的移动方向
顺时针方向	向左	向上
	向右	向下
逆时针方向	向左	向下
	向右	向上

（3）莫尔条纹的间距是放大了的光栅栅距，它随着光栅刻线的夹角的改变而改变。由于 θ 很小，所以其关系可用下式表示：

$$L=W/(2\sin\frac{\theta}{2})\approx W/\theta \tag{10-1}$$

式中，L——莫尔条纹的间距；

W——光栅栅距；

θ——两光栅刻线的夹角，单位为弧度（rad）。

由式（10-1）可知，θ 越小，L 越大，相当于把微小的栅距扩大了 $1/\theta$ 倍。由此可见，计量光栅起到了光学放大器的作用。例如，对 25 线/mm 的长光栅而言，$W=0.04$ mm，若 $\theta=0.016$ rad，则 $L=2.5$ mm。计量光栅的光学放大作用与安装角度有关，而与两光栅的安装间隙无关。莫尔条纹的宽度必须大于光敏元件的尺寸，否则光敏元件无法分辨光强的变化。

莫尔条纹移过的条数与光栅移过的刻线数相等。例如，采用 100 线/mm 的光栅时，若光栅移动了 x（也就是移过了 $100x$ 条刻线），则从光电元件面前掠过的莫尔条纹也是 $100x$ 条。由于莫尔条纹比栅距宽得多，所以能够被光敏元件识别。将此莫尔条纹产生的电脉冲信号计数，就能知道移动的实际距离。光栅每移过一个栅距 W，莫尔条纹就移过一个栅距 B。通过测量莫尔条纹移过的条数，即可得出光栅的位移量。

由于光栅的遮光作用，所以透过光栅的光强随莫尔条纹的移动而变化，变化规律接近于直流信号和交流信号的叠加。固定在指示光栅一侧的光电转换元件输出可以用光栅位移 X 的正弦函数表示，如图 10.6 所示。只要测量波形变化的周期数 n（等于莫尔条纹移过的条数），就能知道光栅的位移量 X。

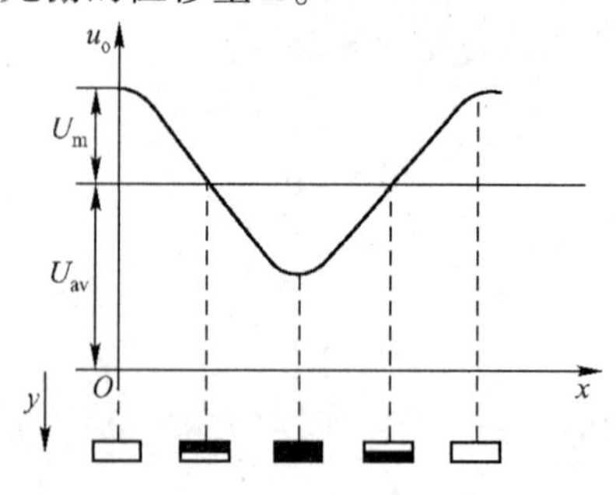

图 10.6　光电转换元件输出与光栅位移的关系

3. 细分和辨向技术

细分技术：为了提高测量精度，需要在莫尔条纹信号变化的一个周期内输出若干个脉冲，以减小脉冲当量（单位脉冲的位移量）。若一个周期内发出 n 个脉冲，则测量精度可提高 n 倍。例如，对于 100 线光栅，$W=0.01$mm，若 $n=4$，则分辨率可从 0.01mm 提高到 0.0025 mm。因为细分后，在莫尔条纹信号变化的一个周期内输出计数脉冲的个数变为原来的 n 倍，因此也称之为 n 倍频。

辨向技术：前面讲述的光电元件或细分电路输出的计数脉冲不能辨别移动方向，为辨别移动方向，在莫尔条纹移动的方向上相距 1/4 条纹间距的位置安放两个光电元件，从两个光电元件上得到两个相差为 $\pi/2$ 的莫尔条纹信号，经辨向逻辑电路，根据物体的运动方向给出加计数脉冲或减计数脉冲。这种方法对振动干扰脉冲也能进行有效的抑制。

利用上述原理，通过多个光电元件对莫尔条纹信号的内插细分，便可检测出比光栅栅距还小的位移量，及被测物体的移动方向。

4. 光栅传感器的安装方式

光栅传感器的安装比较灵活，可安装在机床的不同部位，一般将主尺安装在机床的工作台（滑板）上，随机床走刀而动，读数头固定在机床身上，尽可能使读数头安装在主尺的下方。其安装方式的选择必须注意切屑、切削液及油液的溅落方向。如果由于安装位置的限制必须采用读数头朝上的方式安装，则必须增加辅助密封装置。另外，一般情况下，读数头应尽量安装在相对机床静止的部件上，此时，输出导线易固定，而尺身则应安装在相对机床运动的部件上（如滑板）。

1）安装基面

安装光栅传感器时，不能直接将光栅传感器安装在粗糙不平的机床身上，更不能安装在打底涂漆的机床身上。光栅主尺及读数头应分别安装在机床相对运动的两个部件上。用千分表检查机床工作台的主尺安装面与导轨运动的方向的平行度。千分表固定在机床身上，移动工作台，要求平行度达到 0.1mm/1000 mm 以内。如果不能达到这个要求，则需设计并加工一件光栅尺基座。基座要求如下：①应加一根与光栅尺尺身长度相等的基座（最好基座比光栅尺长 50 mm 左右）。②通过铣、磨工序加工，保证基座的平面平行度在 0.1mm/1000 mm 以内。另外，还需加工一件与尺身基座等高的读数头基座。读数头基座与尺身基座的总误差不得大于±0.2 mm。安装时，调整读数头的位置，使读数头与光栅尺尺身的平行度达到 0.1mm/100 mm 左右，读数头与光栅尺尺身之间的间距为 1 ～ 1.5 mm。

2）主尺安装

将主尺用 M4 螺钉安装在机床的工作台安装面上，但不要上紧，把千分表固定在机床身上，移动工作台（主尺与工作台同时移动）。用千分表测量主尺平面与机床导轨运动方向的平行度，调整 M4 螺钉的位置，当主尺的平行度满足 0.1mm/1000 mm 以内时，把 M4 螺钉彻底上紧。在安装主尺时，应注意以下 3 点。

(1) 在安装主尺时，如安装超过 1.5 m 以上的光栅，则不能只安装两端头，整个主尺尺身中也应有支撑。

(2) 在有基座的情况下安装好主尺后，最好用一个卡子卡住尺身的中点（或几点）。

(3) 当不能安装卡子时，最好用玻璃胶粘住光栅尺身，使基尺与主尺固定好。

3) 读数头的安装

在安装读数头时，首先应保证读数头的基面达到安装要求，然后安装读数头，其安装方法与主尺相似。最后调整读数头，使读数头与光栅主尺的平行度保证在 0.1 mm/100 mm 之内，读数头与主尺的间隙应控制在 1 ～ 1.5 mm 之间。

4) 限位装置

安装完光栅传感器以后，一定要在机床导轨上安装限位装置，以免机床加工产品移动时读数头冲撞到主尺两端，从而损坏主尺。另外，在选购光栅传感器时，应尽量选用超出机床加工尺寸 100 mm 左右的主尺，以留有余量。

安装完光栅传感器后，可接通数显表，移动工作台，观察数显表的计数是否正常。在机床上选取一个参考位置，来回移动工作点至该参考位置，数显表的读数应相同（或回零）。另外，可使用千分表（或百分表），使千分表与数显表同时调至零（或记忆起始数据），往返多次后回到初始位置，观察数显表与千分表的数据是否一致。通过以上工作，光栅传感器的安装就完成了。但对于一般的机床加工环境来讲，铁屑、切削液及油污较多。因此，光栅传感器应附带加装护罩，护罩的设计是按照光栅传感器的外形截面放大后留一定的空间尺寸而确定的，护罩通常采用橡皮密封，使其具备一定的防水、防油能力。

10.2.3 磁栅传感器

磁栅传感器具有制作简单、易于安装、便于调整、使用方便、测量范围宽（从几米到数十米）、无长度局限、抗干扰能力强等一系列优点，因此其在大型机床中的数字化检测、自动化机床的数字化检测和自动控制、扎压机的定位控制等方面得到了广泛应用。

1. 磁栅传感器结构与类型

磁栅是一种录有磁化信息的标尺，它是在非磁性体的平整表面上镀一层约 0.02 mm 厚的 Ni-Co-P 磁性薄膜，并用录音磁头沿长度方向按一定的波长 λ 录上磁性刻度线而构成的，因此又把磁栅称为磁尺。

录制磁化信息时，要使磁尺固定，磁头根据来自激光波长的基准信号，以一定的速度在其长度方向上边运行边流过一定频率的等效电流，这样，就在磁栅尺上录上了相等节距的磁化信息，从而形成磁栅。录制后的磁化结构相当于一个个小磁铁按 NS、SN、NS……的状态排列起来，如图 10.7 所示。因此，磁栅上的磁场强度呈周期性变化，并在 N-N 或 S-S 处达到最大值。

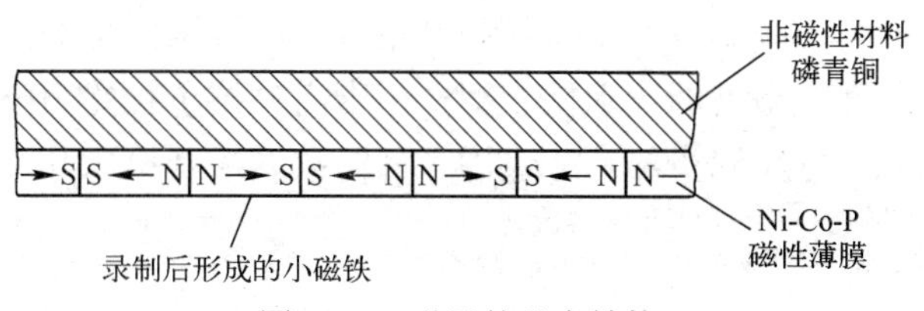

图 10.7　磁尺的基本结构

磁栅的种类可分为单面型直线磁栅、同轴型直线磁栅和旋转型磁栅等。磁栅主要用于大型机床和高精度机床中，作为位置或位移量的检测元件。磁栅和其他类型的位移传感器相比，具有结构简单、使用方便、动态范围大（1 ～ 20 m）和磁化信号可以重新录制等优点；其缺点是需要进行屏蔽和防尘处理。

2. 磁栅传感器的工作原理

磁栅传感器的结构原理示意图如图 10.8 所示。它由磁尺（磁栅）、磁头和检测电路等组成。磁尺是检测位移的基准尺，磁头用来读取信号。按显示读数的输出信号方式的不同，磁头可分为动态磁头和静态磁头。动态磁头上只有一个输出绕组，只有当磁头和磁尺相对运动时才有信号输出，因此又称动态磁头为速度响应式磁头。静态磁头上有两个绕组，一个是励磁绕组，另一个是信号输出绕组。检测电路主要用来供给磁头激励电压和将磁头检测到的信号转换为脉冲信号输出。

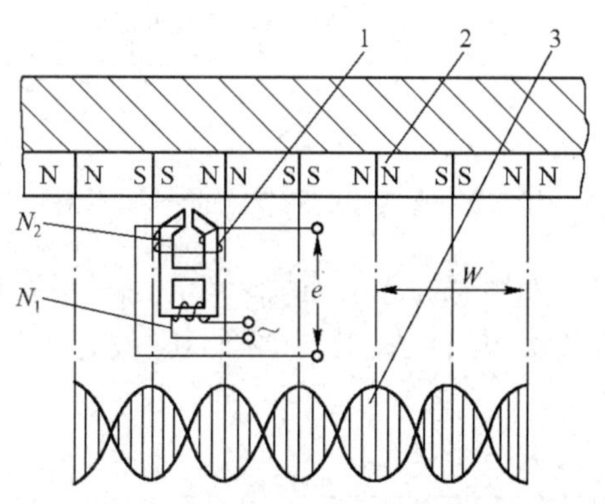

1—磁头；2—磁尺；3—磁头输出信号的波形

图 10.8　磁栅传感器的结构原理示意图

当磁尺与磁头之间的相对位置发生变化时，磁头的铁芯使磁尺的磁通有效地通过绕组，在电磁感应作用下，信号输出绕组中将产生感应电势，该感应电势将随磁尺的磁场强度的周期变化而变化，将位移量转换成电信号输出，磁头输出信号的波形如图 10.8 所示。磁头输出信号经检测电路转换成电脉冲信号并以数字的形式显示出来。

磁栅传感器允许的最高工作速度为 12 m/min，系统的精度可达 0.01 mm/m，最小指示值为 0.001 mm，使用范围为 0 ～ 40℃。

10.2.4　感应同步器

感应同步器是应用电磁感应原理来测量直线位移和角位移的一种精密传感器。测量直线位移的传感器称为直线感应同步器，测量角位移的传感器称为圆感应同步器。它们的优点是：对环境温度、湿度的要求低，测量精度高，抗干扰能力强，使用寿命长，便于成批生产等。目前，感应同步器广泛应用于程序数据控制机床和加工测量装置中。

1. 感应同步器的结构特点

直线感应同步器的外型及结构如图 10.9 所示，它由定尺和滑尺两部分组成，长尺为定尺，短尺为滑尺。感应同步器的定尺被安装在固定部件（如机床的台座）上，而滑尺则与运动部件或被定位装置（如机床刀架）一起沿定尺移动。定尺和滑尺的材料、结构和制造工艺相同，都是由基板、绝缘黏合剂、平面绕组等组成的。

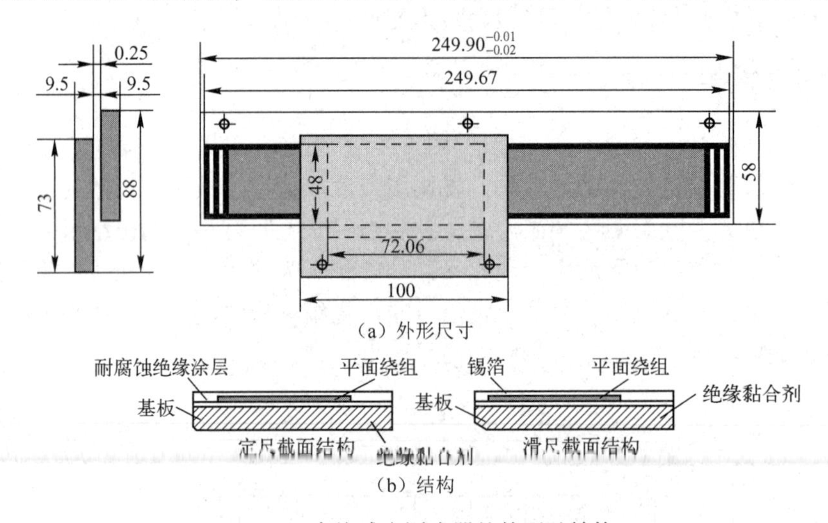

图 10.9　直线感应同步器的外型及结构

定尺绕组是由一连串线圈串联而成的连续绕组，滑尺绕组有两个分段绕组，分别为正弦绕组（S 绕组）和余弦绕组（C 绕组），它们在空间位置上错开，从而形成 90°的相位差，如图 10.10 所示。

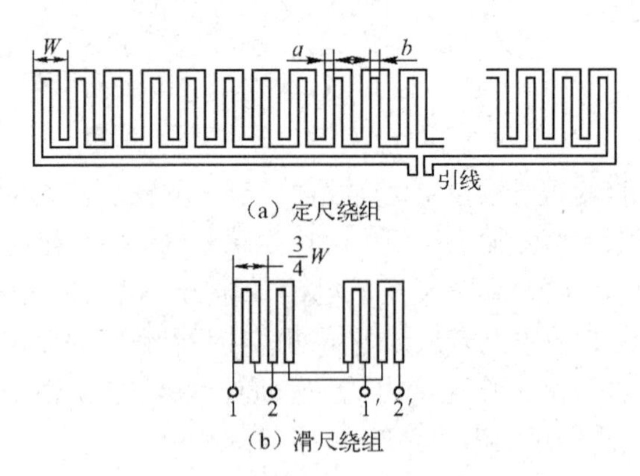

图 10.10　定尺绕组和滑尺绕组的结构

直线感应同步器可分为标准型和窄型两种。窄型直线感应同步器中的定尺、滑尺的长度与标准型直线感应同步器相同，仅宽度较窄。标准型直线感应同步器精度高、应用广，每根定尺长 250 mm，如果测量长度过长，可将几根定尺连接起来使用，连接长度可达十几米，但必须保证安装平整，否则极易损坏。

2. 感应同步器的工作原理

感应同步器利用定尺和滑尺两个平面印制电路绕组的互感随其相对位置的变化而变化的原理，将位移量转换为电信号。感应同步器工作时，定尺和滑尺相互平行、相对放置，它们之间保持一定的气隙（0.25±0.005）mm，定尺固定，滑尺可动。当滑尺的 S 绕组和 C 绕组分别通过一定的正弦电压、余弦电压励磁时，定尺绕组中会有感应电势产生，其值是定尺相对位置、滑尺相对位置的函数。

感应电势与两相绕组的相对位置关系如图 10.11 所示，先考虑 S 绕组单独励磁的情况，当滑尺处在 *A* 点位置时，滑尺的 S 绕组与定尺某一绕组重合，定尺的感应电势值最大；当滑尺向右移 *W*/2 的距离，到达 *B* 点位置时，定尺的感应电势为零；当滑尺移过 *W*/2 至 *C* 点位置时，定尺的感应电势为负的最大值；当滑尺移过 3*W*/4 至 *D* 点位置时，定尺的感应电势的变化如图 10.11 中的曲线 2 所示。定尺上产生的总感应电势是正弦绕组、余弦绕组分别励磁时产生的感应电势之和。

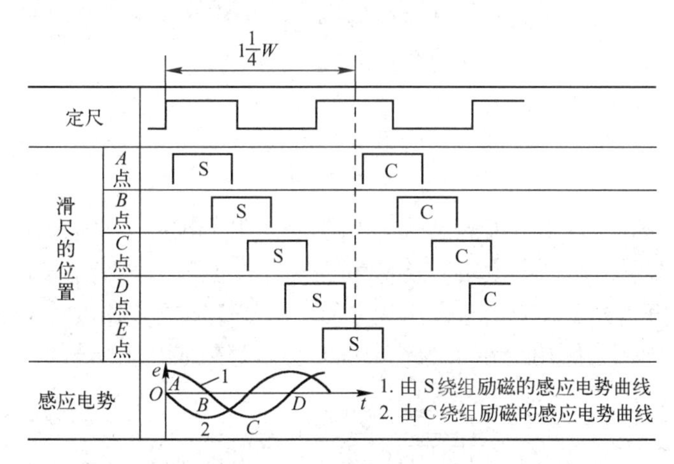

图 10.11　感应电势与两相绕组的相对位置关系

3. 感应同步器的信号处理方式

对于由感应同步器组成的检测系统可以采用不同的励磁方式，输出信号也可以采用不同的处理方式。励磁方式一般可分为两大类，一类以滑尺励磁，由定尺输出；另一类以定尺励磁，由滑尺输出。感应同步器的信号处理方式一般有鉴相型、鉴幅型和脉冲调宽型三种。

1）鉴相型

给滑尺的 S 绕组、C 绕组分别加以等频、等幅、相位差为 90°的电压，即

$$u_S = U_m \sin\omega t \qquad (10-2)$$

$$u_C = U_m \cos\omega t \tag{10-3}$$

可根据感应电势的相位来鉴别位移量。若定尺节距为 W（标准为 2 mm），位移 X 引起的电相角变化为 $\theta=\frac{2\pi}{W}X$，则感应电势为

$$e = KU_m\sin(\omega+\theta)KU_m\sin(\omega+\frac{2\pi}{W}X) \tag{10-4}$$

式中，K——定尺、滑尺的电磁耦合系数；

X——定尺、滑尺的相对位移量；

W——定尺的节距。

这样，定尺、滑尺的相对位移 X 就与感应电势 e 相关联了，从而可以把位移量的测量转换为感应电势的测量。

2）鉴幅型

如果给滑尺的正弦绕组、余弦绕组以同频、同相但不等幅的激励电压，则可根据感应电势的幅值来鉴别位移量，这种类型的感应同步器称为鉴幅型感应同步器，这里不进行详细介绍。

3）脉冲调宽型

脉冲调宽型感应同步器的实质是鉴幅型感应同步器，其优点是克服了鉴幅型感应同步器中由函数变压器绕制工艺和开关电路的分散性带来的误差。

为了实现位移量的数字显示，必须把感应同步器检测到的位移电信号，经电子电路处理后，将模拟量转化为数字量，然后由显示电路显示出来。数显表就是完成这一任务的一种仪表。

在数显表中一般不采用直接测量感应电势的幅值或相位的方式来检测位移量，而是采用零值法进行测量。所谓零值法，就是用已知的基准信号来抵消感应同步器的电势的幅值或相位。零值法数显表使用起来比较方便，直线感应同步器数显装置系统的连接示意图如图 10.12 所示。表 10.2 所示为感应同步器数显表的技术参数。

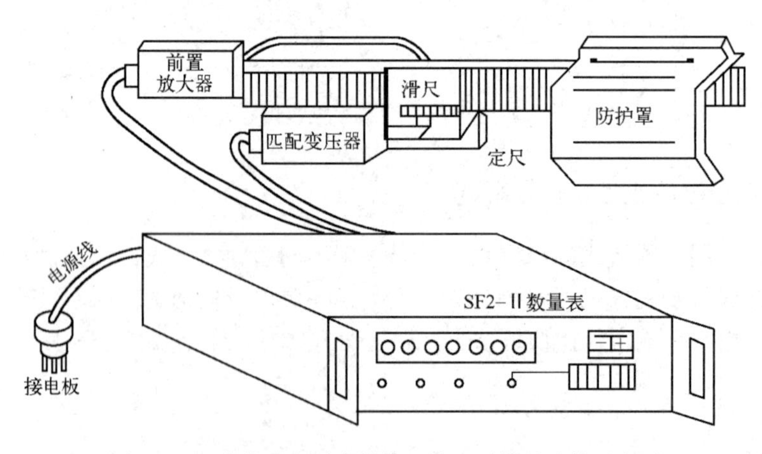

图 10.12　直线感应同步器数显装置系统的连接示意图

表 10.2　感应同步器数显表的技术参数

参数＼型号	ZBS-11	ZBS-15	ST2	ST1
测量范围	10 m	360°	±10 m	360°
最低位显示	0.001 m	1 角秒	0.001mmm	1 角秒
精度	±1 μm	±1 角秒	±1 μm	±1 角秒
跟随速度	50 m/min	10 r/min	12 m/min	5 r/min
特点	高精度	高精度，圆 720 极	有表头指零，高精度	有表头指零，圆 720 极

10.3　数字式传感器的应用实例

10.3.1　位置测量及转速测量

位置测量主要是指直线位移的精密测量。机械设备的工作过程多与长度和角度有关，因此存在位置测量或位移测量的问题。随着科学技术和生产的不断发展，对位置测量提出了高精度、数字化和高可靠性等一系列要求。目前在数控机床中得到广泛应用的有光电式传感器、磁栅传感器、感应同步器等。

1. 应用实例一：霍尔角位移测量仪

霍尔角位移测量仪的结构如图 10.13 所示。霍尔器件与被测物连动并且置于一个恒定的磁场中，当霍尔器件转动时，霍尔电势 E_H 反映了转角 θ 的变化。不过，该变化是非线性的（E_H 正比于 $\cos\theta$），若要求 E_H 与 θ 成线性关系，则必须采用特定形状的磁极。

2. 应用实例二：霍尔转速表

图 10.14 所示为霍尔转速表的示意图。在被测转速的转轴上安装一个齿轮，也可选取机械系统中的一个齿轮，使霍尔器件及磁路系统靠近齿轮，随着齿轮的转动，磁路的磁阻也会周期性变化，测量霍尔器件输出的脉冲频率就可以确定被测物的转速。

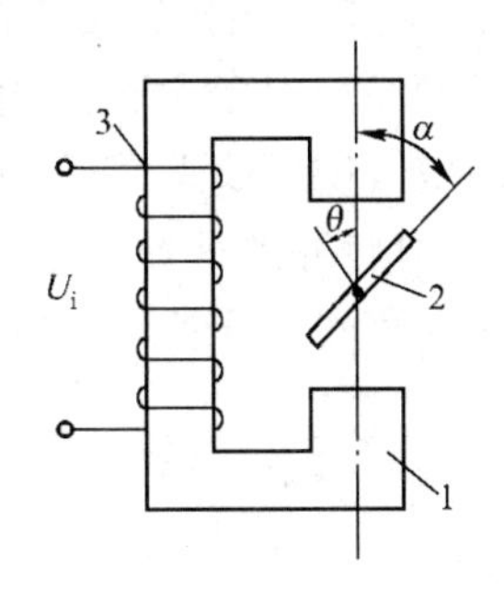

1—磁极；2—霍尔器件；3—励磁线圈

图 10.13　霍尔角位移测量仪的结构

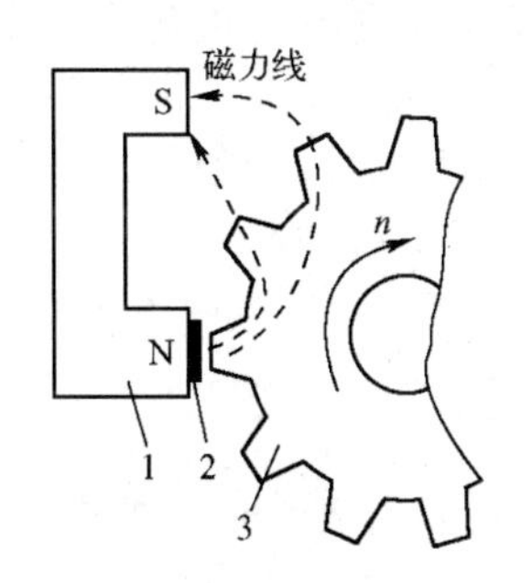

1—磁极；2—霍尔器件；3—齿轮

图 10.14　霍尔转速表的示意图

3. 应用实例三：霍尔接近开关

工业中常用的接近开关有电容式、光电式等。这里介绍用霍尔原理制成的接近开关，它的特点是外围元件少，抗干扰能力强。霍尔接近开关的示意图如图 10.15 所示。

在图 10.15 中，磁极的轴线与霍尔器件的轴线在同一条直线上。当磁铁随运动部件左右移动接近霍尔器件时，霍尔器件的输出由高电平变为低电平，经驱动电路使继电器吸合或释放，控制运动部件停止移动，起到限位的作用。

霍尔接近开关滑动式示意图如图 10.16 所示，磁铁随运动部件移动，霍尔器件从两块磁铁的间隙中滑过。当磁铁与霍尔器件的间距小于某一数值时，霍尔器件的输出由高电平变为低电平，与图 10.15 不同的是，若运动部件继续向前移动，霍尔器件的输出将恢复为高电平。

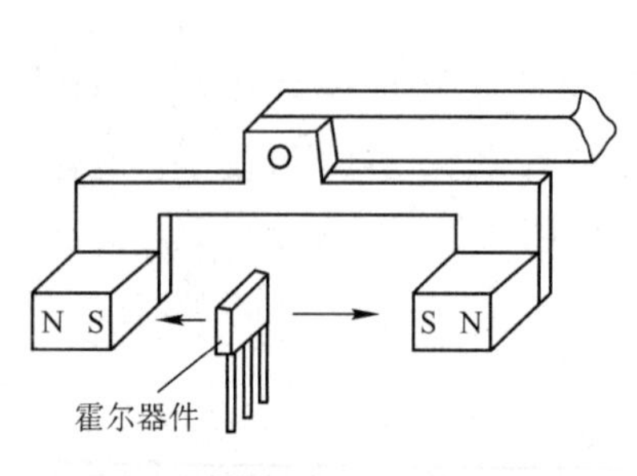

图 10.15　霍尔接近开关的示意图

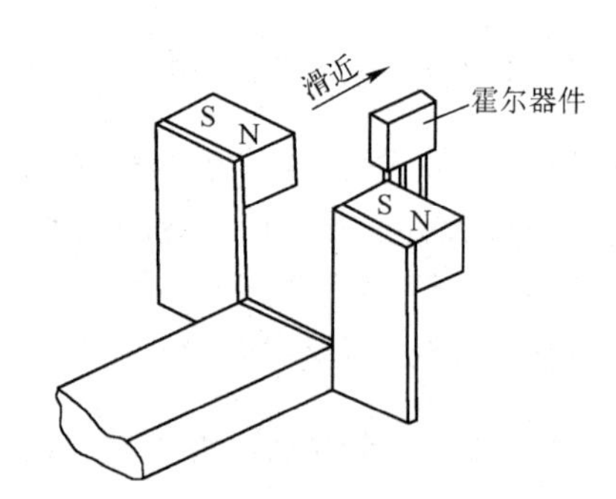

图 10.16　霍尔接近开关滑动式示意图

光电式传感器属于非接触式测量传感器，目前越来越多地用于各生产领域中。

4. 应用实例四：光电式工件计数装置

由于光敏电阻体积小、使用简单，所以在控制系统中常用来检测光信号、自然光、光通量、光位移等。图 10.17 所示为工件计数装置，利用光敏电阻产生的脉冲信号来对传送带上的工件进行计数。在图 10.17 中，R 为光敏电阻，当光源的光线照在 R 上时，R 为亮阻值，阻值小，a 点的电位低，三极管发射极的电位也低。当传送带上的工件遮住光线时，R 为暗电阻，阻值大，a 点的电位升高，三极管发射极的电位也随之升高。工件通过后，光线又重新照在 R 上，如此重复。由图 10.17（b）可以看出，每通过一个工件，V_b 就会出现一个脉冲，所以对工件的计数转换成对脉冲的计数，V_b 可以送至后面的电路进行处理、显示或打印。如果出现脉宽超过一定数值，可能是由两个工件连续经过所致，所以计数两次。

5. 应用实例五：光电式转速表

转速是指每分钟或每秒钟内旋转物体转动的圈数。机械式转速表和接触式电子转速表的精度不高，有时不能满足特殊场合的要求。光电式转速表属于反射式光电式传感器，它可以在距被测物数十毫米处进行非接触式测量。由于光电器件的动态特性较好，所以可用于高转速的测量而不干扰被测物转动，图 10.18 所示为测量电动机转速的光电式转速表的原理框图。光源发出的光线照射到旋转物体上，经旋转物体的缝隙照射在光敏二极管上，它产生与转速对应的电脉冲信号，经放大整形电路，得到脉冲信号，再经频率计数电路处理后由显示器显示出每分钟或每秒钟的转数，即转速。

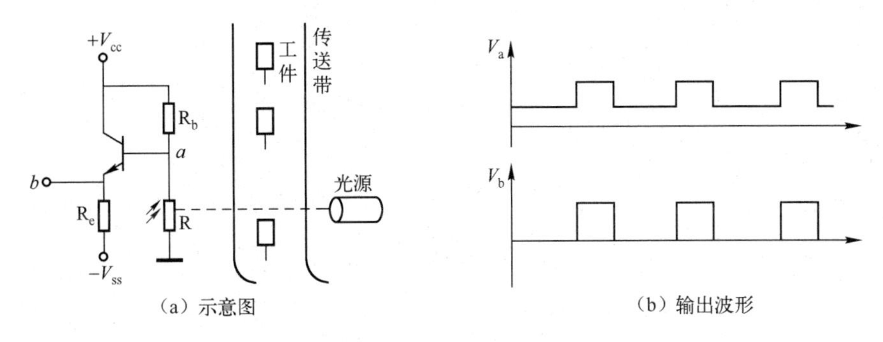

图 10.17　工件计数装置

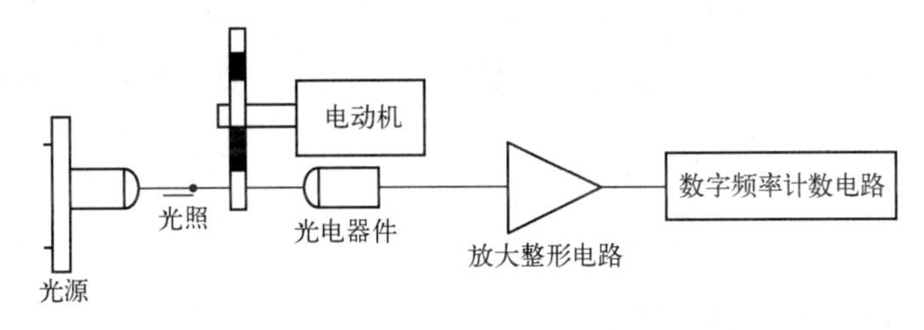

图 10.18　测量电动机转速的光电式转速表的原理框图

10.3.2　机械位移的测量

用于测量位移的传感器有很多种，因测量范围的不同，所用的传感器也是不同的。测量位移的方法有很多，现已有多种位移传感器，而且有向小型化、数字化、智能化方向发展的趋势。

按所测位移量的大小来分，位移测量一般分为大位移测量和微小位移测量。表 10.3 所示为常用位移传感器的主要特点和使用性能。

在进行位移测量时，应当根据不同的测量对象选择适当的测量点、测量方向和测量系统。其中，位移传感器的选择是否恰当，对测量精度的影响很大，必须特别注意。

小位移的检测通常用应变式、电感式、差动变压器式、电容式、霍尔式传感器，精度可达 0.5%～1.0%，其中，电感式和差动变压器式传感器的测量范围要大一些，有些可达 100 mm。小位移传感器可测微小位移，测量范围从几微米到几毫米，如物体振动的振幅测量等。

大位移测量常用感应同步器、光栅、磁栅、容栅、角编码器等传感器，其特点是易实现数字化、精度高、抗干扰能力强、没有人为读数误差、安装方便、使用可靠等，这些传感器既可以测量线位移，也可以测量角位移，还可以测量长度等。

表 10.3　常用位移传感器的主要特点和使用性能

类　型		测量范围	准确度	直线性	特　点
电阻式	滑线式、线位移、角位移	1～300 mm 0～360°	±0.1% ±0.1%	±0.1% ±0.1%	分辨率较高，可用于静态或动态测量，机械结构不牢固
	变阻器、线位移、角位移	1～1000 mm 0～60 转	±0.5% ±0.5%	±0.5% ±0.5%	结构牢固，寿命长，但分辨率差，电噪声大
应变式	非粘贴	±0.15%应变	±0.1%	±1%	不牢固
	半导体	±0.25%应变	±2%～3%	满刻度 20%	牢固，使用方便，需温度补偿和大绝缘电阻
电感式	自感变气隙式	±0.2 mm	±1%	±3%	只宜用于微小位移测量
	螺线管式	1.5～2 mm		0.15%～1%	测量范围较前者宽，动态性能较差
	差动变压器式	±0.08～75 mm	±0.5%	±0.5%	分辨率高，受到杂散磁场干扰时需屏蔽
	电涡流式	±(2.5～250)mm	±1%～3%	<3%	分辨率高，受被测物体材料、形状等的影响
电容式	变面积式	0.001～100 mm	±0.005%	±1%	介电常数受环境湿度、温度的影响
	变间距式	0.001～10 mm	±1%		分辨率高，只能在小范围内近似保持线性
霍尔式		±1.5 mm	0.5%		结构简单，动态特性好
感应同步器	直线式	0.00～10000 mm	2.5 μm/250 mm		模拟和数字混合测量系统，数字显示（直线感应同步器的分辨率可达 1 μm）
	旋转式	0～360°	±0.5″		
光栅	长光栅	0.001～10000 mm（还可接长）	3 μm/1 m		同上，长光栅的分辨率为 0.1～1 μm
	圆光栅	0～360°	±0.5 角秒		
磁　栅	长磁栅	0.001～10000 mm	5μm/1m		测量时，工作速度可达 12 m/min
	圆磁栅	0～360°	±1 角秒		
角编码器	接触式	0～360°	0.000001rad		分辨率高，可靠性高

1. 光电位移传感器的应用

在某些场合，对物体位移的路径测量并不重要，只需对物体位移的起始点和终止点的位置进行准确的测量即可。虽然可以使用微动开关完成这种控制，但微动开关的寿命是有限的。为克服微动开关的这一缺点，我们可以使用光电断续器进行这种位移的测量和控制。

图 10.19 所示为光电断续器控制电动机旋转位置的原理框图。当启动开关 S 闭合时，由于发光二极管发出的光通过光盘的透明部位，光敏元件有信号输出，逻辑电路输出控制信号使驱动电路工作，电动机开始旋转，当光盘随电动机转动到白色不透光区时，光电断续器停止输出信号，电动机因得不到驱动电压而停止转动。这种简单的原理只能使电动机做定向运动，如果加上其他控制电路，即可控制电动机在限定的范围内做双向运动。

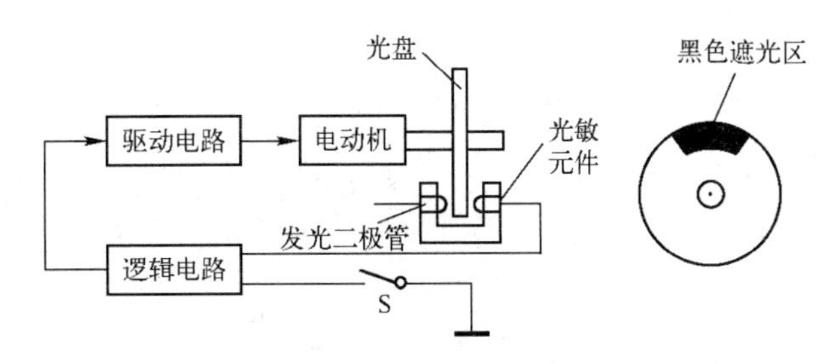

图 10.19　光电断续器控制电动机旋转位置的原理框图

2. 光电式编码器的应用

数控车床在进行螺纹加工时，其主轴转速与机床纵向切削进给速度有严格的数学关系：$F=P\times n$，其中，P 为滚珠丝杠螺距。在图 10.20 中，光电式编码器安装在机床的主轴上，主轴每转发出固定数量的脉冲，这些检测信号经脉冲分配器和数控逻辑环节后控制步进电动机的转速，实现机床纵向切削进给速度的控制。

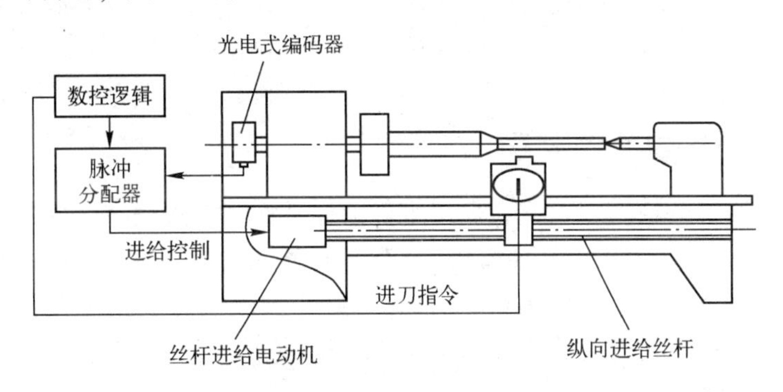

图 10.20　机床纵向切削进给速度的控制原理图

3. 数控机床主轴准停装置中的传感器

在数控镗床、数控铣床和以镗铣为主的加工中心上，当主轴停止转动进行自动换刀时，要求主轴每次停在一个固定的位置上。所以在主轴上必须设有准停装置。准停装置分为机械式和电气式两种，现代数控机床一般采用电气式主轴准停装置，图 10.21 所示为电气式主轴准停装置的结构示意图。

较常用的电气式主轴准停装置有两种。一种利用主轴上的光电脉冲发生器的同步脉冲信号，另一种用磁力传感器检测定向。图 10.21 中的电气式主轴准停装置属于后一种。其工作原理如下：在主轴上安装一个永久磁铁与主轴一起转动，在距离永久磁铁旋转轨迹外 1 ～ 2 mm 处，固定有一个霍尔式传感器，当机床主轴需要停车换刀时，数控装置发出主轴停转的指令，主轴电动机立即降速，使主轴以很低的转速旋转，当永久磁铁对准霍尔式传感器时，磁力传感器发出准停信号，此信号经过放大后，由定向电路使主轴电动机准确停止在规定的轴向位置上。这种准停装置的机械结构简单，发磁体与磁力传感器间没有接触摩擦，准停的定位精度可达±1°，能满足一般的换刀要求，而且定向时间短、可靠性高。

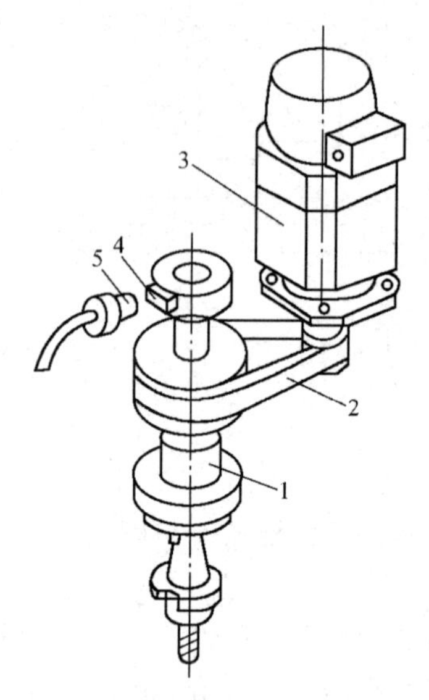

1—主轴；2—同步感应器；3—主轴电动机；4—永久磁铁；5—霍尔式传感器

图 10. 21　电气式主轴准停装置的结构示意图

4. 感应同步器在镗床上的使用

为保证零件加工的精度，镗床在加工零件前通常使用块规确定零件的加工中心。这种方法烦琐且效率低。为此，可在镗床的垂直方向及纵向安装直线感应同步器，通过感应同步器和数显表直接准确地确定零件的加工中心，既保证了加工精度，又大大提高了效率。图 10. 22 所示为镗床安装感应同步器的示意图。

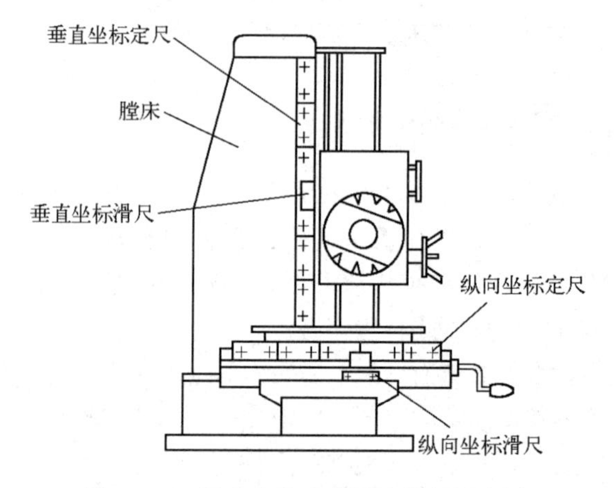

图 10. 22　镗床安装感应同步器的示意图

10. 4　传感器在数控机床中的综合应用实例

由于高精度、高速度、高效率及安全可靠等特点，在制造业技术设备的不断更新中，数控机床逐渐得到普及。

数控机床对传感器的要求如下。

（1）可靠性高、抗干扰性强。

（2）满足精度和速度的要求。

（3）使用维护方便，适合机床的运行环境。

（4）成本低。

不同种类的数控机床对传感器的要求也不尽相同，一般来说，大型机床要求响应速度快，中型和高精度数控机床的要求以精度为主。

下面介绍传感器在气轮机转子叶根槽数控铣床中的综合应用实例。

图 10.23 所示为某型号数控铣床用于加工大型气轮机转子叶根槽的结构示意图。

1）数控铣床的结构

（1）该铣床长 12 m，宽 9.6 m，高 4.8 m，左边和右边的工作台可同时加工工件。

（2）左边的刀具有 4 个自由度，即水平方向 x，垂直方向 y，进退刀 z 及刀具自旋 c。

（3）右边的刀具也具有 4 个自由度，即 u、v、w、d，左边和右边的大拖板还能各自在左边和右边的工作台的床鞍上沿水平方向 ll 和 rl 移动。

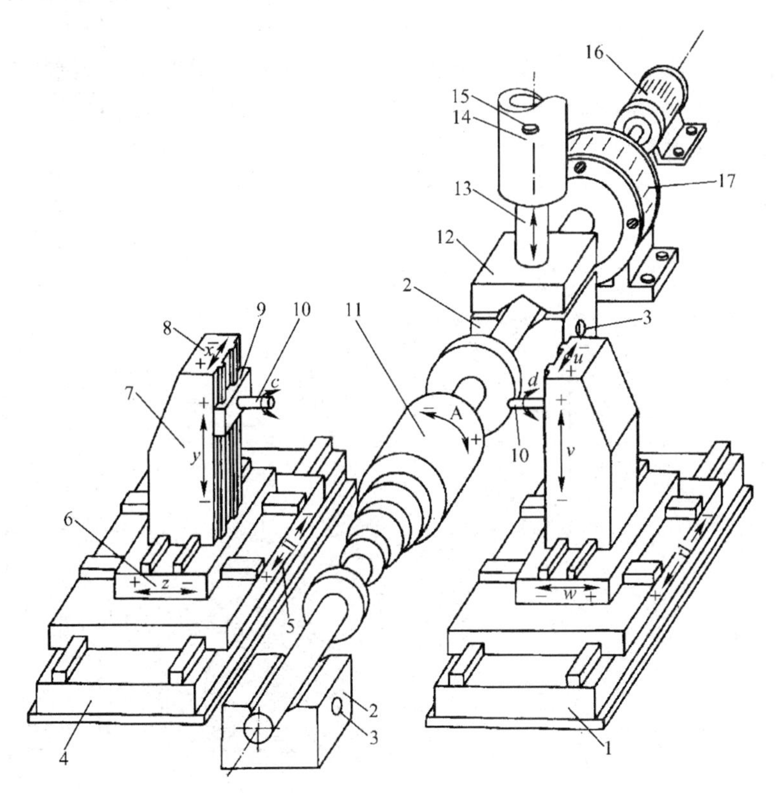

1—右工作台；2—铣刀；3—下托架压力油孔；4—左工作台；5—数字编码器；
6，7，8—直线磁栅传感器；9—温度传感器；10—铣刀；11—被加工轴；
12—工件夹具；13—液压系统；14—压力传感器；15—上夹具压力油孔；
16—A 轴驱动电动机；17—分度头花盘及圆形感应同步器

图 10.23 某型号数控铣床用于加工大型气轮机转子叶根槽的结构示意图

2）整个系统共同配备的传感器

（1）6 个直线磁栅传感器分别装在刀具的走刀系统内，用以测量刀具在 x、y、z 及 u、v、w 6 个方向的位移量。

（2）两个数字编码器装在床鞍内，用以测量床鞍在 rl 方向和 ll 方向的位移量。

（3）圆形感应同步器安装在与被加工轴联动的分度头花盘内，用来测量工件的旋转角。

（4）为数众多的温度传感器和压力传感器被安装在系统的各个重要部位，用以测量该部位的温度和压力。

3）各传感器在加工过程中的应用

下面通过介绍气轮机转子叶根槽的加工过程来说明各传感器的作用。

（1）转子转角的检测与控制。

为了保证分度的正确性，本系统在分度头花盘内安装了一个高精度的圆形感应同步器，用于测量工件旋转的角度。系统采用的圆形感应同步器的直径为 304.8 mm，转子为 720 极，分辨率为±1"。从图 10.23 中可以看到气轮机转子毛坯正被工件托架支撑着，工件的质量为几十吨，沿轴向按一定规律分布着近 20 个平行的叶轮，每个叶轮的圆周要铣出几十，甚至一百多个叶根槽，用于镶嵌叶片。图 10.24 展示出了叶根槽的剖面图。

从叶根槽的剖面图中可以看出，叶根槽以相同的节距分布在叶轮的圆周，设某个叶轮需要加工 120 个叶根槽，则槽的节距为 3°，由于加工一个完整的槽需要经过粗加工、半精加工、精加工等多道工序，因此不但要求每个槽的分度精度高，而且要求在每道工序中，每个槽的重复精度也要高。当铣头在工件表面铣好一个槽后，工件要转动一个设定的角度（本例中为 3°），再进行固定，铣头继续铣下一个槽。

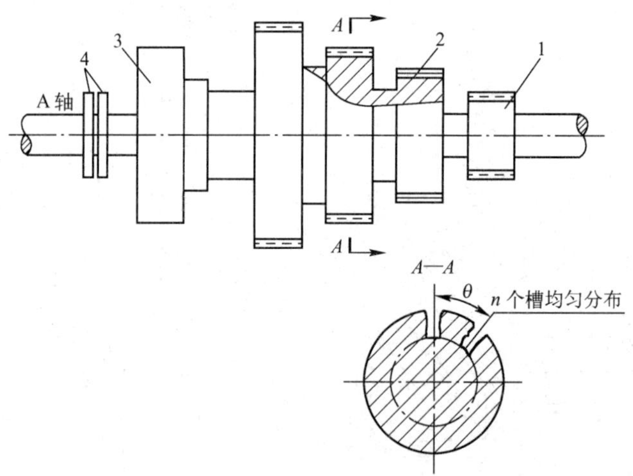

1—第 1 级叶轮；2—叶根槽；3—分度头花盘；4—圆形感应同步器

图 10.24　被加工的转子及圆形感应同步器

（2）工件夹紧与托起的检测。

该铣床允许工件的最大质量为 80 吨，加工前，先用吊车将工件准确地放置在托架上，压力油从图 10.23 中的上夹具压力油孔压入，上夹具在油压的作用下往下夹紧工件，夹紧力由压力传感器检测，当压力等于设定值时，计算机发出指令停止增压，并让 x、y、z 轴解锁，允许刀具加工工件。当工件发生故障，油压小于设定值而导致夹紧力不足时，工件可能会松动，影响铣削精度，这时计算机将发出报警信号，x、y、z 方向将停止走刀。

当加工好一个槽后，计算机发出指令，夹具减压，松开工件。接着液压油转而从图 10.23 中的下托架压力油孔压入，使工件与托架形成约 0.01 mm 厚的油膜，工件被托起，处于悬浮状态，所以只需要转动力矩较小的交流伺服电动机（力矩电动机）就能转动沉重的工件。压力传感器检测压力油的压力，只有确认工件处于悬浮状态后才能启动交流伺服电动机。

（3）刀具位置的检测与控制。

刀具除了自旋，还具有 x、y、z 3 个方向的自由度。在走刀系统中，装有 3 个对应的直线磁栅传感器，它们的精度优于 1μm。刀具运动是在直线磁栅传感器的监视下进行的，直线磁栅传感器把代表刀具位置的信号传送给计算机，该数值一方面由 CRT 显示出来，另一方面不断地与设定值比较，当刀具达到设定值时停止走刀。

（4）温度检测。

整个系统有十几个测温点，主要用于检测机床的轴温、压力油温、润滑油温、冷却空气的温度，以及各个电动机绕组的温度等，多数测温点采用铂热电阻。

4）系统的报警及故障自诊功能

所谓报警，就是当被测量超过设定值的上下限时，计算机向操作者提示声信号或光信号，以便操作者及时排除故障。该铣床有很强的故障自诊功能。由于显示终端配有 CRT，所以不但可进行一般的屏幕报警，还可进行故障诊断。以温度故障为例，由于测温点有很多，所以多数测温点只向计算机提供超限信号，而不提供具体的温度值。计算机收到这些超限信号后，CRT 上的特定部位显示出超温标志及报警设备编号，操作者要想进一步了解故障原因，就要进行人机对话，如由于某种原因 A 轴无法走刀，CRT 可能会给操作者提示“A 轴故障”的标志，操作者通过键盘输入指令，CRT 将进一步提示“伺服系统故障”的标志，进一步查询，CRT 可能会显示“晶闸管故障”的标志，这样一步步查询，就可以找到较确切的故障位置，大大缩减排除故障的时间，可以说，系统的报警及故障自诊功能是数控机床智能化的标志之一。

小　　结

数字式传感器是能把被测（模拟）量直接转换成数字量输出的传感器，在数控机床中的应用非常广泛。本单元主要介绍了数控机床中的几种常用传感器。

（1）数字式编码器又称码盘，是一种旋转式的位移传感器，通常装在被测装置的轴上，随被测轴一起转动，它能将被测轴的角位移转换成增量脉冲或二进制编码。码盘有两种基本类型：绝对型码盘和增量型码盘。其中，绝对型码盘在一种带刀库和自动换刀装置的数控机床的刀库选刀控制中得到了广泛应用。

（2）光栅传感器是由主光栅（也称标尺光栅，通常随被测物体移动）、指示光栅和光路系统组成的，它是通过计量光栅的莫尔条纹来进行测量的，测量线位移采用长光栅，测量角位移采用圆光栅。在机床上安装光栅传感器时，要注意安装基面的选择，光栅主尺及读数头应分别安装在机床相对运动的两个部件上。

(3) 磁栅传感器由磁尺（磁栅）、磁头和检测电路等组成，其工作原理是：当磁尺与磁头之间的相对位置发生变化时，磁头的铁芯使磁尺的磁通有效地通过绕组，在电磁感应作用下，信号输出绕组中将产生感应电势，该感应电势将随磁尺的磁场强度的周期变化而变化，将位移量转换成电信号输出，磁头输出信号经检测电路转换成电脉冲信号并以数字的形式显示出来。

(4) 感应同步器利用定尺和滑尺两个平面印制电路绕组的互感随其相对位置的变化而变化的原理，将位移量转换为电信号。

本单元在介绍数字式编码器、光栅传感器、磁栅传感器、感应同步器的组成及工作原理的基础上，介绍了霍尔角位移测量仪、霍尔转速表、霍尔接近开关、工件计数装置、光电式转速表等数字式传感器的应用实例，最后介绍了传感器在气轮机转子叶根槽数控铣床上的综合应用。

10.5 习题

1. 选择题。

1) 码盘能够将角度转换为数字编码，是一种数字式传感器。码盘按结构可分为接触式、(　　) 和 (　　) 三种。

A. 光电式　　B. 磁电式　　C. 电磁式　　D. 感应同步器

2) 莫尔条纹光栅传感器的输出是 (　　)。

A. 数字脉冲式　　B. 调幅式　　C. 调频式　　D. 正弦波

2. 简述码盘的工作原理及用途。

3. 角数字式编码器的结构可分为几种？它们各有什么特点？

4. 光栅传感器的结构和原理是什么？

5. 光栅按其原理和用途的不同，可分为________和________光栅。

6. 光栅传感器主要用于________和________的精密测量及数控系统的________检测等，具有测量精度高、抗干扰能力强、容易实现动态测量和自动测量、可以数字显示等特点，在数控机床的伺服系统中被广泛应用。

7. 光栅传感器由________、________和________组成。

8. 在光栅传感器中，采用细分技术的目的是________。

9. 莫尔条纹是怎样产生的？它具有哪些特性？

10. 磁栅传感器由哪几部分组成？说明磁栅传感器的工作原理。

11. 说明感应同步器的结构特点。感应同步器的信号处理方式有哪几种？

12. 试说明光电式编码器控制机床的纵向切削进给速度的原理。

13. 试说明在镗床的垂直方向和纵向安装感应同步器的作用。

14. 试说明气轮机转子叶根槽数控铣床中的各个传感器在加工过程中的作用。

项目单元 11　新型传感器
——现代检测系统发展简介

11.1　项目描述

PPT：项目单元 11

随着科学技术的发展，新材料、新技术和新工艺不断涌现，新的检测方法也不断被开发出来，激光、微波、超声波、红外线、放射性同位素等非接触检测技术近年来取得了较快的发展。随着半导体陶瓷、光导纤维及其他新型材料的使用，大量的新型传感器、变送器问世。许多基于物质本身的内在性质的检测器件（如压敏、热敏、光敏、湿敏、化学敏器件）也被不断应用于新型传感器中。此外，仿生传感学作为一门新型学科也在迅速发展。

传感技术的发展经历了 3 个阶段，即结构型传感器、物性型传感器和智能型传感器。

（1）结构型传感器：以其结构部分变化或结构部分变化引起的某种场的变化来反映被测量的大小及变化。

（2）物性型传感器：利用构成传感器的某些材料本身的物理特性在测量过程中会发生变化来将被测量的量转换为电信号或其他信号输出。

（3）智能型传感器：把传感器与微处理器有机地结合成一个高度集成化的新型传感器。它与结构型传感器、物性型传感器相比，能瞬时获取大量信息，对所获得的信息还具有信号处理功能，从而使信息的质量大大提高，扩展其功能。

以网络化智能型传感器为例，它以嵌入式微处理器为核心，集成了传感单元、信号处理单元和网络接口单元，使传感器由单一功能、单一检测向多功能和多点检测发展；从被动检测向主动进行信息处理的方向发展；从孤立元件向系统化、网络化的方向发展；从就地测量向远距离实时在线测控的方向发展。

本单元通过介绍几种新型传感器，使读者了解现代自动检测系统的组成和传感器技术发展的主要方向。

11.2　几种新型传感器

11.2.1　光纤传感器

近年来，传感器在朝着灵敏、精确、适应性强、小巧和智能化的方向发展。在这一过程中，光纤传感器这个传感器家族的新成员备受青睐。光纤具有很多优异的性能，如抗电磁干扰和原子辐射的性能，径细、质软、质量轻的机械性能；绝缘、无感应的电气性能；耐水、耐高温、耐腐蚀的化学性能等，它能够在人无法到达的地方（如高温区），或者对人有害的地区（如核辐射区），起到人的耳目的作用，而且能超越人的生理极限，接收人的感官所感受不到的外界信息。

1. 光纤的基本概念

光纤（光导纤维）如图 11.1 所示，光纤自 20 世纪 70 年代问世以来，随着激光技术的发展，从理论和实践上都已证明它具有一系列的优越性，光纤在传感技术领域中的应用日益广泛。

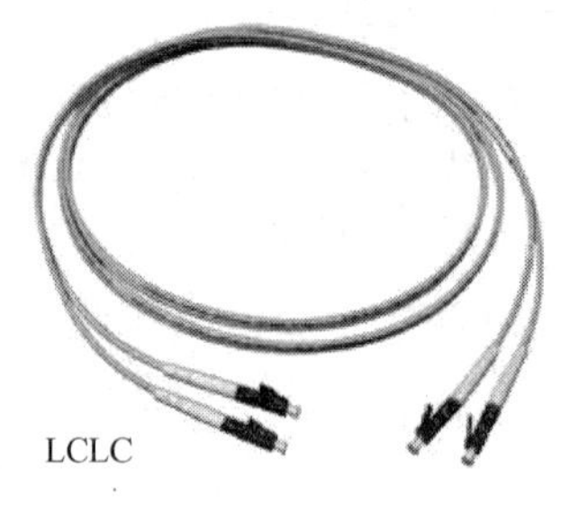

光纤的光传输

图 11.1　光纤

光纤由纤芯和包层组成，纤芯由透明材料制成，包层大多采用比纤芯的折射率稍低的材料制成，射入纤芯的光信号经包层界面反射可在纤芯中传播。

石英光纤是以二氧化硅（SiO_2）为主要原料，并按不同的掺杂量来控制纤芯和包层的折射率分布的光纤。石英（玻璃）系列的光纤具有低耗等特点，现在已被广泛应用于有线电视和通信系统中。石英光纤（Silica Fiber）与其他原料的光纤相比，还具有从紫外线光到近红外线光的透光光谱，除通信外，还可用于导光和传导图像等领域。

1）光纤结构

光纤是用光透射率高的电介质（如石英、玻璃、塑料等）构成的光通路。光纤的基本结构如图 11.2 所示，它是由折射率 n_1 较大（光密介质）的纤芯和折射率 n_2 较小（光疏介质）的包层构成的双层同心圆柱结构。

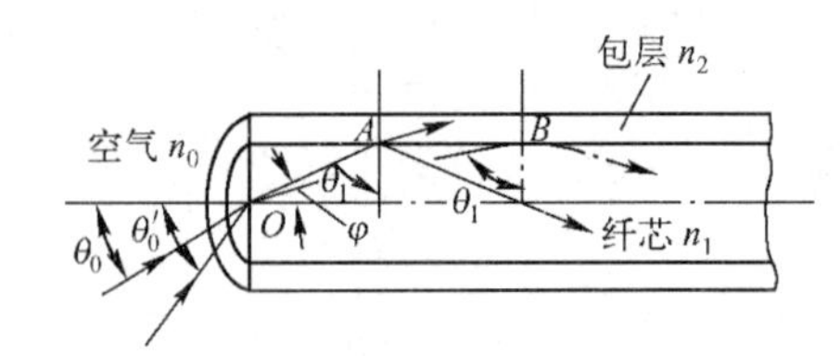

图 11.2　光纤的基本结构

光纤裸纤一般分为 3 层：中心为高折射率的玻璃芯（芯径一般为 50 或 62.5μm），中间为低折射率的硅玻璃包层（直径一般为 125μm），最外层是加强用的树脂涂层。

光的全反射现象是研究光纤传光原理的基础。根据几何光学原理，当光线以较小的入射角 θ_1 由光密介质 1 射向光疏介质 2（$n_1>n_2$）时（见图 11.3），一部分入射光将以折射角 θ_2 折射入介质 2，其余光仍以反射角 θ_1 反射回介质 1。

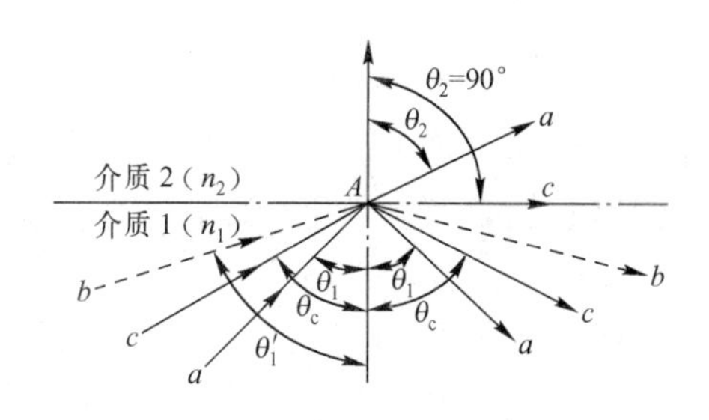

图 11.3　光在两种介质的界面上的折射和反射

依据光折射和反射的斯涅尔（Snell）定律，有

$$n_1 \sin\theta_1 = n_2 \sin\theta_2 \tag{11-1}$$

当 θ_1 逐渐增大，直至 $\theta_1=\theta_c$ 时，射入介质 2 的折射光也逐渐折向界面，直至沿界面传播（$\theta_2=90°$）。对应于 $\theta_2=90°$时的入射角 θ_1 称为临界角 θ_c，由式（11-1）可得：

$$\sin\theta_c = \frac{n_2}{n_1} \tag{11-2}$$

由图 11.2 和图 11.3 可知，当 $\theta_1>\theta_c$ 时，光线将不再折射入介质 2，而在介质（纤芯）内产生连续向前的全反射，直至由终端面射出，这就是光纤传光的工作基础。

同理，由图 11.2 和 Snell 定律可导出光线由折射率为 n_0 的外界介质（空气 $n_0=1$）射入纤芯时实现全反射的临界角（始端最大入射角）为

$$\sin\theta_c = \frac{1}{n_0}\sqrt{n_1^2-n_2^2} = \text{NA} \tag{11-3}$$

式中，NA 为数值孔径。它是衡量光纤集光性能的主要参数。它表示：无论光源的发射功率有多大，只有 $2\theta_c$ 张角内的光能被光纤接收、传播（全反射）；NA 越大，光纤的集光能力越强。产品光纤通常不给出折射率，而只给出 NA。石英光纤的 NA 的范围为 0.2 ～ 0.4。

2）数值孔径

入射到光纤端面的光并不能全部被光纤传输，只有某个角度范围内的入射光可以被光纤传输，该角度称为光纤的数值孔径。光纤的数值孔径大些对于光纤的对接是有利的。

3）光纤的种类

按光在光纤中的传输模式可将光纤分为单模光纤和多模光纤。

单模光纤：中心玻璃芯较细（芯径一般为 9μm 或 10μm），只能传输一种模式的光。因此，其模间色散很小，适用于远程通信，单模光纤对光源的谱宽和稳定性有较高的要求，即谱宽要窄，稳定性要好。

多模光纤：中心玻璃芯较粗（50μm 或 62.5μm），可传输多种模式的光。但其模间色散较大，这就限制了传输数字信号的频率，而且随着距离的增加此限制会更加严重。因此，多模光纤传输的距离比较近，一般只有几千米。

2. 光纤传感器原理

光纤传感器是一种将被测量的状态转换为可测的光信号的装置。它由光耦合器、传输光纤及光电转换器 3 部分组成。目前已有用来测量压力、位移、应变、液面、角速度、线速度、温度、磁场、电流、电压等物理量的光纤传感器问世，解决了传统方式难以解决的测量技术问题。据统计，目前约有百余种不同形式的光纤传感器用于不同领域进行检测。可以预料，在新技术革命的浪潮中，光纤传感器必将得到广泛应用，并发挥出更多的作用。

1977 年，美国海军研究所（NRL）开始执行由查尔斯·M·戴维斯（Charles M Davis）博士主持的 FOSS（光纤传感器系统）计划，这被认为是光纤传感器问世的日子。而早期的光纤传感器因为存在着诸如价格昂贵、技术不够成熟等问题，在工程实践中较少应用，一般只在实验室中做一些研究之类的尝试。然而与传统传感器相比，光纤传感器有着一系列独特的优点：它可以在强电磁干扰、高温、高压、原子辐射、易爆、化学腐蚀等恶劣条件下使用，灵敏度高且损耗低。正是由于光纤传感器的这些特点及价值，科学家开始对其进行大量的研究与改进，并取得了一系列重大的成果。1978 年，加拿大渥太华通信研究中心（Canadian Communications Research Centre，CRC，Ottawa，Ont，Canada）Hill K. O. 成功地在光导纤维上写上周期性的光栅，从而产生了第一根光纤光栅；1988 年，Meltz G. 发明了光纤光栅紫外光（Ultraviolet Light）侧写入技术，开创了光纤光栅实用化的新纪元，使得光纤传感器开始走向实用化、商业化；到了 20 世纪 90 年代，更多的光纤传感器（FOS）在不断商业化，一般比较常见的有压力应力传感器、液体流量传感器、温度湿度传感器、电流电压传感器、化学传感器等。

光纤传感器的基本工作原理是将来自光源的光经过光纤送入光调制机构，使待测参数与进入光调制机构的光相互作用，致使光的光学性质（如光的强度、波长、频率、相位、偏正态等）发生变化，这称为被调制的信号光，再经过光纤送入信号处理器，经解调后，获得被测参数。

光纤传感器一般由光源、光纤、光传感器元件、光调制机构和信号处理器等组成。光纤传感器的组成框图如图 11.4 所示。

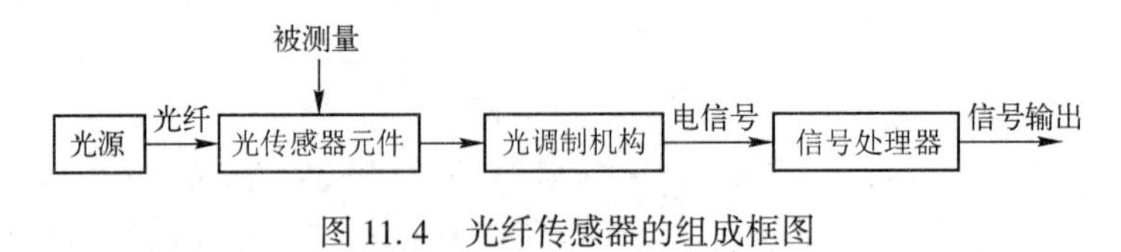

图 11.4　光纤传感器的组成框图

如前面所述，可以看出光纤传感器的传感机理表面上与电磁传感器有着相似的思路，只不过电磁传感器的电线或测量空间的信息传播载体是电磁波，而光纤中的载体是光子，也正是光子不同于电磁波的独特性质使其具有以下几个突出的优点。

（1）用不导电的玻璃纤维制成，其信息传播载体是光子而不是电子，故无电磁干扰（EMI）和射频干扰（RFI）的影响，可在各种电磁场复杂的环境中不受影响地工作。

（2）有较强的灵活性，可制成各种形状，在形状方面具有较强的适应性，可以制成任意形状的光纤传感器。

（3）可以制造传感各种不同物理信息（声、磁、温度、旋转等）的器件；可以用于高压、有电气噪声、高温、腐蚀或其他的恶劣环境中。

（4）其光信号不仅能被直接感知，还可与高度发展的电子装置相匹配，而且与光纤遥测技术有内在相容性，可实现智能化、多功能化和远距离的实时监控。

3. 光纤传感器分类

光纤传感器可以分为两大类：一类是功能型（传感型）传感器；另一类是非功能型（传光型）传感器。

1）功能型传感器

功能型传感器利用光纤本身的特性把光纤作为敏感元件，被测量对光纤内传输的光进行调制，使传输的光的强度、相位、频率或偏振态等特性发生变化，再通过对被调制过的信号进行解调，从而得到被测信号。

光纤在其中不仅是导光介质，也是敏感元件，光在光纤内受被测量调制，多采用多模光纤。

优点：结构紧凑、灵敏度高。

缺点：须用特殊光纤，成本高。

典型例子：光纤陀螺、光纤水听器等。

2）非功能型传感器

非功能型传感器利用其他敏感元件感受被测量的变化，光纤仅作为信息的传输介质，常采用单模光纤。

光纤在其中仅起导光作用，光在光纤内受被测量调制。

优点：无须特殊光纤及其他特殊技术，比较容易实现，成本低。

缺点：灵敏度较低。

光纤传感器是最近几年出现的新技术，可以用来测量多种物理量，如声场、电场、压力、温度、角速度、加速度等，还可以完成现有测量技术难以完成的测量任务。在狭小的空间里，在强电磁干扰和高压环境下，光纤传感器显示出了独特的能力。

另外，按光纤与光的作用机理分，非功能型传感器可分为本征型和非本征型，前者利用光纤直接与环境中的光相互作用来调制光信号，适用于测量转速、加速度、声源、压力和振幅等；后者则将光纤作为传送和接收光的通道，然后在光纤外部调制光信号，适用于测量角度、位置、温度、液位及过程控制中的流量等。

按光纤内传输的模式数量分，非功能型传感器可分为单模器件和多模器件。前者的纤芯很细，能大大降低信号的失真和损失程度；后者能传输更多的光，但由于具有多个通道，所以损失的信号较多，信号失真也较严重。

按信号在光纤中被调制的方式分类，可将光纤传感器分为强度调制、相伴调制、偏振态调制、频率调制和波长调制等多种类型。

4. 光纤传感器的应用

光纤传感器的应用范围很广，尤其适用于恶劣的环境，解决了许多行业多年来一直存在的技术难题，具有很大的市场需求。

我们从以下几方面来看光纤传感器的强抗干扰性在各个领域中的应用。

（1）我国使用高温传感器每年要消耗几十亿元。使用铂铑丝热电偶来测量高温，寿命短，成本高，而且在工业生产中需要停产来更换热电偶，会严重影响生产。20 世纪 80 年代，美国提出使用蓝宝石光纤来制备高温传感器，具有测温范围广、精度高及响应速度快等优点，然而由于其价格昂贵，所以只能应用于特殊场合。因此，现阶段急需研究和开发测量精度高、性能稳定、成本低的高温光纤传感器。可以在蓝宝石光纤的一端涂覆高发射率的感温介质薄层并经高温烧结形成微型的光纤感温腔（热传感头）。

（2）在电力系统中，需要测定温度、电流等参数，传统的电磁类传感器易受强电磁场的干扰，无法在这些场合中使用，现阶段最好的办法还是用光纤传感器来进行监测。另外，目前防雷抗干扰已经成为我国大坝、大桥等安全监测自动化中最为棘手的问题，而光纤传感器集信息传输和传感于一体，易与网络连接，可进行长期的、实时的观测，再加上其耐高温、抗腐蚀等特性，使得光纤传感器在这方面有广阔的应用前景。

图 11.5 所示为偏振态调制型光纤传感器的原理图。根据法拉第旋光效应，由电流形成的磁场会引起光纤中偏振光的偏转；检测偏转角的大小，就能得到相应的电流值，如图 11.5 所示。

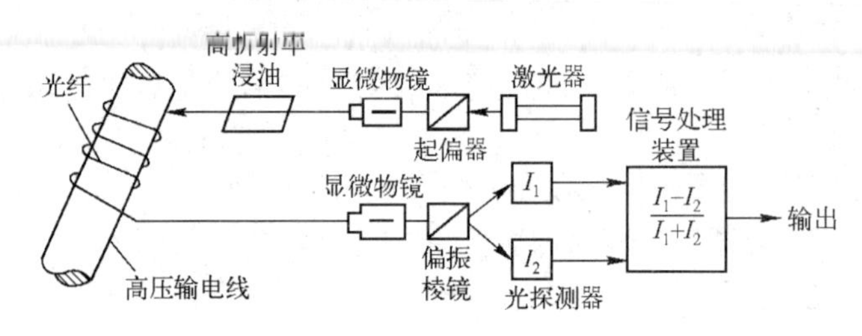

图 11.5　偏振态调制型光纤传感器的原理图

（3）在石油化工系统、矿井、大型电厂等需要检测氧气、碳氢化合物、一氧化碳等气体的场所，采用电磁传感器不但达不到要求的精度，而且易引起安全事故。因此，研究和开发高性能的光纤气敏电阻式传感器，可以安全有效地实现上述检测。图 11.6 所示为基于全内反射原理研制的光纤液位传感器。

光纤液位传感器由 LED 光源、光电二极管、多模光纤等组成。它的结构特点是在光纤测头端有一个圆锥体反射器。当测头处于空气中没有接触液面时，光线会在圆锥体内发生全内反射而返回光电二极管。当测头接触液面时，由于液体的折射率与空气不同，全内反射被破坏，将有部分光线透射入液体，使返回光电二极管的光强变弱；返回光强是液体折射率的线性函数。当返回光强发生突变时，表明测头已接触到液面。图 11.6（a）所示的结构主要由 Y 形光纤、全反射锥体、LED 光源及光电二极管组成。图 11.6（b）所示的结构是一种 U 形光纤，当测头浸入液体时，无包层的光纤光波导的数值孔径增加，液体起到了包层的作用，接收光强与液体的折射率和测头弯曲的程度有关。为了避免杂光干扰，光源采用交流调制。在图 11.6（c）所示的结构中，两根多模光纤由棱镜耦合在一起，它的光调制深度最大，而且对光源和光电接收器的要求不高。由于同一种溶液在不同浓度时的折射率不同，所以经过标定，这种光纤液位传感器也可作为浓度计使用。光纤液位传感器可用于易燃、易爆场合，但不能探测污浊液体及黏附在测头表面的黏稠物质。

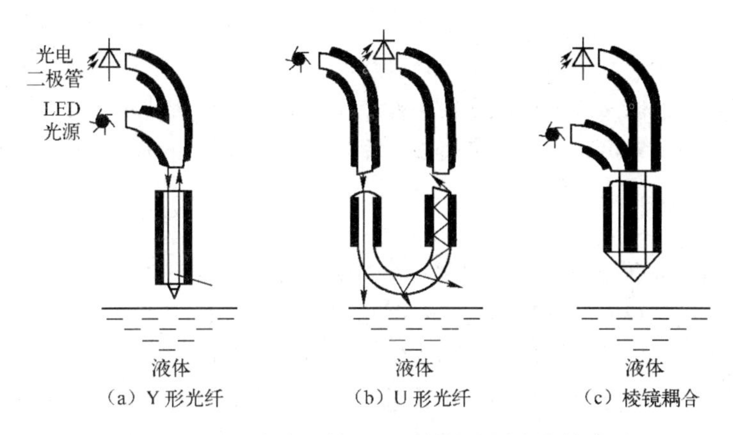

图 11.6　基于全内反射原理研制的光纤液位传感器

（4）在环境监测、临床医学检测、食品安全检测等方面，由于其环境复杂，影响因素多，使用其他传感器很难达到所需要的精度。而采用光纤传感器具有很强的抗干扰能力和较高的精度，可实现对上述各领域的生物量的快速、方便、准确的检测。

综上所述，光纤传感器（FOS）作为一种在各领域都具有明显的传感测量优势的新型传感器，不仅在高新尖端领域得到广泛应用，而且在传统工业领域被迅速推广，FOS 以其自身不同的结构、原理、测量变量、检测机理来满足不同的被测对象。尽管 FOS 有各种优势，并且已有一些 FOS 成功地实现了商业化，然而由于其刚起步，很多技术仍不成熟和完善，离大规模商业化还有不小的距离，仍面临与传统成熟技术传感器的激烈竞争。因此，只有不断地深入研究和发展，FOS 才能得到更广泛的应用，实现更成功的商业化。

11.2.2　图像传感器

目前用于图像传感器的器件主要有电荷耦合器件（Charge Coupled Devices，CCD）和互补金属氧化物半导体（Complementary Metal Oxide Semiconductor，CMOS）两大类。CCD 由大量独立光敏元件组成，每个光敏元件也叫一个像素。这些光敏元件通常是按矩阵排列的，光线透过镜头照射到光电二极管上，并被转换成电荷，每个元件上的电荷量取决于它所受到的光照强度，图像光信号会转换为电信号。当 CCD 工作时，CCD 将各个像素的信息经过模/数转换器处理后变成数字信号，将数字信号以一定格式压缩后存入缓存，然后图像数据根据不同的需要以数字信号和视频信号的方式输出。目前主要有两种类型的 CCD 光敏元件，分别是线阵 CCD 和面阵 CCD。国内利用 CCD 进行工业实时在线检测的系统大多用线阵 CCD，其缺点有精度不高、结构复杂、质量大、体积大、建造成本高、整体结构松散、数据量大、处理运算麻烦等，而面阵 CCD 光敏呈二维排列，可以将二维平面图像直接转换为一维光电信号输出，为提高采样精度和简化结构提供了条件。近年来出现了几种比较有代表性的新 CCD 技术。如超级 CCD、X3 CCD（多层感色 CCD）和四色滤光 CCD 等。CMOS 本是计算机系统内的一种重要的芯片，保存了最基本的资料。CMOS 的制造技术和一般的计算机芯片没什么差别，主要是利用硅和锗这两种元素做成的半导体，使其在 CMOS 上共存 N（带负电）级和 P（带正电）级的半导体，这两种互补效应所产生的电流即可被处理芯片记录和解读成影像。后来发现 CMOS 经过加工也可以作为数码摄影中的图像传感器，CMOS 传感器也可细分为被动式像素传感器（Passive Pixel Sensor CMOS）与主动式像素传感器（Active Pixel Sensor CMOS）。

1. CCD 的结构

CCD 是一种大规模金属氧化物半导体（MOS）集成电路光电器件。它以电荷为信号，具有光电信号转换、存储、转移和读出信号电荷的功能。CCD 自 1970 年问世以来，由于其独特的性能而发展迅速，被广泛应用于航天、遥感、工业、农业、天文及通信等军用及民用领域的信息存储及信息处理中，尤其适用以上领域中的图像识别技术。

CCD 是由若干个电荷耦合单元组成的，其基本单元是 MOS（金属氧化物半导体）电容器，如图 11.7 所示。它以 P 型（或 N 型）半导体为衬底，上面覆盖一层厚度约为 120 nm 的 SiO_2，再在 SiO_2 表面依次沉积一层金属电极，从而构成 MOS 电容器。这样的 MOS 结构也称光敏元或像素。在 MOS 阵列中加上输入、输出结构即可构成 CCD 器件。

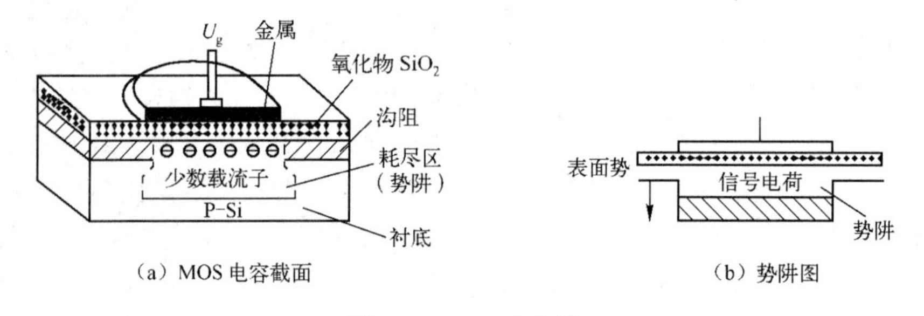

（a）MOS 电容截面　　（b）势阱图

图 11.7　MOS 电容器

2. 电荷耦合器件的工作原理

构成 CCD 的基本单元是 MOS 电容器。与其他电容器一样，MOS 电容器能够存储电荷。如果 MOS 电容器中的半导体是 P 型硅，当在金属电极上施加一个正电压 Ug 时，P 型硅中的多数载流子（空穴）将受到排斥，半导体内的少数载流子（电子）被吸引到 P-Si 界面，从而在界面附近形成一个带负电荷的耗尽区，也称势阱，如图 11.7（b）所示。对带负电的电子来说，耗尽区是个势能很低的区域。如果有光照射在硅片上，在光子作用下，半导体硅产生了电子-空穴对，由此产生的光生电子就会被附近的势阱吸收，势阱所吸收的光生电子的数量与入射到该势阱附近的光强成正比，存储了电荷的势阱被称为电荷包，同时，产生的空穴被排斥出耗尽区。并且在一定的条件下，所加的正电压 $U\mathrm{g}$ 越大，耗尽层就越深，Si 表面吸收少数载流子的表面势（半导体表面对于衬底的电势差）也越大，这时势阱所能容纳的少数载流子电荷的量就越大。

CCD 的信号是电荷，那么信号电荷是怎样产生的呢？CCD 信号电荷的产生有两种方式：光信号注入和电信号注入。当 CCD 用作固态图像传感器时，其接收的是光信号，即光信号注入。图 11.8（a）所示为背面光注入法，如果用透明电极，也可用正面光注入法。当 CCD 器件受光照射时，在栅极附近的半导体内产生电子-空穴对，其多数载流子（空穴）被排斥进入衬底，而少数载流子（电子）则被收集在势阱中，形成信号电荷，并存储起来。存储电荷的多少正比于照射的光强，从而可以反映图像的明暗程度，实现光信号与电信号之间的转换。所谓电信号注入，就是 CCD 通过输入结构对信号电压或电流进行采样，将信号电压或电流转换成信号电荷。图 11.8（b）所示为电注入法，该二极管是在输入栅的衬底上扩散形成的。当输入栅 IG 加上宽度为 Δt 的正脉冲时，输入二极管 PN 结的少数载流子通过输入栅下的沟道注入 Φ_1 电极下的势阱中，注入电荷量 $Q=I_D\Delta t$。

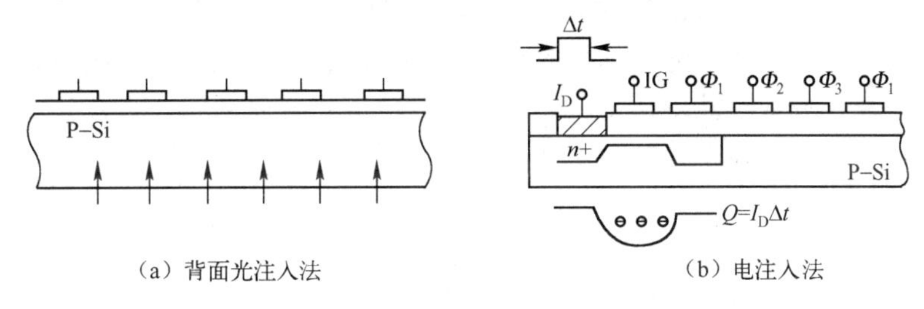

（a）背面光注入法　　（b）电注入法

图 11.8　电荷注入方法

CCD 最基本的结构是一系列彼此非常靠近的 MOS 电容器，这些电容器由同一半导体衬底制成，衬底上面涂覆了一层氧化层，并在其上制作了许多互相绝缘的金属电极，相邻电极之间仅相隔极小的距离，以保证相邻势阱耦合及电荷转移。可移动的电荷信号都力图向表面势大的位置移动。为保证信号电荷按确定的方向和路线转移，在各电极上所加的电压应严格满足相位的要求，下面以三相（也有二相和四相）时钟脉冲控制方式为例说明电荷定向转移的过程。把 MOS 光敏元电极分成三组，在其上面分别施加三个相位不同的控制电压 Φ_1、Φ_2、Φ_3，如图 11.9（a）所示，三相时钟脉冲波形如图 11.9（b）所示。

当 $t=t_1$ 时，Φ_1 相处于高电平，Φ_2 相、Φ_3 相处于低电平，在电极 1、4 下面出现势阱，存储电荷。当 $t=t_2$ 时，Φ_2 相也处于高电平，电极 2、5 下面出现势阱。由于相邻电极之间的间隙很小，电极 1、2 及 4、5 下面的势阱互相耦合，使电极 1、4 下的电荷向电极 2、5 下的势阱转移。随着 Φ_1 的电压下降，电极 1、4 下的势阱相应变浅。当 $t=t_3$ 时，有更多的电荷转移到电极 2、5 下的势阱内。当 $t=t_4$ 时，只有 Φ_2 处于高电平，信号电荷全部转移到电极 2、5 下的势阱内。随着控制脉冲的变化，信号电荷便可从 CCD 的一端转移到终端，实现电荷的耦合与转移。

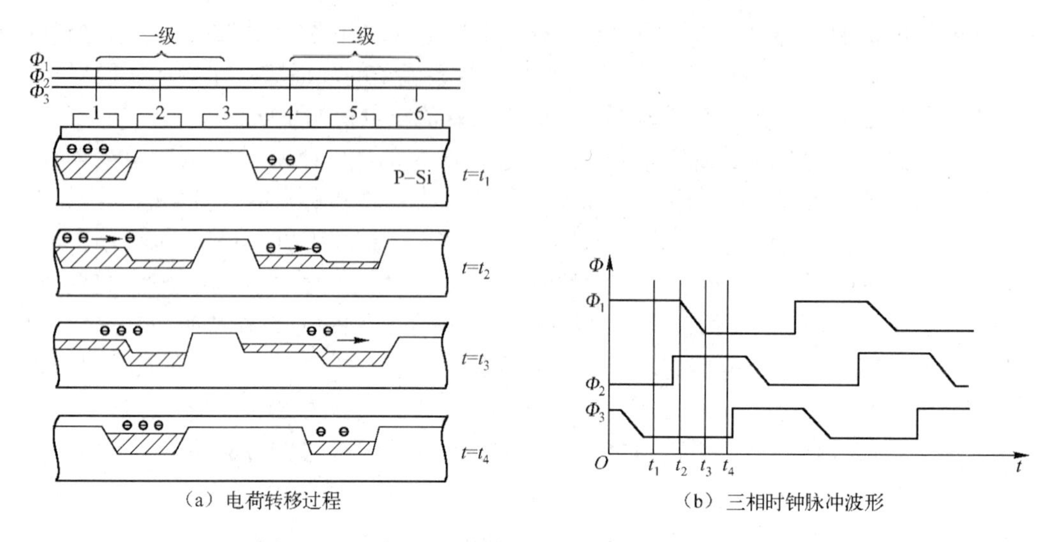

图 11.9　三相 CCD 时钟电压与电荷转移的关系

图 11.10 所示为 CCD 输出端结构示意图。它实际上就是在 CCD 阵列的末端衬底上制作一个输出二极管，当向输出二极管加反向偏压时，转移到终端的电荷在时钟脉冲的作用下移向输出二极管，被输出二极管的 PN 结收集，在负载 R_L 上就会形成脉冲电流 I_o。输出电流的大小与信号电荷的大小成正比，并通过负载电阻 R_L 变为信号电压 U_o 输出。

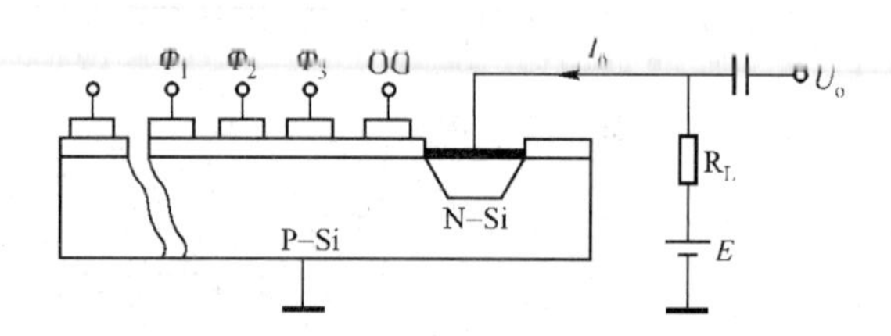

图 11.10　CCD 输出端结构示意图

3. 电荷耦合器件的应用（CCD 固态图像传感器）

电荷耦合器件用于固态图像传感器中，作为摄像或像敏器件。CCD 固态图像传感器由感光部分和移位寄存器组成。感光部分是指在同一半导体衬底上布设的由若干光敏单元组成的阵列元件，光敏单元简称“像素”。CCD 固态图像传感器利用光敏单元的光电转换功能将投射到光敏单元上的光学图像转换成电信号图像，即将光强的空间分布转换为与光强成正比的、大小不等的电荷包空间分布，然后利用移位寄存器的移位功能将电信号图像传送出去，经输出放大器输出。

根据光敏元件排列形式的不同，CCD 固态图像传感器可分为线型和面型两种。

1）线型 CCD 固态图像传感器

线型 CCD 固态图像传感器是由一列 MOS 光敏单元和一列移位寄存器构成的，光敏单元与移位寄存器之间有一个转移栅，单行结构如图 11.11（a）所示。转移栅控制光电荷向移位寄存器转移，一般使信号转移时间远小于光的积分时间。在光的积分周期里，各个光敏单元中积累的光电荷与该光敏单元上所接收的光照强度和光积分的时间成正比，光电荷存储于光敏单元的势阱中。当转移栅开启时，各光敏单元收集的信号电荷并行转移到移位寄存器的相应单元。当转移栅关闭时，光敏单元又开始下一行的光电荷积累。同时，向移位寄存器施加时钟脉冲，将已转移到移位寄存器内的上一行信号电荷由移位寄存器串行输出，如此重复上述过程。

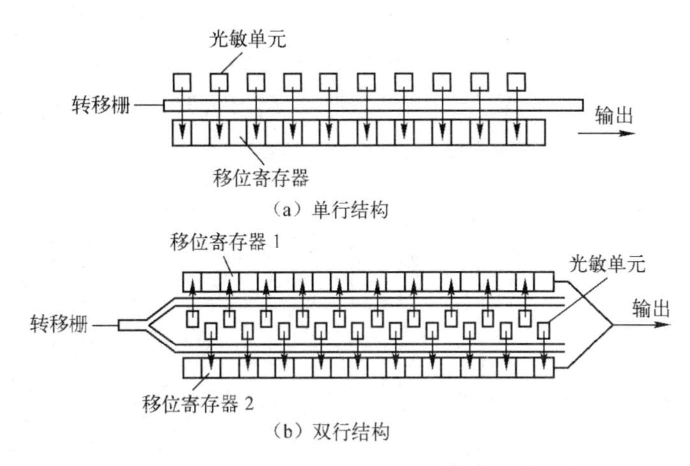

图 11.11　线型 CCD 固态图像传感器

图 11.11（b）所示为双行结构。光敏单元中的信号电荷分别转移到上方和下方的移位寄存器中，然后在时钟脉冲的作用下向终端移动，在输出端交替合并输出。这种结构与长度相同的单行结构相比，可以获得两倍的分辨率；同时，由于转移次数减少一半，使 CCD 电荷转移的损失大大减少；双行结构在获得相同效果的情况下，可缩短器件尺寸。由于这些优点，双行结构已发展成线型 CCD 图像传感器的主要结构形式。

线型 CCD 图像传感器可以直接接收一维光信息，不能直接将二维图像转变为视频信号输出，为了得到整个二维图像的视频信号，就必须用扫描的方法。线型 CCD 固态图像传感器主要用于测试、传真和光学文字识别技术等方面。

2）面型 CCD 固态图像传感器

按一定的方式将一维线型光敏单元及移位寄存器排列成二维阵列，即可构成面型 CCD 固态图像传感器。

面型 CCD 固态图像传感器有 3 种基本类型：线转移型、帧转移型和行间转移型，如图 11.12 所示。

图 11.12（a）为线转移型，它由行扫描发生器、感光区和输出寄存器等组成。行扫描发生器将光敏元件内的信息转移到水平（行）方向上，驱动脉冲将信号电荷一位位地按箭头方向转移，并移入输出寄存器，输出寄存器亦在驱动脉冲的作用下使信号电荷经输出端输出。这种转移方式具有有效光敏面积大、转移速度快、转移效率高等特点，但电路比较复杂，易引起图像模糊。

图 11.12（b）为帧转移型。它由光敏元面阵（感光区）、存储器面阵和输出移位

寄存器3部分构成。图像成像到光敏元面阵上，当光敏单元的某一相电极加有适当的偏压时，光生电荷将被收集到这些光敏单元的势阱里，光学图像变成电荷包图像。当光积分周期结束时，信号电荷迅速转移到存储器面阵，经输出端输出一帧信息。当整帧视频信号自存储器面阵移出后，就开始下一帧信号的形成。其特点是结构简单、光敏单元密度高，但增加了存储区。

图11.12（c）是用得最多的一种结构形式。它将光敏单元与垂直转移寄存器交替排列。在光积分周期内，光生电荷存储在感光区的光敏单元的势阱里；当光积分周期结束时，转移栅的电位由低变高，信号电荷进入垂直转移寄存器中。随后，一次一行地移动到输出移位寄存器中，然后移位到输出器件，在输出端得到与光学图像对应的一行行视频信号。这种结构的感光单元面积较小，图像清晰，但单元设计复杂。

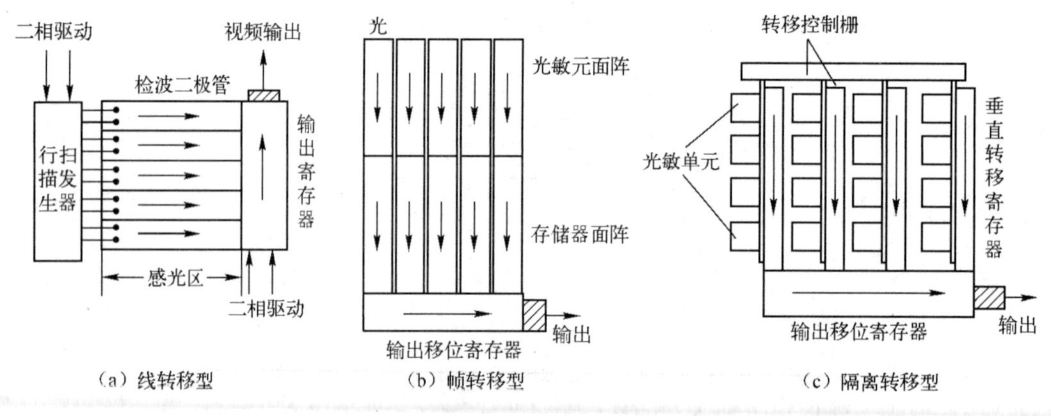

图11.12　面型CCD固态图像传感器结构

面型CCD固态图像传感器主要用于摄像机及测试技术，另外，还有一些特殊应用。

1）超级CCD技术

超级CCD技术是富士于1999年推出的，如今已经历了从第一代到第五代的迅速发展。超级CCD不再采用普通的矩形光电二极管，而是用较大的八角形光电二极管，像素按45°排列成蜂窝状，如图11.13所示，控制信号通路被取消，节省的空间使光电二极管增大，而八角形光电二极管更接近微透镜的圆形，从而可以比矩形光电二极管更有效地吸收光。光电二极管的增大和光吸收效率的提高使每个像素吸收的电荷增加，从而提高了超级CCD的感光度和信噪比。普通CCD由于在互相垂直的轴上的间隔较大，所以其水平和垂直方向的分辨率低于对角线上的分辨率，而超级CCD互相垂直的轴上的间隔变窄，因此其水平和垂直方向的分辨率高于对角线上的分辨率，这也意味着其水平和垂直方向的分辨率得到了提高。所以，当面积与感光单元数目均相同时，超级CCD的分辨率、动态范围、感光度、色彩再现均有大幅度提升，而能耗却大幅度下降。

2）超小型CMOS图像传感器技术

安捷伦科技（Agilent Technologies）公司已推出一种全新系列的超小型CMOS图像传感器。与以往的同类产品相比，这些小型传感器的体积减小了25%，表面封装厚度降低了 50%，因此更适于为家用和工控数码相机提供更加紧凑、成本更低的解决方案，如 PC 相机、手机和 PDA 使用的可拆卸相机，以及数码静止和双模相机等。而且，其中的 CIF 单色图像传感器（352×288 像素）为生物检测（识别指纹等个体特征）、监控和安全、机器视觉和条码扫描仪提供了理想的选择。

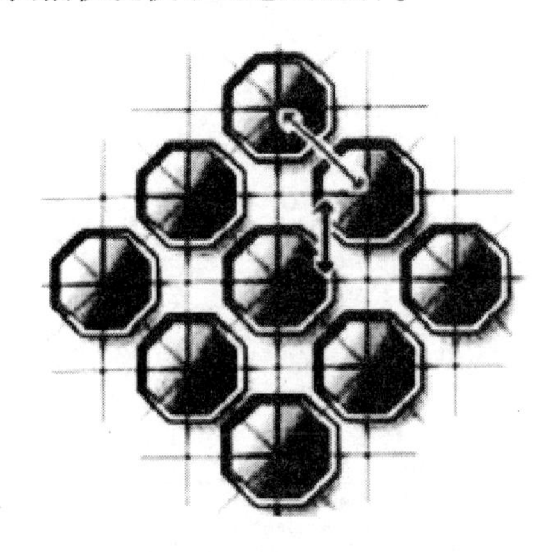

图 11. 13　超级 CCD 像素排列

11. 2. 3　红外检测

1. 红外检测的物理基础

红外辐射，俗称红外线，是一种不可见光。由于其是位于可见光中红色光以外的光线，故称红外线。它的波长范围大致在 0. 76 ～ 1000 μm 之间。工程上又把红外线所占据的波段分为 4 部分，即近红外、中红外、远红外和极远红外。

红外辐射的物理本质是热辐射。一个炽热物体向外辐射的能量大部分是通过红外线的方式辐射出来的。物体的温度越高，辐射出来的红外线越多，辐射能量越强。自然界中的任何物体，只要其温度在绝对零度以上，就能产生红外辐射。

红外线的本质与可见光或电磁波一样，具有反射、折射、散射、干涉、吸收等特性，它在真空中也以光速传播，并具有明显的波粒二相性。

红外线和所有电磁波一样，是以波的形式在空间沿直线传播的。当它在大气中传播时，大气层对不同波长的红外线存在不同的吸收带，红外线气体分析器就是利用该特性工作的，空气中对称的双原子气体（如 N_2、O_2、H_2 等）不吸收红外线。而红外线在通过大气层时，有 3 个波段的透过率高，它们分别是 2 ～ 2. 6μm、3 ～ 5μm 和 8 ～ 14μm，统称它们为“大气窗口”。这 3 个波段对红外探测技术特别重要，红外探测器一般都工作在这三个波段（大气窗口）内。

1）基尔霍夫定律

当物体向周围发射红外辐射能时，同时会吸收周围物体发射的红外辐射能，即

$$E_R = \alpha E_0 \qquad (11-4)$$

式中，E_R——物体在单位面积和单位时间内发射出的红外辐射能；

α——物体的吸收系数；

E_0——常数，其值等于黑体在相同条件下发射出的红外辐射能。

2）斯忒藩-玻尔兹曼定律

物体的温度越高，其发射的红外辐射能越多，在单位时间内，其单位面积辐射的总能量 E 为

$$E=\sigma\varepsilon T^4 \tag{11-5}$$

式中，T——物体的绝对温度（K）；

σ——斯忒藩-玻耳兹曼常数，$\sigma=5.67\times10^{-8}\mathrm{W/(m^2\cdot K^4)}$；

ε——比辐射率，黑体的 ε 等于 1。

3）维恩位移定律

红外辐射的电磁波中包含各种波长，其峰值辐射波长 λ_m 与物体自身的绝对温度 T 成反比，即

$$\lambda_m=2897/T(\mu\mathrm{m}) \tag{11-6}$$

图 11.14 所示为不同温度的光谱辐射分布曲线，图中的虚线表示了由式（11-6）描述的峰值辐射波长 λ_m 与温度的关系曲线。从图 11.14 中可以看到，随着温度升高，其峰值波长向短波方向移动，在温度不是很高的情况下，峰值辐射波长在红外区域。

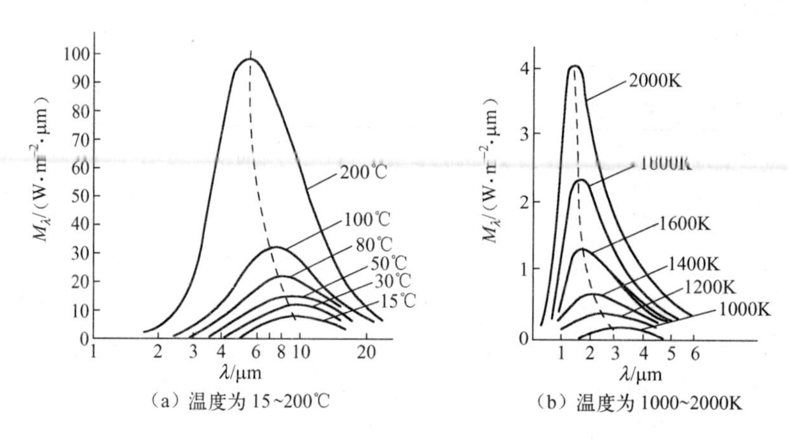

图 11.14　不同温度的光谱辐射分布曲线

2. 红外探测器

红外探测器是红外检测系统中非常重要的器件之一，按工作原理可将其分为热探测器和光子探测器两类。

1）热探测器

热探测器在吸收红外辐射能后温度升高，引起某种物理性质变化，这种变化与吸收的红外辐射能有一定的关系，常见的物理现象有温差热电现象、金属或半导体电阻阻值变化现象、热释电现象、气体压强变化现象、金属热膨胀现象、液体薄膜蒸发现象等。因此，只要检测出上述变化，即可确定被吸收的红外辐射能的大小，从而得到被测量的非电量值。

在理论上讲，用这些物理现象制成的热探测器对一切波长的红外辐射具有相同的响应，实际上却存在差异。其响应速度取决于热探测器的热容量和热扩散率的大小。图 11.15 所示为几种热探测器示意图。

（a）真空紫外光谱仪

（b）红外热探测器

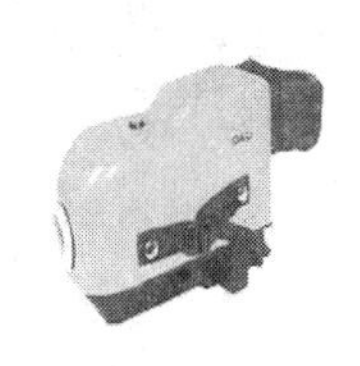

（c）消防专用型红外热探测器

图 11.15　几种热探测器示意图

2）光子探测器

利用光子效应制成的红外探测器称为光子探测器。常用的光子效应有光电效应、光生伏特效应、光电磁效应、光电导效应。

热探测器与光子探测器的比较如下。

（1）探测器对各种波长都能响应，光子探测器只对一段波长区间有响应。

（2）热探测器不需要冷却，而多数光子探测器需要冷却。

（3）热探测器的响应时间比光子探测器长。

（4）热探测器的性能与器件尺寸、形状、工艺等有关，而光子探测器容易实现规格化。

3. 红外辐射检测技术的应用

1）红外测温仪

利用热辐射体在红外波段的辐射通量来测量温度。当物体的温度低于 1000℃ 时，它向外辐射的不再是可见光，而是红外光，可用红外探测器检测其温度。分离出所需波段的滤光片，即可使红外测温仪工作在任意红外波段。红外测温仪原理如图 11.16 所示，图 11.16 中的光学系统是一个固定焦距的透射系统，滤光片一般采用只允许 8 ～ 14μm 的红外辐射能通过的材料。步进电动机带动调制盘转动，将被测的红外辐射调制成交变的红外辐射。红外探测器一般为（钽酸锂）热释电探测器，透镜的焦点落在其光敏面上。被测目标的红外辐射通过透镜聚焦在红外探测器上，红外探测器将红外辐射转换为电信号输出。

红外测温仪的电路比较复杂，包括前置放大、选频放大、温度补偿、线性化等。目前已有一种带单片机的智能红外测温仪，利用单片机与软件的功能，大大简化了硬件电路，提高了仪表的稳定性、可靠性和准确性。

红外测温仪的光学系统可以是透射式光学系统，也可以是反射式光学系统。反射式光学系统多采用凹面玻璃反射镜，并在镜的表面镀金、铝、镍或铬等对红外辐射的反射率很高的金属材料。

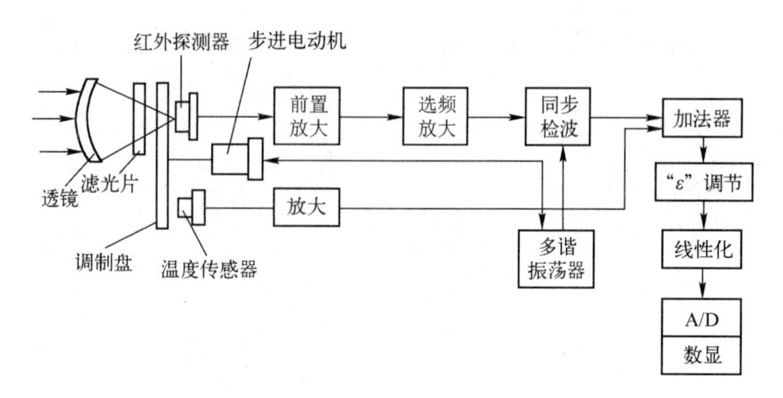

图 11.16　红外测温仪原理

红外测温仪的特点如下。

(1) 测量过程不影响被测目标的温度分布，可对远距离、带电，以及其他不能直接接触的物体进行温度测量。

(2) 响应速度快，适宜对高速运动的物体进行温度测量。

(3) 灵敏度高，能分辨微小的温度变化。

(4) 测温范围宽，在-10 ～+1300℃之间不需要修正读数，利用物体在两种不同波长下的光谱辐射亮度的比值实现温度测量。

2) 红外气体分析

在红外波段范围内存在吸收带的任何气体都可用红外辐射进行分析。该法的特点是灵敏度高、反应速度快、精度高、可连续分析并长期观察气体浓度的瞬时变化。

3) 红外遥测

运用红外探测器和光学机械扫描成像技术构成的现代遥测装置可代替空中照相技术，从空中获取地球环境的各种图像资料。

在气象卫星上采用的双通道扫描仪装有可见光探测器和红外探测器。红外探测还可用于森林资源、矿产资源、水文地质、地图绘制等勘测工作。

11.3　现代检测系统的组成与发展

传感器技术是高新技术之一，它与通信技术、计算机技术构成信息产业的三大支柱。随着超大规模集成电路的飞速发展，现代计算机技术和通信技术也充分发展，不仅对传感器的精度、可靠性、响应速度、获取的信息量的要求越来越高，还要求其成本低廉、使用方便。微电子与微机电技术、计算机技术、光电子技术、超导电子、无线通信等新技术的发展均为加速研制新一代传感器创造了条件。

我国传感器的研究主要集中在专业研究所和大学中，始于 20 世纪 80 年代，与国外的先进技术相比，我们还有较大差距，因此，必须加强技术研究和引进先进设备，以提高整体水平。传感器技术今后的发展方向有以下几方面。

(1) 加速开发新型敏感材料：通过微电子、光电子、生物化学、信息处理等各个学科和各种新技术的互相渗透和综合利用，研制出一批基于新型敏感材料的先进传感器。

（2）向高精度发展：研制出灵敏度高、精确度高、响应速度快、互换性好的新型传感器，以确保生产自动化的可靠性。

（3）向微型化发展：通过发展新的材料及加工技术实现传感器微型化将是近10年的研究热点。

（4）向微功耗及无源化发展：传感器一般实现的是非电量向电量的转化，工作时离不开电源，微功耗的传感器及无源传感器是主要的发展方向。

（5）向智能化及数字化发展：随着现代化的发展，传感器已突破传统的功能，其输出不再是单一的模拟信号，而是经过微控制器处理好的数字信号，有些传感器甚至带有控制功能，如智能传感器。

近年来，传感器正处于由传统型传感器向新型传感器转型的发展阶段。新型传感器的特点是微型化、数字化、智能化、多功能化、系统化、网络化，它不仅促进了传统产业的发展，而且可能导致建立新型工业和军事变革，是二十一世纪新的经济增长点。

11.3.1 传感器的智能化

1. 智能传感器的基本概念

自20世纪80年代中期以来，随着微处理器技术的迅猛发展和与传感器的密切结合，传感器不仅具有传统的检测功能，而且具有存储、判断和信息处理功能。由微处理器和传感器相结合构成的新型传感器，也称智能式传感器（Smart Sensor）。所谓智能式传感器，就是一种以微处理器为核心单元的，具有检测、判断和信息处理等功能的传感器。

智能式传感器包括传感器的智能化和智能传感器两种主要形式。

传感器的智能化采用微处理器或微型计算机系统来扩展和提高传统传感器的功能，传感器与微处理器可为两个独立的功能单元，传感器的输出信号经放大调整和转换后由接口送入微处理器进行处理。

智能传感器是借助于半导体技术将传感器部分与信号放大电路、接口电路与微处理器等制作在同一块芯片上，即形成大规模集成电路的智能传感器。

智能传感器具有多功能、一体化、集成度高、体积小、宜大批量生产、使用方便等优点，它是传感器发展的必然趋势，它的发展取决于半导体集成化工艺水平。然而，目前广泛使用的智能式传感器主要是通过传感器的智能化来实现的。

2. 智能传感器的结构和功能

智能传感器的结构框图如图11.17所示。从构成上看，智能传感器是一个典型的以微处理器为核心的计算机检测系统。

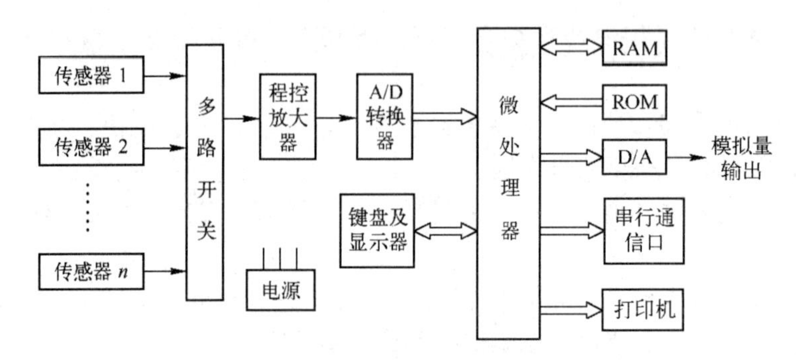

图 11.17　智能传感器的结构框图

1）多路开关

多路开关的任务是将检测对象转换成计算机能接收的数字量，该实施过程包括传感、采集、放大、解调。

2）微处理器

微处理器是计算机检测系统的核心，根据输入通道检测的各种参数，经 A/D 变换后，按照人们预先编排的程序自动进行信息处理、分析和计算，如果以测量参数为目的，最终要得到与被测参数相对应的精确结果；如果以控制为目的，最终要做出相应的控制决策或调节。

3）通道与接口

通道是计算机与外部设备进行信息传递与转换的连接渠道。通过接口电路与计算机相连，使计算机与外部设备之间的信息交换得以顺利实现。

此外，还有外部设备、操作台、软件等。

3. 智能传感器的功能特点

同一般传感器相比，智能传感器有以下几个显著特点。

1）精度高

由于智能传感器具有信息处理的功能，因此通过软件不仅可以修正各种确定性系统误差（如传感器输入/输出的非线性误差、温度误差、零点误差、正/反行程误差等），还可以适当地补偿随机误差，降低噪声，从而使传感器的精度大大提高。

2）稳定、可靠性高

智能传感器具有自诊断、自校准和数据存储功能，对于智能结构系统还有自适应功能。

3）检测与处理方便

智能传感器不仅具有一定的可编程自动化能力，即可根据检测对象或条件的改变，方便地改变量程及输出数据的形式等，而且输出数据可通过串行或并行通信直接传送给远程计算机进行处理。

4）功能多

智能传感器不仅可以实现多传感器、多参数综合测量，扩大测量与使用范围，还有多种输出形式（如 RS-232 串行输出、PIO 并行输出、IEEE-488 总线输出及经 D/A 转换后的模拟量输出等）。

5）性能价格比高

在相同的精度条件下，智能传感器与单一功能的普通传感器相比，其性能价格比高，尤其是在采用比较便宜的单片机时，该特点更为明显。

4. 智能传感器的应用

下面介绍 ST-3000 系列智能压力传感器。

ST-3000 系列智能压力传感器是美国霍尼韦尔（Honeywell）公司于 1983 年推出的产品，是世界上最早实现商品化的智能传感器。它可以同时测量静压、差压和温度 3 个参数，精度可达 0.1 级，6 个月的总漂移不超过全量程的 0.03%，量程比可达 400：1，阻尼时间常数在 0 ～ 32 s 之间可调。这一系列的产品以其优越的性能得到了广泛应用。

ST-3000 系列智能压力传感器由检测部分和变送部分两部分组成，如图 11.18 所示。被测压力通过隔离的膜片作用于硅压敏电阻，引起阻值变化。扩散电阻接在单臂电桥中，电桥的输出代表被测压力的大小。在芯片中，两个辅助传感器分别检测静压力和温度。由于采用的是近似理想弹性体的单晶硅材料，传感器的长期稳定性很好。在同一个芯片上检测出的差压、静压和温度 3 个信号经多路开关分时接到 A/D 转换器中进行模数转换，转换成数字量，再将其送到变送部分。

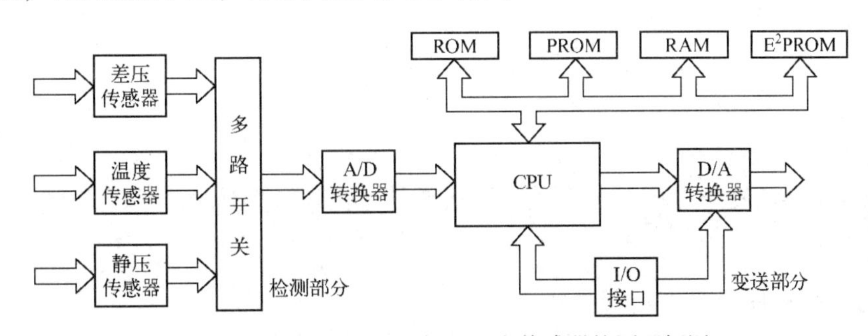

图 11.18　ST-3000 系列智能压力传感器的原理框图

变送部分由 CPU、ROM、PROM、RAM、E^2PROM、D/A 转换器、I/O 接口组成。CPU 负责处理 A/D 转换器送来的数字信号，从而使传感器的性能指标大大提高。存储在 ROM 中的主程序控制传感器工作的全过程。由于材料和制造工艺等原因，各个传感器的特性不可能完全相同。将传感器制造出来后，由计算机在生产线上进行校验，将每个传感器的温度特性和静压特性参数存储在 PROM 中，以便进行温度补偿和静压校准，这样就保证了每个传感器的高精度。传感器的型号、输入输出特性、量程可设定范围等都存储在 PROM 中。

ST-3000 系列智能压力传感器可通过现场通信器来设定和检查工作状态。现场通信器是便携式的，可以接在某个变送器的信号导线上，也可接在变送器的信号端子上。现场通信器可设定传感器的测量范围、阻尼时间、线性、开方输出、零点和量程校准等。设定的数据通过导线传到传感器内，存储在 RAM 中。电可擦写存储器 E^2PROM 作为

RAM 的后备存储器，RAM 中的数据随时存入 E^2PROM 中，当突然断电时数据不会丢失。恢复供电后，E^2PROM 可以自动将数据传送到 RAM 中，使传感器保持原来的工作状态，这样可以节省备用电源。现场通信器发出的通信脉冲信号叠加在传感器输出的电流信号上。I/O 接口一方面将来自现场通信器的脉冲从信号中分离出来，传送到 CPU 中去，一方面将设定的传感器数据、自诊断结果、测量结果等传送到现场通信器中显示。

11.3.2 传感器的微型化

1. 微型传感器的概念、特点和分类

1）微型传感器的概念

就单一传感器而言，微型传感器是指尺寸微小的传感器，如敏感元件的尺寸从微米级到毫米级，甚至可以达到纳米级，主要采用精密加工、微电子及微机电系统技术实现传感器尺寸的缩小。就集成的传感器而言，微型传感器是指将微小的敏感元件、信号处理器、数据处理装置封装在一块芯片上而形成的集成的传感器。

2）微型传感器的特点

（1）体积小、质量轻。

（2）功耗低、性能好。

（3）易于批量生产、成本低。

（4）便于集成化和多功能化。

（5）可以提高传感器的智能化水平。

3）微型传感器的分类

按照被测量的物理性质，可将微型传感器分为化学微型传感器、生物微型传感器、物理微型传感器等。

2. 典型微型传感器的介绍

1）离子传感器——化学型

离子传感器是将溶液中的离子活度转换为电信号的传感器，其基本原理是利用固定在敏感膜上的离子识别材料有选择性地结合被传感的离子，从而发生膜电位或膜电压的改变，达到检测目的。离子敏传感器广泛应用在化学、医药、食品及生物工程等领域。

2）基因传感器——生物型

基因传感器通过固定在感受器表面上的已知核苷酸序列的单链脱氧核糖核酸（Deoxyribo Nucleic Acid，DNA）分子（也称为 ssDNA 探针），与另一条互补的 ssDNA 探针（也称为目称 DNA 或靶 DNA）杂交，形成双链 DNA（dsDNA），换能器将杂交过程或所产生的变化转换成电、光、声等物理信号，通过解析这些物理信号，给出相关基因的信息。基因传感器也称 DNA 传感器。

3）声表面波传感器——物理型

声表面波（Surface Acoustic Wave，SAW）传感器是利用声表面波技术和微机电系

统技术，将各种非电量信息（如压力、温度、流量、磁场强度、加速度、角速度等）的变化转换为声表面波振荡器的振荡频率的变化的装置。

11.3.3 传感器的网络化

1. 传感器的网络化概念

随着现代技术的进展，已经创造出低价格、低功率、多功能的微型传感设备，可以组成分布于广大区域，包括上千个传感器的网络。经过对数据的收集、处理、分析，传感器网络可以在任何时间、任何地点获取信息，从而成为智能化环境的一部分。在广泛的应用领域，传感器网络革新了传感功能，这是因为其可靠性、精确性、灵活性、高性价比及更便于使用的特性。

传感器的网络化可应用于各种测控系统中。传感器可对物质世界进行恰当的测量和控制。由于是网络操作，因此可不受地域限制，可应用于广袤的山川、田地；为了减少外界电磁干扰，也适用于空间狭小、测控点甚多的场合（如汽车内或机床内）。例如，在大江大河中，可利用传感器网络对全流域水文（如水位、流速、雨量等）进行实时监控，尤其是对关键的水文点，可经专家系统实时进行监测和控制。对田地或日光大棚，亦可利用多个接口，分片测控各种参量。可以预期所有环境参量，只要有适当的传感器，即可经由标准接口进行实时监测与控制。

传感器网络的问世导致了分布式测控系统的产生。传感器网络接口的标准化可以使传感器网络在技术上、经济上成为现实。可以预期，传感器网络使用方便、价廉物美，不仅会得到广泛应用，还能扩大传感器的总应用量。

构成传感器网络的传感器节点的硬件结构包括 5 部分：传感器、处理器、存储器、电源和收发器。它们能感应、计算、影响现实环境，且工作过程无须人工干预，可以自组织形成具有自治功能的网络，可适应各类应用。

2. 传感器网络的特点

传感器网络由大量分布的传感器节点组成。节点装有嵌入式传感器，彼此间互相合作，其位置不必预先确定，协议和算法支持自组织。传感器网络与一般移动网络的区别如下。

（1）传感器网络的节点数比一般的移动网络大几个数量级，巨大的数量使传感器网络可以比单个传感器更详尽、精确地报告运动物体的速度、方向、大小等属性。由于传感器节点的数量庞大，所以单个节点的成本的影响很大。

（2）传感器网络节点通常密集分布。密集的基础设施使传感器网络更加有效，可以提供更高的精度，具有更大的可用能量。但是如果组织不当，密集的传感器网络可能导致大量冲突和网络拥塞，这会增加延迟，降低能量效率，造成数据过度采集。

（3）传感器网络易出故障。需要安排冗余节点以提高可靠性，或者随时加入新节点代替故障节点，保证传感器网络持续、精确地工作。

（4）传感器网络在能量、计算量和存储量方面比一般的移动网络所受的限制要大得多，很多节点的电源不能更换或充电，于是电源寿命决定了节点寿命。

3. 传感器的网络化进程

传感器的网络化进程分为以下几个过程。

1）集中控制式测控系统

传感器技术和计算机技术的结合产生了集中控制式测控系统，不仅延伸了测量和控制距离，而且完成了对多点的测控和工作优化。传感器采集外界参量后，经模拟量/数字量（A/D）转换后接入计算机输入/输出（I/O）口，形成计算机测量、优化和控制系统。这种集中控制式测控系统虽有很强的自动化能力，但计算机负担重、速度受限制，而且需要众多铜线，要点对点地连接被测点和计算机 I/O 口，还需要复杂的系统维护和扩展，从而限制了其发展。

2）现场总线系统

20 世纪 90 年代兴起的现场总线系统（Field-bus System），将有一定自动控制能力的传感器和仪器系统，经由现场总线接入计算机，对系统进行管理和优化。系统提高了运行速度，减轻了计算机的负担，也便于系统的维护和扩展。这种系统虽有一定的分布控制能力，但仍属于计算机集中控制系统，适用于一定地域范围内的自动化测量和控制。为适应各种应用要求，众多自动测控系统厂商考虑到技术发展的连续性和继承性，投入资金发展了很多种自动化仪表和自成一套的现场总线系统。分散的发展使国际电工委员会（IEC）至今也未能形成完全统一的标准。

3）分布式测控系统

个人计算机（PC）的大量使用和网络化技术的兴起进一步引起了人们对分布式测控系统（Distributed Measurement and Control System）的研究。在这种系统中，仪器、传感器（含执行器 Actuator，下同）决定系统的状态，而不倚仗中央控制器的控制；其次，节点间可互相通信，而不限于一对一的通信连接。犹如计算机在网络中是一个完全独立的节点（Node），网络对它是完全透明的。这种测控系统在网络中具有高度的互操作性（Interoperability）和可置配性（Configurability），能充分适应当今信息时代计算机网络技术的发展，能配置在网络能涉及的广袤地域，也可工作于狭小的空间，具有技术上的先进性和应用上的灵活性。

在众多人的努力下，分布式测控系统技术在 20 世纪 90 年代初已经成熟。然而，这一成熟的先进技术并未被广泛采用。究其缘由，是由于技术上的障碍和经济上的障碍。首先，传感器公司大多分散为中小企业，并且一般不熟悉通信和网络技术，这种先进技术符合发展方向，但难以实施和运用，何况系统中五花八门的应用大多在技术上无实施能力，从而形成了发展应用技术方面的障碍。其次，公司虽有科研成就，建成了分布式测控系统，但应用范围的限制、自成一套的网络接口、网络协议各异等致使开发费用高，接口装置成本因数量有限自然居高不下。在美国，这种网络化传感器的成本曾高达每只 1000 美元，重复的开发费用和生产规模的限制成为其发展障碍。

4）IEEE 传感器网络接口标准

美国国家标准和技术局（NIST）会同国际电气电子工程师学会（IEEE）制定了一

项“IEEE 灵巧传感器网络接口”标准。这项标准应用当今成熟的技术，使用变化尽量少的现成元器件，组成能适应各种传感器（含执行器）和各种网络协议的标准网络接口。利用该标准，在网络能及的范围内形成分布式测控系统。这种系统具有高度的互操作性和可置配性。由于接口的统一和高度适应性，这种接口可以集中生产，从而可大大降低生产成本，且采用了先进技术，无须重复开发。此外，其系统组装简便，易于增减测控点和维护，使用便利，可做到即插即用（Plug and Play）。可以期望其消除组成分布式测控系统技术上和经济上的障碍，迎来网络化传感器和分布式测控系统的时代。

4. 传感器的网络化应用

1）传感器网络结构

近年来，随着通信网络技术、嵌入式计算技术、微电子技术和传感器技术的飞速发展和日益成熟，制造大量体积小、功耗低，同时具有感知能力、计算能力和通信能力等多种功能的微型传感器成为可能，这些传感器可以感知周围的环境，并对数据进行一定的处理，同时可以通过无线通信部件进行通信。传感器网络就是由许多这种传感器节点协同组织起来的。

传感器网络是由大量部署在作用区域内的、具有无线通信与计算能力的微小传感器节点通过自组织方式构成的能根据环境自主完成指定任务的分布式智能化网络。传感器网络的节点间的距离很短，一般采用多跳（Multi-hop）的无线通信方式进行通信。传感器网络可以在独立的环境下运行，也可以通过网关连接到 Internet，使用户可以远程访问。

传感器网络综合了传感器技术、嵌入式计算技术、现代网络及无线通信技术、分布式信息处理技术等，能够通过各类集成化的微型传感器协作完成实时监测、感知，能采集各种环境或监测对象的信息，通过嵌入式系统对信息进行处理，并通过随机自组织无线通信网络以多跳中继方式将所感知的信息传送到用户终端。从而真正实现“无处不在的计算”理念。

传感器网络节点的组成和功能包括以下 4 个基本单元：传感单元（由传感器和模/数转换功能模块组成）；处理单元（由嵌入式系统构成，包括 CPU、存储器、嵌入式操作系统等）；通信单元（由无线通信模块组成）；电源部分。此外，可以选择的其他功能单元包括定位系统、运动系统及发电装置等。

在传感器网络中，节点通过各种方式大量部署在被感知对象内部或附近。这些节点通过自组织方式构成无线网络，以协作的方式感知、采集和处理网络覆盖区域中特定的信息，可以在任意时间内采集、处理和分析任意地点信息。一个典型的传感器网络的结构包括分布式传感器节点（群）、Sink 节点、互联网和用户界面等。

传感器节点之间可以相互通信，组织成网，并通过多跳的方式连接至 Sink（基站）节点，Sink 节点收到数据后，通过网关（Gateway）完成和公用 Internet 的连接。整个系统通过任务管理器来管理和控制。传感器网络的特性使得其有着非常广阔的应用前景，其无处不在的特点使其将在不远的未来成为我们生活中不可缺少的一部分。

传感器网络的体系结构如图 11.19 所示，通常包括传感器节点、网关和服务器等。

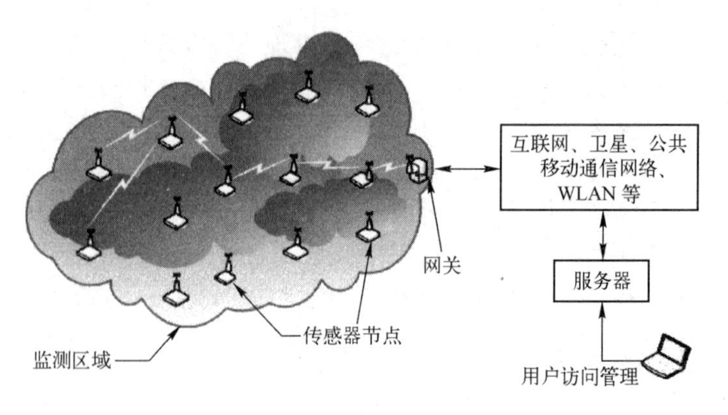

图 11.19　传感器网络的体系结构

传感器节点可以完成环境监测、目标发现、位置识别、控制其他设备等功能；此外，传感器节点具有路由、转发、融合、存储其他节点信息等功能。

网关负责连接无线传感器网络和外部网络的通信，实现两种网络通信协议之间的转换，发送控制命令到传感器网络的内部节点，传送节点的信息到服务器。

服务器用于接收监测区域的数据，用户可远程访问服务器，从而获得监测区域内监测目标的状态，以及节点和设备的工作情况。

2）传感器网络的主要特点

（1）自组织。传感器网络的节点具有自动组网的功能，节点间能够相互通信、协调工作。

（2）多跳路由。节点受通信距离、功率控制等限制，当节点无法与网关直接通信时，需要由其他节点转发，以完成数据传输，因此网络数据传输路由是多跳的。

（3）动态网络拓扑。在某些特殊的应用中，无线传感器网络是移动的，传感器节点可能因能量消耗完或其他故障而终止工作，这些因素都会使网络拓扑发生变化。

（4）节点资源有限。节点微型化和有限的能量导致了节点硬件资源的有限性。

传感器网络的应用与具体的应用环境密切相关，因此针对不同的应用领域，存在性能不同的传感器网络系统。

传感器网络是一个新的研究热点，此技术有着非常广阔的应用前景。目前，人们对其特点的认识也越来越清晰，技术的发展也使传感器网络的实用化成为可能，但是，对传感器网络的研究还远远不够。相信在产业界与学术界的共同努力下，随着嵌入式系统、无线电技术、半导体技术的不断发展，传感器网络将真正在现实中得到应用。

近年来，传感器正处于由传统型向新型传感器转型的发展阶段。新型传感器的特点是微型化、数字化、智能化、多功能化、系统化、网络化，它不仅促进了传统产业的改进，还可能导致新型工业的产生，是 21 世纪新的经济增长点。微型化是建立在微电子机械系统（MEMS）的技术基础上的，目前已成功应用在硅器件上，制成了硅压力传感器（如上述 EJX 变送器）。微电子机械加工技术包括体微机械加工技术、表面微机械加工技术、LIGA 技术（X 光深层光刻、微电铸和微复制技术）、激光微加工技术和微型封装技术等。MEMS 的发展把传感器的微型化、智能化、多功能化和可靠性水平提高到了新的高度。传感器的检测仪表在微电子技术的基础上内置微处理器，或把微传感器和微处理器及相关集成电路（运算放大器、A/D 转换器或 D/A 转换器、存储器、网络通信接口电路）等封装在一起，从而实现了数字化、智能化、网络化、系统化。

小　　结

随着现代技术的不断发展，出现了大量的新型传感器，本单元主要介绍了几种新型传感器的原理及应用。

（1）光纤传感器是一种将被测量的状态转换为可测的光信号的装置，其基本工作原理是将来自光源的光经过光纤送入光调制机构，使待测参数与进入光调制机构的光相互作用，致使光的光学性质（如光的强度、波长、频率、相位、偏正态等）发生变化，这称为被调制的信号光，再经过光纤送入信号处理器，经解调后，获得被测参数。光纤传感器一般由光源、光纤、光传感器元件、光调制机构和信号处理器等组成。

（2）图像传感器的器件主要有 CCD 和 CMOS 两大类。电荷耦合器件用于固态图像传感器中，作为摄像或像敏器件。CCD 固态图像传感器由感光部分和移位寄存器组成，感光部分指的是在同一半导体衬底上布设的由若干光敏单元组成的阵列元件，光敏单元简称“像素”。CMOS 经过加工处理也可以作为数码摄影中的图像传感器使用。

（3）红外探测器是红外检测系统中非常重要的器件之一，可分为热探测器和光子探测器两类，其中，红外测温仪、红外气体分析和红外遥测等都是红外检测技术的应用。

（4）智能传感器具有多功能、一体化、集成度高、体积小、宜大批量生产、使用方便等优点，它是传感器发展的必然趋势，它的发展取决于半导体集成化工艺水平。智能传感器是典型的以微处理器为核心的计算机检测系统。

传感器技术正向着智能化、微型化和网络化的方向发展，希望读者通过本单元的学习了解传感器的最新进展和发展趋势。

11.4　习题

1. 光纤传感器的基本工作原理是什么？光纤传感器可以分为哪几类？

2. 光纤的传光原理是利用________；根据工作原理可将光纤传感器分为________和________两大类。

3. 选择题。

1）某光纤的直径为 6μm，可判断该光纤为（　　）光纤。

A. 多模　　B. 单模　　C. 双模

2）按照工作原理分类，固态图像传感器属于（　　）。

A. 光电式传感器　　B. 电容式传感器

C. 压电式传感器　　D. 磁电式传感器

3）CCD 是一种（　　）。

A. PN 结光电二极管电路　　B. PNP 型晶体管集成电路

C. MOS 型晶体管开关集成电路　　　　D. NPN 型晶体管集成电路

4. 光纤传感器测量压力和位移的工作原理是什么？它们有哪些区别？

5. 简述红外测温仪的工作原理。

6. 简述智能传感器的结构及特点。

7. 传感器的网络化进程分为哪几步？

8. 传感器网络是什么？它有哪些主要特点？

9. 如何利用热释电传感器及其他元器件实现宾馆玻璃大门的自动开闭。试设计并画出系统的组成框图。

附录 A　Pt100 热电阻分度表

温度 ℃	0	1	2	3	4	5	6	7	8	9
	电阻值（Ω）　冷端温度为 0℃									
-200	18. 52									
-190	22. 83	22. 40	21. 97	21. 54	21. 11	20. 68	20. 25	19. 82	19. 38	18. 95
-180	27. 10	26. 67	26. 24	25. 82	25. 39	24. 97	24. 54	24. 11	23. 68	23. 25
-170	31. 34	30. 91	30. 49	30. 07	29. 64	29. 22	28. 80	28. 37	27. 95	27. 52
-160	35. 54	35. 12	34. 70	34. 28	33. 86	33. 44	33. 02	32. 60	32. 18	31. 76
-150	39. 72	39. 31	38. 89	38. 47	38. 05	37. 64	37. 22	36. 80	36. 38	35. 96
-140	43. 88	43. 46	43. 05	42. 63	42. 22	41. 80	41. 39	40. 97	40. 56	40. 14
-130	48. 00	47. 59	47. 18	46. 77	46. 36	45. 94	45. 53	45. 12	44. 70	44. 29
-120	52. 11	51. 70	51. 29	50. 88	50. 47	50. 06	49. 65	49. 24	48. 83	48. 42
-110	56. 19	55. 79	55. 38	54. 97	54. 56	54. 15	53. 75	53. 34	52. 93	52. 52
-100	60. 26	59. 85	59. 44	59. 04	58. 63	58. 23	57. 82	57. 41	57. 01	56. 60
-90	64. 30	63. 90	63. 49	63. 09	62. 68	62. 28	61. 88	61. 47	61. 07	60. 66
-80	68. 33	67. 92	67. 52	67. 12	66. 72	66. 31	65. 91	65. 51	65. 11	64. 70
-70	72. 33	71. 93	71. 53	71. 13	70. 73	70. 33	69. 93	69. 53	69. 13	68. 73
-60	76. 33	75. 93	75. 53	75. 13	74. 73	74. 33	73. 93	73. 53	73. 13	72. 73
-50	80. 31	79. 91	79. 51	79. 11	78. 72	78. 32	77. 92	77. 52	77. 12	76. 73
-40	84. 27	83. 87	83. 48	83. 08	82. 69	82. 29	81. 89	81. 50	81. 10	80. 70
-30	88. 22	87. 83	87. 43	87. 04	86. 64	86. 25	85. 85	85. 46	85. 06	84. 67
-20	92. 16	91. 77	91. 37	90. 98	90. 59	90. 19	89. 80	89. 40	89. 01	88. 62
-10	96. 09	95. 69	95. 30	94. 91	94. 52	94. 12	93. 73	93. 34	92. 95	92. 55
0	100. 00	99. 61	99. 22	98. 83	98. 44	98. 04	97. 65	97. 26	96. 87	96. 48
0	100. 00	100. 39	100. 78	101. 17	101. 56	101. 95	102. 34	102. 73	103. 12	103. 51
10	103. 90	104. 29	104. 68	105. 07	105. 46	105. 85	106. 24	106. 63	107. 02	107. 40
20	107. 79	108. 18	108. 57	108. 96	109. 35	109. 73	110. 12	110. 51	110. 90	111. 29
30	111. 67	112. 06	112. 45	112. 83	113. 22	113. 61	114. 00	114. 38	114. 77	115. 15
40	115. 54	115. 93	116. 31	116. 70	117. 08	117. 47	117. 86	118. 24	118. 63	119. 01
50	119. 40	119. 78	120. 17	120. 55	120. 94	121. 32	121. 71	122. 09	122. 47	122. 86
60	123. 24	123. 63	124. 01	124. 39	124. 78	125. 16	125. 54	125. 93	126. 31	126. 69
70	127. 08	127. 46	127. 84	128. 22	128. 61	128. 99	129. 37	129. 75	130. 13	130. 52
80	130. 90	131. 28	131. 66	132. 04	132. 42	132. 80	133. 18	133. 57	133. 95	134. 33
90	134. 71	135. 09	135. 47	135. 85	136. 23	136. 61	136. 99	137. 37	137. 75	138. 13
100	138. 51	138. 88	139. 26	139. 64	140. 02	140. 40	140. 78	141. 16	141. 54	141. 91
110	142. 29	142. 67	143. 05	143. 43	143. 80	144. 18	144. 56	144. 94	145. 31	145. 69
120	146. 07	146. 44	146. 82	147. 20	147. 57	147. 95	148. 33	148. 70	149. 08	149. 46
130	149. 83	150. 21	150. 58	150. 96	151. 33	151. 71	152. 08	152. 46	152. 83	153. 21
140	153. 58	153. 96	154. 33	154. 71	155. 08	155. 46	155. 83	156. 20	156. 58	156. 95
150	157. 33	157. 70	158. 07	158. 45	158. 82	159. 19	159. 56	159. 94	160. 31	160. 68
160	161. 05	161. 43	161. 80	162. 17	162. 54	162. 91	163. 29	163. 66	164. 03	164. 40
170	164. 77	165. 14	165. 51	165. 89	166. 26	166. 63	167. 00	167. 37	167. 74	168. 11
180	168. 48	168. 85	169. 22	169. 59	169. 96	170. 33	170. 70	171. 07	171. 43	171. 80
190	172. 17	172. 54	172. 91	173. 28	173. 65	174. 02	174. 38	174. 75	175. 12	175. 49

续表

温度 ℃	0	1	2	3	4	5	6	7	8	9
	电阻值（Ω） 冷端温度为0℃									
200	175.86	176.22	176.59	176.96	177.33	177.69	178.06	178.43	178.79	179.16
210	179.53	179.89	180.26	180.63	180.99	181.36	181.72	182.09	182.46	182.82
220	183.19	183.55	183.92	184.28	184.65	185.01	185.38	185.74	186.11	186.47
230	186.84	187.20	187.56	187.93	188.29	188.66	189.02	189.38	189.75	190.11
240	190.47	190.84	191.20	191.56	191.92	192.29	192.65	193.01	193.37	193.74
250	194.10	194.46	194.82	195.18	195.55	195.91	196.27	196.63	196.99	197.35
260	197.71	198.07	198.43	198.79	199.15	199.51	199.87	200.23	200.59	200.95
270	201.31	201.67	202.03	202.39	202.75	203.11	203.47	203.83	204.19	204.55
280	204.90	205.26	205.62	205.98	206.34	206.70	207.05	207.41	207.77	208.13
290	208.48	208.84	209.20	209.56	209.91	210.27	210.63	210.98	211.34	211.70
300	212.05	212.41	212.76	213.12	213.48	213.83	214.19	214.54	214.90	215.25
310	215.61	215.96	216.32	216.67	217.03	217.38	217.74	218.09	218.44	218.80
320	219.15	219.51	219.86	220.21	220.57	220.92	221.27	221.63	221.98	222.33
330	222.68	223.04	223.39	223.74	224.09	224.45	224.80	225.15	225.50	225.85
340	226.21	226.56	226.91	227.26	227.61	227.96	228.31	228.66	229.02	229.37
350	229.72	230.07	230.42	230.77	231.12	231.47	231.82	232.17	232.52	232.87
360	233.21	233.56	233.91	234.26	234.61	234.96	235.31	235.66	236.00	236.35
370	236.70	237.05	237.40	237.74	238.09	238.44	238.79	239.13	239.48	239.83
380	240.18	240.52	240.87	241.22	241.56	241.91	242.26	242.60	242.95	243.29
390	243.64	243.99	244.33	244.68	245.02	245.37	245.71	246.06	246.40	246.75
400	247.09	247.44	247.78	248.13	248.47	248.81	249.16	249.50	245.85	250.19
410	250.53	250.88	251.22	251.56	251.91	252.25	252.59	252.93	253.28	253.62
420	253.96	254.30	254.65	254.99	255.33	255.67	256.01	256.35	256.70	257.04
430	257.38	257.72	258.06	258.40	258.74	259.08	259.42	259.76	260.10	260.44
440	260.78	261.12	261.46	261.80	262.14	262.48	262.82	263.16	263.50	263.84
450	264.18	264.52	264.86	265.20	265.53	265.87	266.21	266.55	266.89	267.22
460	267.56	267.90	268.24	268.57	268.91	269.25	269.59	269.92	270.26	270.60
470	270.93	271.27	271.61	271.94	272.28	272.61	272.95	273.29	273.62	273.96
480	274.29	274.63	274.96	275.30	275.63	275.97	276.30	276.64	276.97	277.31
490	277.64	277.98	278.31	278.64	278.98	279.31	279.64	279.98	280.31	280.64
500	280.98	281.31	281.64	281.98	282.31	282.64	282.97	283.31	283.64	283.97
510	284.30	284.63	284.97	285.30	285.63	285.96	286.29	286.62	286.85	287.29
520	287.62	287.95	288.28	288.61	288.94	289.27	289.60	289.93	290.26	290.59
530	290.92	291.25	291.58	291.91	292.24	292.56	292.89	293.22	293.55	293.88
540	294.21	294.54	294.86	295.19	295.52	295.85	296.18	296.50	296.83	297.16
550	297.49	297.81	298.14	298.47	298.80	299.12	299.45	299.78	300.10	300.43
560	300.75	301.08	301.41	301.73	302.06	302.38	302.71	303.03	303.36	303.69
570	304.01	304.34	304.66	304.98	305.31	305.63	305.96	306.28	306.61	306.93
580	307.25	307.58	307.90	308.23	308.55	308.87	309.20	309.52	309.84	310.16
590	310.49	310.81	311.13	311.45	311.78	312.10	312.42	312.74	313.06	313.39
600	313.71	314.03	314.35	314.67	314.99	315.31	315.64	315.96	316.28	316.60
610	316.92	317.24	317.56	317.88	318.20	318.52	318.84	319.16	319.48	319.80
620	320.12	320.43	320.75	321.07	321.39	321.71	322.03	322.35	322.67	322.98
630	323.30	323.62	323.94	324.26	324.57	324.89	325.21	325.53	325.84	326.16
640	326.48	326.79	327.11	327.43	327.74	328.06	328.38	328.69	329.01	329.32
650	329.64	329.96	330.27	330.59	330.90	331.22	331.53	331.85	332.16	332.48
660	332.79									

附录B　K型镍铬-镍硅（镍铬-镍铝）分度表

温度℃	热电势（mV）　（JJG 351-84）参考端温度为0℃									
	0	1	2	3	4	5	6	7	8	9
-50	-1.889	-1.925	-1.961	-1.996	-2.032	-2.067	-2.102	-2.137	-2.173	-2.208
-40	-1.527	-1.563	-1.600	-1.636	-1.673	-1.709	-1.745	-1.781	-1.817	-1.853
-30	-1.156	-1.193	-1.231	-1.268	-1.305	-1.342	-1.379	-1.416	-1.453	-1.490
-20	-0.777	-0.816	-0.854	-0.892	-0.930	-0.968	-1.005	-1.043	-1.081	-1.118
-10	-0.392	-0.431	-0.469	-0.508	-0.547	-0.585	-0.624	-0.662	-0.701	-0.739
-0	0	-0.039	-0.079	0.118	-0.157	-0.197	0.236	-0.275	-0.314	-0.353
0	0	0.039	0.079	0.119	0.158	0.198	0.238	0.277	0.317	0.357
10	0.397	0.437	0.477	0.517	0.557	0.597	0.637	0.677	0.718	0.758
20	0.798	0.838	0.879	0.919	0.960	1.000	1.041	1.081	1.122	1.162
30	1.203	1.244	1.285	1.325	1.366	1.407	1.448	1.489	1.529	1.570
40	1.611	1.652	1.693	1.734	1.776	1.817	1.858	1.899	1.940	1.981
50	2.022	2.064	2.105	2.146	2.188	2.229	2.270	2.312	2.353	2.394
60	2.436	2.477	2.519	2.560	2.601	2.643	2.684	2.726	2.767	2.809
70	2.850	2.892	2.933	2.875	3.016	3.058	3.100	3.141	3.183	3.224
80	3.266	3.307	3.349	3.390	3.432	3.473	3.515	3.556	3.598	3.639
90	3.681	3.722	3.764	3.805	3.847	3.888	3.930	3.971	4.012	4.054
100	4.095	4.137	4.178	4.219	4.261	4.302	4.343	4.384	4.426	4.467
110	4.508	4.549	4.590	4.632	4.673	4.714	4.755	4.796	4.837	4.878
120	4.919	4.960	5.001	5.042	5.083	5.124	5.164	5.205	5.246	5.287
130	5.327	5.368	5.409	5.450	5.490	5.531	5.571	5.612	5.652	5.693
140	5.733	5.774	5.814	5.855	5.895	5.936	5.976	6.016	6.057	6.097
150	6.137	6.177	6.218	6.258	6.298	6.338	6.378	6.419	6.459	6.499
160	6.539	6.579	6.619	6.659	6.699	6.739	6.779	6.819	6.859	6.899
170	6.939	6.979	7.019	7.059	7.099	7.139	7.179	7.219	7.259	7.299
180	7.338	7.378	7.418	7.458	7.498	7.538	7.578	7.618	7.658	7.697
190	7.737	7.777	7.817	7.857	7.897	7.937	7.977	8.017	8.057	8.097
200	8.137	8.177	8.216	8.256	8.296	8.336	8.376	8.416	8.456	8.497
210	8.537	8.577	8.617	8.657	8.697	8.737	8.777	8.817	8.857	8.898
220	8.938	8.978	9.018	9.058	9.099	9.139	9.179	9.220	9.260	9.300
230	9.341	9.381	9.421	9.462	9.502	9.543	9.583	9.624	9.664	9.705
240	9.745	9.786	9.826	9.867	9.907	9.948	9.989	10.029	10.070	10.111
250	10.151	10.192	10.233	10.274	10.315	10.355	10.396	10.437	10.478	10.519

温度℃	热电势（mV）　（JJG 351-84）参考端温度为0℃									
	0	1	2	3	4	5	6	7	8	9
260	10.560	10.600	10.641	10.882	10.723	10.764	10.805	10.848	10.887	10.928
270	10.969	11.010	11.051	11.093	11.134	11.175	11.216	11.257	11.298	11.339
280	11.381	11.422	11.463	11.504	11.545	11.587	11.628	11.669	11.711	11.752
290	11.793	11.835	11.876	11.918	11.959	12.000	12.042	12.083	12.125	12.166
300	12.207	12.249	12.290	12.332	12.373	12.415	12.456	12.498	12.539	12.581
310	12.623	12.664	12.706	12.747	12.789	12.831	12.872	12.914	12.955	12.997
320	13.039	13.080	13.122	13.164	13.205	13.247	13.289	13.331	13.372	13.414
330	13.456	13.497	13.539	13.581	13.623	13.665	13.706	13.748	13.790	13.832
340	13.874	13.915	13.957	13.999	14.041	14.083	14.125	14.167	14.208	14.250
350	14.292	14.334	14.376	14.418	14.460	14.502	14.544	14.586	14.628	14.670
360	14.712	14.754	14.796	14.838	14.880	14.922	14.964	15.006	15.048	15.090
370	15.132	15.174	15.216	15.258	15.300	15.342	15.394	15.426	15.468	15.510
380	15.552	15.594	15.636	15.679	15.721	15.763	15.805	15.847	15.889	15.931
390	15.974	16.016	16.058	16.100	16.142	16.184	16.227	16.269	16.311	16.353
400	16.395	16.438	16.480	16.522	16.564	16.607	16.649	16.691	16.733	16.776
410	16.818	16.860	16.902	16.945	16.987	17.029	17.072	17.114	17.156	17.199
420	17.241	17.283	17.326	17.368	17.410	17.453	17.495	17.537	17.580	17.622
430	17.664	17.707	17.749	17.792	17.834	17.876	17.919	17.961	18.004	18.046
440	18.088	18.131	18.173	18.216	18.258	18.301	18.343	18.385	18.428	18.470
450	18.513	18.555	18.598	18.640	18.683	18.725	18.768	18.810	18.853	18.896
460	18.938	18.980	19.023	19.065	19.108	19.150	19.193	19.235	19.278	19.320
470	19.363	19.405	19.448	19.490	19.533	19.576	19.618	19.661	19.703	19.746
480	19.788	19.831	19.873	19.916	19.959	20.001	20.044	20.086	20.129	20.172
490	20.214	20.257	20.299	20.342	20.385	20.427	20.470	20.512	20.555	20.598
500	20.640	20.683	20.725	20.768	20.811	20.853	20.896	20.938	20.981	21.024
510	21.066	21.109	21.152	21.194	21.237	21.280	21.322	21.365	21.407	21.450
520	21.493	21.535	21.578	21.621	21.663	21.706	21.749	21.791	21.834	21.876
530	21.919	21.962	22.004	22.047	22.090	22.132	22.175	22.218	22.260	22.303
540	22.346	22.388	22.431	22.473	22.516	22.559	22.601	22.644	22.687	22.729
550	22.772	22.815	22.857	22.900	22.942	22.985	23.028	23.070	23.113	23.156
560	23.198	23.241	23.284	23.326	23.369	23.411	23.454	23.497	23.539	23.582
570	23.624	23.667	23.710	23.752	23.795	23.837	23.880	23.923	23.965	24.008
580	24.050	24.093	24.136	24.178	24.221	24.263	24.306	24.348	24.391	24.434
590	24.476	24.519	24.561	24.604	24.646	24.689	24.731	24.774	24.817	24.859
600	24.902	24.944	24.987	25.029	25.072	25.114	25.157	25.199	25.242	25.284
610	25.327	25.369	25.412	25.454	25.497	25.539	25.582	25.624	25.666	25.709
620	25.751	25.794	25.836	25.879	25.921	25.964	26.006	26.048	26.091	26.133
630	26.176	26.218	26.260	26.303	26.345	26.387	26.430	26.472	26.515	26.557
640	26.599	26.642	26.684	26.726	26.769	26.811	26.853	26.896	26.938	26.980

续表

温度℃	热电势（mV）　（JJG 351-84）参考端温度为0℃									
	0	1	2	3	4	5	6	7	8	9
650	27.022	27.065	27.107	27.149	27.192	27.234	27.276	27.318	27.361	27.403
660	27.445	27.487	27.529	27.572	27.614	27.656	27.698	27.740	27.783	27.825
670	27.867	27.909	27.951	27.993	28.035	28.078	28.120	28.162	28.204	28.246
680	28.288	28.330	28.372	28.414	28.456	28.498	28.540	28.583	28.625	28.667
690	28.709	28.751	28.793	28.835	28.877	28.919	28.961	29.002	29.044	29.086
700	29.128	29.170	29.212	29.264	29.296	29.338	29.380	29.422	29.464	29.505
710	29.547	29.589	29.631	29.673	29.715	29.756	29.798	29.840	29.882	29.924
720	29.965	30.007	30.049	30.091	30.132	30.174	30.216	20.257	30.299	30.341
730	30.383	30.424	30.466	30.508	30.549	30.591	30.632	30.674	30.716	30.757
740	30.799	30.840	30.882	30.924	30.965	31.007	31.048	31.090	31.131	31.173
750	31.214	31.256	31.297	31.339	31.380	31.422	31.463	31.504	31.546	31.587
760	31.629	31.670	31.712	31.753	31.794	31.836	31.877	31.918	31.960	32.001
770	32.042	32.084	32.125	32.166	32.207	32.249	32.290	32.331	32.372	32.414
780	32.455	32.496	32.537	32.578	32.619	32.661	32.702	32.743	32.784	32.825
790	32.866	32.907	32.948	32.990	33.031	33.072	33.113	33.154	33.195	33.236
800	33.277	33.318	33.359	33.400	33.441	33.482	33.523	33.564	33.606	33.645
810	33.686	33.727	33.768	33.809	33.850	33.891	33.931	33.972	34.013	34.054
820	34.095	34.136	34.176	34.217	34.258	34.299	34.339	34.380	34.421	34.461
830	34.502	34.543	34.583	34.624	34.665	34.705	34.746	34.787	34.827	34.868
840	34.909	34.949	34.990	35.030	35.071	35.111	35.152	35.192	35.233	35.273
850	35.314	35.354	35.395	35.435	35.476	35.516	35.557	35.597	35.637	35.678
860	35.718	35.758	35.799	35.839	35.880	35.920	35.960	36.000	36.041	36.081
870	36.121	36.162	36.202	36.242	36.282	36.323	36.363	36.403	36.443	36.483
880	36.524	36.564	36.604	36.644	36.684	36.724	36.764	36.804	36.844	36.885
890	36.925	36.965	37.005	37.045	37.085	37.125	37.165	37.205	37.245	37.285
900	37.325	37.365	37.405	37.443	37.484	37.524	37.564	37.604	37.644	37.684
910	37.724	37.764	37.833	37.843	37.883	37.923	37.963	38.002	38.042	38.082
920	38.122	38.162	38.201	38.241	38.281	38.320	38.360	38.400	38.439	38.479
930	38.519	38.558	38.598	38.638	38.677	38.717	38.756	38.796	38.836	38.875
940	38.915	38.954	38.994	39.033	39.073	39.112	39.152	39.191	39.231	39.270
950	39.310	39.349	39.388	39.428	39.467	39.507	39.546	39.585	39.625	39.664
960	39.703	39.743	39.782	39.821	39.861	39.900	39.939	39.979	40.018	40.057
970	40.096	40.136	40.175	40.214	40.253	40.292	40.332	40.371	40.410	40.449
980	40.488	40.527	40.566	40.605	40.645	40.634	40.723	40.762	40.801	40.840
990	40.879	40.918	40.957	40.996	41.035	41.074	41.113	41.152	41.191	41.230
1000	41.269	41.308	41.347	41.385	41.424	41.463	41.502	41.541	41.580	41.619
1010	41.657	41.696	41.735	41.774	41.813	41.851	41.890	41.929	41.968	42.006
1020	42.045	42.084	42.123	42.161	42.200	42.239	42.277	42.316	42.355	42.393
1030	42.432	42.470	42.509	42.548	42.586	42.625	42.663	42.702	42.740	42.779

续表

温度℃	热电势（mV）　（JJG 351-84）参考端温度为0℃									
	0	1	2	3	4	5	6	7	8	9
1040	42. 817	42. 856	42. 894	42. 933	42. 971	43. 010	43. 048	43. 087	43. 125	43. 164
1050	43. 202	43. 240	43. 279	43. 317	43. 356	43. 394	43. 432	43. 471	43. 509	43. 547
1060	43. 585	43. 624	43. 662	43. 700	43. 739	43. 777	43. 815	43. 853	43. 891	43. 930
1070	43. 968	44. 006	44. 044	44. 082	44. 121	44. 159	44. 197	44. 235	44. 273	44. 311
1080	44. 349	44. 387	44. 425	44. 463	44. 501	44. 539	44. 577	44. 615	44. 653	44. 691
1090	44. 729	44. 767	44. 805	44. 843	44. 881	44. 919	44. 957	44. 995	45. 033	45. 070
1100	45. 108	45. 146	45. 184	45. 222	45. 260	45. 297	45. 335	45. 373	45. 411	45. 448
1110	45. 486	45. 524	45. 561	45. 599	45. 637	45. 675	45. 712	45. 750	45. 787	45. 825
1120	45. 863	45. 900	45. 938	45. 975	46. 013	46. 051	45. 088	46. 126	46. 163	46. 201
1130	46. 238	46. 275	46. 313	46. 350	46. 388	46. 425	46. 463	46. 500	46. 537	46. 575
1140	46. 612	46. 649	46. 687	46. 724	46. 761	46. 799	46. 836	46. 873	46. 910	46. 948
1150	46. 985	47. 022	47. 059	47. 096	47. 134	47. 171	47. 208	47. 245	47. 282	47. 319
1160	47. 356	47. 393	47. 430	47. 468	47. 505	47. 542	47. 579	47. 616	47. 653	47. 689
1170	47. 726	47. 7628	47. 800	47. 837	47. 874	47. 911	47. 948	47. 985	48. 021	48. 058
1180	48. 095	48. 132	48. 169	48. 205	48. 242	48. 279	48. 316	48. 352	48. 389	48. 426
1190	48. 462	48. 499	48. 536	48. 572	48. 609	48. 645	48. 682	48. 718	48. 755	48. 792
1200	48. 828	48. 865	48. 901	48. 937	48. 974	49. 010	49. 047	49. 083	49. 120	49. 156
1210	49. 192	49. 229	49. 265	49. 301	49. 338	49. 374	49. 410	49. 446	49. 483	49. 519
1220	49. 555	49. 591	49. 627	49. 663	49. 700	49. 736	49. 772	49. 808	49. 844	49. 880
1230	49. 916	49. 952	49. 988	50. 024	50. 060	50. 096	50. 132	50. 168	50. 204	50. 240
1240	50. 276	50. 311	50. 347	50. 383	50. 419	50. 455	50. 491	50. 526	50. 562	50. 598
1250	50. 633	50. 669	50. 705	50. 741	50. 776	50. 812	50. 847	50. 883	50. 919	50. 954
1260	50. 990	51. 025	51. 061	51. 096	51. 132	51. 167	51. 203	51. 238	51. 274	51. 309
1270	51. 344	51. 380	51. 415	51. 450	51. 486	51. 521	51. 556	51. 592	51. 627	51. 662
1280	51. 697	51. 733	51. 768	51. 803	51. 836	51. 873	51. 908	51. 943	51. 979	52. 014
1290	52. 049	52. 084	52. 119	52. 154	52. 189	52. 224	52. 259	52. 284	52. 329	52. 364
1300	52. 398	52. 433	52. 468	52. 503	52. 538	52. 573	52. 608	52. 642	52. 677	52. 712
1310	52. 747	52. 781	52. 816	52. 851	52. 886	52. 920	52. 955	52. 980	53. 024	53. 059
1320	53. 093	53. 128	53. 162	53. 197	53. 232	53. 266	53. 301	53. 335	53. 370	53. 404
1330	53. 439	53. 473	53. 507	53. 642	53. 576	53. 611	53. 645	53. 679	53. 714	53. 748
1340	53. 782	53. 817	53. 851	53. 885	53. 926	53. 954	53. 988	54. 022	54. 057	54. 091
1350	54. 125	54. 159	54. 193	54. 228	54. 262	54. 296	54. 330	54. 364	54. 398	54. 432
1360	54. 466	54. 501	54. 535	54. 569	54. 603	54. 637	54. 671	54. 705	54. 739	54. 773
1370	54. 807	54. 841	54. 875							

参 考 文 献

[1] 梁森，王侃夫，黄杭美．自动检测与转换技术［M］.3 版．北京：机械工业出版社，2005.

[2] 宋文绪，杨帆．自动检测技术［M］. 北京：高等教育出版社，2004.

[3] 吴建平．传感器原理及应用［M］. 北京：机械工业出版社，2009.

[4] 吕泉．现代传感器原理及应用［M］. 北京：清华大学出版社，2006.

[5] 王元庆．新型传感器原理及应用［M］. 北京：机械工业出版社，2002.

[6] 刘迎春，叶湘滨．传感器原理设计与应用［M］.4 版．北京：国防科技大学，1997.

[7] 陈裕泉，葛文勋．现代传感器原理及应用［M］. 北京：科学出版社，2007.

[8] 黄断昌，徐巧鱼，张海贵．传感器工作原理及应用实例［M］. 北京：科学出版社，2002.

[9] 郁有文，常健，程继红．传感器原理及工程应用［M］.2 版．西安：西安电子科技大学出版社，2004.

[10] 刘传玺，毕训银．自动检测技术［M］. 天津：天津大学出版社，2010.

[11] 林金泉．自动检测技术［M］.2 版．北京：化学工业出版社，2008.

[12] 张玉莲．传感器与自动检测技术［M］. 北京：机械工业出版社，2007.

[13] 周征．自动检测技术实用教程［M］. 北京：机械工业出版社，2006.

[14] 解太林．自动检测技术［M］. 北京：高等教育出版社，2002.

[15] 梁森，欧阳三泰．自动检测技术及应用［M］. 北京：机械工业出版社，2006.

[16] 朱强．自动检测技术［M］. 济南：山东科学技术出版社，2005.

[17] 武昌俊．自动检测技术及应用［M］. 北京：机械工业出版社，2005.

[18] 姜秀英，姜涛，李骁．传感器与自动检测技术［M］. 北京：中国电力出版社，2009.

[19] 吴旗．传感器与自动检测技术［M］. 北京：高等教育出版社，2006.

[20] 左伯莉，刘国宏．化学传感器原理及应用［M］. 北京：清华大学出版社，2007.

[21] 何希才．传感器技术及应用［M］. 北京：北京航空航天大学出版社，2005.

[22] 陶红艳，余成波．传感器与现代检测技术［M］. 北京：清华大学出版社，2009.

[23] 王煜东．传感器及应用［M］. 北京：机械工业出版社，2008.

[24] 王君，凌振宝．传感器原理及应用［M］. 长春：吉林大学出版社，2002.

[25] 严钟豪，谭祖根．非电量电测技术［M］.2 版．北京：机械工业出版社，2001.

[26] 陈杰，黄鸿．传感器与检测技术［M］. 北京：高等教育出版社，2002.

[27] 谢文和．传感器技术及应用［M]．北京：高等教育出版社，2004.
[28] 樊尚春．传感器技术及应用［M]．北京：北京航空航天大学出版社，2004.
[29] 张迎新．非电量测量技术基础［M]．北京：北京航空航天大学出版社，2002.
[30] 雷玉堂．光电检测技术［M]．北京：中国计量出版社，2001.
[31] 赵继文．传感器与应用电路设计［M]．北京：科学出版社，2002.
[32] 马西秦．自动检测技术［M]．西安：西安电子科技大学出版社，2001.
[33] 张正伟．传感器原理与应用［M]．北京：中央广播电视大学出版社，1991.
[34] 杜维．过程检测技术及仪表［M]．北京：化学工业出版社，1999.

举报电话：（010）88254396；（010）88258888

传　　真：（010）88254397

E-mail：dbqq@phei.com.cn

通信地址：北京市万寿路173信箱

电子工业出版社总编办公室

邮　　编：100036